Die technische Elektrolyse der Nichtmetalle

Von

Jean Billiter

Dr. phil., emer. a. o. Professor an der Universität Wien

Mit 145 Textabbildungen

Wien

Springer-Verlag

1954

ISBN 978-3-7091-5728-2 ISBN 978-3-7091-5726-8 (eBook)
DOI 10.1007/978-3-7091-5726-8

Softcover reprint of the hardcover 1st edition 1954

Vorwort.

Wenige Industriezweige haben in relativ kurzer Zeit eine solche Ausdehnung, aber auch eine solche Umstellung erfahren wie die im vorliegenden Bande behandelten, typisch elektrochemischen Verfahren der Elektrolyse von Nichtmetallen in wässeriger Lösung.

Bei dieser werden zwar, wie bei der elektrolytischen Metallabscheidung, Elemente zunächst in ihrer atomaren Form in Freiheit gesetzt, sie ordnen sich aber nicht gleich in Gitterstrukturen ein, sondern reagieren weiter, zunächst unter Bildung einfacher oder zusammengesetzter Moleküle, je nachdem, ob sie nur miteinander oder mit Bestandteilen der Lösung zu Molekeln zusammentreten.

Dieser Prozeß nimmt eine gewisse, freilich selten meßbare Zeit in Anspruch, während welcher die Elemente als Atome in statu nascendi vorliegen, in dem sie besonders reaktionsfähig sind.

Davon Nutzen zu ziehen, um z. B. zu Stoffen zu gelangen, welche auf anderem Wege schwer oder gar nicht gewonnen werden können, hat sich bisher allerdings nur in ganz vereinzelten Fällen verwirklichen lassen. Die seinerzeitigen Bemühungen (z. B. der großen deutschen Farbenfabriken), durch Heranziehung einer Elektrolyse, bei welcher das betreffende Element in statu nascendi auftritt, Reduktionen, Oxydationen oder Halogenierungen organisch-chemischer Körper auf vorteilhaftere Weise auszuführen, haben durchwegs enttäuscht.

Sehr große Bedeutung hat die Elektrolyse der Nichtmetalle bisher bloß auf anorganisch-chemischem Gebiete erlangt. Nichtsdestoweniger hat die organisch-chemische Industrie davon den größten Nutzen gehabt, weil ihr, besonders im Chlor, ein äußerst wichtiger Ausgangsstoff zugänglich gemacht worden ist, welcher eben nur auf elektrolytischem Wege wohlfeil genug in großen Mengen und in reinem Zustande isoliert wird.

Aus der noch ziemlich jungen Herstellung von Chlor-Derivaten von Kohlenstoffverbindungen ist eine bedeutende Industrie erstanden. Diese umfaßt u. a. die Synthese wertvoller Lösungsmittel, ferner von Kunstharzen und anderen Kunststoffen, welche eine

Reihe wichtiger Werkstoffe von neuen Eigenschaften in Umlauf gebracht hat und die gegenwärtig schon mehr als eine Million Tonnen Chlor im Jahre verbraucht.

Verschiebungen hat der Umstand bedingt, daß die allerwichtigsten Elektrolysen von Nichtmetallen gleichzeitig zwei Hauptprodukte in stöchiometrischem Verhältnis liefern, deren Absatzmengen sich im Laufe der Zeit in ganz verschiedenem Maße gesteigert haben.

Bei der Alkalichlorid-Elektrolyse bildete z. B. das kathodisch erzeugte Ätzalkali ursprünglich das bei weitem wichtigere Produkt. Die Elektrolyse, welche dieses in rationellerer Weise herstellen ließ, konnte der Nachfrage nur zum Teil nachkommen. Dadurch kam es bald zu einer Überproduktion an dem anodenseitig gleichzeitig abgeschiedenen Chlor, das man in großen Mengen zunächst nur in Form von Chlorkalk, dann auch als flüssiges Chlor verwerten konnte.

Bis zum Ende des ersten Weltkrieges war Chlor viel schwieriger abzusetzen als Ätznatron. Noch im Jahre 1930 diente kaum die Hälfte des erzeugten Chlors anderen als Bleichzwecken. Erst in dem Maße, in welchem neue Nutzanwendungen erschlossen, wertvolle Chlorprodukte in steigenden Mengen hergestellt wurden, verschob sich dieses Verhältnis nach und nach zugunsten des Chlors.

Gegenwärtig hat es sich so völlig umgekehrt, daß man ernstlich Umschau nach Verfahren hält, die es ermöglichen würden, sei es auf elektrolytischem, sei es auf rein chemischem Wege, Chlor zu gewinnen, ohne gleichzeitig Ätzalkali herstellen zu müssen.

Eine rein chemische Herstellung wird, nebst der Wiederaufnahme des Deacon-Verfahrens, im sogenannten Nitrosylchlorid-Verfahren angestrebt, das aber schwerlich schon der elektrolytischen Methode die Waage halten dürfte.

Auf elektrolytischem Wege ließe sich Chlor als Nebenprodukt bei gewissen naß-metallurgischen Verfahren in großen Mengen herstellen, z. B. bei der Zinkgewinnung aus Zinkchloridlösungen. Daß die Zinksulfat-Elektrolyse zugunsten der Zinkchlorid-Elektrolyse aus diesem Grunde nach und nach aufgelassen werden wird, ist nach Ansicht des Verfassers wohl nur noch eine Frage der Zeit.

Bemerkenswert ist es, daß Chlor auch schon in ansehnlichen Mengen durch Schmelzfluß-Elektrolyse von Chloridgemischen als Nebenprodukt der Natrium-, nebenher auch der Magnesium-Bereitung gewonnen wird.

War es lange ein Problem, neue Nutzanwendungen für Chlor zu finden, so ist es gegenwärtig ein akutes Problem geworden, neue Absatzgebiete für Ätzalkalien zu erschließen; denn das Chlor ist ein Ausgangsstoff geworden, der bereits an fünfter Stelle rangiert und dessen Produktion — die bereits 3 Millionen Jahrestonnen erreicht hat und rund 12 Milliarden kWh verbraucht — von Jahr zu Jahr noch ständig steigt.

Zu seiner Herstellung sind zahlreiche verschiedene Zellen-Konstruktionen ersonnen und auch in Betrieb gehalten worden. Da sich deren aber nur wenige dauernd behauptet haben, beschränkt sich die folgende Darstellung auf die Beschreibung solcher, die Marksteine im Zuge der Entwicklung gebildet haben.

Die Herstellung flüssigen Chlors, welches sich sowohl in Flaschen, als auch in großen Kesselwagen transportieren läßt und bequem zu handhaben ist, hat den Bau kleinerer Anlagen für Selbstverbraucher zurücktreten lassen. Die Bildung großer, einheitlich geleiteter Industriekonzerne hat die Auswahl bestimmter Zellentypen beschleunigt und verschärft.

Zwei Hauptarten von Zellen werden nebeneinander im allergrößten Maßstabe ausgeführt: Diaphragma-Zellen mit Eisenkathoden und diaphragmalose Zellen mit Quecksilberkathoden. Bis zur Mitte der dreißiger Jahre waren erstere durchaus vorherrschend; seitdem verschiebt sich das Verhältnis immer mehr zugunsten der letzteren.

Mit zunehmender Steigerung der Produktionsziffern werden naturgemäß jene betriebssicheren Zellen-Konstruktionen immer mehr bevorzugt, die sich in sehr großen Einheiten ausführen lassen.

Dies hat das Bestreben nicht ruhen lassen, auch beim Quecksilber-Verfahren auf eine vertikale Anordnung überzugehen. Tatsächlich ist es nach langen Bemühungen gelungen, eine Zelle hervorzubringen, die mit vertikalen Elektroden arbeitet und sich neben der horizontalen Anordnung behauptet. Man hofft diese bis zu Stromkapazitäten von etwa 100.000 A vergrößern zu können.

Welche von beiden Zellenarten das Feld schließlich behaupten wird, läßt sich zur Zeit noch nicht voraussehen, auch nicht, ob man weiterhin fast ausschließlich Quecksilberzellen zur Installation neuer Anlagen heranziehen wird.

Es ist durchaus möglich, daß sich in Hinkunft die Schmelzfluß-Elektrolyse auf dem Gebiete der Chlor- und Alkali-Herstellung durchsetzen wird und auch, daß Neuerungen, die bereits im Zuge sind, dazu führen werden, daß man wieder mehr Diaphragma-Zellen in Betrieb stellt.

Bis zum ersten Weltkrieg hat die direkte Herstellung von Hypochloritlösungen in sogenannten „Bleich-Elektrolyseuren“ eine beachtenswerte Rolle gespielt und Konstrukteuren Gelegenheit gegeben, mannigfaltige Zellenformen herauszubringen. Da sie immer weiter zurückgetreten und schließlich ganz unwichtig geworden ist, wird darauf hier nur kurz Bezug genommen werden.

Wichtigkeit erlangt hingegen die neuerdings aufkommende Herstellung von Chlorit aus Chlorat, welches ein hervorragendes Bleichmittel abgibt. Da sein Einstandspreis notwendigerweise ein höherer ist, wird es vorwiegend für Qualitätsprodukte verwendet.

Überschwefelsäure und Persulfate werden als Zwischenprodukte für die Wasserstoffsuperoxyd-Fabrikation nebeneinander in steigenden Mengen hergestellt. Die ganz enorme, sprunghafte Steigerung der Produktion von Perverbindungen für Kriegszwecke ist durch Stilllegung seiner größten Produktionsstätten aber unterbrochen worden.

Jüngeren Datums ist hier auch die Herstellung chemisch reinen Wasserstoffsuperoxyds in Reinheitsgraden bis zu 99,9%, das sich als besonders haltbar erweist.

Auf dem Gebiete der elektrolytischen Wasserstoff- und Sauerstoffbereitung hat sich das Hauptinteresse, welches ursprünglich dem Sauerstoff galt, schon lange dem Wasserstoff zugewandt. Allmählich erlangt aber auch die Sauerstoffherstellung, besonders für metallurgische Prozesse, zunehmende Bedeutung.

Man beobachtet auch hier den Zug zur Ausbildung immer größerer Einheiten. Bipolar-Zellen stehen dazu neben solchen mit monopolarer Schaltung der Elektroden in Wettbewerb, ohne daß zur Zeit die eine oder andere Type allgemeinen Vorrang erobert hätte, während die Druck-Elektrolyse noch im Hintergrunde steht.

Durch die Gewinnung eines neuen Produktes, des „schweren" Wassers, das sich im Elektrolyten anreichert und sich aus diesem isolieren läßt, ist die Wasser-Elektrolyse bereichert worden. Das schwere Wasser besitzt in der Atomphysik große Bedeutung und dürfte auch anderweitig neue Nutzanwendungen finden.

Seit geraumer Zeit ist die technische Elektrolyse schon über das Stadium ihrer Erschließung hinausgelangt. Dadurch, daß sie aber da und dort neue Bahnen verfolgt, gewisse Umkehrungen erfahren hat, im wesentlichen aber fester umrissene, standardisierte Formen annimmt, bietet sie ein vom bisherigen so sehr verändertes Bild, daß ihr hier eine ganz neue Darstellung gewidmet worden ist.

Gewisse Neuerungen sind so sehr im Stadium der Entwicklung begriffen, daß z. B. die Verwendungen auswählender, „permselektiver" Diaphragmen erst in einem Nachtrag während der Korrektur kurz berührt werden konnten.

Ein vertrautes Gebiet nach langer Zeit wieder zu bearbeiten, als wäre es uns noch neu, hat einen eigenen Reiz: die Probleme, die immer noch vorliegen, treten einem in anderem Lichte entgegen. So mag die Lektüre der folgenden Blätter den einen oder andern auch zu veränderter Problemstellung anregen und dazu, für diese eine Lösung zu finden.

Die erste und zweite Auflage der vierbändigen Technischen Elektrochemie des Verfassers sowie ein Ergänzungsband zu dieser sind seinerzeit im Verlag W. Knapp in Halle a. S. erschienen. Auch eine Neuauflage der Elektrometallurgie wässeriger Lösungen ist vor zwei Jahren dort verlegt worden.

Der vorliegende Band, welcher die wässerige Elektrolyse der Nichtmetalle behandelt, wird aber — wie dies seinerzeit für die Prinzipien der Galvanotechnik geschah — vom Springer-Verlag in Wien herausgegeben, welchem der Verfasser für die gute und sorgfältige Ausstattung sehr verbunden ist.

Oktober 1954.

Jean Billiter.

Inhaltsverzeichnis.

Erster Teil.

Elektrolyse wässeriger Lösungen von Ätzalkalien, Sauerstoffsäuren und deren Salzen.

Zweiter Teil.

Elektrolyse wässeriger Lösungen von Halogenverbindungen.

Erster Teil.

Elektrolyse wässeriger Lösungen von Ätzalkalien, Sauerstoffsäuren und deren Salzen.

Gleich als man elektrische Ströme mit Hilfe von reibungselektrischen Maschinen herzustellen vermochte, ging man ungesäumt daran, neben deren physikalischen Eigenschaften auch ihre chemischen Wirkungen zu untersuchen.

Eine der ersten Entdeckungen auf diesem Gebiete war die Beobachtung, daß Wasser beim Durchleiten des elektrischen Stromes unter Gasentwicklung zersetzt wird. Sie wurde bereits im Jahre 1789 in der Literatur von PAETS VAN TROOSTWIJK und DEIMANN beschrieben[1]. Sie ist also noch älter als die Beobachtung der elektrolytischen Metallabscheidung.

Als es sich zeigte, daß Wasserstoff am negativen, Sauerstoff am positiven Pol in stöchiometrischen Verhältnissen auftritt, vermutete man zunächst, daß der elektrische Strom Wasser unmittelbar in seine Elemente zerlegt. Man stellte sich vor, daß die zwei Wasserstoff-Atome im Wassermolekül positiv geladen, das Sauerstoff-Atom negativ geladen sei, daß die Wassermolekeln also kleine Dipole bilden, welche beim Anlegen einer elektrischen Spannung derart gerichtet werden, daß sich ihre positiven Enden der negativen Elektrode — der „Kathode" —, ihre negativ geladenen Enden der positiven Elektrode — der „Anode" — zukehren. Diese Vorstellung, welche im wesentlichen schon 1805 von TH. GROTTHUS entwickelt worden ist, liegt auch der heutigen — freilich im Detail etwas abgeänderten — Auffassung zugrunde, welche gleichfalls annimmt, daß beim Anlegen einer äußeren Spannung eine Richtung, eine „Polarisation", auftritt, welche der angelegten Spannung das Gleichgewicht hält.

Beim Anlegen hinreichend hoher Spannung sollten — meinte man — die zwei polaren Anteile auseinandergerissen, das Wassermolekül dabei unmittelbar zerlegt werden.

[1] Observations sur la physique etc. **35**, 369 (1789); cf. OSTWALD, W.: Elektrochemie, S. 21, Leipzig 1896.

Diese Vorstellung befriedigte nicht mehr, als man weiter beobachtete, daß bei längerem Stromdurchgang die Umgebung der Anode sauer, die Umgebung der Kathode alkalisch wird. Die später gemachte Erfahrung, daß ganz reines Wasser einen der schlechtesten Elektrizitätsleiter vorstellt, führte vollends zu der Anschauung, daß der Stromtransport in Rohwasser nicht durch Wasser selbst, sondern durch im Wasser gelöste Fremdstoffe vermittelt wird. Die Ionentheorie ließ dann die Rolle genauer verfolgen, welche letztere dabei spielen.

Sie lehrte, daß elektrolytisch leitende Lösungen nur dann entstehen, wenn der gelöste Stoff bei seiner Auflösung in positiv und negativ geladene Anteile — die „Ionen" — zerfällt, einen „Elektrolyt" bildet, zum Unterschiede von Nicht-Elektrolyten, die bei ihrer Auflösung, auch in Lösungsmedien von hoher Dielektrizitäts-Konstante, nicht in Ionen zerfallen.

Die positiv geladenen Ionen, die „Kationen", wandern im elektrischen Stromgefälle zur Kathode, die negativ geladenen, die „Anionen" zur Anode, wo sie beide in äquivalenten Mengen entladen werden.

Entladen, sammeln sie sich zunächst — soweit sie nicht in Gasform übergehen — in Elektrodenumgebung, was analytisch nachweisbar ist.

Bei der Elektrolyse von Ätzalkali-Lösungen, von Sauerstoffsäuren und deren Salzen entstehen nun, wenigstens an einer der beiden Elektroden, bei der Entladung zunächst Produkte (Säure-Radikale an der Anode, Alkalimetall an der Kathode), welche sofort Lösungswasser unter Rückbildung von Elektrolyt und unter Freisetzung von Sauerstoff, bzw. von Wasserstoff auf Kosten des Wassers im stöchiometrischen Verhältnis zersetzen. Wenigstens an einer der beiden Elektroden wird somit das entwickelte Gas erst durch Wechselwirkung entladener Ionen mit dem Lösungswasser, also durch einen sekundären Vorgang in Freiheit gesetzt.

Wiewohl das Wasser als solches also an der Elektrolyse nur insoweit teilnimmt, als es das Mittel bildet, in welchem die Spaltung des Elektrolyten in Ionen vor sich geht, dann aber mit entladenen Ionen rein chemisch in Reaktion tritt, hat man im Sprachgebrauch die Ausdrücke „Wasser-Elektrolyse" und „elektrolytische Wasser-Zerlegung" beibehalten, die zwar unkorrekt, aber kurz und bequem sind, weil sie das Endergebnis der Elektrolyse zum Ausdruck bringen.

Man wendet sie gelegentlich sogar bei Prozessen an, bei welchen die Elektrolyse gar nicht dazu dient, beide Elemente des Wassers in Gasform abzuscheiden, sondern dazu, wenigstens eines der beiden mit gelösten oder suspendierten Stoffen in chemische Reaktion zu bringen, also auf elektrolytische Reduktionen oder Oxydationen.

I. Elektrolytische Herstellung von Sauerstoff und Wasserstoff.

A. Grundlagen.

1. Allgemeines.

Durch wiederholte Vakuum-Destillation in Platingefäßen höchst gereinigtes Wasser weist ein minimales, immerhin aber noch genau meßbares Leitvermögen auf. Dies zeigt an, daß es, wenn auch nur in äußerst geringem Grade, nach:

$$H_2O \rightleftharpoons H^{\cdot} + OH'$$

in Ionen $H^{\cdot}$ und OH' gespalten ist.

Es läßt sich voraussehen, daß die Hydroxyl-Ionen OH' weiter noch einer Spaltung nach:

$$OH' \rightleftharpoons H^{\cdot} + O''$$

in Wasserstoff- und Sauerstoff-Ionen unterliegen, die aber kaum mehr meßbar ist.

Die Dissoziations-Konstante des Wassers, die nach dem Massenwirkungsgesetz der Formel:

$$\frac{[H^{\cdot}] \cdot [OH']}{[H_2O]} = K$$

entspricht, bzw., da H_2O als konstant angesehen werden kann:

$$[H^{\cdot}] \cdot [OH'] = K'$$

läßt sich auf verschiedenen Wegen aus experimentell bestimmbaren Größen (z. B. der Zuckerinversion, der Hydrolyse von Salzen, der elektromotorischen Kraft der Knallgaskette usw.) exakt berechnen. Kohlrausch und Holborn haben sie auch durch direkte Leitfähigkeitsmessungen allerreinsten Wassers ermittelt.

Übereinstimmend ergaben diese Messungen und Berechnungen:

bei 18° C: $K' = 0{,}56 \cdot 10^{-14}$
bei 25° C: $K' = 1{,}1 \cdot 10^{-14}$

Die spezifische Leitfähigkeit[1] reinen Wassers ist bei 18° C (1 qcm Querschnitt, 1 cm Länge):

$$\varkappa_{18} = 0{,}04 \cdot 10^{-6}$$

Da die Beweglichkeiten der H·- und der OH′-Ionen bekannt sind, läßt sich daraus berechnen, daß im Liter Wasser $0{,}75 \cdot 10^{-7}$ Mole H_2O in ihre Ionen dissoziiert sind.

Anders ausgedrückt, ist ein dissoziiertes Mol Wasser (18 g H_2O) erst in 13.000 Kubikmetern (!) Wasser enthalten.

Dies versinnlicht, wie geringfügig das Maß des Dissoziationsgrades ist und erklärt, warum Wasser einen so schlechten Elektrizitätsleiter abgibt, obwohl die Ionen H· und OH′ die allerbeweglichsten[2] sind, die wir in wässeriger Phase kennen.

Man sucht die soviel größere Beweglichkeit der H·- und der OH′-Ionen durch deren kleineren Querschnitt, aber besonders noch dadurch zu erklären, daß dieselben kürzere Bahnen zu durchschreiten haben.

Sind die nach der GROTTHUSschen Vorstellung (s. S. 1) als Dipole zu betrachtenden Wassermolekeln gerichtet und wird ein H·-Ion entladen, so kann das freiwerdende OH′-Ion sofort ein H·-Ion der unmittelbar benachbarten Wassermolekel binden. Ihr dabei freiwerdendes OH′-Ion bindet seinerseits ein H·-Ion der folgenden

[1] Als spezifische Leitfähigkeit $\varkappa$ bezeichnet man den reziproken Wert des spezifischen Widerstandes. Sie wird durch die Formel ausgedrückt:

$$\varkappa_t = \frac{l}{w \cdot q} \quad \Omega^{-1}\ \mathrm{cm}^{-1}$$

in welcher l die Länge der Flüssigkeitssäule in cm, q den Querschnitt derselben in qcm, w den Widerstand in Ohm (Ω), t die Temperaturen in Graden C angibt.

Das spezifische Leitvermögen von Elektrolyten steigt mit der Temperatur und fällt (entgegen der äquivalenten Leitfähigkeit) mit wachsender Verdünnung.

[2] Die Beweglichkeit einer Ionenart ist durch ihre Wanderungs-Geschwindigkeit in cm/Sekunde bei 18° C bei einem Spannungsgefälle von 1 Volt/cm gegeben.

Die Beweglichkeit gefärbter Ionen kann unmittelbar bestimmt werden, wenn man die Verschiebung mißt, welche die Trennungsfläche: gefärbter/ungefärbter Elektrolyt bei bestimmtem Stromgefälle in der Zeiteinheit erfährt. Diese Messung ist z. B. für MnO_4'-Ionen leicht auszuführen.

Die Zahlenwerte der Ionen-Beweglichkeiten sind *unabhängig vom Vorzeichen* und der Größe der Ladungen im allgemeinen von gleicher Größenordnung. Eine Ausnahme davon bilden nur die H·- und die OH′-Ionen, die wesentlich beweglicher sind, wie man folgender Aufstellung entnimmt:

Tabelle 1. *Beweglichkeiten U von Kationen und V von Anionen bei 18°.*

Kationen	U	Anionen	V
H·	$33 \cdot 10^{-4}$	OH′	$18{,}2 \cdot 10^{-4}$
Na·	$4{,}6 \cdot 10^{-4}$	Cl′	$6{,}85 \cdot 10^{-4}$
K·	$6{,}75 \cdot 10^{-4}$	ClO_3'	$5{,}5 \cdot 10^{-4}$
NH_4·	$6{,}7 \cdot 10^{-4}$	$^1/_2CO_3''$	$6{,}05 \cdot 10^{-4}$
Fe··	$4{,}8 \cdot 10^{-4}$	$^1/_2SO_4''$	$6{,}83 \cdot 10^{-4}$
Fe···	$4{,}6 \cdot 10^{-4}$	$^1/_2S_2O_8''$	$7 \cdot 10^{-4}$

Wassermolekel usf., bis schließlich am letzten Wassermolekül der Reihe, welches der Anode anliegt, ein OH′-Ion frei wird und dort zur Entladung gelangt.

Nach dieser Vorstellung wandern H˙- und OH′-Ionen nicht wie andere Ionen einer wässerigen Lösung recht eigentlich durch dieselbe, sondern verschieben sich nur intramolekular.

Die H-Kerne der Wasserstoffionen sind nicht nur kleiner als die Kerne anderer Kationen, ihre räumliche Ausdehnung wird noch dadurch verringert, daß diese Ionen weniger Wassermoleküle mit sich führen als andere Kationen. Alle Ionen scheinen nämlich Wassermoleküle zu binden. Der Grad dieser „Hydratation" steht nach Messungen von WASHBURN, RIESENFELD und anderen Autoren in folgendem Verhältnis zueinander:

$$H^{\cdot} : Li^{\cdot} : Na^{\cdot} : K^{\cdot} : Cl' = 1 : 13{,}9 : 8{,}4 : 5{,}4 : 4$$

Die geringere dadurch bedingte räumliche Ausdehnung der H˙-Ionen hat verringerte Reibung zur Folge und erklärt ihre — auch im Vergleich zu OH′-Ionen — wesentlich größere Beweglichkeit.

In Anbetracht der äußerst geringen Zahl der Eigenionen des Wassers ist es zulässig, bei der elektrolytischen Abscheidung der Elemente des Wassers in Gasform aus gut leitenden Lösungen lediglich die Ionen in Betracht zu ziehen, welche durch die gelösten Stoffe gebildet werden.

Je nachdem, ob man Säuren, Basen oder Neutralsalze der Elektrolyse unterwirft, kann man die Vorgänge im Sinne der Ionentheorie wie folgt darstellen:

	Kathodisch	Anodisch
I.	$2\,K^{\cdot} + 2\ominus \rightarrow 2\,K + 2\oplus\ominus$	$2\,OH' + 2\oplus \rightarrow 2\,OH + 2\oplus\ominus$
	$2\,K + H_2O + 2\oplus\ominus \rightarrow 2\,K^{\cdot} +$	$2\,OH \rightarrow H_2O + \underline{O}$
	$+ 2\,OH' + 2\,\underline{H}$	
	$2\,H \rightarrow \underline{H_2}$	$2\,O \rightarrow \underline{O_2}$
II.	$2\,H^{\cdot} + 2\ominus \rightarrow 2\,H + 2\oplus\ominus$	$2\,HSO_4' + 2\oplus \rightarrow 2\,HSO_4 + 2\oplus\ominus$
	$2\,H \rightarrow \underline{H_2}$	$2\,HSO_4 + H_2O + 2\oplus\ominus \rightarrow$
		$\rightarrow 2\,HSO_4' + 2\,H^{\cdot} + \underline{O}$
		$2\,O \rightarrow \underline{O_2}$
III.	$2\,Na^{\cdot} + 2\ominus \rightarrow 2\,Na + 2\oplus\ominus$	$2\,NaSO_4' + 2\oplus \rightarrow 2\,NaSO_4 +$
		$+ 2\oplus\ominus$
	$2\,Na + H_2O + 2\oplus\ominus \rightarrow$	$2\,NaSO_4 + H_2O + 2\oplus\ominus \rightarrow$
	$\rightarrow 2\,Na + 2\,OH' + 2\oplus\ominus$	$\rightarrow 2\,NaSO_4' + 2\,H^{\cdot} + O$
	$2\,H \rightarrow \underline{H_2}$	$2\,O \rightarrow \underline{O_2}$

Schema I läßt erkennen, daß die Laugenkonzentration im Anodenraum (Wasserbildung nebst Abwanderung der Kationen) abnimmt, Schema II, daß die Säurekonzentration im Anodenraum ansteigt, Schema III, daß im Anodenraum Säure ($H^{\cdot}$-Ionen), im Kathodenraum Alkali (OH'-Ionen) gebildet wird. Ferner, daß sich in allen Fällen Wasserstoff und Sauerstoff zunächst in atomarer Form abscheiden, ehe sie zu Molekeln zusammentreten und Gas bilden.

Diese Schemen tragen zwar den stöchiometrischen Verhältnissen beim Umsatz Rechnung, sie können aber über den Mechanismus desselben nichts aussagen.

Über die Art und Weise, wie dieser in Wirklichkeit vor sich geht, können wir nur Vermutungen aufstellen:

Auf Grund der gegenwärtigen Vorstellungen über den Atombau nimmt man an, daß Kationen durch Abgabe von Elektronen aus der äußeren Elektronenschale positiv geladen zurückbleiben, Anionen aber durch Aufnahme von Elektronen negative Ladung erlangen. Dies führt dazu anzunehmen, daß die Entladung von Kationen durch Zufluß von Elektronen aus der Kathode vor sich geht, während die zugehörigen Anionen gleichzeitig ebensoviele Elektronen an die Anode abgeben.

Was aber die sekundäre Abscheidung betrifft, kann man sich auf Grund der osmotischen Theorie der Stromerzeugung vorstellen, daß Anteile aller vorhandenen Ionen gleichzeitig entladen werden, aber in Mengenverhältnissen, bei welchen sie gleichen Lösungsdruck aufweisen.

Unedlere Ionen werden demnach in Mengen entladen, welche, der Größenordnung nach, um ebensoviele Zehnerpotenzen kleiner sind, als der Quotient der Differenz ihrer Abscheidungspotentiale durch 0,055 V für einwertige, von 0,0275 V für zweiwertige Ionen angibt.

Wenn auch die Mengen entladener Ionen sehr unedler Metalle, z. B. Na an starren Kathoden, an denen sie keine Verbindungen eingehen, darnach verschwindend klein bleiben, können sie den Weg, den die Reaktion einschlägt, dennoch beeinflussen, wenn sie sich mit dem Lösungsmittel unmeßbar rasch umsetzen und somit fortlaufend nachgeliefert werden.

2. Zersetzungsspannung und Strom-Potential-Kurven.

Wie man die Elemente des Wassers durch elektrische Stromwirkung abscheiden kann, lassen sich umgekehrt dieselben mit Zuhilfenahme geeigneter Elektroden aus metallisch leitenden Stoffen, die sich mit dem einen oder dem anderen der beiden Gase beladen, in einer galvanischen Kette — der Knallgaskette — zu Wasser unter Stromentwicklung vereinigen.

An der gasbeladenen Elektrode geht das Gas gleichsam in leitende Form über. Für Wasserstoff hat sich platiniertes Platin, für Sauerstoff besonders präparierte Kohle als geeignet erwiesen.

Die elektromotorische Kraft (EMK) dieser Kette hat den Zahlenwert 1,23 V.

Derselbe Zahlenwert hat sich nach der Thermodynamik aus anderen Größen, welche der Messung zugänglich sind, und auf verschiedenen Wegen übereinstimmend berechnen lassen.

Das Einzelpotential der Wasserstoff-, bzw. der Sauerstoff-Elektrode ändert sich mit der $H^{\cdot}$-, bzw. der OH'-Konzentration des verwendeten Elektrolyten, dem Druck usw. Da sich aber beide Potentiale mit der Konzentration im gleichen Maße ändern, bleibt die EMK der Knallgaskette unabhängig von der Konzentration der Lösung.

Selbst in geschmolzenem Ätznatron als Elektrolyten fanden Haber und Bruner die EMK bei $312^0 = 1{,}24$ V, bei $412^0 = 1{,}15$ V[1].

Man könnte darnach erwarten, daß die elektrolytische Wasserzersetzung als Umkehrung der Reaktion in der Gaskette beim Anlegen einer Spannung von 1,23 V an die Elektroden einsetzen sollte.

In Wirklichkeit ist das gewöhnlich aber nicht der Fall. Die Minimalspannung, die „*Zersetzungsspannung*", die zum Einleiten der Elektrolyse hergestellt werden muß, ist vielmehr meist wesentlich höher, sie ist vom Elektrodenmaterial abhängig, ändert sich mit der Temperatur, mit der Zeitdauer der Elektrolyse usf.

Freilich können selbst unterhalb der Zersetzungsspannung minimale Ströme durch die Zelle fließen, die sich manchmal schon beim Anlegen von Spannungen von etwa 1,06 V beobachten lassen. Dann nämlich, wenn der Elektrolyt auch nur Spuren von Substanzen enthält, welche Wasserstoff oder Sauerstoff von geringem Druck aufnehmen, z. B. gelösten Sauerstoff, der an der Kathode Wasser oder Wasserstoffsuperoxyd bildet[2]. Man spricht dann von „Reströmen".

Bei Gegenwart reduzierender oder oxydierender Stoffe in größerer Menge können diese Restströme ansehnlich werden. Man spricht dann von elektrolytischen Oxydations- oder Reduktionsprozessen.

---

[1] Z. Elektrochem. **10**, 697.

[2] Traube hat [Ber. **15**, 2434 (1882)] festgestellt, daß dabei in verdünnter Schwefelsäure Sauerstoff anodisch gelöst wird und, an die Kathode gelangt, dort fast quantitativ in H_2O_2 verwandelt wird. Bei festgehaltener Klemmenspannung werden die dazu verbrauchten Gasmengen durch Elektrolyse, das ist durch „Reststrom", nachgeliefert.

Bei jeder von außen angelegten Spannung beladen sich beide Elektroden mit Gas von einem der Spannung entsprechenden Druck. Erst beim Erreichen der Zersetzungsspannung kann dieses frühestens den Atmosphärendruck erreichen und befähigt werden, frei aufzutreten[1].

Die eigentliche Wasserzerlegung nach Schema I bis III setzt bei Atmosphärendruck also erst beim Erreichen und Überschreiten der Zersetzungsspannung ein.

Caspari hat zuerst diese Zersetzungsspannung dadurch zu ermitteln gesucht, daß er die an die Elektroden gelegte Spannung stufenweise steigerte, bis eben beginnende Gasblasenbildung beobachtet werden konnte. E. Müller hat diese Messungen wiederholt und verfeinert.

Ein anderer Weg, die Zersetzungsspannung zu messen, besteht darin, die bei stufenweise gesteigerter Spannung jeweils hergestellte Stromintensität zu messen und in ein Koordinatensystem einzutragen, in welchem etwa die Spannungen auf der Abszisse, die jeweiligen Stromintensitäten als Ordinaten aufgetragen werden. Die Zersetzungsspannung läßt sich dann durch graphische Interpolation ermitteln.

Es wird dabei angenommen, daß die Stromdichte von jener Spannung ab, bei welcher eine neue Ionengattung ständig zur Entladung gelangt, schneller mit weiterer Spannungserhöhung ansteigt, was sich in einer Richtungsänderung, in einem Knickpunkt der Volt-Ampere-Kurve zu erkennen gibt, nämlich einem steiler werdenden Anstieg derselben beim „Knickpunkt“.

Le Blanc hat nach dieser von ihm angegebenen Methode[2] unter anderem in Säuren und Basen an Platinelektroden folgende Zersetzungsspannungen ermittelt:

Tabelle 2.

H_2SO_4	1,67 V	KOH	1,67 V
HNO_3	1,69 V	NaOH	1,69 V
H_3PO_3	1,70 V	NH_4OH	1,74 V
$HClO_4$	1,65 V		

Wie zu erwarten stand, ist bei der Wasserelektrolyse die Zersetzungsspannung darnach in allen Säuren und Basen dieselbe. Sie ist aber erheblich größer, als man auf Grund der Potentialmessungen der Knallgaskette annehmen würde, sie weicht an Platinelektroden von der EMK der letzteren um nicht weniger als 0,45 V ab.

[1] Sokolow hat (Wied. Ann. 58, 209) beobachten können, daß sich bei sehr vermindertem Druck Spuren entwickelter Gase tatsächlich selbst bei Spannungen von etwa 1,07 V sammeln lassen.

[2] Z. physik. Chem. 8, 299 (1891).

In welchem Maße sich dieser Mehrspannungsverbrauch auf die Anode und die Kathode verteilt, kann ermittelt werden, wenn man deren Einzelpotentiale mißt. Dies kann mit Hilfe einer dritten in dieselbe Lösung tauchenden, aber an der Elektrolyse selbst unbeteiligten konstanten Elektrode — z. B. einer Wasserstoffelektrode — geschehen.

Solche Messungen sind von NERNST und GLASER[1], dann von vielen anderen ausgeführt worden. Die Abb. 1 und 2 geben die mit Platinelektroden anodisch, bzw. kathodisch erhaltenen Resultate graphisch wieder.

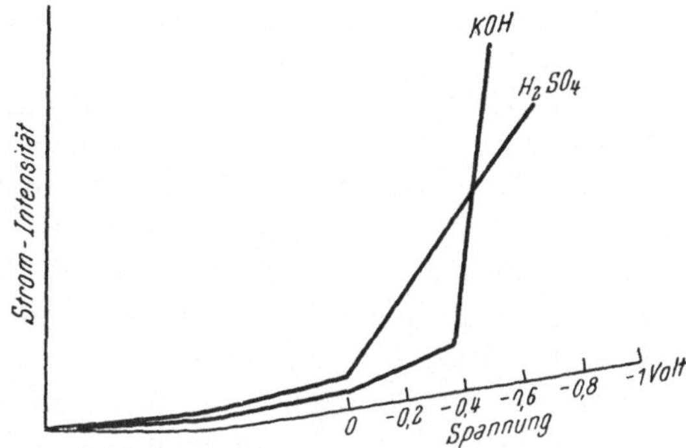

Abb. 1. Kathodisch.

In Wirklichkeit unscharf, können die Knickpunkte durch Verlängerung der geraden Stücke der Kurven bis zum Schnittpunkt, wie auf Abb. 1 und 2, scharf dargestellt werden.

Man entnimmt diesen Abbildungen, daß die Spannungssteigerung über den Wert von 1,23 V bei der Elektrolyse mit Platinelektroden fast ausschließlich der Anode zur Last fällt. Die Potentialdifferenz der Platinkathode bleibt hingegen im Zersetzungspunkte (dem Knickpunkt gegen die Wasserstoffelektrode) sehr gering und an platiniertem Platin praktisch null.

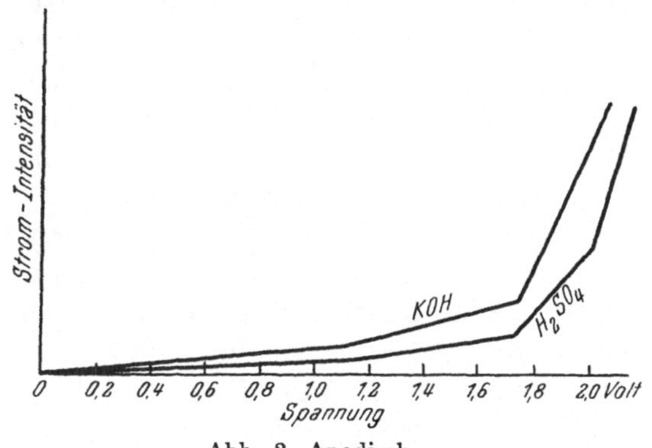

Abb. 2. Anodisch.

An Kathoden aus anderen Metallen beobachtet man aber auch auf dieser Seite erhebliche Abweichungen vom theoretisch zu erwartenden Wert.

Bei der Elektrolyse von Säure tritt kathodisch nur ein Knickpunkt auf (s. Abb. 1), bei der Elektrolyse von Alkalihydroxydlösungen findet man deren aber zwei.

[1] Z. Elektrochem. 5, 155 (1898).

Dies steht im Einklang mit dem unter I. dargestellten Vorgang der Wasserzersetzung, bei welchem primär Alkalimetallionen entladen werden, die eine Alkalimetall-Legierung (an Hg-Kathoden Amalgam) bilden, dann in einer zweiten Stufe mit Wasser unter H_2-Entwicklung in Reaktion treten.

Anodisch findet man einen scharfen Knickpunkt bei 1,67 V, der Spannung, bei welcher Sauerstoff an Platinelektroden erst in Gasform aufzutreten beginnt.

Nicht immer ist aber die Bedeutung eines Knickpunktes sicher zu ermitteln. So ist es noch fraglich, welchem Vorgang der undeutliche Knickpunkt bei zirka 1,08 V entspricht, der sowohl in Schwefelsäure wie in Lauge anodisch beobachtet worden ist. Man hat ihn mit der Bildung von Platin-Sauerstoff-Verbindungen und mit Restströmen in Beziehung zu bringen versucht; doch bleibt dies unbewiesen. Unsicher ist es auch, ob der dritte Knickpunkt der anodischen Zersetzungskurve der Schwefelsäure mit ihrer zweiten Dissoziationsstufe in Zusammenhang steht.

3. Überspannungen des Wasserstoffs und Sauerstoffs an technisch verwendbaren Elektrodenmetallen.

Als „Überspannung“ bezeichnet man den zur Durchführung der Elektrolyse erforderlichen Spannungsmehrverbrauch über den von der Theorie geforderten Wert von 1,23 V.

Die Größe dieser Überspannung ist von Metall zu Metall verschieden, sie steigt mit steigender Stromdichte und kann bei den technisch angewandten Stromdichten Werte annehmen, welche selbst in günstigen Fällen etwa 20% der Betriebsspannung beanspruchen. Ihre Kenntnis ist deshalb mit ausschlaggebend für die Wahl der anzuwendenden Elektrodenmetalle.

Die ersten Messungen von H-Überspannungen an verschiedenen Metallen sind von CASPARI[1] bei Zimmertemperatur durch Beobachtung des Kathodenpotentials ausgeführt worden, bei welchem eben sichtbare Gasentwicklung auftrat. E. MÜLLER[2] hat die Messungen fortgesetzt. THIEL und Mitarbeiter haben sie sehr verbessert[3].

COEHN und DANNENBERG[4] haben dann diese Messungen durch Ermittlung der Knickpunkte von Stromspannungskurven wiederholt.

Die betreffenden Resultate findet man in Tab. 3 zusammengestellt.

---

[1] Z. physik. Chem. **30**, 89 (1899).

[2] E. MÜLLER: Z. anorg. Chem. **26**, 1 (1900).

[3] THIEL u. BREUNING: Z. anorg. Chem. **83**, 329 (1913), THIEL u. HAMMERSCHMIDT ib. **132**, 15 (1924).

[4] COEHN u. DANNENBERG: Z. physik. Chem. **38**, 609 (1902).

Unsichere Werte sind eingeklammert. Die verläßlichsten Werte dürften die von THIEL und HAMMERSCHMIDT, bzw. THIEL und

Tabelle 3. *Wasserstoff-Überspannung an Metallen.*

Elektrodenmetall	Beobachtungsmethode				
	Gasbläschen			Knickpunkt	
	Beginn der Bildung mit steigender Stromdichte		Aufhören der Bildung mit sinkender Stromdichte		
	CASPARI	MÜLLER	THIEL u. Mitarbeiter	MÜLLER	COEHN u. DANNENBERG
Pd	(0,46)	(0,24)	0—0,00001	—0,02	(—0,26)
Pt	0,005	0,01	0—0,00001		0,01
Ru			0,00043		
Os			0,00148		
Ir			0,00255		
Rh			0,004		
Au	0,02	0,06	(0,0165)		0,05
Co			0,067		
Ag	0,15	0,05	(0,097)	0,1	0,07
Vd			0,1352		
Ni	0,21	0,03	0,1375		0,14
W			0,157		
Mo			0,168		
Fe			(0,175)		
Cr			0,182		
Cu	0,23	(0,03)	0,19		0,19
Si	0,00		0,192		
Sb			0,233		
Ti			0,236		
Al			0,296		
Graphit			(0,335)		
As			0,369		
Mn			(0,37)		
Th			0,38		
Bi			0,388		
Ta			0,39		
Cd	0,48		0,392		
Sn	0,53	0,43	0,401		
Pb	0,64	0,35	0,402		0,36
Zn	0,70		0,482		
In			(0,533)		
Tl			0,538		
Hg	0,78		0,570		0,44

BREUNING ermittelten sein, sie stellen die Überspannung dar, bei welcher Wasserstoff gerade eben auftreten kann, also den Minimalwert der Überspannung bei kleinster Stromdichte, der mit steigender Stromdichte sukzessive ansteigt.

Überspannungen des Sauerstoffs sind viel seltener und zuerst wohl von COEHN und OSAKA[1] (nach der Knickpunktmethode) gemessen worden, deren Ergebnisse in Tab. 4 aufgeführt sind.

Tabelle 4. *Überspannung des Sauerstoffs.*

an schwammigem Nickel	1,28 V
,, glattem Nickel	1,35 V
,, Kobalt	1,36 V
,, Eisen	1,47 V
,, platiniertem Platin	1,47 V
,, glattem Palladium	1,65 V
,, glattem Platin	1,67 V
,, Gold	1,75 V

Die Überspannung des Wasserstoffs ist, wie zuerst CASPARI beobachtet hat, im allgemeinen an leicht schmelzbaren Metallen größer als an schwer schmelzbaren, edleren Metallen.

Nach NEWBERY[2] ist die Überspannung des Wasserstoffs an den verschiedenen Metallen von ihrer Stellung im periodischen System abhängig, und zwar gibt er dieselbe überschlagsweise wie folgt an:

Tabelle 5. *Überspannung des Wasserstoffs an Metallen.*

Gruppe	H-Überspannung	Gruppe	H-Überspannung
I.	0,35 V	V.	0,42 V
II.	0,7 V	VI.	0,32 V
III.	0,5 V	VII.	0,25 V
IV.	0,45 V	VIII.	0,18 V

Diese Ziffern können keinen Anspruch auf Genauigkeit erheben, sondern höchstens zur allgemeinen Orientierung dienen, um so mehr als die Messung von Überspannungen kaum scharf reproduzierbare Werte ergibt. Die Resultate sind vielmehr von der Oberflächengestaltung der Elektrode, von der Zeitdauer der Elektrolyse und ganz besonders von der Temperatur abhängig, bei welcher sie ausgeführt wird.

Für die Beurteilung der Frage, ob sich eine Elektrode besser oder weniger gut für die technische Elektrolyse eignet, ist es allerdings besonders wichtig, auch jene Überspannungen zu kennen, die sich bei höherer und dauernder Strombelastung herstellen, also das Gesetz, welches ihre Zunahme mit steigender Stromdichte bestimmt.

Einen mathematischen Ausdruck versuchte TAFEL[3] durch Aufstellung der Formel dafür zu finden:

$$\text{Überspannung} = a + b \log i$$

---

[1] COEHN u. OSAKA: Z. anorg. Chem. **34**, 86 (1903).

[2] NEWBERY: J. Chem. Soc. **105**, 2420 (1914); **109**, 1051, 1066 (1916).

[3] Z. physik. Chem. **50**, 641, 710 (1905).

in welcher a eine für das betreffende Metall charakteristische, b eine von der Natur des Metalls unabhängige Konstante darstellen sollte, die nach TAFELs Messungen den Wert von 0,029, nach anderen einen solchen von 0,12 annehmen sollte. Nach dieser Formel sollte das zweite Glied in Analogie zur NERNSTschen Formel dem Druckanstieg des an der Kathode angestauten Wasserstoffs Rechnung tragen.

An ganz glatten Kathoden, nämlich solchen aus Quecksilber, platiniertem Silber, poliertem Silber, glänzendem Platin, haben BOWDEN und seine Mitarbeiter[1] (allerdings bei Versuchen von kurzer Dauer) beobachtet, daß die Überspannung des Wasserstoffs in sauerstofffreien Elektrolyten dem Logarithmus der Stromdichte proportional ansteigt. In diesen Fällen entspricht ihr Verlauf also der Erwartung TAFELs.

Im allgemeinen hat sich aber die TAFELsche Formel nicht bewährt. Andere Versuche, eine solche aufzustellen, haben kein glücklicheres Ergebnis gehabt.

Rein empirisch haben sich bisher für die Größe der Überspannung und ihre Abhängigkeit von anderen Größen nur folgende allgemeine Regeln ermitteln lassen:

1. Mit steigender Stromdichte steigt die Überspannung regelmäßig an, und zwar schneller an Metallen, die von Haus aus niedere Überspannung aufweisen, langsamer an solchen, an denen sie von Haus aus hoch ist. Bei mäßiger Strombelastung steigt sie zunächst in linearem Verhältnis an[2].

2. An allen Metallen strebt die Überspannung mit steigender Stromdichte einem Grenzwerte zu, der für Wasserstoff ungefähr mit 1,3 V angegeben werden kann.

3. Mit steigender Temperatur geht sowohl die H- als die O-Überspannung zurück, und zwar an verschiedenen Metallen ungefähr im gleichen Verhältnis. Sie ist bei 70 bis 80° C rund um ein Drittel kleiner als bei Raumtemperatur.

4. Verunreinigungen der Metalloberfläche, Spuren von Fremdkörpern, welche im Laufe der Elektrolyse niedergeschlagen werden

[1] BOWDEN u. RIDEAL: Proc. Royal Soc. A, **120**, 59 (1928); BOWDEN: ib. A, **125**, 446 (1929), **126**, 107 (1929); ib. u. O'CONNOR: ib. **128**, 317 (1930).

[2] BOWDEN u. RIDEAL haben (l. c.) gefunden, daß die Strommenge, welche erforderlich ist, das Kathodenpotential um 0,1 V zu erhöhen, an ganz glatten Metalloberflächen (Quecksilber, amalgamiertes Silber, geschmolzenes leichtflüssiges Metall der ungefähren Zusammensetzung des WOODschen Metalls) gleich ist und bloß $6 \cdot 10^{-7}$ Coulomb/qcm beträgt.

An rauhen Metalloberflächen sind viel größere Strommengen erforderlich, um dieselbe Spannungssteigerung hervorzurufen.

usw., erniedrigen meist die Überspannung, während sie bei Gegenwart von Kolloiden im Elektrolyten gewöhnlich an dem Pole steigt, zu welchem diese im Stromgefälle wandern.

5. An einer und derselben Elektrode kann sich die Überspannung im Laufe der Zeit ändern. Sie ist deshalb nicht scharf reproduzierbar. Dies erklärt die Verschiedenheit der Angaben verschiedener Autoren zum Teil.

6. An glatten Metalloberflächen weist die Überspannung höhere Werte auf als an aufgerauhten.

Die Überspannungen, die bei Raum- und auch bei höherer Temperatur und jenen Stromdichten, wie sie die Technik anwendet, auftreten, werden in Tab. 6 für die Metalle angegeben, welche vor allem als Elektroden für Sauerstoff- und Wasserstoffabscheidung praktisch in Betracht kommen:

Tabelle 6. *Überspannungen in Volt an Kathoden aus Eisen, bzw. 6a an Anoden aus Nickel bei verschiedenen Stromdichten und Temperaturen.*

Stromdichte	nach KNOBEL	nach PFLEIDERER		Verfasser	
		Raum-temperatur	80°	Raum-temperatur	75°
10 A/qm	0,4036				
50	0,5424				
100	0,5571	0,35	0,12	0,24	0,18
500		0,35	0,18	0,34	0,22
1.000	0,8184	0,39	0,22	0,38	0,25
2.000		0,45	0,27	0,42	0,29
5.000	1,2561				
15.000	1,2908				

Die Messungen KNOBELS wurden in 2-n H_2SO_4 bei 25° ausgeführt, die anderen in konzentrierter Kalilauge.

Tab. 6a. *Überspannung des Sauerstoffs an Nickelanoden in 1-n. KOH.*

10 A/qm	0,353				
50	0,461				
100	0,519	0,40—0,24	0,25—0,16	0,3	
500		0,52—0,30	0,39—0,24	0,44	0,28
1.000	0,638	0,58—0,33	0,49—0,26	0,5	0,34
2.000		0,56—0,30	0,56—0,30	0,56	0,39
5.000	0,821				
15.000	0,871				

Die hier von PFLEIDERER angegebenen Überspannungen wurden an Eisenblechelektroden ermittelt, die nach zwei verschiedenen Rezepten vernickelt worden waren. Die Messungen KNOBELS und des Verfassers an Nickelblechen.

Nach dem D. R. P. 378 136 der I. G. ist die anodische Überspannung an Nickelstahlblech relativ niedrig. Nach den D. R. P. Nr. 411 528 und 414 969 derselben Firma noch niedriger an schwefelhältigem Nickel. Nach den Angaben der Patentschrift werden letztere durch galvanische Behandlung in thiosulfathältigen Nickelbädern erhalten. Im Betrieb wird der größte Teil des Schwefels nach und nach im Bade gelöst, ohne daß die spannungserniedrigende Wirkung dadurch verlorengehen soll.

Nach PFLEIDERER (l. c.) sind die anodischen Überspannungen an diesen Elektroden die folgenden:

Tabelle 7. *Anodische Überspannung in Volt.*

Stromdichte A/qm	an schwefelhältigem Nickel		an Nickelstahlblech im Sandgebläse aufgerauht	
	Raumtemperatur	80°	Raumtemperatur	80°
100	0,32	0,18	0,35	0,25
500	0,36	0,22	0,40	0,275
1000	0,385	0,24	0,44	0,29
2000	0,42	0,265	0,48	0,31

An nicht aufgerauhtem Nickelstahlblech sollen die Überspannungen um 0,1 bis 0,3 V höhere sein.

Die Abb. 4 und 5a, 5b stellen Mittelwerte der Angaben verschiedener Autoren, darunter solche in der *Haring*-Zelle ermittelter, graphisch dar.

Die *Haring*-Zelle (Abb. 3) stellt einen rechteckigen Trog vor, welcher mit dem Elektrolyten beschickt wird. Seine beiden Stirnwände werden durch die Anode *A* und die Kathode *K* abgedeckt, sein Innenraum wird durch zwei Meß-Elektroden *I* und *II* aus grobmaschigem Drahtnetz in drei kongruente Räume geteilt.

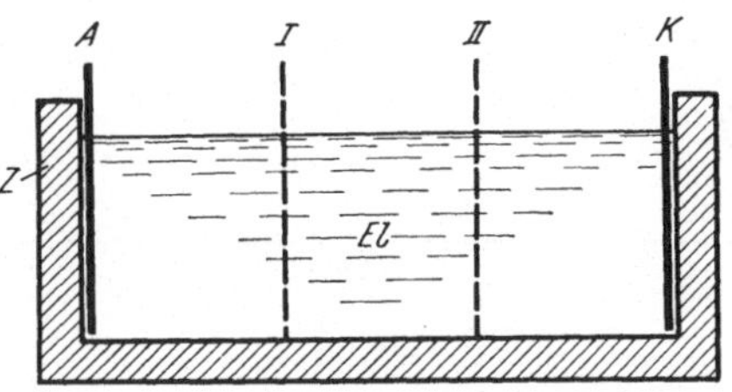

Abb. 3. *Haring*-Zelle. *A* Anode, *K* Kathode, *I* und *II* Meß-Elektroden aus weitmaschigem Drahtnetz, *El* Elektrolyt, *Z* Außengefäß.

Die Spannungsdifferenz zwischen *I* und *II* gibt den Potentialabfall im Elektrolyten an. Durch Messung der Spannungsdifferenzen *I*—*A* und *II*—*K* lassen sich bei Kenntnis dieses Potentialabfalls die Spannungen *A*—Elektrolyt, bzw. *K*—Elektrolyt bei wechselnden Stromdichten ermitteln.

Die Abb. 4 stellt die Änderung dar, welche die H-Überspannung mit steigender Stromdichte erfährt. An platiniertem Platin stellt sich der Ausnahmsfall ein, daß sie dauernd nahezu null bleibt.

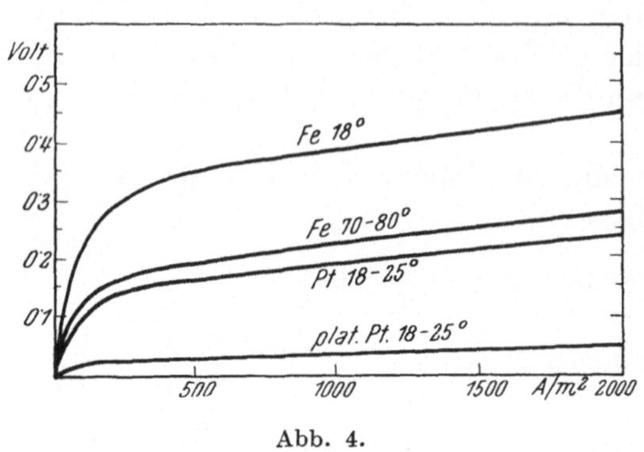

Abb. 4.

Abb. 5a führt dasselbe hinsichtlich der O-Überspannung, Abb. 5b die Änderung derselben mit der Zeit an sieben verschiedenen Anodensorten vor.

Nach Levin soll[1] sowohl die anodische als die kathodische Überspannung an Elektroden mit galvanischem Kobaltüberzug besonders klein sein. Ferner soll eine anodische Vorbehandlung der Elektroden in einem Bade desselben Metalls die Überspannung — offenbar infolge Aufrauhung durch anodische Anätzung — weiter herabsetzen.

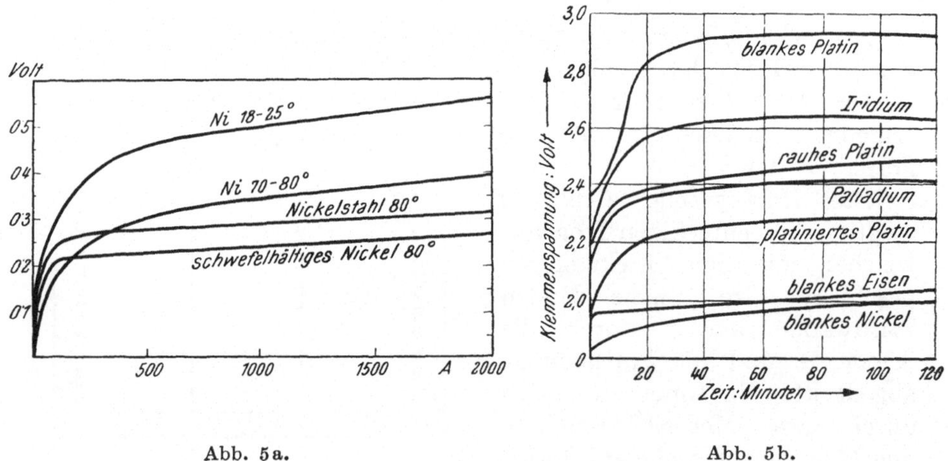

Abb. 5a. Abb. 5b.

Pfleiderer fand aber (l. c.) die Überspannung an verkobalteten Elektroden nicht wesentlich verschieden von derjenigen an Nickelstahl, bzw. an vernickeltem Eisenblech. Er bestimmte sie z. B. bei 2000 A Stromdichte je Quadratmeter bei Raumtemperatur zu 0,47 V an der Kathode, 0,39 V an der Anode, bei 80° zu 0,42, bzw. 0,29 V.

[1] USA. Pat. 1214934, s. auch Coehn u. Osaka l. c.

Ein Anlaß, das billigere Nickel durch viel teureres Kobalt zu ersetzen, scheint darnach nicht vorzuliegen. In der Tat ist die Electrolabs Co., welche die *Levin*-Zellen ausführt (s. S. 48) wieder davon abgekommen, die Elektroden mit Kobalt zu überziehen.

Nach anderen Angaben soll es vorteilhaft sein, die Elektroden auf galvanischem Wege mit einem samtartigen Überzug des gleichen Metalls zu versehen. Eine diesem ähnliche Oberfläche nehmen die Eisenelektroden aber von selbst nach längerer Betriebsdauer an.

Nach KNOBEL (l. c.) soll die Wasserstoff-Überspannung an *Monel*metall um etwa 0,2 V geringer sein als an Eisen. Allerdings gibt er (s. Tab. 6) für die Überspannung an Eisen so überraschend hohe Werte an, daß auch die Überspannungen, die er an *Monel*-Kathoden findet, hoch erscheinen.

In der Technik werden auf Grund all dieser Befunde fast allgemein Eisen oder Stahl wegen ihrer Wohlfeilheit und ihrer Haltbarkeit in alkalischer Lösung als Kathodenmaterial verwendet, vernickeltes Eisen- oder Stahlblech als Anoden. Nickelüberzüge von 0,05 mm Stärke sind zureichend.

Eine vorherige Formierung, bzw. Aufrauhung durch Sandstrahlgebläse und dergleichen wird als sehr vorteilhaft angesehen. Daß es auch auf die Art und Weise, wie die Vernickelung durchgeführt wird, ankommt, geben die von PFLEIDERER in Tab. 6 mitgeteilten Zahlen zu erkennen.

Trotz jahrzehntelanger, eingehender Untersuchungen zahlreicher Forscher liefern die gesammelten Beobachtungen keine Handhabe, die dazu führen könnte, technisch nützliche Maßnahmen zu treffen, die Überspannung zu erniedrigen.

Daß die Zunahme, welche die Überspannung durch Steigerung der Stromdichte erfährt, auf Verarmungserscheinungen zurückzuführen sei, wird schon durch die Größe der dabei auftretenden Spannungsunterschiede ausgeschlossen.

Daß eine verzögerte Nachbildung von Ionen dafür verantwortlich gemacht werden kann, erscheint höchst unwahrscheinlich.

Daß die Oberflächenform der Elektrode die Bildung von Gasblasen sehr erschwert, kann nicht ausschlaggebend sein. Zwar ist die Überspannung an sehr glatten Oberflächen größer, aber die so hohe Überspannung, welche man an den glattesten, den Quecksilberoberflächen, findet, wird nach COEHN und NEUMANN[1] durchaus nicht beim Gefrieren dieses Metalls aufgehoben. Sie wird also vor allem durch die Natur des betreffenden Metalls bestimmt.

[1] COEHN u. NEUMANN: Z. physik. Chem. **39**, 353; Z. Elektrochem. **8**, 591 (1902).

Man hat die Sauerstoff-Überspannung mit der Bildung von Oxydhäuten, die Wasserstoff-Überspannung mit der Bildung von Wasserstoff-Verbindungen unedleren Potentials zu erklären versucht. In einigen Fällen — z. B. bei der Sauerstoffbildung an Platin-Anoden — mag derartiges mitwirken, in den meisten Fällen aber nicht.

Die Vorstellung, daß sich die Elektroden in eine schlecht leitende Gashülle von erheblichem Übergangswiderstand einschließen, welche den Spannungsanstieg verursacht, ist kaum mit der Beobachtung zu vereinen, daß gerade nur die Entladung der betreffenden Gasionen erschwert wird, während andere Ionen (z. B. Metallionen wie: Zn'', Mn'', Cu'' usw.) ungehindert an die Elektrode gelangen und dort bei ihrem umkehrbaren Potential entladen werden.

Trotzdem sprechen einige Anzeichen dafür, daß sich doch eine Art Gashaut an den Elektroden ausbildet, die auch noch eine Zeitlang nach Unterbrechung des Stromes daran festgehalten wird; denn die Überspannung verschwindet nicht sofort bei Stromunterbrechung, sondern klingt gewöhnlich mit meßbarer Geschwindigkeit ab, wie denn der allgemeine Rückgang der Überspannung mit steigender Temperatur ein Seitenstück zur Abnahme der Gasokklusion bei höherer Temperatur abzugeben scheint.

Daß Elektroden einen Teil des Gases, das sich an ihnen bildet, okkludieren, wird manchmal augenfällig: z. B. sieht man bei Unterbrechung des Stromes nach Aufladung eines Bleiakkumulators Gasblasen, die von den Bleiplatten ausgestoßen werden, weiter rauschend in der Säure aufsteigen. Eine direkte, zahlenmäßige Beziehung zwischen der Okklusion des Gases und der Überspannung besteht aber hier nicht. Die Okklusion geht langsam vor sich, die Überspannung erreicht aber am Blei sehr schnell ihren Höchstwert.

Keines der bisher aufgeführten Momente reicht dazu hin, alle Erscheinungen, welche bei der Überspannung auftreten, zu erklären, geschweige denn, die eigentliche Ursache derselben dem Verständnisse näherzubringen. Die überaus zahlreichen, von den verschiedensten Seiten aufgenommenen, zum Teil äußerst ausführlichen Untersuchungen haben überraschenderweise wenig oder gar nichts zur Aufklärung der Frage beigetragen.

So hat sich die Forschung veranlaßt gesehen, Analogiefälle auf ganz anderen Gebieten aufzusuchen und zur Erklärung heranzuziehen. Gegenwärtig herrscht die Tendenz vor, das Auftreten der Überspannung auf die in vielen Fällen experimentell beobachtete Verzögerung, welche die Bildung von Molekülen aus Atomen erfährt, zurückzuführen.

Bei der Entladung der Ionen bilden sich (s. S. 6) zunächst ungeladene Atome, die an den Elektroden entwickelten Gase bestehen aber aus Molekülen. Alle Umstände, welche die Molekülbildung aus Atomen verzögern, scheinen größere Überspannungen hervorzurufen, alle Momente, welche sie befördern, die Überspannung hingegen zu verringern.

Besonders beim Wasserstoff haben Untersuchungen über den Zusammentritt von Wasserstoffatomen zu Wasserstoffmolekülen eine starke Stütze für diese Auffassung geliefert. Wenn diese Untersuchungen auch auf fern abliegenden Gebieten ausgeführt wurden (z. B. bei Prüfung der „Aktivität" des Wasserstoffs in Gasentladungsröhren), springt die beobachtete Parallelität der Erscheinungen so deutlich in die Augen, daß sie hier andeutungsweise wiederzugeben ist:

WOOD hat beobachtet, daß Wasserstoff in Entladungsröhren Mischspektren liefert, nämlich das *Balmer*-Spektrum neben einem Viellinienspektrum. Er hat dargetan, daß das *Balmer*-Spektrum dem atomaren, das Viellinienspektrum dem molekularen Wasserstoff zuzuschreiben ist und hat gefunden, daß der Wasserstoff chemisch um so stärker aktiv ist, je stärker das *Balmer*-Spektrum hervortritt, je mehr freie Atome er also enthält[1].

BONHOFFER hat die Untersuchung fortgeführt und hat dabei die chemische Wirksamkeit des Wasserstoffs näher verfolgt. Er fand Belege dafür, daß der atomare Wasserstoff als der aktive Teil im Gasgemisch anzusehen ist und daß zahlreiche Katalysatoren das Zusammentreten von Wasserstoffatomen zu Molekülen befördern. Der Grad, in welchem diese Beförderung erfolgt, kann durch die dabei auftretende Wärmetönung messend verfolgt werden[2].

In 10 cm Abstand vom Orte der Entladung wurden innerhalb 10 Minuten Oxyde oder Chloride von Al, Mg, Cr, Fe, Co, Ni, Zn nicht verändert, hingegen wurden solche von Cd, Cu, Pb, Bi, Ag, Hg zu Metall reduziert.

Die Reduktion erfolgte nur an der Oberfläche, weil das abgeschiedene Metall die Aktivität des Wasserstoffs zerstörte.

Setzte man die Kugel eines Thermometers, nachdem man sie durch Eintauchen in eine Salzlösung und Trocknen mit einer hauchdünnen Schicht des betreffenden Salzes überzogen hatte, der Einwirkung aus, so zeigte das Thermometer eine um so höhere Temperatur an, je stärker das betreffende Metallsalz den Zusammentritt der Wasserstoffatome unter gleichzeitig erfolgender Reduktion beschleunigte.

Während das blanke Thermometer 40° anzeigte, stieg die Temperatur bei Gegenwart von Palladiumsalz auf 340°, von Silbersalz auf 278°, Kupfersalz auf 258°, Bleisalz auf 142°.

---

[1] Phil. Mag. (6) **42**, 9 (1921); (6) **44**, 38 (1922); s. a. LANGMUIR, Amer. Chem. Soc. **38**, 2221 (1918).

[2] Z. physik. Chem. **113**, 199 (1924).

Äußerst kleine Stoffmengen (bei Silbersalz z. B. $1 \cdot 10^{-8}$ g) erwiesen sich schon als wirksam, das sind Mengen, die bei gleichmäßiger Verteilung nicht dazu ausgereicht hätten, die Oberfläche mit atomarer Schicht zu bedecken.

Platin erwies sich als ungefähr ebenso wirksam wie Palladium, Wolfram etwas schwächer, Quecksilber fast gar nicht.

Die Reihenfolge, in welcher die verschiedenen Metalle nach ihrer Wirksamkeit anzuordnen sind, war die folgende:

Pt — Pd — W — Fe — Cr — Ag — Cu — Pb — Hg

Die Wirksamkeit von Fe und Cr war nahezu gleich, so daß ihre Reihenfolge sowie die einiger anderer nahestehender Elemente unsicher erscheint. Da freier Sauerstoff und Wasserdampf die Wirksamkeit schwächen oder aufheben, eine Vorbehandlung mit aktivem Wasserstoff dieselbe steigert, können kleine Abweichungen gelegentlich auftreten.

Nach steigernder Überspannung angeordnet, ist die Reihenfolge derselben Metalle, wie man der Tab. 3, S. 11 entnimmt:

Pt — Pd — Ag — W — Fe — Cr — Cu — Pb — Hg

Bis auf die allerdings auffallende Verschiebung der Stellung des Silbers ist die Reihenfolge also identisch.

Dieser Parallelismus ist eindrucksvoll, er kann schwerlich dem Zufall zugeschrieben werden und bildet — wiewohl ihm die Beweiskraft fehlt — eine beachtenswerte Stütze der Auffassung, daß die Überspannung auf die Trägheit des Zusammentritts von 2 H zu H_2 zurückzuführen ist. An Metallen, welche diesen Zusammentritt beschleunigen, ist die Überspannung kleiner und vice versa.

Größere Affinität eines Metalls zur oberflächlichen Wasserstoffadsorption ist mit kleinerer freier Reduktionsenergie des Hydrids und damit mit kleinerer Überspannung verbunden.

Während diese Befunde bei sehr niederen Drucken ermittelt wurden, bei welchen die Rückbildung von Molekülen überraschend langsam erfolgt — schätzungsweise sank die Aktivität, also die Atomkonzentration, in einer Drittel Sekunde nur auf die Hälfte —, wo das Gas demgemäß relativ viele Atome enthält, fanden WENDT und LANDAUER[1] Analoges auch bei Atmosphärendruck, bei welchem sie den Gehalt an aktivem Wasserstoff — sie vermuten, daß er bei diesem Druck aus H_3 besteht, also aus einem an ein Molekül angelagertes Atom — bloß auf etwa 0,01% schätzen.

Platin, das Metall mit geringster Wasserstoffüberspannung, ist auch dasjenige, welches Wasserstoff hier am besten aktiviert. Es scheint den Vorgang: $2\,H \rightleftharpoons H_2$ in beiden Richtungen zu befördern.

[1] J. Amer. Chem. Soc. **42**, 930 (1920), **44**, 510 (1922).

In dem Maße, in welchem die Aktivierung abnimmt, die ein Metall ausübt, nimmt die Überspannung zu, sie ist an Quecksilber besonders groß, das praktisch unaktiv bleibt. Die Molekülbildung setzt dann erst bei größerer Annäherung der Atome, also nach einer Art Verdichtung, ein. Eine solche wird auch durch Adsorption durch das betreffende Metall befördert.

Daß die Adsorptionskraft an Metallen mit niederen Schmelzpunkten im allgemeinen gering, die an denselben auftretende Überspannung nach CASPARI (l. c.) und anderen groß ist, wird dadurch erklärt, daß ihr niederer Schmelzpunkt für schwaches Kraftfeld des Gitters in fester Phase spricht.

Daß sich Elektroden von hoher Überspannung mit Wasserstoff-*atomen* beladen, also mit aktivem Wasserstoff, steht mit dem Befund in Einklang, daß sich elektrolytische Reduktionen an solchen Elektroden leichter ausführen lassen.

Die Abnahme der Überspannung mit steigender Temperatur läßt sich, wenn auch zur Zeit nur qualitativ, mit zunehmender kinetischer Energie der Atome deuten, ebenso die Tatsache, daß die Überspannungen einen Grenzwert (zirka 1,3 V für H_2) nicht überschreiten. Indessen darf man sich eine solche Ansammlung von *Atomen* an der Elektrodenfläche nicht als eine Gashaut bekannter Art vorstellen, die aus *Molekülen* gebildet wird.

Ob sich diese Vorstellung bewährt, bleibt dem Ergebnis weiterer Untersuchungen vorbehalten, die sich auch auf andere Gase und auf eine größere Anzahl von Elektrodenmaterialien erstrecken sollten. Möglichkeiten, auf das Ausmaß der Überspannung einzuwirken, sind zur Zeit nicht bekannt und man ist darauf angewiesen, durch Herumprobieren Materiale aufzusuchen und zu verwenden, welche besonders hohe oder besonders niedere Überspannung aufweisen: hohe, wenn Oxydationen oder Reduktionen angestrebt werden, niedere, wenn man die Gase in elementarer Form abscheiden will; da die Überspannung in diesem Falle einen nutzlosen Energieaufwand verursacht.

B. Technische Ausführung der Elektrolyse.

1. Allgemeines.

Von den zwei Gasen, welche die Elektrolyse liefert, bildet Wasserstoff das bei weitem wichtigere. Die Verwendung des Sauerstoffes bleibt eine beschränktere. Der auf wohlfeilerem Wege aus flüssiger Luft hergestellte Sauerstoff ist für die ausschlaggebenden Anwendungen rein genug.

Hingegen hat die Einführung des *Haber-Bosch*-Verfahrens der Ammoniak-Synthese, der Fetthärtung und anderer Hydrierungsverfahren (z. B. die Methanol-Synthese, die Kohlehydrierung, zahlreiche Reduktionsprozesse u. a.) den Wasserstoffverbrauch ins Ungeheure gesteigert. Werke, die davon zehntausende Kubikmeter je Stunde verarbeiten, sind heute nichts Seltenes mehr.

Die Wasserelektrolyse hat dadurch große Bedeutung erlangt; da sie aber in Konkurrenz mit den rein chemischen Prozessen und der Kochsalz-Elektrolyse tritt, die Wasserstoff als Nebenprodukt liefert, sind die Ansprüche, die man an ihre Wirtschaftlichkeit stellt, zugleich auch größer geworden.

Von den rein chemischen Herstellungsweisen sind die wichtigsten:

1. Das Verfahren der BASF, das von Wassergas ausgeht, welches aus Koks, Braunkohle, Steinkohle oder Heizgas, Wasserdampf und Luft oder stickstoffhältiger Luft hergestellt wird. Das stickstoffhältige Wassergas wird entschwefelt, dann mit Wasserdampf bei Gegenwart von Katalysatoren ($Fe_2O_3 + Cr_2O_3$, $ZnO + Cr_2O_3$ oder Aktivkohle) komprimiert, wobei sich die Reaktion $CO + H_2O \rightarrow H_2 + CO_2$ abspielt. Die Kohlensäure wird durch Wasser absorbiert, die Kohlenoxydreste mittels ammoniakalischer Kupferformiat- oder Kupferkarbonatlösung, oder sie werden durch Tiefkühlung in flüssige Form überführt[1].

2. Die Spaltung von Kohlenwasserstoffen, z. B. von Methan nach $CH_4 + H_2O \rightleftharpoons CO + 3\,H_2$ bei Gegenwart von Nickel-Katalysatoren unter äußerer Erhitzung oder besser durch innere Verbrennung mittels Sauerstoff und Luft bei Gegenwart von Wasserdampf, welche sich bei Temperaturen von etwa 1100°[2] in Apparaten ausführen läßt, die mit feuerfesten Steinen ausgelegt sind. Das zunächst entstehende Kohlenoxyd bildet mit Wasserdampf weiter nach: $CO + H_2O \rightarrow CO_2 + H_2$ Kohlensäure unter Wasserstoff-Abspaltung.

In U. S. A. steht diese Herstellungsmethode an erster Stelle, wobei man vorzugsweise von Propan ausgeht, das zunächst von organischen Schwefelverbindungen befreit, dann bei etwa 850° über Nickel-Katalysatoren geführt wird.

Ein Teil der abgespaltenen Kohlensäure wird nach entsprechender Konzentrierung auf feste Kohlensäure verarbeitet.

3. Aus Kokereigasen durch Tiefkühlung nach dem Verfahren Claude (Air Liquide) oder Linde-Messer (Leuna-Werke)[3].

---

[1] D. R. P. 271 516, 268 929 (1912), 279 582, 282 849, 284 167, 293 585 (1914), 300 032, 303 952 usw.

[2] D. R. P. 254 344 (1910), 279 954, 282 505 (1913), 288 450, 288 843, 289 694 (1914).

[3] D. R. P. 406 411 (1923), 409 344 (1924), 431 504 (1924), 444 797 (1925).

Geringere Bedeutung hat die Herstellung von Wasserstoff aus Wasserdampf und Eisenabfällen bei 800 bis 1000° und durch Hitzespaltung von Kohlenwasserstoffen.

Während des zweiten Weltkrieges wurde Wasserstoff in transportablen Apparaten auch aus Methylalkohol (Methanol) und Wasserdampf nach: $CH_3OH + H_2O \rightarrow 3\,H_2 + CO_2$ hergestellt.

Keiner dieser Prozesse liefert Wasserstoff von so hohem Reinheitsgrade wie die Elektrolyse, deren Produkte vor allem sicher schwefel-, phosphor- und arsenfrei sind, was besonders bei Kontaktprozessen wichtig ist. Sie findet deshalb dort ausgedehnte Anwendung, wo die Kraftpreise entsprechen, besonders wenn auch der Sauerstoff Verwendung findet.

Als Nebenprodukt, das neuerdings Bedeutung erlangt hat, liefert sie schweres Wasser, das sich als reaktionsträgere Modifikation im Elektrolyten anreichert und daraus isoliert werden kann (s. II, S. 72 ff.).

Da die Elektrolyse mit nahezu quantitativer Stromausbeute vor sich geht, hängt die Wirtschaftlichkeit in erster Linie von der Betriebsspannung ab, bei welcher man die Elektrolyse mit praktisch hinreichender Stromdichte vornehmen kann.

Die Aufgabe, die Betriebsspannung möglichst nieder zu halten, wird auf methodischem Wege durch die Wahl der bestgeeigneten Elektrolyte und der bestgeeigneten Elektrodenmateriale gelöst, auf konstruktivem: durch größtmögliche Annäherung der entgegenpoligen Elektroden und Ablenkung der im Elektrolyten aufsteigenden Gasblasen aus dem stromdurchflossenen Flüssigkeitsquerschnitt, sowie durch Abscheidung der Gase in einer Form, in der sie möglichst rasch aufsteigen und möglichst geringen Querschnitt einnehmen.

2. Elektrolyt und Elektrodenmaterial.

In reinen Sauerstoffsäuren, Alkalien und Karbonaten geht die Wasserelektrolyse praktisch ohne jede ins Gewicht fallende Nebenreaktion vor sich; denn selbst die Reduktion der Spuren gelösten Sauerstoffs an der Kathode bleibt belanglos. In der Tat ist sie ja auch zur Messung von Strommengen in Voltametern herangezogen worden.

Nach dem FARADAYschen Gesetz entwickeln sich bei 0° C und 760 mm Quecksilbersäule:

je Amperestunde:	417,6 ccm =	0,4176 l =	0,037 g H_2
und :	208,8 ccm =	0,2088 l =	0,298 g O_2
zerlegt werden somit je Amperestunde			0,335 g H_2O

Dies entspricht einem Verbrauch von rund 0,8 Liter Wasser je Kubikmeter hergestellten Wasserstoffgases.

Bei der Durchführung der Elektrolyse bei erhöhter Temperatur (etwa 70° C), wie sie in der heutigen Praxis üblich ist, rechnet man mit Rücksicht auf Verdampfungsverluste usw. mit einem Wasserverbrauch von 0,85 bis 0,9 l je Kubikmeter H_2.

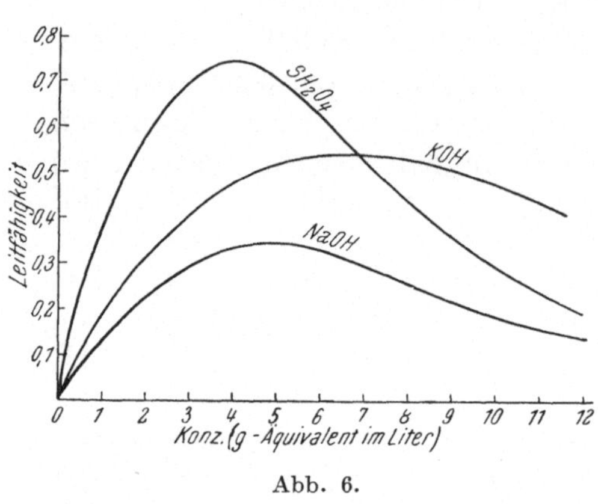

Abb. 6.

Da die Zersetzungsspannungen der in Betracht kommenden Elektrolyte praktisch voneinander kaum verschieden sind, sind für die Wahl der Badlösung vor allem: ihr Leitvermögen, ihre Beständigkeit und die Frage bestimmend, ob sie die Verwendung wohlfeilerer Materiale und von Elektroden zuläßt, welche geringe Überspannungen aufweisen. Der Preis des Elektrolyten spielt nur eine ganz nebensächliche Rolle, da er chemisch nicht verbraucht wird.

Wie die Tab. 8 bis 12 und die dazu gehörigen Abb. 6 und 7 zeigen, welche die Abhängigkeit des Leitvermögens von der Konzentration, bzw. der Temperatur graphisch darstellen, sind die Leitfähigkeiten der in Betracht kommenden Elektrolyte voneinander sehr verschieden.

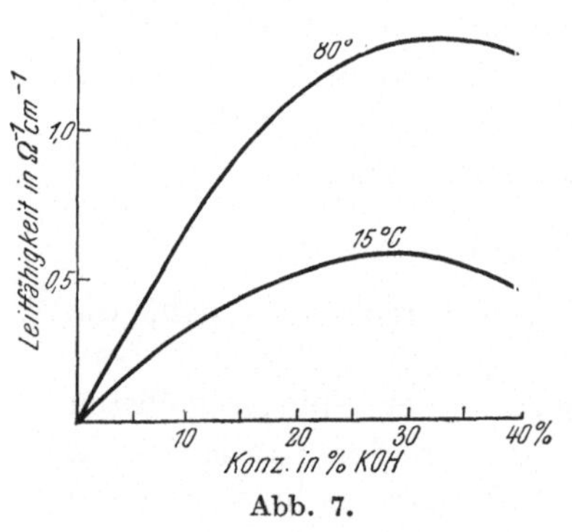

Abb. 7.

Alle haben sie aber das Moment gemeinsam, daß die Leitfähigkeit zunächst mit steigender Konzentration zunimmt, bis sie ein Maximum erreicht, um dann, bei weiterer Konzentrationszunahme — infolge Rückganges des Dissoziationsgrades — wieder abzunehmen. Mit Zunahme der Temperatur verschiebt sich die Lage des Maximums nur wenig (s. Abb. 7). Am schärfsten ausgeprägt ist es in Schwefelsäure (s. Abb. 6), welche auch die höchste Leitfähigkeit aufweist.

Schwefelsäure ändert ihre Leitfähigkeit nicht, während das Leitvermögen der Ätzalkalilösungen an der Luft durch Aufnahme von Kohlensäure, also durch Bildung von weniger gut leitenden Karbonaten, mit der Zeit sinkt.

Tabelle 8. *H_2SO_4-Lösungen bei 18°.*

Gramm H_2SO_4 in 100 Lösung	g-Äquivalente im Liter	Spezifisches Gewicht	L Leitvermögen $\left(\frac{I}{\Omega \cdot cm}\right)$	Temperaturkoeffizient $\frac{I}{L_{18}}\left(\frac{dL}{dt}\right)_{22}$
5	1,053	1,0331	0,2085	0,0121
10	2,176	1,0673	0,3915	0,0128
15	3,376	1,1036	0,5432	0,0136
20	4,655	1,1414	0,6527	0,0145
25	6,019	1,1807	0,7171	0,0154
30	7,468	1,2207	0,7388	0,0162
35	9,011	1,2625	0,7243	0,0170
40	10,649	1,3056	0,6800	0,0178
45	12,396	1,3508	0,6146	0,0186
50	14,258	1,3984	0,5405	0,0193
55	16,248	1,4487	0,4576	0,0201
60	18,375	1,5019	0,3726	0,0213
65	20,177	1,5577	0,2905	0,0230
70	23,047	1,6146	0,2157	0,0256
75	25,592	1,6734	0,1522	0,0291
80	28,25	1,7320	0,1105	0,0349
85	30,90	1,7827	0,0980	0,0365
90	33,34	1,8167	0,1075	0,0320
95	35,58	1,8368	0,1025	0,0279

Tabelle 9. *NaOH-Lösungen bei 15°.*

Gramm NaOH in 100 Lösung	g-Äquivalente im Liter	Spezifisches Gewicht	L	$\frac{I}{L_{15}}\left(\frac{dL}{dt}\right)$
5	1,319	1,0568	0,1969	0,0201
10	2,779	1,1131	0,3124	0,0217
15	4,381	1,1700	0,3463	0,0249
20	6,122	1,2262	0,3270	0,0299
25	8,002	1,2823	0,2717	0,0368
30	10,015	1,3374	0,2022	0,0450
35	12,15	1,3907	0,1507	0,0551
40	14,4	1,4421	0,1164	0,0648

Tabelle 10. *KOH-Lösungen bei 15°.*

Gramm KOH in 100 Lösung	g-Äquivalente im Liter	Spezifisches Gewicht	L	$\frac{I}{L_{15}}\left(\frac{dL}{dt}\right)$
8,4	1,612	1,0776	0,2723	0,0186
16,8	3,467	1,1588	0,4558	0,0193
25,2	5,583	1,2439	0,5403	0,0209
29.4	6,744	1,2880	0,5434	0,0021
33,6	7,978	1,3332	0,5221	0,0236
37,8	9,292	1,3802	0,4790	0,0257

Tabelle 11. *Sodalösungen bei 18°.*

Gramm Na_2CO_3 in 100 Lösung	g-Äquivalente im Liter	Spezifisches Gewicht	L	$\frac{1}{L_{18}}\left(\frac{dL}{dt}\right)$
5	0,991	1,0511	0,0451	0,0252
10	2,082	1,1044	0,0705	0,0271
15	3,277	1,1590	0,0836	0,0294

Tabelle 12. *Pottaschelösungen bei 15°.*

Gramm K_2CO_3 in 100 Lösung	g-Äquivalente im Liter	Spezifisches Gewicht	L	$\frac{1}{L_{15}}\left(\frac{dL}{dt}\right)$
5	0,756	1,0499	0,0561	0,0221
10	1,579	1,0919	0,1038	0,0212
20	3,448	1,1920	0,1806	0,0210
30	5,641	1,3002	0,2222	0,0219
40	8,198	1,4170	0,2168	0,0246
50	11,157	1,5428	0,1469	0,0318

Wenn es lediglich auf das Leitvermögen und seine Unveränderlichkeit ankäme, müßte man Schwefelsäure als Elektrolyten wählen und anfangs hat man dies auch getan. Man ist aber davon ganz abgekommen, weil Nachteile mit ihrer Verwendung verbunden sind, die stärker ins Gewicht fallen.

Zunächst zeigte es sich, daß in bestleitender Schwefelsäure anodisch Überschwefelsäure und Ozon gebildet wurde, so daß man ihr hohes Leitvermögen nicht voll ausnützen, sondern nur etwas verdünntere Säure verwenden konnte. Obgleich auch diese noch wesentlich besser leitet als starke Laugen, kann man die Elektrolyse in derselben praktisch doch nur mit Bleielektroden ausführen. Diese weisen aber kathodisch eine hohe Überspannung auf (s. Tab. 3, S. 11) und überziehen sich anodisch mit einer Bleisuperoxydschicht, welche anderes Potential aufweist und die auch Deformationen hervorrufen kann. Bei der Elektrolyse hat man infolgedessen bald eine gegenelektromotorische Kraft zu überwinden, welche der des Bleiakkumulators gleichkommt. Trotz der hohen Leitfähigkeit des Elektrolyten ist dann die Elektrolyse praktisch nur mit höherer Betriebsspannung, nämlich etwa 3,6 bis 4 V, durchzuführen.

Dies ist nicht nur unwirtschaftlich, sondern birgt noch die Gefahr in sich, daß die Dynamomaschinen beim Nachlassen des Arbeitsstromes und bei Versagen der Ausschalter umgepolt werden können, was in vereinzelten Fällen auch tatsächlich vorgekommen ist. Dann aber füllen sich nicht nur die Elektrodenräume, sondern auch die Leitungen und Gasometer mit Knallgas, was höchst bedenklich und nur auf umständliche Art wieder gutzumachen ist. Seitdem man Quecksilbergleichrichter verwendet, würde dieses Gefahrenmoment allerdings fortfallen, nicht aber die Gefahr der Formänderung der Anoden, ihrer Ausbiegungen, die Kurzschlüsse herbei führen können, und der Nachteil des Spannungsmehrverbrauchs.

Die Verwendung von Schwefelsäure als Elektrolyten bietet allerdings den Vorteil — und dies mag anfangs bei ihrer Wahl durch Schoop, Garuti usf. mit bestimmend gewesen sein —, daß sich die Gase in einer Form entwickeln, in welcher sie leichter mechanisch voneinander getrennt zu halten sind. In Schwefelsäure scheidet sich nämlich der Wasserstoff in größeren Blasen ab, welche rascher im Elektrolyten aufsteigen, in alkalischen Elektrolyten aber in feinsten Bläschen, welche einen Schaum bilden, langsamer aufsteigen, sich leicht auch seitlich ausbreiten, den Flüssigkeitsströmungen folgen und dadurch an Stellen gelangen können, wo sie sich mit Sauerstoff vermengen. Besonders, als man noch ohne Diaphragma arbeitete, bzw. die Zellen noch nicht gut genug durchgebildet hatte, führte dies Unzuträglichkeiten mit sich.

Diese Abscheidungsform des Wasserstoffs aus alkalischen Elektrolyten führt ferner auch dazu, daß der Ohmsche Widerstand des Bades rascher zunimmt, weil die gleiche Gasmenge in feinerer Verteilung mehr Flüssigkeitsquerschnitt einnimmt als in Form größerer Gasblasen. Dies wird besonders fühlbar, wenn das Gas, wie es in den ersten Konstruktionen der Fall war, zur Gänze zwischen den entgegenpoligen Elektroden aufsteigt und Strombahnen abschirmt, wo sie am dichtesten sind.

Fauser hat[1] die durch Gas hervorgerufene Erhöhung des Ohmschen Widerstandes bestimmt. Da derselbe im Oberteile der Zelle, der gasreicher ist, fühlbarer ist als in den unteren Zonen, verwendete er dabei 0,5 m hohe Elektroden in 3 cm Abstand voneinander. Oberhalb dieser Elektroden ordnete er Meßelektroden an und ermittelte die Änderung des Widerstandes mit zunehmender Strombelastung der Arbeitselektroden nach der Brückenmethode. Er erhielt dabei in Ätzkalilösung folgende Zahlenresultate, welche ungefähre Mittelwerte für die Widerstandserhöhung zwischen 0,75 m hohen Elektroden darstellen:

[1] G. Chim. ind. appl. **11**, 485 (1929).

Tabelle 13.

Stromdichte in A/qm	Ohmscher Widerstand pro cm	Zunahme des Widerstandes in %
0	1,1 Ω	—
100	1,2 Ω	9
200	1,24 Ω	12,6
300	1,27 Ω	15,5
400	1,3 Ω	18
500	1,32 Ω	20

Die Abb. 8 führt diese Resultate in graphischer Form vor Augen. Man entnimmt derselben, daß die Widerstandszunahme, mit steigender Belastung, langsamer als in linearer Proportion erfolgt, also bei höheren Stromdichten weniger fühlbar wird. Wahrscheinlich bilden sich bei höheren Stromdichten größere Gasblasen, die rascher aufsteigen. Dies ist praktisch von Wichtigkeit, weil die Elektrolyse gegenwärtig vorwiegend mit Stromdichten von 2000 A/qm und darüber ausgeführt wird. Durch Extrapolation der Kurve Abb. 8 findet man demgemäß nicht die vierfache, sondern bloß ungefähr eineinhalbfache Steigerung des Ohmschen Widerstandes bei Übergang von 500 auf 2000 A Stromdichte.

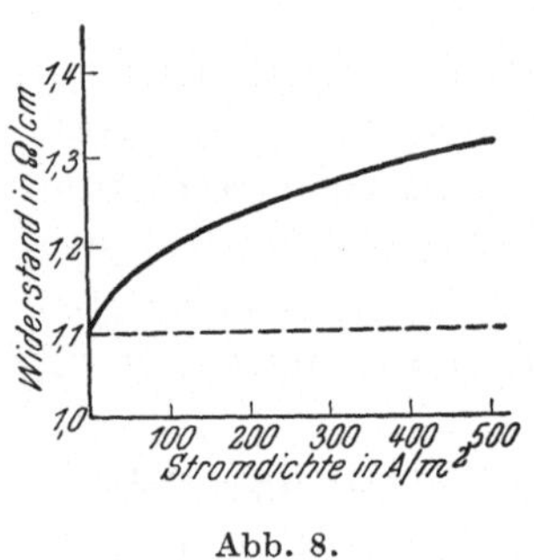

Abb. 8.

Es ist wohl möglich, daß man durch kapillaraktive Zusätze zum Elektrolyten die Bildung größerer Wasserstoffblasen befördern könnte; doch scheinen dahinzielende Versuche nicht ausgeführt worden zu sein. Auch die Erhöhung des spezifischen Gewichtes des Bades durch Zulösung inerter Nichtelektrolyte müßte durch Beschleunigung des Aufsteigens der Blasen vorteilhaft wirken; doch dürfte es schwer sein, einen sehr löslichen Nichtelektrolyten zu finden, welcher der Einwirkung so starker Lauge dauernd standhält.

Gegenwärtig muß man sich damit bescheiden, die Widerstandserhöhung, welche Gasblasen verursachen, durch konstruktive Maßnahmen zu verringern, z. B.:

1. dadurch, daß man die Höhenausdehnung der Zellen relativ niedrig hält, die dann freilich mehr Bodenraum beanspruchen;

2. dadurch, daß man die Gase veranlaßt, sich an geeigneten Stellen anzusammeln, aus denen sie dann in größeren Blasen aufsteigen, welche den Elektrolyten schneller durchsetzen. Die I. G. unterteilt dazu[1] z. B. die Zellen durch Querplatten in

[1] I. G. D. R. P. 432 670 (1925).

Kammern, wie es die schematische Abb. 9 versinnlicht. Unter den Querplatten bildet sich aus den feinen Bläschen ein Gaspolster, aus welchem Gas durch die Verbindungsrohre *2* in größeren Blasen in die nächst höhere Kammer aufsteigt;

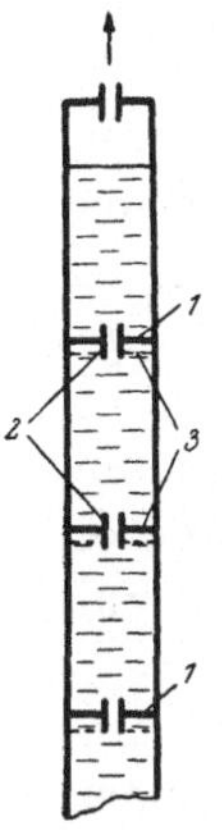

3. dadurch, daß man durch Verwendung von Doppelelektroden gemäß der schematischen Abb. 10 die aufsteigenden Gasblasen veranlaßt, eine Flüssigkeitszirkulation in Richtung der Pfeile zu unterhalten, welche das Aufsteigen der Gasblasen beschleunigt;

4. am einfachsten und wirksamsten dadurch, daß man Teile der Elektroden in Richtung der gegenpoligen vorspringen läßt oder durchlässige Elektroden verwendet, nahe dem Diaphragma oder in Berührung mit dem Diaphragma anordnet, wie es auf Abb. 11 versinnbildlicht wird, und so erreicht, daß der größte Teil des Gases in Räumen aufsteigt, die von wenig Stromlinien durchsetzt werden.

Abb. 9. *1* Querplatten, *2* Rohrstutzen, *3* Gaspölster.

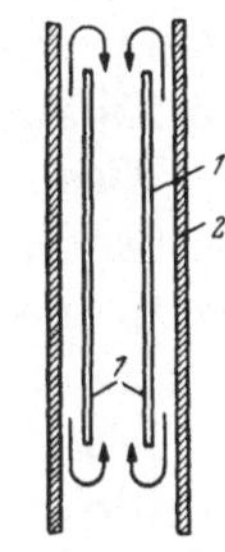

Abb. 10. *1*, *1* Doppelelektrode, *2* Diaphragmen.

Derartige Maßnahmen bewähren sich gut, aber selbst in ungünstigen Fällen übersteigt die Widerstandserhöhung nicht das Maß von 30 bis 35%, so daß man auch dann in sonst gut konstruierten Zellen Stromdichten von etwa 2000 A/qm bei wenig über 2 V Spannung herstellen kann (bei 70 bis 80°).

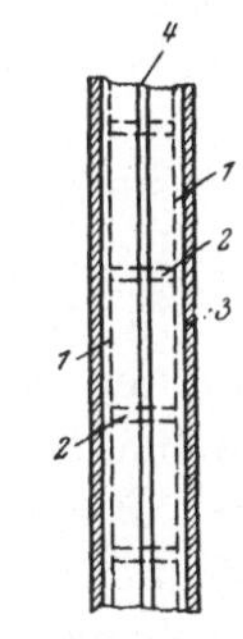

Abb. 11. *1*, *1* „Vor-Elektroden", *2* Verbindungsstücke von einer Vorelektrode zur anderen, *3* Diaphragmen, *4* Elektroden-Verbindung (bei bipolarer Schaltung zugleich Trennungsplatte).

Hierbei stellt die Stromdichte einen Mittelwert dar; denn der Umstand, daß die Widerstandserhöhung in höher gelegenen Zonen größer ist als in den gasärmeren unteren Teilen, führt es mit sich, daß sich die Stromdichte ungleichmäßig über die Elektrodenflächen verteilt. Deshalb steigt die Stromkapazität einer Zelle, ceteris paribus, nicht proportional mit der vertikalen Höhenausdehnung an, sondern langsamer als diese.

Die Vorteile, welche die Verwendung alkalischer Bäder mit sich bringt, sind aber so viel bedeutendere, daß sie die Unbequemlichkeit der Abscheidungsform vollkommen zurücktreten lassen.

Die wichtigsten derselben sind:

Die Möglichkeit, Eisen, Stahl, Zement usw. zum Zellenbau zu verwenden;

Diaphragmen aus Asbest herzustellen und vor allem:

Elektroden aus Metallen benützen zu können, an denen sich die Gase mit verhältnismäßig geringer Überspannung abscheiden, nämlich kathodenseitig Eisen, anodenseitig Nickel, bzw. vernickelte Eisen- oder Stahlelektroden.

Dies und die Verwendbarkeit von Asbestdiaphragmen ermöglichen es, die Elektrolyse in Lauge mit bloß 50 bis 60% der Zellenspannung durchzuführen, die unter vergleichbaren Umständen im schwefelsauren Bade aufzuwenden wäre.

Da Ätzkalilösungen weitaus besser leiten als Ätznatron- oder gar Sodalösungen und letztere außer der belanglosen kleinen Preisdifferenz keinen ins Gewicht fallenden Vorteil bieten, benützt man gegenwärtig soviel wie ausschließlich erstere in Konzentrationen von 25 bis 30 % zum Beschicken der Zellen und führt die Elektrolyse vorzugsweise bei Temperaturen von 70 bis 80° C durch.

Eisen, Stahl und vernickelte Elektroden sind darin vollkommen beständig, wenn schädliche Verunreinigungen ferngehalten werden, wenn man also von reinem Produkt ausgeht und reines Wasser zum Ersatz des zersetzten einführt.

Als Kathodenmaterial kommen deshalb praktisch nur Eisen, bzw. Stahlsorten in Betracht, die, wie S. 14 und 16 angegeben, geringere Überspannung aufweisen als Eisen selbst.

Im alkalischen Bade sind anfangs zwar auch Anoden aus blankem Eisen verwendet worden, an deren Stelle aber durchwegs solche aus vernickeltem Eisen oder Stahl getreten sind, welche der Sauerstoffentwicklung geringere Überspannung entgegensetzen und sich auch nicht so stark oxydieren.

Wie unterschiedlich sich beide Elektrodenarten in letzterer Hinsicht verhalten, hat C. F. Holmboe[1] durch einen eindrucksvollen Versuch vor Augen geführt:

Unterbricht man den Strom in zwei sonst gleichen Zellenbatterien, deren eine mit Eisen-, deren andere aber mit vernickelten Eisenanoden ausgerüstet ist, und schließt sie kurz, so ruft die Polarisation in beiden einen starken Stromstoß hervor. Während aber der Strom der Batterie mit Eisenanoden relativ langsam abklingt, etwa eine Minute braucht, um auf die halbe Stärke zu fallen (s. Kurve *1*, Abb. 12), auch nach sechs Minuten noch beträchtlich bleibt, was die Anwesenheit größerer Oxydmengen an den Anoden anzeigt, deren langsamem Aufbrauch er seinen Ursprung verdankt, fällt die Stromintensität in der Batterie mit vernickelten Anoden in einer Zeit, welche bloß nach Sekunden zählt, von mehr als 1000 A auf nahezu Null (Kurve *2*, Abb. 12).

Die Anforderungen, welche man an den Reinheitsgrad des destillierten Wassers stellen muß, sind allerdings ziemlich hohe. Vor allem muß es chlorid- und kohlensäurefrei sein; denn schon ganz

[1] Entwicklungsgeschichte der elektrolytischen Gaserzeugung. Norweg. Akad. d. Wissenschaften, Oslo, 1937, S. 29ff.

geringfügiger Chloridgehalt führt zum Angriff der Elektroden, während Karbonatgehalt die Leitfähigkeit des Elektrolyten verringert.

Als höchst zulässig wird eine Verunreinigung der Badlösung durch 25 Milligramm Chlor/Liter angesehen. Während der Karbonatgehalt unter 1% des KOH-Gehaltes gehalten werden soll. Um letzteres zu sichern, ist der Elektrolyt auch vor Berührung mit Luft zu schützen.

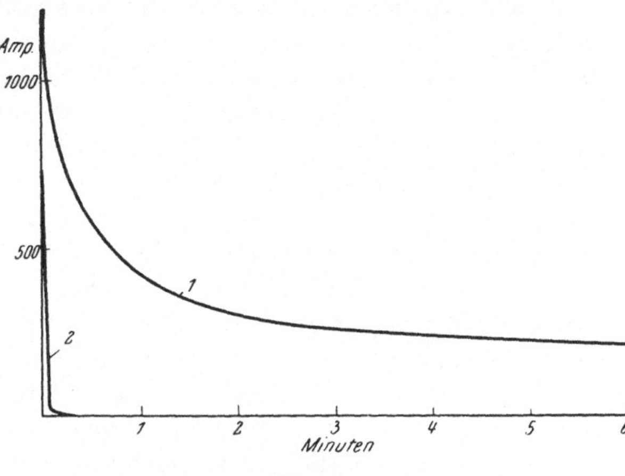

Abb. 12.

Außer durch die bereits besprochene Abschnürung von Strombahnen durch Gasblasen wird die Zellenspannung während des Betriebes erhöht:

1. durch die an den Elektroden auftretenden Überspannungen, die mit steigender Stromdichte zunehmen,

2. durch die zur Überwindung des Widerstandes der Badlösung erforderliche Steigerung, die linear mit der Stromdichte zunimmt,

3. durch Polarisation infolge der Konzentrationsänderungen, welche an beiden Elektroden in verkehrtem Sinne auftreten: einer Anreicherung an der Kathode, einer Verarmung an der Anode, endlich

4. durch Sinken der Temperatur bei Rückgang der Strombelastung.

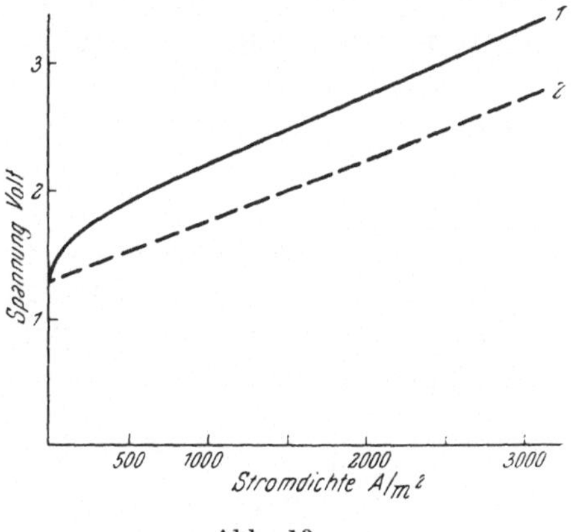

Abb. 13.

Die Abb. 13 stellt in schematischer Darstellung das Maß dar, in welchem die Spannung mit steigender Strombelastung bei konstant gehaltener Temperatur (70 bis 80° C) zunimmt, soweit dies nur durch den Ohmschen Widerstand und die Überspannung bedingt ist. Die gestrichelte Linie gibt die Spannungssteigerung an, welche allein durch Ohmschen Widerstand verursacht wird, die ausgezogene die Vermehrung derselben durch die hinzukommenden Überspannungen an der Eisenkathode und der vernickelten Anode.

Die gestrichelte Kurve steigt um so steiler an, je weiter die gegenpoligen Elektroden ceteris paribus voneinander abstehen, je größeren Widerstand die Diaphragmen aufweisen, je stärker die Strombahnen durch Gasblasen eingeengt werden usf., der Abstand der ausgezogenen von der gestrichelten Kurve ist hingegen unabhängig von den Ausmaßen der Apparatur und nur etwas temperaturabhängig, weil die Überspannungen in heißeren Bädern etwas abnehmen.

Bei den Arbeitsbedingungen, welche in der Technik am häufigsten eingehalten werden (ungefähr 2000 A/qm Stromdichte, ungefähr 70° C), rechnet man mit einem Spannungsverlust von rund 0,25 V durch anodische und kathodische Überspannung, wodurch die Zersetzungsspannung von 1,23 V (für reversiblen Vorgang) auf rund 1,48 V erhöht wird. Nur der darüber hinausgehende Anteil der Betriebsspannung wird auf Überwindung des Ohmschen Widerstandes und der Polarisationsspannung verwendet.

Letztere tritt um so mehr zurück, je besser der Elektrolyt durchmischt wird. Bis zu gewissem Grade wird eine Durchmischung automatisch durch die aufsteigenden Gasblasen bewirkt. Diese ist aber nicht immer ausreichend. Ihr Wirkungsgrad wird in hohem Maße von der Zellenform beeinflußt. In vielen Fällen wird deshalb der Elektrolyt noch durch äußere Mittel in Zirkulation gehalten (s. z. B. S. 60, 63).

Größere Schwankung der Temperatur tritt nur bei unregelmäßigem Betrieb auf, z. B. in jenen Fällen, in welchen die Zellenbatterie dazu benützt wird, Stromkurven einzuebnen, also Spitzen auszugleichen, im Winter in ungeheizten Räumen und dergleichen mehr.

In Zellen sehr großer Dimensionen, wie man sie gegenwärtig vorzugsweise herstellt, steigt die Temperatur bei gleichmäßigem Betrieb durch bloße Stromwärme auf 50 bis 80° C und selbst darüber hinaus, so daß es oft notwendig ist, den Elektrolyten innerhalb oder außerhalb der Zellen zu kühlen. Bei ungleichmäßiger Belastung oder bei intermittierendem Betrieb, den man etwa zur Einebnung von Stromkurven zur Ausnützung von Nachtstrom usw. führt, ist es im Gegenteil zuweilen vorteilhaft, die Abkühlung der Zellen durch Wärmeisolation zu verzögern.

3. Diaphragmen.

Da die Elektrolyse durchwegs in stark alkalischen Lösungen durchgeführt wird, kommen als Diaphragma-Materiale nur solche in Betracht, die sich, auch bei erhöhter Temperatur, durch besondere Beständigkeit gegen starke Laugen auszeichnen.

Die größte Haltbarkeit weisen in dieser Hinsicht eine Reihe von Metallen auf. Unter denen, die preislich in Frage kommen, eignet sich Nickel am allerbesten, in zweiter Linie Nickelstahl, dann Eisen, allenfalls Silber.

Gasschirme aus Blech, perforiertem Blech und Drahtnetz sind denn auch schon vor 1900 für die Trennung der beiden Gase voneinander in Wasser-Elektrolyseure eingebaut worden. Natürlich ist bei Verwendung solcher metallisch leitender Separatoren besonders darauf zu sehen, daß sie nirgends mit stromführenden Metallteilen in Berührung treten können und daß sie die Strombahnen in rechtem Winkel schneiden, um keine schädlichen Zwischenelektroden zu bilden, an denen sich Gas entwickeln kann.

Die Haltbarkeit feinen Eisendrahtnetzes ist unzureichend. PECHKRANZ hat deshalb Nickel in Form überaus fein perforierter Folien zur Anwendung gebracht, deren Dicke nur den Bruchteil eines Millimeters maß. Er stellte sie auf galvanischem Wege her[1].

Dazu ging er von Kupferkathoden aus, auf deren Oberfläche er nach dem in der photographischen Reproduktionstechnik üblichen Ätzverfahren einen feinen Raster aus vertieften Punkten erzeugte. Diese Matrizen bedeckte er mit einer Isolierschicht (z. B. mit Isolierlack), ließ erhärten und schliff dann soweit ab, daß die vertieften Punkte des Rasters mit Isoliermaterial ausgefüllt blieben. Dasselbe darin festzuhalten, wurde die Matrize zunächst vernickelt, um die kleinen Partikeln Isoliermaterials an ihren Rändern durch etwas überwachsendes Nickel zu verankern.

Dann wurde eine Trennschicht gebildet, die das Ablösen galvanischer Niederschläge von der Unterlage erleichtert und schließlich wurden darauf dünne Nickelüberzüge nach der in der Galvanoplastik üblichen Methodik hergestellt, die, von den Kathoden abgezogen, die gewünschten feinst perforierten Folien bildeten.

Diese waren auf dem Quadratzentimeter von 800 bis 1400 kleinsten Löchern durchsetzt, die eckig gehalten waren, um das Festhaften von Gasblasen zu erschweren. Nach gewissen Angaben der Literatur sollen diese Nickelfolien zuerst papierdünn gewesen sein. Diejenigen, die Verf. in *Pechkranz*-Zellen gesehen hat, waren aber rund 0,15 mm stark.

In den Anlagen, welche in den Zwanzigerjahren mit *Pechkranz*-Zellen installiert wurden, z. B. der 100.000 kW-Anlage der *Norsk-Hydro-Elektrisk A. G.* in Vemork bei Rjukan (Norwegen), waren durchwegs solche Diaphragmen eingebaut. Die Anlagen haben mit gewissen Schwierigkeiten zu kämpfen gehabt.

Die *Pechkranz*-Zellen dürften die einzigen geblieben sein, in welche bisher solche Metall-Diaphragmen verwendet wurden. Es ist

[1] D. R. P. 310118, 396994.

aber durchaus möglich, daß sie, dank ihrer Beständigkeit bei höheren Temperaturen (z. B. bei der Druck-Elektrolyse), weitere Anwendung finden werden.

Weniger gut scheinen Diaphragmen aus porösem Hartgummi zu sein. Deshalb werden fast alle gegenwärtig in Verwendung stehenden Wasserelektrolyseure durch Diaphragmen aus Asbest in Kathoden- und Anodenkammern abgeteilt.

Der Asbest kommt dabei sowohl in Form von Papier, allenfalls von Pappe, als auch von dicht gewebtem Tuch in Verwendung. Das Gewebe wird oft mechanisch verstärkt, z. B. durch eingelegte, mit Asbest umsponnene Nickeldrähte (s. *Bamag*-Zelle), dadurch daß man sie an perforierte Bleche (s. *Levin*-Zelle) oder an Vorelektroden kathodenseitig anlehnt usw.

Zweckmäßigerweise ruhen sie zur Gänze innerhalb der Badelösung, dienen also nur innerhalb der flüssigen Phase zur Trennung der Gase, bzw. der darin aufsteigenden Gasblasen und grenzen noch unterhalb der Niveaulinie an Scheidewände aus kompakterem Material.

Bei bipolarer Anordnung reichen sie bis an den Boden der Zelle, bei monopolarer Anordnung stehen sie von diesem meist mehr oder weniger weit ab. Bei bipolarer Anordnung werden sie, wie in Filterpressen, zwischen Rahmen gespannt, in Monopolarzellen hängen sie meist frei herab, bilden stromdurchlässige Gasschirme, die unten offen oder sackförmig geschlossen sein können.

Die Belastung durch ihr Eigengewicht spielt demgemäß in Bipolarzellen kaum eine Rolle, sie ist aber bei Monopolarzellen größerer Höhenausdehnung nicht außer acht zu lassen.

Jede Beschädigung der Diaphragmen stört den klaglosen Betrieb. Durch Auswahl des verwendeten Materials, Art ihres Einbaus und ganz besonders durch Schutz gegen mechanische Beanspruchung sucht man dem vorzubeugen; denn gerade gegen mechanische Beanspruchung erweisen sie sich als sehr empfindlich. Einer solchen werden sie aber bei jeder Druckschwankung, die einer einseitigen Belastung gleichkommt, ausgesetzt. Bei lose herabhängenden Diaphragmen, die der Belastung Folge geben, bzw. derselben ausweichen können, ist die Beanspruchung der Fläche geringer als bei starr eingespannten, dafür werden sie an den Rändern, an welchen sie befestigt sind, stärker in Anspruch genommen und es ist bei häufigen, bzw. bei zu großen Druckschwankungen dazu gekommen, daß sie an dieser Stelle durchgescheuert wurden.

In chemischer Hinsicht erweist sich der Asbest als äußerst widerstandsfähig, so lange die Temperatur nicht wesentlich über 100° gesteigert wird. Dann aber erfolgt allmählicher Angriff, bei welchem der Durchmesser der Fasern abnimmt, kürzere Fasern sich ablösen und verschwinden, wobei die Diaphragmen Körper verlieren, stellenweise undicht werden können und ihre mechanische Haltbarkeit, wenigstens teilweise, einbüßen.

4. Gas-Flüssigkeits-Trennung und Druckregelung.

Das abgehende Gas führt immer Lösungsanteile mit sich. Größere Tropfen setzen sich in den Leitungen ab, die weit genug gehalten und so verlegt werden müssen, daß sie nicht zeitweise durch Flüssigkeitsstauungen verlegt werden, die Druckstöße zur Folge haben.

Ein Teil der mitgeführten Lauge begleitet das Gas aber weiter als feiner Nebel. Deshalb wird das Gas gewöhnlich außerhalb der Zelle in einer Vorlage durch eine Wasserschicht geführt.

In dieses Waschwasser wird meist das Speisewasser (Kondenswasser) geleitet und von dort kontinuierlich der Zelle zugeführt.

Der Gaswäscher kann gleichzeitig zur Druckregelung dienen, die erforderlich ist, um zu verhüten, daß unvermeidliche Druckschwankungen in den Leitungen des einen Gases auf das andere Gas in der Zelle zurückwirken und dort schädliche Druckstöße auf die Diaphragmen oder Niveauverschiebungen hervorrufen.

Die Druckregler können verschiedenartig gebaut sein, einige Beispiele dafür werden im speziellen Teil bei Beschreibung der Zellen behandelt werden.

5. Speisewasserzuführung.

Die Speisewasserzuführung hat den Konstrukteuren gleichfalls einige neue Probleme gestellt. Sie muß derart vorgesehen werden, daß keine Nebenschlüsse entstehen, die Stromverluste hervorrufen, daß bei Druckschwankungen kein Elektrolyt in die Speisewasserleitung zurückgelangen kann, welche mit der Zeit von Zelle zu Zelle große Konzentrationsverschiedenheiten nach sich ziehen würde, daß die Speisung auf alle Zellen gleichmäßig verteilt wird, sich gegebenenfalls selbsttätig, je nach dem Gasdruck in den einzelnen Kammern, regelt und dergleichen mehr.

Da sich der Katholyt im Laufe der Elektrolyse anreichert, während der Anolyt verarmt, wird das Speisewasser zweckmäßigerweise in die Kathodenräume geleitet.

Bei gleichmäßiger Strombelastung der Zellen sind alle diese Aufgaben natürlich leichter zu lösen als bei sehr schwankender Belastung.

6. Die Zellengefäße.

Die Zellengefäße können aus Eisen hergestellt werden, das durch die konzentrierte Lauge passiviert wird. Trotz dieser Passivierung unterliegt es einem, zwar ganz unbedeutenden, Angriff, der aber dazu führen kann, daß sich aus eisenhältig gewordener Lauge Eisenschwamm an den Kathoden absetzt, der mit der Zeit bis an das Diaphragma reichen und in kleinen Adern sogar durch dasselbe bis in den Anodenraum hinein wachsen kann.

Dann fällt nicht nur die Stromausbeute, sondern es bildet sich Knallgas in den Anodenkammern.

Durch periodische Reinigung der Zellen und Filtration der Laugen oder durch Schutzüberzüge (Nickel, Kunststoffe und dergleichen) kann dem vorgebeugt werden.

Die Gehäuse monopolarer Zellen werden häufig aus Beton oder Eisenbeton hergestellt, der sich für diesen Zweck bewährt hat.

C. Zellentypen.

Die schrittweise Entwicklung der Zellenformen bildet ein anschauliches Beispiel der Anpassung an die jeweiligen Verhältnisse und der Rolle, welche die immer klarer werdende Erfassung der ausschlaggebenden Momente und die Verbesserung der für den Zellenbau dienenden Materiale dabei gespielt haben.

Die ersten, in den neunziger Jahren ausgeführten Anlagen dienten meist der Bereitung von Gasen für die autogene Schweißung (z. B. in Akkumulatorenfabriken), für die Luftschiffahrt und dergleichen mehr. Es handelte sich dabei um die tägliche Herstellung von Gasmengen bis zu einigen hundert Kubikmetern, an deren Reinheitsgrad keine besonders hohen Anforderungen gestellt wurden, während die größten neuzeitlichen Anlagen mehrere tausendmal größere Produktion erreichen und viel reineres Gas verlangen.

Bei so bescheidener Produktion spielte die Raumfrage eine nur untergeordnete Rolle und da der Einbau von porösen Diaphragmen, deren Qualität nicht leicht befriedigt, stets eine gewisse Komplikation verursacht, suchte man zunächst ohne solche auszukommen.

In den zuerst angewendeten Zellen wurden die beiden Gase deshalb auf mechanischem Wege durch Einbau kompakter oder perforierter metallischer Gasschirme voneinander getrennt. Diese bestanden aus vertikal angeordneten dünnen Blechtafeln, Drahtnetzen, oder aus jalousieartig angeordneten Metall-Lamellen.

Später ging man allgemein dazu über, sie durch poröse Diaphragmen zu ersetzen.

In den ersten Zellen waren die Elektroden monopolar geschaltet, aber schon um die Jahrhundertwende bildete O. SCHMIDT eine filterpressenförmige Zellentype aus, in welcher die Elektroden bipolar geschaltet wurden und die für die spätere Entwicklung des Zellenbaues vorbildlich geblieben ist.

Bis in die Gegenwart werden sowohl Zellen mit monopolarer als solche mit bipolarer Schaltung der Elektroden verwendet. Die letzteren weisen ganz wesentlich kleineren Raumbedarf auf, sind aber in der Konstruktion weniger einfach.

Auffallenderweise sind die europäischen Großanlagen ganz vorwiegend mit Bipolarzellen ausgerüstet, während die amerikanischen, die sonst so sehr auf Raumersparnis bedacht sind, vorwiegend an der monopolaren Schaltung der Elektroden festhalten.

Versuchsweise sind auch Zellentypen ausgeführt worden, in welchen die Gase unter so hohem Druck entwickelt und aufgefangen werden, daß ihre weitere Kompression überflüssig wird. Obwohl diese in Probebetrieben schließlich befriedigend gearbeitet haben, finden sie keine Anwendung in industriellen Anlagen (s. weiter unten).

Auch diese Zellen können sowohl mit monopolar als mit bipolar geschalteten Elektroden ausgerüstet sein. Die Aussichten ihrer Einführung wird verschieden beurteilt. Es scheint zwar festzustehen, daß sie den Kilowattaufwand herabzusetzen vermögen, aber doch nur in einem Ausmaße, das von den meisten noch nicht als entscheidend angesehen wird.

1. Zellen-Konstruktionen mit monopolar geschalteten Elektroden.

a) Zellen ohne poröse Zwischenwände.

Zellen, die mit Gasschirmen, aber ohne poröse Zwischenwände ausgerüstet waren, wurden zuerst in Italien nach einer für die damalige Zeit recht geschickten Konstruktion von GARUTI, dann GARUTI und POMPILI ausgeführt und waren durch längere Zeit ziemlich verbreitet[1].

Die einzelnen Elektrodenabteile wurden auf sinnreiche Art durch Zusammenbiegen geschlitzter rechteckiger Bleche derart hergestellt, daß sie in abwechselnder Reihenfolge oben geschlossene, bzw. offene Kammern bildeten, in welchen Anoden und Kathoden angeordnet wurden. Der Elektrodenabstand maß etwa 20 mm, die metallischen Trennungswände reichten etwa 30 bis 40 mm unter den unteren Rand der Elektroden und waren 50 bis 60 mm vom Zellenboden entfernt.

---

[1] D. R. P. 83110 (1893); 83097 (1897); 106226 (1900); 153036 (1902); 157474.

Bei dieser Anordnung fließt der überwiegende Anteil der Stromes durch die unterste Partie der Elektroden, die deshalb nur geringe Höhenausdehnung erhalten; sie wurde mit 140 mm bemessen. Dementsprechend konnten auch nur geringe Stromdichten hergestellt werden: bei 2,45 V Spannung rund 200 A/qm.

Aus den oben offenen Kammern gelangte das eine Gas in eine Sammelglocke, aus den oben geschlossenen wurde das Gas durch Rohre abgeleitet.

Die Trennung beider Gase war recht vollständig, wenn größere Druckschwankungen verhütet wurden, welche Gasanteile unter die Trennwände hindurch in die Nebenkammer führen konnten.

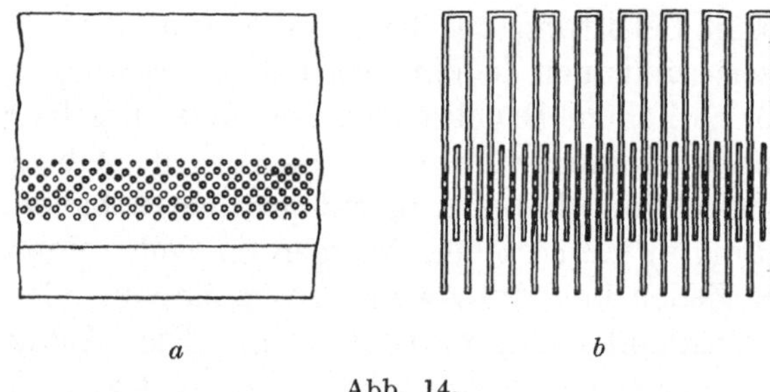

Abb. 14.

Um die Stromdichte zu erhöhen, wurden später die Trennungswände, wie die Abb. 14a, b zeigt, in der von den Elektroden eingenommenen Höhenzone perforiert. Durch die Bohrungen konnte nun ein Teil des Stromes geradlinig von Anode zu Kathode fließen. Dadurch ließ sich zwar die Stromdichte ungefähr verdoppeln, aber die Trennung der Gase war nicht mehr so gut gesichert.

Der Reinheitsgrad des Wasserstoffs betrug 98,5 bis 98,9%, derjenige des Sauerstoffs war etwas geringer.

Später wurden diese Zellen durch *Knowles*-Zellen ersetzt[1].

Gleichfalls ursprünglich ohne poröses Diaphragma arbeiteten die Zellen Casales, deren Form durch die schematische Abb. 15 versinnlicht wird.

Die Elektroden *5* sind aus zwei Reihen dachförmig von außen nach innen ansteigend geneigter, übereinander angeordneter Streifen gebildet, die vereint in den äußeren Eisenbehälter *1* eingehängt werden. Die zwei Endelektroden sind bloß mit einer derartigen gasdurchlässigen Wand aus jalousieartig angeordneten Streifen ausgerüstet.

[1] cf. Knowles: Chem. and Ind. **44**, 131 (1925).

Der Sinn dieser Anordnung besteht darin, die Gase aus dem stromdurchflossenen Teil des Elektrolyten der Neigung der Lamellen folgend in den inneren Zwischenraum zwischen zwei Lamellenwänden zu führen, so voneinander zu trennen und gleichzeitig die Widerstandserhöhung durch das im stromdurchflossenen Elektrolyten verteilte Gas zu beheben.

Bei Stromdurchgang scheiden sich die Gasblasen vorwiegend an den vorspringenden Kanten und den daran grenzenden Außenflächen der jalousieförmigen Streifen ab, die sie gegen die Mitte führen.

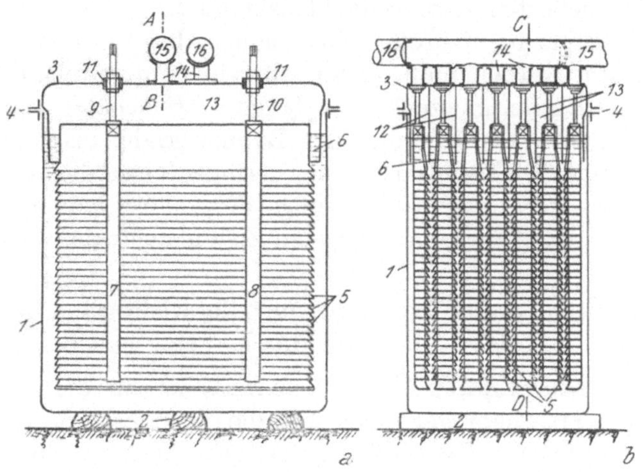

Abb. 15. *Casale*-Zelle.

1 Außengefäß, *2* isolierende Träger, *3* Glockenrand, *4* Auflagestück, *5* jalousieförmig aufgebaute Elektrode, *6* Gas-Sammler, *7* und *8* Verbindungsstücke, *9*, *10* Zuführungsstäbe, zugleich Träger, *11* Isolierteile, *12* Trennungswände der Gase, *13* Gaskammern, *14* Rohre für Gasableitung, *15*, *16* Sammelrohre für Sauerstoff und Wasserstoff.

Die im Innenraum der Elektroden aufsteigenden Gase werden in daran sich anschließenden Domen *6* gesammelt und durch Rohre abgeführt. Später wurden diese Zellen durch Einbau poröser Diaphragmen verbessert.

Diese Konstruktion ist interessant, weil sie eine Vorstufe der später eingeführten Vorelektroden darstellt.

b) Zellen mit porösen Zwischenwänden.

Um höhere Stromdichten zur Wirkung bringen zu können, sind die Gasschirme aus stromdurchlässigem Material hergestellt worden. Als solches dient im alkalischen Bade ausschließlich Asbest, gelegentlich in Form von Papier, gegenwärtig aber soviel wie ausschließlich als dichtes Gewebe, das bei guter Ausführung mindestens zehn Jahre standhält.

Da die Elektrolyse im alkalischen Bade praktisch ohne Nebenreaktionen vor sich geht und Produkte liefert, die im Elektrolyten fast unlöslich sind und sich in Gasform abscheiden, sollte man erwarten, daß es ein Leichtes sein müßte, Zellen zu bauen, die betriebssicher arbeiten und dabei nahezu quantitative Stromausbeuten liefern.

Dies ist auch tatsächlich der Fall, solange man in kleinen Dimensionen arbeitet und weder auf höchste Stromökonomie noch auf geringe Anlagekosten usw. bedacht sein muß.

Beim Übergang auf große Dimensionen, bei welchen wirtschaftlich gearbeitet werden muß, treten aber im Apparatebau Probleme auf, deren Schwierigkeiten man lange unterschätzt hat. Wenn diese auch durch Verbesserung der Baumateriale, insbesondere der Isolations- und Dichtungsmateriale, geringer geworden sind, haben sich doch nur verhältnismäßig wenige der zahlreichen in Vorschlag gebrachten und zeitweise verwendeten Zellenkonstruktionen dauernd bewährt.

Deshalb werden im folgenden nur die wichtigsten jener Zellentypen näher beschrieben, die sich durchgesetzt haben.

a) Die Knowles-Zelle. A. E. KNOWLES ist an die Ausführung seiner Zellen erst herangegangen, als die Zellenbatterie, die er von einer der berufensten Spezialfirmen bezogen hatte, nicht zufriedenstellend funktionierte und sich trotz aller Abänderungsversuche nicht verbessern ließ. Und er ist zum Vertrieb seiner Zellen erst übergegangen, als diese sich in seinem Betriebe gut bewährt hatten.

Die Bauart seiner Zellen wird durch Abb. 16 verdeutlicht.

Die Elektroden *A* aus 3 bis 4 mm starkem Stahlblech haben gestreckt rechteckige Form und sind ihrer Längsrichtung nach horizontal angeordnet. Dienen sie als Anoden, so werden sie vor der Vernickelung mattiert, bzw. aufgerauht.

Jede Elektrode *B* (Abb. 16) ist von einer — gleichfalls eckig geformten — Gassammelhaube *D* aus Stahlblech bedeckt, von deren unteren Rändern die Asbestdiaphragmen frei herabhängen, die Zwischenräume zwischen den aufeinanderfolgenden Elektroden abteilen, wobei sie tiefer herabreichen als die Elektroden.

Oben sind die Asbestdiaphragmen mit einer dünnen Metallleiste verbunden, mit deren Hilfe sie zwischen zwei benachbarte Sammelhauben *D* gasdicht eingeklemmt werden.

Die Elektroden hängen von Trägern *E* aus Stahl herab, die, an ihrem Oberteil befestigt, gleichzeitig die Stromzuführungen bilden und deshalb von rohrförmigen Isolatoren *F* umfaßt werden.

Oben treten sie durch Bohrungen der Hauben D. Die Abdichtung und Befestigung erfolgt daselbst durch Isolierscheiben. Die darüberragenden Enden der Träger werden an die Stromschienen geschlossen, wobei alle Anoden und alle Kathoden eines derartigen Blocks elektrisch parallel zueinander geschaltet sind.

Jeder Block wird von einer Hülle eingefaßt, mit der zusammen man das ganze Aggregat in einen größeren Trog, der mehrere derselben faßt, ein- und ausheben kann.

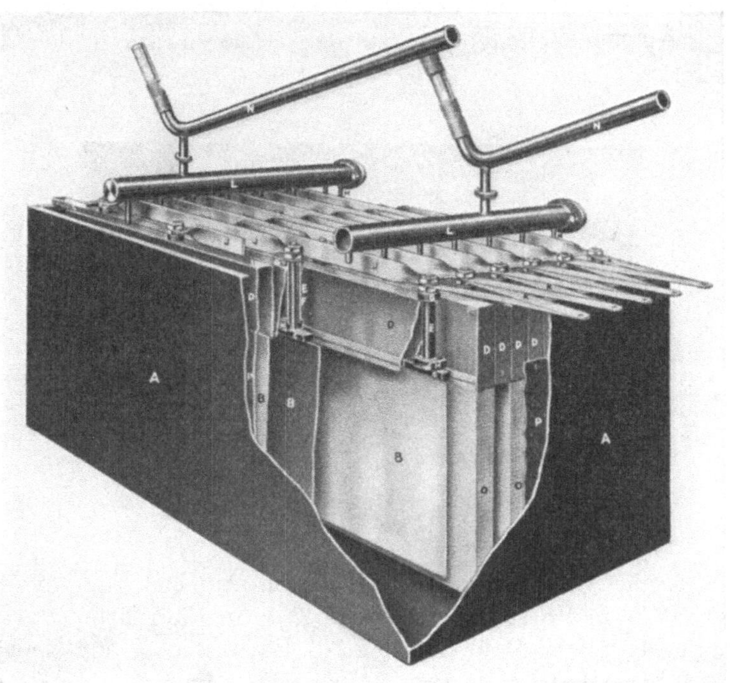

Abb. 16. *Knowles*-Zelle.

Aus den Hauben gelangen die zwei Gase in quer geführte Sammelrohre und münden aus diesen in die charakteristisch gebogenen Gasableitungsrohre an deren tiefsten Punkten. Diese sind voneinander durch Glasrohre isoliert und derart aus geneigten Teilen gebildet, daß sie das Rückfließen von Kondenswasser, bzw. von mitgerissenen Laugentropfen erleichtern.

Die Zellen werden für Strombelastungen von 1000 bis 10.000 A gebaut und sind recht kompendiös. Sie beanspruchen bei Betriebsspannungen von rund 2,25 V rund $^1/_3$ qm Bodenfläche je 1000 A Kapazität. Im Betrieb erwärmen sie sich auf zirka 65° C.

Der Reinheitsgrad des Wasserstoffs erreicht 99,75%, der des Sauerstoffs 99,5%.

Abb. 17 führt einen Teil einer mit *Knowles*-Zellen installierten Anlage vor Augen.

Um noch größere Einheiten herzustellen, ohne die Höhe der Elektroden wesentlich zu vergrößern, ordnete KNOWLES zwei Aggregate übereinander in einer hohen Zelle an.

In beiden Teilen dieser Zelle ruhen die Elektroden *A* auf dem Zellenboden und wechseln mit den nicht so tief herabhängenden Elektroden ab. Die Stromverbindung zu den einen nimmt ihren Weg durch den Zellenboden, zu den anderen durch den Deckel der Zelle.

Abb. 17. *Knowles*-Anlage.

Die *Knowles*-Zelle ist in zahlreichen Anlagen zur Anwendung gelangt, z. B. in Bussi (Italien) (s. S. 38), in Pierrefitte (Pyrenäen), im Werk der *Cominco* in Warfield (3 Batterien à 306 Zellen von 10.000 A Stromkapazität zur täglichen Herstellung von 47 t Ammoniak) usf. Später konstruierte die *Cominco* eine eigene: die *Trail*-Zelle, die weiter unten unter ε) beschrieben wird.

β) *Die Fauser-Zelle.* Von allen anderen unterscheidet sich die *Fauser*-Zelle dadurch, daß in ihr sowohl die Anoden als die Kathoden einzeln von unten offenen Gasschirmen aus Asbestgewebe umschlossen sind, die etwas voneinander abstehen. Gasanteile, welche durch die Gewebe, bzw. deren undichte Stellen durchtreten sollten, können im Zwischenraum zwischen den Anoden- und den Kathodenschirmen aufsteigen und entweichen, ohne die gesammelten Produkte der Elektrolyse zu verunreinigen.

Diese Sicherheitsmaßnahme wurde zu einer Zeit getroffen, zu welcher man Asbestgewebe noch nicht in zuverlässiger Weise vollkommen dicht herstellte. Dies hatte KNOWLES und andere ursprünglich dazu veranlaßt, die Gastrennung mittels Asbestpapier vorzunehmen, das zwar porenfrei war, dessen mechanische Haltbarkeit aber mangelhaft blieb.

Größere Druck-, bzw. Niveauschwankungen, deren Auftritt in den Zellen man bei schwankender, unregelmäßiger Gasentnahme nur in äußerst gut durchgebildeten Anlagen verhüten kann, mögen auch dazu beigetragen haben, diese Sicherheitsmaßnahme damals vorzusehen. Ob sie gegenwärtig noch am Platze ist, steht dahin. Es ist aber immerhin beachtenswert, daß an ihr noch gegenwärtig, z. B. in den Zellen, welche die Firma De Nora ausführt, festgehalten wird.

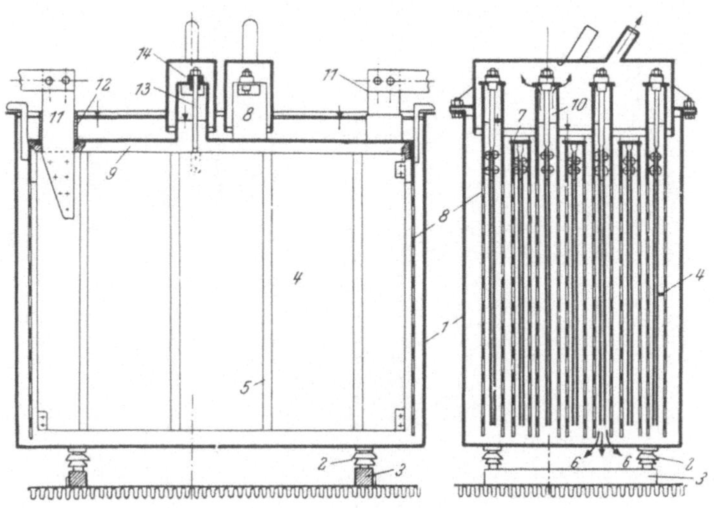

Abb. 18. *Fauser*-Zelle.

1 Außengefäß, *2* Porzellan-Isolatoren, *3* Betonträger, *4* Elektroden, *5* streifenförmige Verstärkungen, *6* zirkulierender Elektrolyt, *7* Hauben, *8* Gasschirme, *9* Gasraum, *10* Übertritt für hochgerissene Lauge, *11* Stromzuleitung, *12* Isolator, *13* Träger, *14* Hartgummi-Isolator.

Die Zellen[1] werden (s. Abb. 18) in äußere Gefäße *1* eingebaut, in welche man perforierte Elektroden *4* anordnet, die nur einseitig wirken und 3 cm voneinander abstehen. Die Gasblasen erzeugen innerhalb der Gasschirme *8* eine lebhafte Zirkulation, reißen Anteile des Elektrolyten hoch, die bei *10* übertreten, wo sich Gas und Flüssigkeit oberhalb des Elektrolytniveaus trennen.

Ihre Stromzuführung erhalten die von *13* herabhängenden Elektroden durch Leiter *11*, welche an den Durchtrittsstellen durch

[1] J. Chem. Soc., London **43**, 119 (1924).

den Elektrolyten von Isolatoren *12* umgeben sind. Die Träger *13* sind durch Hartgummi *14* isoliert.

Die *Fauser*-Zelle wird unter anderem in den Anlagen der Gesellschaft Montecatini verwendet. Abb. 18 zeigt eine Ansicht der Meraner Anlage dieser Gesellschaft.

γ) Die Holmboe-Zelle. Die sehr sorgfältig durchgebildete Zelle Holmboes (bzw. De Nordiske Fabriker) ist mit Elektroden ausgerüstet, welche gitterartig aus Lamellen zusammengesetzt sind, die mit ihren Kanten senkrecht zur Diaphragmafläche gerichtet sind[1]. Die vornehmlich an diesen, dem Diaphragma anliegenden Kanten entwickelten Gase können dadurch leicht in den Zwischenräumen, zwischen den Lamellen, aufsteigen, ohne den Flüssigkeitswiderstand in den Teilen, in welchen sich die Stromlinien am dichtesten zu-

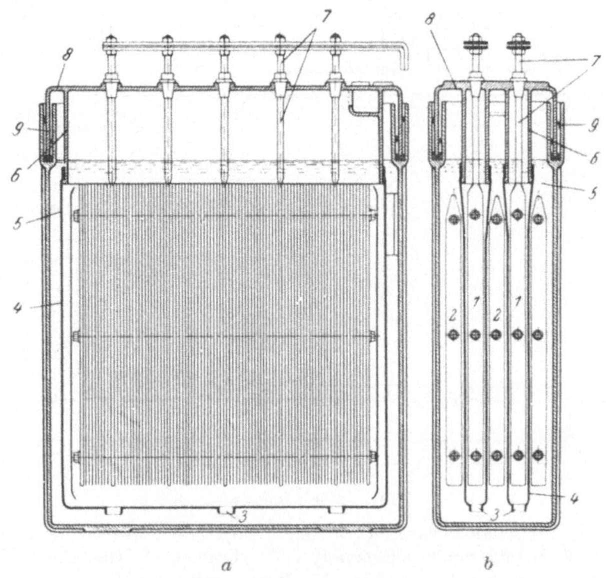

Abb. 19. *Holmboe*-Zelle.
1 Kathoden, *2* Anoden, *3* untere Verbindungsöffnung der Diaphragmensäcke, *4* u. *5* Elektrolyt, *6* an die Kathodendiaphragmen oben anschließende Hauben, *7* Kathoden-Zuführungen, *8* glockenförmige Decke der Anodenräume, *9* Abdichtung.

sammendrängen, wesentlich zu vergrößern. Die Elektroden wirken also ähnlich wie eine tief gerillte Platte. Ihre Lamellen reichen beiderseits bis an das Diaphragma, sie sind aber derart zueinander versetzt, daß die Lamellen der Anoden den Zwischenräumen zwischen den Lamellen der Kathoden gegenüber zu stehen kommen.

Die Kathoden werden in Diaphragmasäcke *4* eingeschlossen, die nur durch Öffnungen *3* (s. Abb. 19a, b) an ihrer Unterseite mit dem

[1] Brit. Pat. 221 189 (1923).

Abb. 20. Anlage mit *Holmboe*-Zellen. (Photo: *C. F. Holmboe.*)

Elektrolyten des Außengefäßes *5* kommunizieren. An die Diaphragmen schließt sich oben ein glockenförmiger Teil *6* zur Sammlung und Abführung des Wasserstoffs an. Die Stromzuführung *7* zu der Kathode wird durch den Teil 6 vertikal herabgeführt, oben isoliert und abgedichtet.

Die sackförmigen Kathodenräume werden von Anoden *2* eingeschlossen, die in geringem Abstande einmontiert sind. Der an diesen entwickelte Sauerstoff sammelt sich über dem Elektrolyten unter dem haubenförmig gehaltenen, abgedichteten Zellendeckel *8*.

Abb. 21. Große *Holmboe*-Zellen mit angesetzten Kühlern.
(Photo: *C. F. Holmboe.*)

Während des Betriebes wird das nachzusetzende destillierte Wasser (Leitfähigkeit 1 bis 10 · 10^{-7}) in die Kathodenräume *1* geleitet, aus denen ein Teil durch die ziemlich eng gehaltenen Öffnungen *3* in den Außenelektrolyten, den Anolyten, tritt. Dadurch wird ein ziemlich guter Ausgleich der Konzentrationsdifferenzen erzielt, ohne daß die Ruhe des Bades gestört wird.

Eine auf den Abbildungen nicht dargestellte thermische Regelvorrichtung hält die Temperatur der Zellen auf konstanter Höhe.

Die Diaphragmen bestehen aus Asbest, der auf besondere Art derart gewebt ist, daß er gegen Deformation ziemlich gesichert bleibt. In der Tat konnten solche Gewebe länger als zehn Jahre lang benützt werden.

Tabelle 14.

Datum, bzw. Monat des Versuches	27. Juli 1927	Juli 1928
1. *Elektrische Daten*		
a) Dauer des Versuches in Stunden	24	651,75
b) Ampere Maximum	—	10.500
c) Ampere Durchschnitt	9.973	9.131
d) Ampere Minimum	—	7.216
e) Generatorspannung in Volt	431	418
f) Zellenspannung (KOH)	2,18	—
g) Zellenspannung (NaOH)	2,28	—
h) Zellenspannung (KOH + NaOH)	2,23	—
i) Mittlere Zellenspannung	2,23	2,19
k) Amperestunden	239.352	5,951.500
l) kWh	103.152	2,502.955
2. *Wasserstofferzeugung*		
a) Berechnete Gaserzeugung in cbm H_2 bei 100% Stromausbeute, 20° C und 760 mm Druck (trocken)	20.374	506.560
b) Gasmesserablesung, reduziert auf Trockengas 20° C und 760 mm Druck	20.000	498.605
c) Prozentualer Unterschied zwischen Berechnung und Messung	+ 1,87%	+ 1,55%
3. *Energieverbrauch*		
a) Gemessen in der Umformerstation in kWh pro cbm H_2	5,06	5,02
b) Bezogen auf die Spannung der Batterie (berechnet)	4,98	4,95
4. *Gasanalysen*		
a) Wasserstoff	99,87	99,88
b) Sauerstoff	99,7	99,6

Gummidichtungen, Packungen aus Weichmaterial werden an keiner Stelle verwendet, wo sie mit dem Elektrolyten oder mit dem entwickelten Sauerstoff in Berührung treten können, der Elektrolyt steht ausschließlich mit Metallflächen, bzw. den Diaphragmen in Berührung.

Die Zellen werden bis zu Stromkapazitäten von 18.000 A ausgeführt. Bei großen Zellen über 10.000 A wird die Kühlung des Elektrolyten in angesetzten Kühlern vorgenommen (s. Abb. 21). Eine besondere neue Vorrichtung sichert den Zufluß gleichmäßiger Kühlwassermengen zu allen Zellen.

Über die Wirkungsweise der Zellen sind die in Tab, 14 aufgeführten Daten veröffentlicht worden, deren eine Reihe in einer neuen Anlage durch 24stündige Beobachtung, die zweite ein Jahr später in derselben Anlage durch 650stündige Beobachtung ermittelt worden sind.

δ) Die Zelle der Electrolabs Co.[1] Während in den bisher beschriebenen Elektrolyseuren parallel geschaltete Elektroden rationellerweise in größerer Zahl vereinigt werden, haben einige amerikanische Firmen solche hergestellt, welche nur eine einzige Kathode einschließen. Ein solches Beispiel ist die Zelle der Electrolabs Co.

Jede derselben stellt ein flaches, allseitig geschlossenes verschweißtes Gehäuse aus Stahlblech vor, in dem eine Kathode zentral zwischen zwei Anoden eingeschlossen ist, von denen sie durch zwei Diaphragmablätter aus Asbest getrennt ist, die an perforierten dünnen Eisenblechen befestigt sind.

Durch Dichtungsmaterial abzudichten sind also lediglich die Stellen, wo die Stromzuführungen oben durch das Gehäuse treten. Als Isolierdichtungen beschreibt Levin[2] einen vor der Vulkanisierung mit Gummi imprägnierten Asbestfilz.

Einmal zusammengesetzt, kann die Zelle nicht mehr geöffnet werden. Ihre Reinigung ist somit nicht ohneweiters durchzuführen.

Solche Zellen lassen sich nur in kleineren Dimensionen herstellen, nämlich für 250, 600, eventuell 1500 A Stromaufnahme. Die mittelgroße ist etwa 1,4 m hoch, 1,2 m breit, 0,26 m dick. Sie nimmt also verhältnismäßig viel Bodenraum in Anspruch, zumal da sie nur mit Stromdichten von 250 bis 300 A/qm betrieben wird.

Frei aufgestellt, gibt sie viel Wärme an die Umgebung ab, die Temperatur steigt in ihrem Innern deshalb nur um 20 bis 25° über die Raumtemperatur. Bei dieser Temperatur würde eine höhere Stromdichte unwirtschaftlich hohe Spannung verbrauchen.

Jede Zelle muß getrennt gespeist werden und in jeder muß der Wasserzulauf auf die einzelnen ihrer Kammern verteilt werden.

---

[1] A. Pat. 1214934, 1219966, 1372442.

[2] A. Pat. 1434548.

Die Zellen (s. Abb. 22) sehen gefällig aus und sind robust und sauber, arbeiten aber nicht sehr ökonomisch[1].

ε) *Die Trail-Zelle.* Als sie dazu überging, Ammoniak nach dem Kontaktverfahren in sehr großem Maßstabe herzustellen, hat die Cominco (Consolidated Mining and Smelting Company of Canada Ltd.) beschlossen, den größten Teil des dazu verwendeten Wasserstoffs auf elektrolytischem Wege herzustellen und eine neue Zelle[2] zu konstruieren, an deren Entwicklung ab 1931 gearbeitet wurde. 1939 wurde diese zuerst in Dienst gestellt und da sie sich gut bewährte, wurde die elektrolytische Anlage nach und nach vergrößert. Sie umfaßt mehr als 3000 Zellen und erzeugt in Trail täglich 30 t Wasserstoff neben der äquivalenten Menge Sauerstoff, der gleichfalls in den Betrieben der Gesellschaft Verwendung findet.

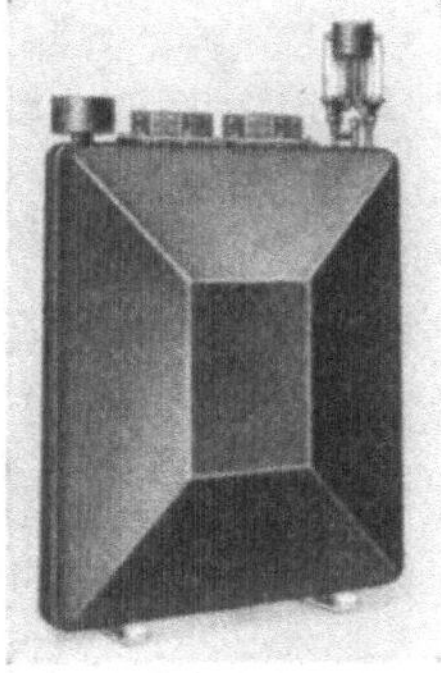

Abb. 22. *Levin*-Zelle.

Die Anlage in Trail wird mit 15.000 kW betrieben und liefert stündlich 14.000 cbm Wasserstoff, der zur Herstellung von 180 t Ammoniak im Tage verwendet wird (weitere 60 t werden mittels Wasserstoff hergestellt, der auf chemischem Wege mittels Koks bereitet wird).

Dieselbe Zelle ist dann auch in anderen Anlagen in Canada, USA, Australien, China, Spanien usw. installiert und in Dienst gestellt worden.

Die Trail-Zelle (Abb. 23, 24a, b) unterscheidet sich von anderen dadurch, daß der Zellendeckel aus einem Stück isolierendem, armiertem Beton besteht, der so geformt ist, daß er zugleich Kammern zum getrennten Auffangen der Gase bildet, die Asbestdiaphragmen und eine Hülle trägt, welche die Elektroden nach außen umgibt. Er ist mit Bohrungen versehen, durch welche die Elektrodenzuführungen *7* (Abb. 23 und 24b) dicht durchtreten, sowie mit (nicht dargestellten) T-Stücken, durch welche die Gase aus ihren Sammelräumen *4*, *5* in die Gasleitungen geführt werden.

---

[1] Nach Angabe der Gen. Electric Co., Cleveland (Ohio), betrug der Reinheitsgrad

des Sauerstoffs	99,85%,
des Wasserstoffs	100,00%.

Die Firma selbst gibt an:

Sauerstoff	99,80%,
Wasserstoff	100 bis 99,70%.

[2] A. Pat. 2293594 (E. A. G. Colls et al.), 1939.

Mit seiner ganzen Ausrüstung in den Elektrolyten getaucht, bildet der Deckel-Block für sich allein eine Zelle, ohne, wie dies bei anderen Konstruktionen der Fall ist, weitere Abdichtung einzelner Bestandteile gegeneinander zu beanspruchen.

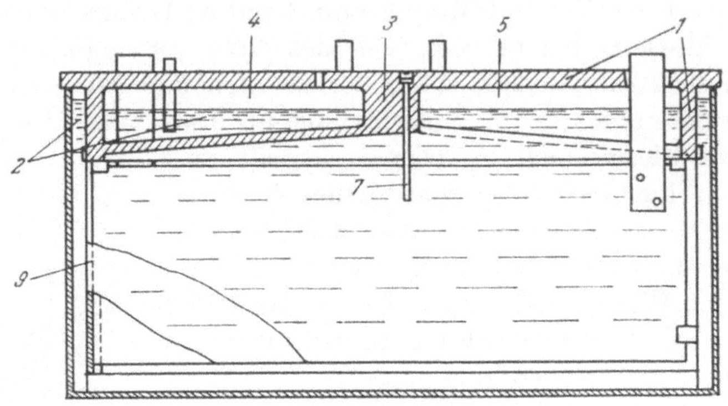

Abb. 23.

Dieser Zellenkopf *1* (Abb. 23) hat rechteckige Form und schließt den Elektrolyten *2* fast vollständig von der Außenluft ab, wodurch die Aufnahme von Kohlensäure aus der Atmosphäre sehr verzögert wird.

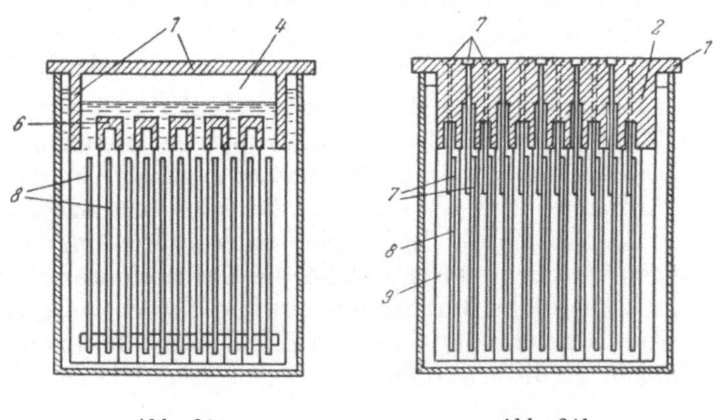

Abb. 24a. Abb. 24b.

Durch einen starken, nach unten gerichteten Steg *3*, der eine Zwischenwand bildet, wird er in zwei Kammern *4*, *5* geteilt, die der Aufnahme der beiden Gase dienen. Senkrecht zu dieser Zwischenwand erstrecken sich oben geschlossene Sammelrinnen *6* (Abb. 24a). Diese sind mit Spalten versehen, welche wechselweise über Kathoden und Anoden verteilt sind und die Verbindung mit den entsprechenden Gasräumen *4*, *5* herstellen.

Die Elektroden werden aus Stahlplatten *8* hergestellt, die durch Punktschweißung verbunden sind, Anoden und Kathoden gleichen einander, nur sind erstere vernickelt. Jede Elektrode ist zwischen Asbestdiaphragmen eingeschlossen und das Ganze wird noch von einer äußeren Hülle *9* eingefaßt.

Die Gasabführungsrohre liegen unmittelbar auf den Zellendeckeln und werden mittels isolierender Rohrstücke an die T-Stücke angesetzt, mit welchen jede Gaskammer versehen ist.

Destilliertes Wasser wird aus einem erhöhten Sammelgefäß durch Glasrohre zugeleitet, die mit Gummischlauchstücken miteinander verbunden sind. Der Wasserverbrauch beträgt rund 0,88 l/cbm H_2, die Leitfähigkeit des verwendeten Wassers kann $1,10^{-5}$ reziproke Ohm betragen und soll $2,10^{-5}$ nicht überschreiten.

Die Zellen werden normalerweise mit 10.000 A belastet, sie können aber auch bis zu 15.000 A aufnehmen. Sie sind meist mit 15, 17 oder 21 Elektrodenpaaren ausgerüstet, sind rund 1,3 m lang, 1,40 m hoch und je nach der Zahl eingebauter Elektroden $^3/_4$ bis 1 m breit. Sie fassen dann 750 bis 1200 l. Wenn nötig, können sie durch Besprühen einer ihrer Seitenwände mit Wasser gekühlt werden. Dazu ist ein Wasserrohr entlang der Zellenreihe geführt.

Jede Zelle ist leicht auszuwechseln. Da außer den Elektroden keine Metallteile in die Zellen eingebaut sind, kommen Korrosionen kaum vor, die Wartung und Bedienung wird dadurch auf ein Minimum reduziert.

2. Beispiele von Wasserelektrolyseuren mit Bipolarschaltung der Elektroden.

a) Allgemeines.

Als erster hat O. Schmidt schon vor mehr denn 50 Jahren Wasserelektrolyseure konstruiert, welche die Bauart einer Filterpresse aufwiesen[1]. Dazu erteilte er den Elektroden die Form von Platten, deren Ränder verstärkt, deren Oberfläche in vertikaler Richtung geriffelt waren. Eine größere Anzahl solcher Platten wurden unter Zwischenlage von Diaphragmen, deren Ränder der Isolation und Abdichtung, deren freie Flächen der mechanischen Abtrennung der Elektrodenräume und der Gase dienten, zu einem Block zusammengepreßt. Nur die zwei Endelektroden wurden an die Pole der Stromquelle geschlossen, alle zwischen diesen angeordneten Platten wirkten bipolar, indem sie an den der positiven Endelektrode zugewandten Seiten Kathoden, an der entgegengesetzten Seite Anoden bildeten.

[1] Eine filterpressenförmige Anordnung mit Bipolar-Elektroden hat Kellner für Chloridelektrolyse (Bleichlaugen) schon im E. Pat. 5547 (1891) vorgeschlagen.

Diese im Prinzipe so einfache und elegante Konstruktion ist weiterhin das Vorbild für alle modernen bipolaren Wasserelektrolyseure geblieben, wenn sie auch im einzelnen wesentlich durchgebildet und für große Leistungen entsprechend umgeformt werden mußten.

In ihrer ursprünglichen Form wurde sie eine Zeitlang von Siemens & Halske, dann von der Maschinenfabrik Oerlikon ausgeführt. Letztere baut auch gegenwärtig Wasserzersetzer mit Bipolarschaltung, welche unter δ) beschrieben werden.

Derartige Zellen-Konstruktionen stellen hohe Anforderungen an die Isolierdichtungen zwischen den einzelnen Zellen-Rahmen und es hat lange gebraucht, ehe man dafür Materiale finden konnte, welche auf die Dauer absolut verläßlich sind.

Gummi hält der Einwirkung des Sauerstoffes in Lauge nicht lange stand und verliert seine guten Eigenschaften dort, wo er mit dem Anodenrande in Berührung steht. Gummi-Asbest-Kompositionen und solche von Asbest mit höheren Kohlenwasserstoffen weisen gleichfalls Mängel auf. Zement wird allmählich porös, mürb und isoliert dann nicht mehr.

Einen Fortschritt bedeutete es, als es gelang, Bitumen durch Behandlung im Sauerstoff- oder Luftstrom laugenbeständig zu machen, sogenannten „verblasenen Bitumen". Er dürfte zuerst in den *Pechkranz*-Zellen an Stelle von Asphalt in Verbindung mit Asbestschnüren verwendet worden sein.

b) Zellenformen.

α) Die Zelle O. Schmidts[1]. Zur Zeit, da SCHMIDT seine ersten Zellen baute, waren die Asbestgewebe, die er als Diaphragmen verwenden wollte, nicht dicht genug, um ohne weitere Präparierung eine hinreichend vollständige Trennung der Gase zu sichern. Er gummierte sie deshalb nicht nur an den Rändern, wo sie die aufeinander folgenden Platten voneinander isolieren mußten, sondern — in schwächerem Maße — auch an ihrer der Kathode zugewandten Seitenfläche.

Gas und Flüssigkeit wurden nicht durch Rohre, sondern durch Bohrungen geführt, welche in den Platten derart angebracht waren, daß sie beim Zusammensetzen des Blocks zur Deckung kamen und Kanäle bildeten.

Diese waren durch die verdickten Randteile *9* oben und unten derart angebracht, daß je eine obere und eine untere (*1* und *2*, Abb. 25a bis c) an der Vorderseite, je eine obere und eine untere (*3* und *4*) an der Rückseite des dünner gehaltenen Mittelteils der Platten mit dem Elektrolyten in Verbindung standen. Durch die

---

[1] D. R. P. 111 131 (1899).

Bohrungen *1* und *3* entwichen die Gase getrennt voneinander. Diese führten etwas Flüssigkeit mit sich, die sie in den Gasabscheidern *5* und *6* wieder abgaben. Von dort floß sie durch *8*, *8* in die Elektrodenräume zurück, wodurch eine Zirkulation des Elektrolyten in Gang gehalten wurde.

Das verbrauchte Wasser und die geringen Mengen Wasserdampf, die mit den abziehenden Gasen entwichen, wurden durch ein Trichterrohr nachgesetzt, in das man ständig destilliertes Wasser in dünnem Strahle einfließen ließ. Der Zufluß wurde so bemessen, daß der Apparat bis über die Einmündung der Gasrohre mit Elektrolyt gefüllt blieb. Im Gasabscheider konnte der Flüssigkeitsstand jederzeit abgelesen werden. Um den Gasabzug zu erleichtern, wurden die Apparate nach Seite der Gasabscheider hin etwas gehoben.

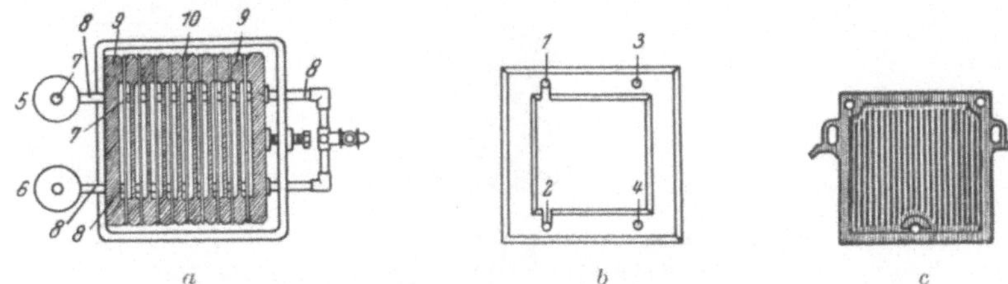

Abb. 25. Bipolarzelle *O. Schmidts*.

1 Verbindungsöffnung an den Vorderseiten, *2* dtto. an den Rückseiten der dünneren Mittelteile der Platten, *5*, *6* Gasabscheider, *7* Diaphragma, *8* Rückleitungen des Elektrolyten, *9* verdickter umlaufender Rand der Platte, *10* gummierter Rand der Diaphragmen.

Einmal im Monat wurden die Apparate entleert und gereinigt, die Lösung filtriert, auf ihren Chlorid- und Sulfatgehalt geprüft und erforderlichenfalls erneut.

Beim Einschalten betrug die Betriebsspannung je Kammer 2,7 V. Sie sank sukzessive in dem Maße, in welchem sich die Lösung erwärmte, bis sie nach etwa achtstündigem Betriebe, bei Erreichung der Betriebstemperatur von 60°, den Endwert von 2,3 V erreichte. Bei dieser Spannung wurden rund 4 kWh je Kubikmeter Gas, also rund 5,33 kWh auf den Kubikmeter Wasserstoff allein gerechnet, verbraucht.

Nach $2^1/_2$jährigem Tag- und Nachtbetrieb hatte die Stärke der Elektrodenplatten um rund 1 mm abgenommen.

β) *Die Pechkranz-Zelle*[1]. Die Bipolarzelle O. SCHMIDTs wurde von der Maschinenfabrik *Oerlikon* nur in Dimensionen ausgeführt, die uns gegenwärtig sehr klein erscheinen (s. Abb. 26).

[1] cf. betr. der ursprünglichen Ausführung AUBERT: Chem. Met. Eng. **481** (1929); ELWORTHY: ib. **38**, 714 (1931); PINCASS: Metallbörse **17**, **2665**, 2721 (1927); SEVIN: Le four électrique **39**, 8 (1930). BILLITER: Die neueren Fortschritte, S. 151—161. Halle 1930.

Die *Pechkranz*-Zelle war die erste Bipolarzelle, welche in großindustriellem Maßstabe in der gigantischen Anlage der *Norsk-Hydro* zur Anwendung gelangt ist. Sinnreich konstruiert, wies sie doch noch manche Mängel auf.

Im Gegensatz zu anderen Konstrukteuren erteilte PECHKRANZ seinen Elektrolyseuren mit Vorliebe kreisrunden Querschnitt und verwendete darin die S. 33 beschriebenen feinstporigen Nickelfolien als Diaphragmen. Diese hatte er zunächst längere Zeit hindurch

Abb. 26. Alte Zelle *O. Schmidts*.

in einer Batterie von Monopolarzellen in Luzern erprobt, bevor er zum Bau von Bipolarzellen schritt.

In letzteren dienen mehrere Millimeter starke, einseitig vernickelte Eisenbleche als Elektroden. Sie werden voneinander, unter Zwischenlage von Isolierdichtungen, durch zirka 30 mm breite Eisenringe von U-förmigem Profil getrennt. In die nach innen, also nach der Zellenachse, gerichtete Höhlung dieser Profileisen sind die Nickeldiaphragmen mittels Zement eingesetzt. Ihr Oberteil dient zur Trennung der beiden Gase, er ist daher porenfrei gehalten. Dieser segmentförmige Oberteil reichte in Zellen von 1,8 m innerem Durchmesser bis auf 25 cm vom Scheitelpunkte herab.

Als Isolierdichtungen dienten damals mit Bitumen, später mit verblasenem Bitumen imprägnierte Asbestschnüre[1].

Um den Elektrolyten in Zirkulation halten zu können, ist das oberste Segment der Kammern durch Stege unterteilt und die Elektrodenbleche sind mit entsprechenden Ausnehmungen versehen, welche durch Aneinanderreihung Kanäle bilden, die Lauge zu den Gasabscheidern und die zwei Gase getrennt zu den Waschvorrichtungen führen. Die Zirkulation wird durch die aufsteigenden Gasblasen in Gang gehalten. Destilliertes Wasser wird mittels automatisch wirkender Speisevorrichtung in die Gaswäscher eingeführt und fließt von da den Zellen zu.

Es wurden Zellenblöcke durch Aneinanderreihung von Kammern gebildet, deren Zahl oft 100 überschritt. Jede derselben nahm in der Regel 2,3 bis 2,5 V Zellenspannung auf. Bei dieser Betriebsspannung stellten sich in Zellen von 1,8 m Durchmesser Stromstärken von 1500 bis 2000 A ein. Die Zellenblöcke nahmen somit Energiemengen von rund 500 kW auf. Ihr Platzbedarf wurde mit 6,3 qm/100 kW-Kapazität angegeben, der erzielte Reinheitsgrad des Wasserstoffs erreichte 99,5 bis 99,9%, derjenige des Sauerstoffs 98,0 bis 98,5%.

Die *Norsk-Hydro* soll im Laufe der Jahre die Konstruktion wesentlich verbessert und die Anstände behoben haben, die im Anfange auftraten. Diese wurden hauptsächlich durch Nebenschlüsse verursacht, die auf mangelhafte Anordnung der Gas- und Elektrolytleitungen, auf Flüssigkeitsschläge usw. zurückzuführen waren. Der Lohn, den er als pace-maker verdiente, blieb PECHKRANZ aber zu Lebzeiten versagt.

γ) *Die Bamag-Zelle.* Nicht viel später brachte die *Bamag-Meguin A. G.* eine von ZDANSKY konstruierte Bipolarzelle heraus, die bereits einen viel größeren Grad der Vollendung aufwies. Sie zeichnet sich u. a. durch die Verwendung eines Diaphragmas von praktisch unbegrenzter Lebensdauer aus, das in manchen Betrieben heute schon durch rund 20 Jahre unverändert in Verwendung steht. Sie dürfte auch von allen Typen diejenige sein, welche in den größten Ausmaßen (bis zu 550 cbm Wasserstoff in der Stunde, bzw. 2600 kW) ausgeführt worden ist.

Erstmalig 1928 in den Bayrischen Stickstoffwerken in Piesteritz in einer 200 Kilowatteinheit verwendet, steht sie gegenwärtig in mehr denn 100 Anlagen in Betrieb.

Das Diaphragma besteht aus einem dichten Asbestgewebe, dem mit Asbestfaden umwickelter, bzw. umsponnener Nickeldraht einverleibt ist. Dank dieser Versteifung kann es straff gespannt werden

[1] Schweiz. Pat. 113545.

und bleibt dauernd gegen Formänderungen und gegen Verletzungen geschützt.

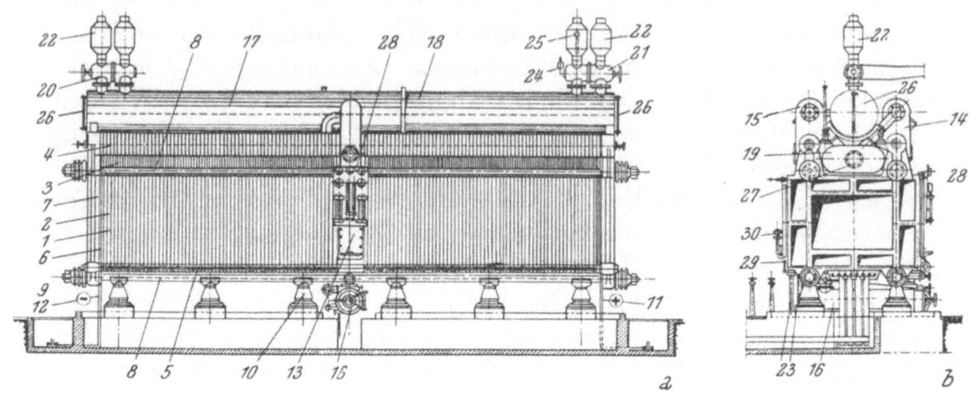

Abb. 27.

Abb. 28.

Die Zellen-Konstruktion wird durch die Abb. 27a, b verdeutlicht, der äußere Anblick der Elektrolyseure durch Abb. 28 und 29.

Das Kühlsystem für den Elektrolyten ist in der Mittelkammer *13* enthalten, die außen die Meß- und Kontrollinstrumente auf einer Instrumententafel *28* trägt. Automatisch wirkende Regler halten die Temperatur und den Zulauf destillierten Wassers konstant. Die Kühltrommeln für Wasserstoff *17* und für Sauerstoff *18* liegen waagrecht über der Zelle, etwas tiefer, in der Mitte, die Trommel *19*, welche Elektrolyt aufnimmt. Alle Rohrleitungen tragen ein isolierendes Ansatzstück aus Glas (z. B. *23*). Die vom Gase mitgeführte

Abb. 29.

Lauge fließt von *19* durch das Laugenfilter *16* mit auswechselbarem Filtereinsatz. Die Reinigung, bzw. Erneuerung des letzteren bildet praktisch die einzige mit Hand vorzunehmende Manipulation. Die Betriebsüberwachung beschränkt sich im übrigen auf zeitweise Analysenvornahme und auf die Beobachtung der Flüssigkeitsstandanzeiger, der Schaugläser und der Kontrollinstrumente. Die Rohrleitungen für Wasser, Abwasser und Dampf liegen unter dem Elektrolyseur in Kanälen.

Aus den Zellen gelangen die Gase durch Kanäle *4* in die Gasdome *14*, *15*, in welchen sich das Gas von der mitgeführten Lauge trennt. Letztere fließt in die Trommel *19* ab, von dort durch das Kühlsystem und durch das Filter *16* in den Laugekanal *5*, von wo sie den einzelnen Zellen wieder zugeführt wird.

Die Gase werden in *17* und *18* gewaschen und auf Raumtemperatur gekühlt. Die bei der Waschung und Kühlung zurückbleibenden Elektrolytreste und Kondensate werden dem zirkulierenden Elektrolyten wieder beigemengt.

Die Umschaltventile *20* und *21* dienen dazu, die Gase beim Anfahren ins Freie zu lassen, dann in die Behälter zu leiten, sobald sie vollen Reinheitsgrad (99,95% für Wasserstoff, 99,8% für Sauerstoff) erlangt haben.

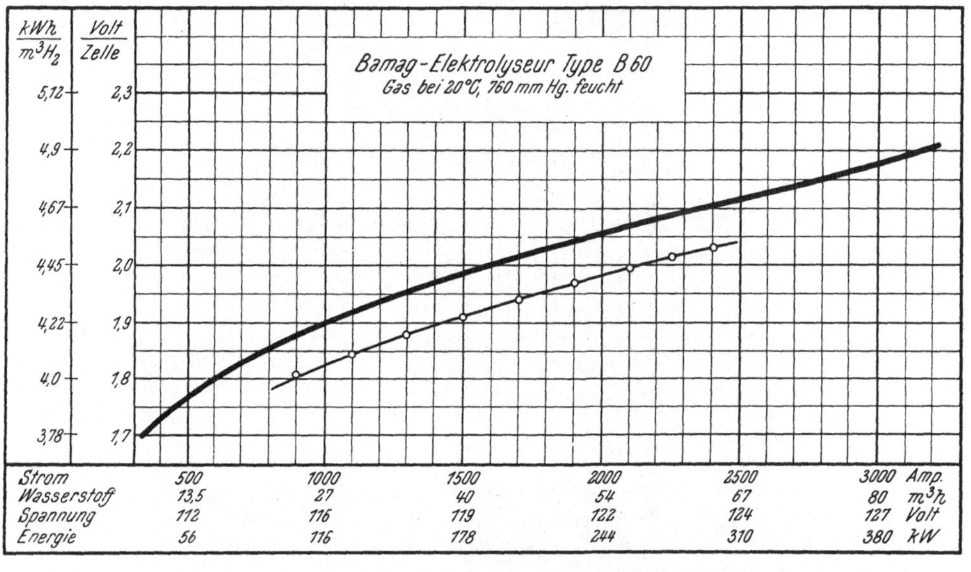

Abb. 30.

In den Trommeln befinden sich Sicherungen gegen Druckschwankungen zwischen Wasserstoff und Sauerstoff sowie gegen übermäßigen Druck.

Im normalen Betrieb steigt die Temperatur auf 80 bis 85° C. Bei ununterbrochenem Betrieb kann der Elektrolyt durch Dampfrohre, die in die Mittelkammer eingebaut sind, angeheizt werden.

Der Elektrolyseur kann ohne Störung von niedriger auf maximale Leistung oder umgekehrt geschaltet werden, er arbeitet störungsfrei. Eine Überholung ist kaum innerhalb von Betriebsperioden von zehnjähriger Dauer erforderlich.

Je nach der Höhe der Belastung beträgt der Energieverbrauch, wie dies die Kennlinie (Abb. 30) vor Augen führt, 3,8 bis 4,6 kWh/cbm Wasserstoff.

Die dort wiedergegebene zweite, schwach angedeutete Kurve entspricht den Meßergebnissen an einem *Bamag*-Elektrolyseur der neueren Type B 60 nach etwa sechsmonatigem Betrieb. Sie weist eine durch Verbesserungen erzielte Energieersparnis von 0,15 bis 0,2 kWh/cbm Wasserstoff auf.

Die *Bamag*-Zellen sind bisher für Stromdichten bis zu 3000 A/qm vorgesehen, die aber noch nicht die obere Grenze der Belastbarkeit darstellen.

Die geschlossene Bauart sichert vor Laugeverlusten und vor Verunreinigungen, das straffe, formbeständige Diaphragma ermöglicht die Annäherung der entgegenpoligen Vorelektroden auf 10 mm Abstand. Seine Mindestlebensdauer beträgt fünf Jahre.

δ) *Elektrolyseur der Maschinenfabrik Oerlikon.* Die Zellenkonstruktion, welche die Maschinenfabrik *Oerlikon* gegenwärtig zur Ausführung bringt, entnimmt man den Abb. 31 a und b; welche Ausmaße sie für große Produktion gewonnen haben, zeigt Abb. 32, während Abb. 31 das Schema der ganzen Anordnung wiedergibt.

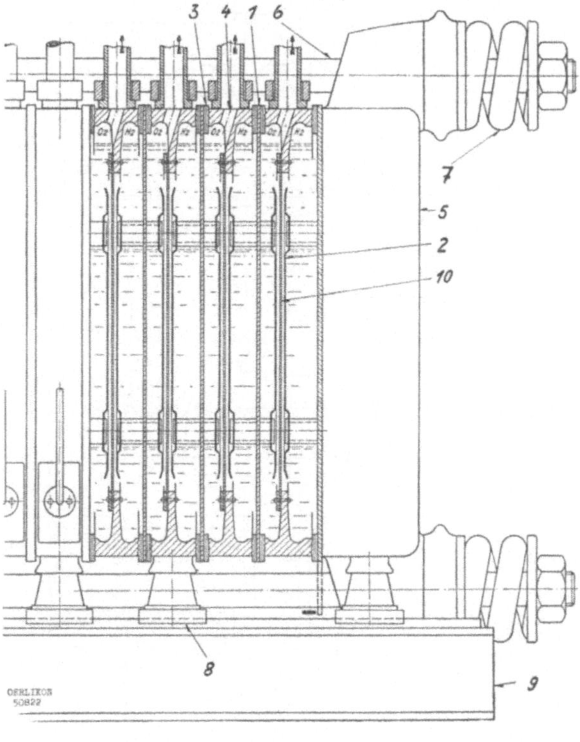

Die Bildung von Kanälen durch Aneinanderreihung von Bohrungen in den Plattenrändern ist aufgelassen worden. Die Gase werden durch Rohre abgeleitet, die ähnlich angeordnet werden wie in der *Knowles*-Zelle.

Abb. 31 a. *Oerlikon*-Elektrolyseur. Schematischer Schnitt. *1* Trennplatten, *2* Elektroden, *3* Isolierdichtung, *4* Diaphragmenrahmen, *5* Endplatten, *6* Zugbolzen, *7* Spannfedern, *8* Isolatoren, *9* Längsträger, *10* Diaphragmen.

Die Elektroden (*2*, Abb. 31 a) sind miteinander paarweise durch metallische Bolzen verbunden, welche durch die Trennplatten *1* durchtreten. Letztere sind durch Isolierdichtungen *3* von den Diaphragmenrahmen *4* getrennt, in welche die Asbestgewebe-Diaphragmen *10*

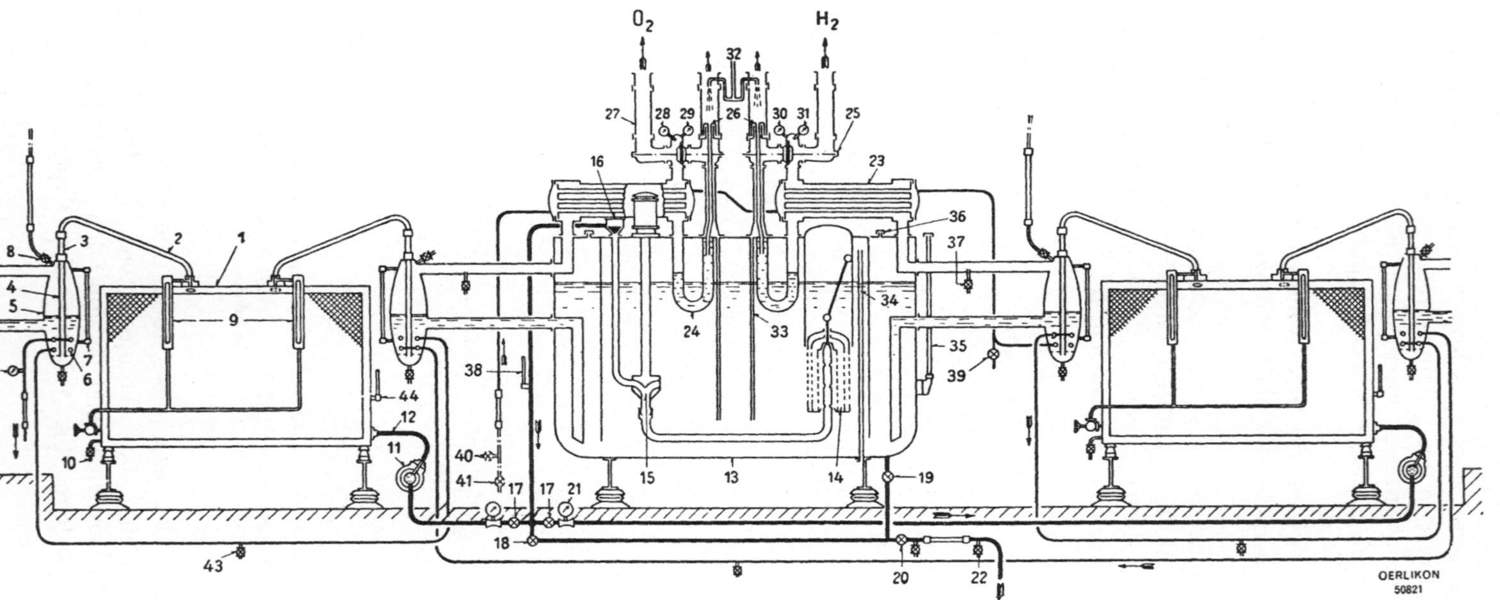

Abb. 31b. *Oerlikon*-Elektrolyseur.

1 Zellenkörper, *2* Überlaufrohr, *3* Isolierrohr, *4* Tauchrohr, *5* Gasabscheider, *6* Laugenkühler, *7* Gas-Abscheider mit Anzeiger für Laugenstand, *8* Abblasventil, *9* Anzeiger für Laugenstand, *10* Entleerungsventil, *11* Speiseleitung, *12* Speiserohr, *13* Laugentank, *14* Filter, *15* Laugenpumpe, *16* Rückschlagventil, *17* Regulierventil, *18* Absperrventil, *19* Entleerungsventil des Tanks, *20* Bodenventil des Tanks, *21* Durchflußmanometer, *22* Entleerungshahn, *23* Gaskühler, *24* Sicherheitsverschluß, *25* Gasumschaltventil, *26* Wasserverschluß, *27* Glaszylinder, *28* Manometer für O_2, *29* Thermometer für O_2, *30* Manometer für H_2, *31* Thermometer für H_2, *32* Destillat-Zuleitung, *33* Destillat-Ablauf, *34* Tank-Überlauf, *35* Tank-Laugenstand, *36* Tank-Entlüfter, *37* Gasanalysenhahn, *38* Laugenthermometer, *39* Bypassventil, *40* Kühlwasser-Manometer, *41* Regulierventil, *42* Kühlwasserthermometer, *43* Entleerungshahn, *44* Blockthermometer.

Abb. 32. Wasserzersetzer, Bauart Oerlikon. (Photo: Maschinenfabrik Oerlikon.)

eingespannt und mittels eines Hilfsrahmens befestigt sind. In geringem Abstand von den entgegenpoligen, in ihrer Lage fixierten Elektroden eingeschlossen, werden die Diaphragmen gehindert, größere Bewegungen nach der einen oder anderen Seite auszuführen und sich dadurch abzunützen. Alle Teile, mit denen sie in Berührung treten können, sind abgerundet, um ein Abscheuern der Tücher zu erschweren. Sie erlangen dadurch eine Lebensdauer von mehreren Jahren.

Die Elektroden sind mit einer gleichmäßigen Lochung versehen, welche die Gase zum größten Teil an ihre Rückseite führt. Die Diaphragmarahmen *4*, die Anoden und ihre Bolzen sind vernickelt, die Nieten, mit denen die Gewebe fixiert werden, sind aus Reinnickel.

Die Rahmen werden zwischen zwei Endplatten *5* mittels Zugbolzen *6* und Spannfedern *7* zu einem festen und dichten Block zusammengepreßt und ruhen unter Zwischenlage von Isolatoren *8* auf den Längsträgern *9*.

Kleinere Einheiten bestehen aus einem einzigen Block, größere werden aus zwei Blöcken zusammengesetzt, in deren Mitte der Laugentank *13* eingeschlossen wird (Abb. 32 und 33). Dies ermöglicht es, nach Wunsch bloß einen der zwei Blöcke in Betrieb zu nehmen.

Aus den Zellen tritt das Gas durch die in den Diaphragmenrahmen oben ausgesparten Öffnungen in die schief aufsteigenden Ableitungsrohre *2* (Abb. 32) und führt Lauge mit, die zum Teil in den geneigten Rohren zurückfließt, zum Teil sich in den Gasabscheidern *5* absetzt. Von ihr befreit, streichen die Gase durch Kühler *23* und in die Sammelgefäße. Die Lauge fließt aus den Abscheidern in den Laugentank zurück. Aus diesem wird der Elektrolyt (25%ige KOH-Lösung vom spezifischen Gewicht 1,234) durch den Laugenfilter *14* hindurch angesaugt und in die Verteilerleitung *11* geführt, aus der sie durch Speiserohre *3* in die Zellen gedrückt wird.

Die Tauchrohre *4* der Gasabscheider *5* dienen zum Druckausgleich für die Sauerstoff- und Wasserstoffkammer jeder einzelnen Zelle, Sicherheitsverschlüsse *24* lassen Gas ins Freie austreten, falls der Druck desselben ein gewähltes Maximum, das meist zwischen 200 und 500 mm Wassersäule gehalten wird, überschreitet.

Der Elektrolyt wird durch eine Umwälzpumpe *15* in Zirkulation gehalten, die ohne Stopfbüchse ausgeführt wird.

Die Zellenspannung beträgt im Normalbetrieb bei 75° C 2,1 bis 2,3 V. Die Gase werden auf 20 bis 25° C abgekühlt, dazu sind rund 40 Liter Kühlwasser von 15° C je Kubikmeter Wasserstoff aufzuwenden. Der Energieverbrauch entspricht demjenigen anderer Typen (4,5 bis 5 kWh/cbm Wasserstoff).

Die Apparate werden für die Erzeugung von 2 bis zu maximal 500 cbm/Wasserstoff in der Stunde hergestellt. Die kleinsten Typen umfassen 5, die größten 140 Zellen.

ε) *Konstruktion der Demag.* Die Bauart dieser Zelle geht von Typen aus, welche in der Badischen Anilin- und Sodafabrik noch vor dem Zusammenschluß zur I. G. in Ludwigshafen a. Rh. von PFLEIDERER, ROTH, HONSBERG und DÄHLING entwickelt wurden

Abb. 33. Wasserzersetzer der Demag.
(Photo: Demag G. m. b. H.)

und in welchen das Prinzip der übereinander gestellten Taschenelektroden (s. S. 29) in bipolarer Ausführung zur Anwendung kam.

1945 übernahm die elektrochemische Abteilung von Siemens & Halske die Ausführung der Zellen, welche nunmehr durch A. v. PICHLER und SPENGLE die Form erhielt, die sie gegenwärtig aufweist. Einige Jahre darauf ging die betreffende Abteilung der Firma Siemens & Halske in der Demag auf.

Bei dem Einheitszellensystem der Demag[1] wird für jeden Leistungsbereich nur eine bestimmte Zellengröße verwendet. Dies wird durch Anschluß einer entsprechenden Zahl standardisierter Zellenblöcke an einen gemeinsamen Mittelkörper erreicht. Auf jeder Seite des Mittelkörpers können dabei mehrere Zellenblöcke übereinander angeordnet sein. Die Blöcke werden in der Werkstatt fertig zu-

[1] cf. PICHLER, A. v.: Chem. Fabrik 1938/39, Demag-Nachrichten Nr. 125 (1951); Fette u. Seifen 160 (1951).

sammengebaut, wodurch die Montage am Aufstellungsorte vereinfacht wird. Zugleich wird damit ein Aggregat gebildet, welches an geänderte Verhältnisse besonders anpassungsfähig ist, endlich wird die Querschnittsverkleinerung der Badlösung durch Gas bei der relativ geringen Höhenausdehnung der einzelnen Zellen niedrig gehalten.

Der allgemeine Aufbau wird durch die schematische Abb. 34 vor Augen geführt, in welcher *1*, *1* die zu beiden Seiten des Mittelkörpers *2* angeordneten Zellen darstellt. Wie gewöhnlich sind alle Leitungen für Gas, Lauge usw. in diesen Mittelkörper eingebaut. Für jede Seite sind darüber die zylinderförmigen liegenden Behälter angeordnet, in denen sich Gas und Lauge trennen, abermals höher die Gaskühler *4*, aus denen die Gase in die Druckvorlagen *5* strömen. Diese sorgen dafür, daß die Gase ins Freie austreten können, wenn ihr Druck das zulässige Maß überschreiten sollte. Sie sind auf verschiedene Druckhöhen einzustellen. Aus dem Laugebehälter *3* fließt der Elektrolyt abwärts durch das Filter *6*, dessen Gehäuse seitlich vor dem Elektrolyseur untergebracht ist. Seine Konstruktion ermöglicht es, das Filter auszuwechseln, ohne den Betrieb unterbrechen zu müssen — eine Manipulation, die etwa einmal im Monat vorzunehmen ist.

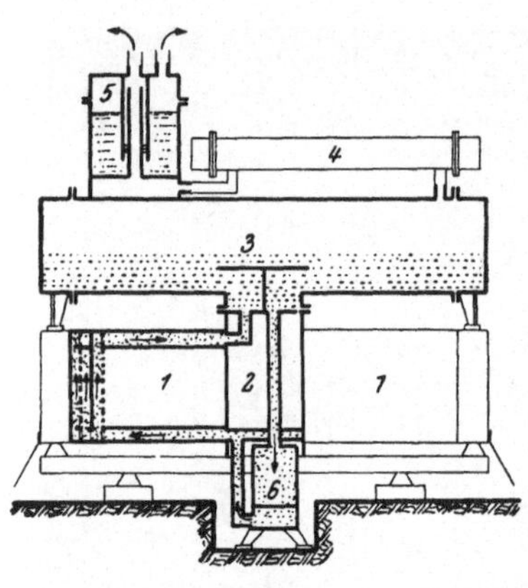

Abb. 34.
Schema des Aufbaues des *Demag*-Elektrolyseurs. *1,1* Zellenblöcke, *2* angeflanschter Mittelkörper, der sämtliche Kanäle für Gas- und Laugeführung enthält, *3* Elektrolyt-Ausdehnungsgefäß, zugleich Laugekühler, *4* Gaskühler, *5* Druckausgleichsgefäß (für verschiedene Druckhöhen einstellbar), *6* Filter-Gehäuse.

c) Vergleich der Unipolar- und der Bipolar-Zellen.

Die Unterschiede beider Zellentypen, welche am deutlichsten in die Augen fallen, sind der weit geringere Raumbedarf der Bipolarzellen und das viel kleinere Elektrolytvolumen, das sie beanspruchen, das Fortfallen aller Stromschienen und der Gasleitungen von Zelle zu Zelle.

In Bipolarzellen wird die Konzentration und die Temperatur des Elektrolyten für alle Zellen automatisch und gleichmäßig geregelt. Die gedrängte Bauweise vereinfacht die Bedienung derart, daß ein Mann imstande ist, mehrere Elektrolyseure größerer Leistung zu überwachen. Die Betriebssicherheit gut gebauter Bipolarzellen läßt nichts zu wünschen übrig. In den äußerst seltenen Fällen, in denen doch eine der in Serie geschalteten Zellen versagen sollte, läßt sich dieselbe auf einfachste Art überbrücken.

Die sichere Isolation und dauernde Abdichtung der einzelnen Zellen voneinander stellt bei der Bipolaranordnung sehr hohe Anforderungen an die Qualität der hierzu verwendeten Materiale und an die Art und Weise, in welcher sie vorgenommen wird. Hierin lag früher ein wunder Punkt der Bipolarzellen. Gegenwärtig verfügt man aber über so zuverlässige, hierzu geeignete Werkstoffe, daß diese Schwierigkeit als völlig behoben angesehen werden kann.

Den etwas höheren Anschaffungskosten der Bipolarzellen stehen die Ersparnis für die viel kleiner gehaltenen Gebäude sowie die geringeren Ausgaben für Bedienung entgegen.

Die Haltbarkeit der Diaphragmen aus Asbestgewebe ist bei Bipolarzellen, in denen sie viel besser vor Abscheuerung usw. geschützt sind, eine größere als in den Monopolarzellen.

In Bipolarzellen können die Gase leicht mit einem Überdruck von 200 bis 500 mm Wassersäule hergestellt werden. Monopolarzellen, die nur ausnahmsweise ganz hermetisch geschlossen sind, arbeiten nur mit geringerem Überdruck — meist etwa 50 bis 70 mm Wassersäule. Dieser reicht — besonders in sehr großen Anlagen — selten dazu aus, die Gase direkt in die Gasbehälter zu leiten. Dann aber müssen Gasgebläse dazu herangezogen werden. Entspricht deren Leistung nicht jederzeit der jeweiligen Leistung der Elektrolyse-Zellen, so treten Druckschwankungen auf, welche Störungen in den letzteren hervorrufen und auch zur Verunreinigung der Gase führen können. In den nicht so gut abgeschlossenen Monopolarzellen läßt sich auch die Karbonatbildung nur unvollständig verhindern.

In Bipolarzellen steigt die Temperatur höher an, was in einer Beziehung von Vorteil ist, andererseits aber Kühlung im Dauerbetrieb erforderlich macht, weil der Wasserdampfgehalt der Gase oberhalb 80° zu stark ansteigt. Diese Kühlung der Gase in der Zelle selbst bietet hinwiederum den Vorteil, daß die Gase den Elektrolyseur mit einer Temperatur verlassen, welche nur wenig von der Raumtemperatur abweicht. Aus offenen Trogzellen entweichen die Gase aber ungekühlt, setzen deshalb viel Kondenswasser in den Leitungen ab, was die Isolation erschweren und Unzuträglichkeiten verursachen kann. Die viel kleineren Gasräume und das erheblich kleinere Elektrolytvolumen bedingen bei den Bipolarzellen eine viel kürzere Anlaufzeit, was bei nur zeitweisem Betrieb in die Waagschale fällt.

Hinsichtlich der Energieausbeute und dem Reinheitsgrad der Gase sind keine nennenswerten Unterschiede zu verzeichnen.

Zweifellos ist aber die nahezu vollautomatische Aufrechterhaltung gleicher Arbeitsbedingungen in allen Kammern der Bipolarzellen durch die Zirkulations-, Konzentrations- und Temperaturregelung, die fortlaufende Filtration der Laugen usw. als ein bedeutender

Vorteil im Betriebe anzusehen, den die Monopolarzellen nicht aufweisen können.

Auf dem europäischen Kontinent werden vorzugsweise Bipolarzellen verwendet, deren verbreitetste die *Bamag*-Zelle sein dürfte. In Amerika, wo sonst großes Gewicht auf Raumersparnis gelegt wird, überraschenderweise fast ausschließlich Monopolarzellen.

Dies dürfte, wenigstens zum Teil, durch Bevorzugung der heimischen Industrie zu erklären sein. Dank ihrer einfacheren Konstruktion sind Monopolarzellen leichter auszuführen und können in großen Fabriken, die bereits jahrelange praktische Erfahrung auf dem Gebiete besitzen — wie z. B. in Trail, wo die *Knowles*-Zelle vorher in Verwendung stand —, in eigener Regie hergestellt werden.

Die viel kompliziertere Bauart großer Bipolarzellen kann nur von Spezialfirmen fachgemäß ausgeführt werden und diese haben alle ihren Sitz in Europa.

3. Druckelektrolyse.

Die Möglichkeit, Gase, die an den Elektroden auftreten, bei der Elektrolyse wässeriger Lösungen unter höherem als Atmosphärendruck abzuscheiden, wurde schon frühzeitig erkannt. Der erste Vorschlag, dies technisch zu verwerten, gelangte wohl 1888 in die Patentliteratur[1].

Ausgedehntere praktische Versuche mit Druckzersetzern halbindustrieller Größe sind dann vor allem von NOEGGERATH und von LAWACZEK vor etwa 30 Jahren unternommen und durch mehrere Jahre fortgesetzt worden.

Sie entsprangen nicht nur dem Wunsch, die Kompressoranlagen zu ersparen, sondern zielten darauf hin, die Stromkapazität der Zellen zu erhöhen und die Betriebsspannung zu erniedrigen.

Von vornherein könnte letzteres paradox erscheinen; denn man möchte erwarten, daß die Betriebsspannung ceteris paribus sich erhöht, wenn neben der elektrochemischen auch noch mechanische Arbeit für die Kompression der Gase bei der Elektrolyse zu leisten ist[2]

---

[1] LATSCHINOFF D. R. P. 51998 (1888), E. Pat. 15925 (1888). Ein weiterer Vorschlag rührt von WESTPHAL her, D. R. P. 135615 (1900).

[2] Die für die Kompression von 1 cbm Gas von Atmosphärendruck auf 10 bis 12 atü aufzuwendende Arbeit beträgt rund 0,2 kWh.

Die Kompression des Sauerstoffs wird dadurch erschwert, daß sie nur in ölfreien Kompressoren glatt vor sich geht, ohne das Gas zu verunreinigen oder ihm Geruch zu erteilen.

Verwendet werden gegenwärtig Sauerstoff-Kompressoren, in denen die „Schmierung" mittels Kondenswasser vorgenommen wird. Ihre Kolben sind mit Fiberstulpen oder mit Dichtungsringen aus Graphit-Kompositionen versehen. Die Fa. Sulzer in Winterthur stellt aber bereits seit einer Reihe von Jahren Kompressoren her, die ohne jede Flüssigkeitsdichtung betrieben werden und die sich zu bewähren scheinen (s. hierzu auch Abschnitt Chlorverflüssigung).

Dem müßte auch unbedingt so sein, wenn die elektrolytische Wasserzersetzung auf *reversible* Art erfolgen würde und wenn die übrigen Arbeitsbedingungen auch identisch bleiben würden. Dies ist aber nicht der Fall; denn in Wirklichkeit setzt sich die Betriebsspannung aus mehreren Teilgliedern zusammen:

1. der reversiblen Zersetzungsspannung,
2. den nicht reversiblen Überspannungen von H_2 und O_2,
3. dem Spannungsanteil, der auf die Bildung von Wasserdampf aufgewendet wird (worauf PFLEIDERER zuerst aufmerksam gemacht hat)[1],
4. dem Spannungsanteil, welcher der Überwindung des Ohmschen Widerstandes bei der Herstellung technischer Stromdichten dient.

Die *reversible* Zersetzungsspannung ändert sich nach der NERNSTschen Formel mit der absoluten Temperatur in linearem, mit den Teildrucken der Gase in exponentiellem Verhältnis.

In welcher Weise sich die *irreversiblen* Überspannungen der beiden Gase mit steigendem Druck ändern, ist von mehreren Seiten mit verschiedenem Erfolg geprüft worden.

COEHN und JENCKEL fanden bei der Elektrolyse von Kalilauge mit „punktförmigen“ Nickeldrahtkathoden bei sehr hohen Drucken überraschend große Erniedrigungen der Überspannung, die bis zu 0,197 V gingen[2].

Im Gegensatz hierzu konnte HOLMBOE bei Drucken bis zu 100 Atm keine Spannungsabnahme beobachten[3], während NOEGGERATH angibt[4], daß sie gerade in diesem Druckgebiet deutlich ist. CASSEL und VOIGT[5] fanden hinwiederum, daß die Überspannung im Druckbereich von 1 bis 20 Atm bei Raumtemperatur etwa im selben Maße abnimmt, in welchem die Spannung nach der NERNSTschen Formel ansteigt, was HOLMBOES Befund erklären kann.

Ganz anderen Standpunkt nimmt FAUSER[6] ein, der die Spannungserniedrigungen bei steigendem Druck nicht einer Abnahme der Überspannungen zuschreibt, sondern auf die depolarisierende Wirkung gelösten Sauerstoffs zurückführen will. Die Minderspannung würde dann durch einen Ausbeuteverlust erkauft werden.

---

[1] L'Electrolyse de l'eau. Congrès Internat. d'Electricité, Paris 1932.

[2] Ber. **60**, 1078 (1927); cf. auch SCHNURMANN: Z. angew. Chem. **42**, 949.

[3] Z. Elektrochem. 1928, 64.

[4] Z. VDI, **72**, 373 (1929).

[5] ib. **77**, 636 (1933).

[6] G. Chim. ind. appl. **11**, 479 (1929).

Umstritten bleibt auch die Frage, ob der Spannungsanteil, welcher der Überwindung des Ohmschen Widerstandes des Elektrolyten dient, bei Drucksteigerung, infolge Verkleinerung der im Elektrolyten verteilten Gasblasen, vermindert wird.

FAUSER spricht (l. c.) die Ansicht aus, daß dies durch langsameres Aufsteigen der Gasblasen und durch längeres Haftenbleiben abschirmender Gasblasen an den Elektrodenflächen vereitelt wird. NOEGGERATH bringt (l. c.) Belege für das Gegenteil und berechnet, daß die Leistung seiner Druckelektrolyseure bei 200 Atm, bei Einrechnung der Energieersparnis für die Kompression, eine um 20% höhere ist als ceteris paribus bei Atmosphärendruck.

Nach den herrschenden Anschauungen (s. S. 18ff.) ließe sich ein Rückgang der Überspannungen mit steigendem Gasdruck durch Zusammendrängung der zunächst in Freiheit gesetzten ungeladenen Atome deuten, welche ihre Vereinigung zu Molekülen begünstigt.

Unbestreitbar bleibt es aber, daß die Erhöhung des Druckes die Möglichkeit bietet, die Elektrolyse bei höherer Temperatur durchzuführen, daß diese die Überspannungen wesentlich herabsetzt und die Leitfähigkeit des Elektrolyten erhöht.

NIEDERREITHER, der von 1929 ab die Bearbeitung des Problems in sehr sachgemäßer Weise wieder aufgenommen hat, stellte auf Grund von Messungen, die er bei 160 Atm Druck ausgeführt hat, fest, daß die Temperatursteigerung um 10° eine Spannungserniedrigung um 0,05 V herbeiführt[1].

Bei gewöhnlichem Druck ist es unvorteilhaft, die Arbeitstemperatur über 80° C steigen zu lassen, weil der Partialdruck des Wasserdampfes im Gas bei dieser Temperatur schon solche Größe erreicht, daß 0,3 Volumteile Wasserdampf auf 0,7 Volumteile Gas entfallen und weil, allein zur Erzeugung dieses Wasserdampfes, wie PFLEIDERER (s. o.) dargetan hat, 0,33 kWh aufgewendet werden müssen. Bei weiterer Temperatursteigerung nimmt der Partialdruck des Wasserdampfes mit Annäherung an den Siedepunkt und damit die auf Dampfbildung vergeudete Stromarbeit weiter rasch zu. Nach Durchschreiten eines Minimums bei etwa 80° C steigt der Energieanteil, der auf Dampfbildung verwendet wird, äußerst rasch an.

Bei erhöhtem Druck verschieben sich die Verhältnisse in dem Maße, in welchem die Dichte der erzeugten Gase zunimmt, denn damit verringert sich der Prozentanteil des Wasserdampfes, den sie mitführen. Auf z. B. 10 Atm komprimiert, enthält die gleiche Gewichtsmenge entwickelten Gases bei gleichem Partialdruck des Wasserdampfes ein zehnmal kleineres Gewicht des letzteren. Das Minimum des auf Wasserdampfbildung verbrauchten Energie-

[1] Z. VDI, **92**, 995 (1950).

anteils liegt bei 10 Atm nicht mehr bei 80°, sondern bei 130°. Die Möglichkeit, die Arbeitstemperatur soweit zu steigern, gestattet es, von der Spannungserniedrigung Vorteil zu ziehen, welche mit ihr verbunden ist[1].

Allerdings stellt die Arbeit bei so hohen Temperaturen höhere Anforderungen an die beim Zellenbau verwendeten Materiale und es dürfte zur Zeit noch kaum möglich sein, zu entscheiden, ob sich die dadurch bedingten neuen Schwierigkeiten dauernd überwinden lassen. Vor allem nicht, welches Material für die Herstellung von Diaphragmen am besten geeignet ist; denn Asbest, der bisher durchwegs verwendet worden ist, hält einer dauernden Einwirkung über 110° nicht lange stand (s. S. 34f.).

Die Druckzersetzer NOEGGERATHS sind mehrere Monate, diejenigen LAWACZEKS eineinhalb Jahre lang ununterbrochen — allerdings bei nicht so hoch getriebenen Temperaturen — in Betrieb gestanden. Damit ist der praktische Beweis erbracht worden, daß der eingeschlagene Weg gangbar ist. Sie haben sich aber nicht durchgesetzt, weil die erzielten Vorteile als ungenügend angesehen worden sind.

Dem Ziele am nächsten kommen wohl die Druckzersetzer NIEDERREITHERS, in denen mehrere Verbesserungen zur Ausführung gekommen sind[2].

Die Zellenkörper weisen die filterpressenartige Bauweise auf, welche allgemein bei Bipolarschaltung gewählt wird, sie sind in rohrförmige Druckgefäße einmontiert, die ihrer Längsrichtung nach geneigt sind, um die Zirkulation zu erleichtern. Die Elektrolytumläufe sind außerhalb desselben so hoch geführt, daß eine wirksame Zirkulation gesichert bleibt. Im Druckgefäß ist der Zellenkörper, isoliert, in ein nichtleitendes, bei der Betriebstemperatur flüssiges Mittel gelagert, das ein vom Elektrolyten verschiedenes spezifisches Gewicht aufweist. Lösungsanteile, welche etwa durch Undichtigkeiten aus dem Zellenkörper austreten, werden dadurch gezwungen, sich über oder unter demselben abzuscheiden.

Die im Zellenkörper entwickelten Gase werden mit Elektrolyt-Tropfen beladen durch Steigrohre in Entgaser geführt, in denen sich Gas und Elektrolyt trennen, letzterer wird durch einen Kühler dann in die Zelle zurückgeleitet. Destilliertes Wasser wird aus einer Druckflasche den Kathodenräumen ständig nach Maßgabe des Verbrauchs zugeführt.

[1] Diese Verhältnisse sind wohl zuerst von NIEDERREITHER in seiner oben zitierten schönen Abhandlung klar dargestellt worden.

[2] D. R. P. 600 583. Die folgende Darstellung ist zum Teile nach der zitierten Abhandlung, zum Teile nach brieflichen Mitteilungen Herrn NIEDERREITHERS wiedergegeben.

Der Druckausgleich wird durch Regler bewirkt, die zum Teil mit Quecksilber gefüllt sind und eine Membransteuerung betätigen. In größeren Anlagen werden die Regelventile elektromotorisch angetrieben, sie bleiben auf der einen Seite dem Druck der erzeugten Gase, auf der anderen dem eines neutralen Gases, z. B. Stickstoff, aus einer Flasche ausgesetzt. Die Gasdrucke werden also auf den Druck des Stickstoffs in der Flasche abgestimmt. Geringe Druckunterschiede zwischen Sauerstoff und Wasserstoff werden durch einen U-förmigen Druckausgleicher aufgehoben.

Abb. 35 und 36. *Niederreither*-Druckzersetzer für 20 Nm³/Std. Wasserstoff. *a*, *e* Entgaser, *b* Steig- und Fallrohre, *c* Gasleitungen, *d*, *f* Wäscher, *g* mit Quecksilber gefüllte Druckwaagen.

Abb. 35 und 36 zeigen die Ansicht einer größeren Versuchsanlage, an deren Bau 1934 geschritten wurde und die ab Januar 1938 bei 160 bis 240 V Betriebsspannung Wasserstoff und Sauerstoff unter einem Druck von 160 Atm geliefert hat, die in Stahlflaschen abgefüllt wurden.

Die Installation umfaßt vier Druckrohre von 3,2 m Länge, deren jedes 80 Zellenpakete einschließt. Die Druckrohre sind paarweise übereinander und in ihrer Längsrichtung ansteigend angeordnet, sie haben eine Leistung von 20,6 Nm³ Wasserstoff und 10,3 Nm³ Sauerstoff in der Stunde. Die normale Stromdichte beträgt 1500 A/qm. Aus den Zellen kommend, weisen der Wasserstoff einen

Reinheitsgrad von 99,8%, der Sauerstoff von 98,5% auf. Nach Überleiten über einen Palladiumkatalysator von 99,9% H_2, bzw. 99,85% O_2.

Der Energieverbrauch betrug bei dieser Normalbelastung:

Tabelle 15.

Temperatur °C	Spannung V	Energieverbrauch kWh/Nm³ Wasserstoff
80	2,07	4,97
90	2,00	4,8
100	1,95	4,68
110	1,90	4,56
120	1,80	4,44

Die Anlagekosten einer Druckzersetzeranlage für 160 Atm Betriebsdruck sind etwas höher als die einer gewöhnlichen zuzüglich Kompressor.

Dem höheren Druck entsprechend, ist der Feuchtigkeitsgehalt der erzeugten Gase vernachlässigbar klein gegenüber demjenigen, den sie bei gleicher Temperatur bei Atmosphärendruck aufweisen, im selben Verhältnis geht der Gehalt an Laugennebeln zurück. Der Fortfall der Kompressionsanlage bedingt, daß auch Ölnebel und Druckstöße usw. nicht mehr auftreten.

Zur Zeit sind die Arbeiten in dieser bemerkenswerten Druckzersetzeranlage unterbrochen, aber durchaus nicht aufgegeben worden. Ein abschließendes Urteil über die Aussichten der Druckelektrolyse ist im allgemeinen wohl noch kaum zu fällen.

II. Herstellung „schweren“ Wassers.

Die Entdeckung des „schweren“ Wassers durch UREY, BRICKWEDDE und MURPHY (1932) eröffnete der Wasserelektrolyse neue Perspektiven, als WASHBURN und UREY feststellen konnten[1], daß sich das schwere Wasser im zurückbleibenden Elektrolyten anreichert, so daß die Elektrolyse einen bequemen Weg eröffnet, ein konzentrierteres Ausgangsmaterial zu liefern.

Schweres Wasser bildet ein Glied in der Kette der epochemachenden Entdeckungen unseres Jahrhunderts, der neuen Vorstellungen, die man daraus über den Aufbau der Materie gezogen hat, der neuen Erkenntnisse, die dazu geführt haben, nicht nur Atomumwandlungen künstlich herbeizuführen, sondern sogar neue Atomarten herzustellen usw.

Von jeher war es das Bestreben denkender Forscher, sich die Materie als aus einfachen, gemeinsamen Ur-Teilchen aufgebaut vorstellen zu können. Präzisere Form erlangte dieses Bestreben, als die Tatsache, daß die Atomgewichte der meisten Elemente dem ganzzahligen Vielfachen des Atomgewichtes des Wasserstoffs äußerst nahekommen, den englischen Arzt und Naturforscher PROUT die Vermutung aussprechen ließ, daß das Wasserstoffatom den Urbaustein der Materie bilde, daß also die Atome aller Elemente durch Zusammenschluß einer entsprechenden Anzahl von Wasserstoffatomen entstanden seien. Aber noch zu Lebzeiten PROUTS ergaben neue Atomgewichtsbestimmungen, bes. die des Chlors mit dem Atomgewicht 35,46, so große Abweichungen von der Ganzzahligkeit, daß man diese Hypothese fallen ließ, so ansprechend sie wegen der Vereinfachung des Weltbildes auch erschien. Und doch kam sie der Wahrheit, wie sich später erwies, ziemlich nahe.

Dies zeigte sich, als der englische Physiker ASTON ungefähr hundert Jahre später (1920) mittels seines Massen-Spektrographen entdeckte, daß chemisch vollkommen gleich reagierende Atome eines und desselben Elements voneinander verschiedene Gewichte

[1] Proc. Acad. of Science, U. S. A., 18, 496 (1932).

aufweisen können und daß es möglich ist, dieselben auf physikalischem Wege voneinander zu trennen.

Im Massen-Spektrographen erzielt man dies dadurch, daß die schweren Anteile beim Durchsetzen eines elektromagnetischen Feldes geringere Ablenkung erfahren und sich deshalb von den leichteren räumlich scheiden lassen.

Diese Methode ist bislang auch die einzige geblieben, welche es ermöglicht, sie in völlig reinem Zustande zu isolieren.

Beim Chlor zeigte es sich nun z. B., daß dieses aus einem Gemisch von Atomen der Massenzahl 35 und der Massenzahl 37 in solchem Mischungsverhältnis besteht, daß das Gemenge ein durchschnittliches Atomgewicht aufweist, welches dem auf chemischem Wege ermittelten von 35,46 bis auf ein Promille gleichkommt.

Man nennt Atome verschiedenen Gewichtes ein und desselben Elementes „Isotope“ und hat die Existenz solcher Isotope bei fast allen Elementen feststellen können. Die Atomgewichte der Elemente, die aus zwei oder mehreren Isotopen bestehen, stellen nur Mittelwerte vor und weichen mehr oder minder stark von der Ganzzahligkeit ab. Die „Massenzahlen“ der Isotope selbst sind aber bis auf Abweichungen von weniger als 1 Promille ganzzahlig. Damit ist es möglich geworden, sich vorzustellen, daß die Atome aller Elemente aus wechselnder Zahl gleichartiger gemeinsamer Ur-Bausteine aufgebaut sind, ohne mit der Erfahrung in Widerspruch zu kommen, wie dies der Fall war, solange man vermutete, daß sie alle aus gewöhnlichen Wasserstoffatomen aufgebaut seien.

Auf Grund der epochemachenden Entdeckungen RUTHERFORDS hat BOHR sein wohlbekanntes Atommodell aufgestellt, mit dessen Hilfe die lang gesuchte Deutung vieler Erscheinungen, z. B. der eigenartigen Gesetzmäßigkeiten der Spektrallinien chemischer Elemente, mit einem Schlage gelang.

Nach BOHR ähnelt jedes Atom einem Planetensystem, in welchem Elektronen die Rolle der Planeten, ein elektropositiver Zentralkörper, der sogenannte „Atomkern“, diejenige der Sonne spielt.

Das einfachste Atom, der Wasserstoff, besteht aus einem Atomkern, den man „*Proton*“ genannt hat, und aus einem Elektron, das den Kern umkreist. Der Atomkern ist fast ebenso schwer wie das ganze Atom, da die Masse des Elektrons rund 2000mal kleiner ist als die eines Wasserstoffatoms.

In der Reihenfolge ihrer Anordnung nach steigendem Atomgewicht im periodischen System der Elemente steigt die positive Kernladung von einem Element zum nächstfolgenden jeweils um 1. Somit ist die Kernladungszahl Z stets gleich der Atomnummer, also für Wasserstoff 1, für Helium 2, für Lithium 3 usw. bis zu 92 für Uran. Die Zahl der negativen, den Kern umkreisenden Elektronen muß ebenso groß sein wie die der positiven Ladungen, also ebenfalls gleich der Atomnummer. Nun steigt aber das Atomgewicht der Elemente schneller an als ihre Atomnummer. Es ist zwar ungefähr = 1 für Wasserstoff, aber 4 (und nicht 2) für Helium, 7 (und nicht 3) für Lithium usw., endlich 238 für Uran mit der Atomnummer 92.

Man nahm deshalb zunächst an, daß die Atomkerne nicht nur aus positiv geladenen Protonen, sondern auch aus Elektronen aufgebaut wären, derart zwar, daß z. B. der Heliumkern aus zwei positiv geladenen Protonen (α-Teilen) und weiteren zwei durch je ein Elektron elektrisch neutralisierten Protonen, der Lithiumkern aus drei positiven und vier mit je einem Elektron verbundenen Protonen bestehen usw.

Seitdem aber CHADWICK die Existenz von „*Neutronen*“, das sind Teilchen, deren Masse gleichfalls rund 1 beträgt, die aber elektrisch nicht geladen sind, nachweisen konnte, nimmt man an, daß die Atomkerne aus Protonen und Neutronen aufgebaut sind. Ein Atomkern mit der Kernladungszahl Z und der Massenzahl A besteht darnach aus Z Protonen und aus (A — Z) Neutronen.

ANDERSON entdeckte bald darauf noch ein weiteres Ur-Teilchen, dem man den Namen „*Positron*“ gab, weil es das elektropositive Gegenstück zum Elektron bildet: Es hat die gleiche geringe Masse und gleich starke Ladung wie das Elektron, aber mit entgegengesetztem Vorzeichen, nämlich positiv statt negativ.

Die Lebensdauer von Positronen und Neutronen ist sehr beschränkt, weil sie beide gierig Bindungen eingehen. Diese können z. B. in der Vereinigung eines Neutrons mit einem Positron unter Bildung eines Protons bestehen, viel häufiger wird aber das Neutron von einem Kern unter Bildung eines schwereren Isotops eingefangen.

Die Masseneinheiten dieser vier Ur-Bausteine der Materie sind ziemlich genau bestimmt worden. Dabei verwenden die Physiker als Masseneinheit den 16. Teil der Masse des neutralen Sauerstoff-Isotops $^{16}_{8}O$ (vom Atomgewicht 16 mit 8 Elektronen in der Hülle)[1]. In dieser Einheit ausgedrückt sind die Massen:

Neutron	1,00895
Proton	1,00758
Elektron	0,00055
Positron	0,00055

[1] Der Chemiker benützt traditionsgemäß den 16. Teil des etwas größeren, aber = 16 gesetzten *Durchschnitts*atomgewichtes des natürlich vorkommenden, aus mehreren Isotopen ($^{16}_{8}O$, $^{17}_{8}O$, $^{18}_{8}O$) zusammengesetzten Sauerstoffgases, das physikalische Atomgewicht ist = 1,000275 × chemisches Atomgewicht.

Das Wasserstoffatom (= 1 Proton + 1 Elektron) hat hiernach die Masse 1,00813, sein Atomgewicht ist somit um 0,00813 größer als der 16. Teil des Sauerstoffs, das Sauerstoffatom ist hinwiederum um 8,13 ‰ leichter als die Gewichtssumme von 16 Wasserstoffatomen.

Diese Tatsache war mit der PROUTschen Hypothese nicht zu vereinen, sie findet aber ihre Erklärung in der EINSTEINschen Theorie der Äquivalenz von Masse und Energie, nach welcher zwischen ihnen die Beziehung besteht:

$$m = \frac{E}{c^2}$$

worin m die Masse, E den Energiezuwachs, c die Lichtgeschwindigkeit bezeichnen.

Die Gewichtsdifferenzen beim Aufbau schwerer Atome aus ihren Ur-Bausteinen stellen darnach das Massen-Äquivalent der Energie dar, welche bei der Bildung des betreffenden Atoms frei wird[1].

Wie der Sauerstoff und die meisten Elemente des periodischen Systems ist auch der Wasserstoff befähigt, durch Aufnahme von Neutronen Isotope zu bilden. Ein solches: ^2_1H wurde zuerst 1932 von UREY entdeckt, es hat die Massenzahl 2 und 1 Elektron in der Hülle, es enthält also neben Proton noch ein Neutron im Kern. Diese Atomart ist „*Deuteron*“ genannt worden (chemisches Symbol D), während man das aus diesem Wasserstoff-Isotop gebildete Gas Deuterium nennt.

Das Mischungsverhältnis, in welchem Deuterium dem auf der Erde vorkommenden Wasserstoff beigemengt ist, beträgt rund 1 : 5000. Mit Sauerstoff vermag Wasserstoff mindestens drei Arten von Wasser zu bilden:

H_2O, ferner HDO, endlich D_2O,

letztere Verbindung wird „schweres“ Wasser genannt. Es hat ein Molekulargewicht von rund 20 und sein spezifisches Gewicht ist

[1] Mit Hilfe dieser EINSTEINschen Formel, die von ungeheurer Tragweite ist und das Geheimnis des Atomabbaues gelüftet hat, läßt sich die Wärmetönung bei der Bildung eines Atoms aus seinen Bausteinen (wie bei allen Kernreaktionen, bei welchen die Endprodukte geringeres Gewicht aufweisen als die Ausgangstoffe) durch Multiplikation des „Massen-Defektes“ m mit dem Quadrat der Lichtgeschwindigkeit: $c^2 = 9 \cdot 10^{20}$ berechnen.

Die Rechnung ergibt, daß beim Aufbau von 16 g Sauerstoff aus seinen Ur-Bausteinen rund 3 Milliarden Kilogramm-Kalorien erzeugt werden, das sind rund 3 Millionen mal mehr, als die Bildung von 18 g Wasser durch Verbrennung von 2 g Wasserstoff mit 16 g Sauerstoff liefert, und illustriert, wie ungeheuer die Energiemengen sind, welche bei Kernreaktionen ins Spiel treten.

Dies bildet bekanntlich die wissenschaftliche Grundlage der Verwendung von Kernspaltungen, die von selbst vor sich gehen, für Kesselheizung und in der Atombombe.

um rund 10% größer als das des gewöhnlichen Wassers, welches nur 0,2 Promille schweren Wassers einschließt.

Unter allen Isotopen, die wir kennen, nimmt das Deuteron eine Ausnahmestellung ein, weil der relative Unterschied seiner Masse von der des Haupt-Isotops besonders groß ist. Während er in den meisten Fällen nur einige Prozente beträgt, ist ein Deuteron fast doppelt so schwer als ein Proton.

Ein so großer Massenunterschied ruft merkliche Abweichungen, nicht nur des spezifischen Gewichtes, sondern auch anderer physikalischer Eigenschaften hervor. So ist z. B. der Schmelzpunkt schweren Wassers um 3,8°, der Siedepunkt um 1,42° höher als der des gewöhnlichen Wassers, ferner ist die Diffusionsgeschwindigkeit des Deuteriums in Übereinstimmung mit dem von LORD RAYLEIGH, bzw. BUNSEN entdeckten Gesetz so viel kleiner als die des Haupt-Isotops des Wasserstoffs, daß seine Trennung von letzterem verhältnismäßig leicht erfolgt und auf technisch gangbarem — wenn auch noch immer recht umständlichem Wege — verwirklicht werden kann[1].

Welche Nutzanwendungen das schwere Isotop[2] finden kann, läßt sich gegenwärtig noch kaum übersehen. Hervorragendes Interesse hat es im zweiten Weltkrieg im Zusammenhang mit der Herstellung von Atombomben usw. als Neutronenquelle neuerdings auch bei der Herstellung von „Wasserstoff“-Bomben[3], ferner als „Moderator“ auf sich gezogen.

Als Moderatoren bezeichnet man Stoffe, welche geeignet sind, die Geschwindigkeit von Neutronen, die dazu dienen, Kernspaltungen hervorzurufen, herabzusetzen.

Die ersten Kernumwandlungen wurden von RUTHERFORD bei der Bestrahlung mit radioaktiven Präparaten beobachtet, welche elektrisch geladene α-Teilchen mit großer Wucht aussenden. Die Theorie läßt voraussehen, daß gleichsinnig geladene Teilchen an Atomkerne nur

[1] Auf chemischem Wege lassen sich Isotope nicht voneinander trennen, weil die chemischen Eigenschaften nicht durch den Kern, sondern durch die Elektronenhülle bestimmt werden.

[2] Inzwischen ist auch „Trition“: $^3_1$H hergestellt worden, welches für die Wasserstoffbombe wichtig ist.

[3] Das Prinzip der sogenannten „Wasserstoff-Bomben“ besteht darin, die bei der selbsttätigen Kernspaltung in der Atombombe ausgeschleuderten Neutronen und die gleichzeitig auftretende, unvorstellbar hohe Temperatur zur Einleitung weiterer Kernkettenreaktionen zu verwenden, bei welchen wieder Massendefekte auftreten, die ihrerseits ungeheuere Energiemengen in Freiheit setzen. Dieses Prinzip hat H. THIRRING zuerst angegeben.

Kernprozesse, welche dazu in Betracht kommen können, sind z. B.: die Bildung des Helium-Isotops $^3_2$He durch Zusammentritt von zwei Deuteronen, Heliumbildung aus Lithium, Lithiumhydrid oder schwerem Lithiumhydrid und dergleichen, bei welchen nennenswerte Massendefekte auftreten.

dann herandringen können, um diese bei einem Volltreffer zu spalten, wenn sie eine sehr hohe Energie besitzen (sie berechnet sich zu mindestens 5,5 Mega-Elektron-Volt). Nur dann können α-Teilchen oder Ionenströme die elektrische Abstoßung, den „Potentialwall“, welcher die geladenen Atomkerne umgibt, überwinden.

Ungeladenen Teilchen, also Neutronen, gegenüber bleibt dieser Potentialwall, mit dem Atomkerne gegen den Anprall von Protonen, Deuteronen oder α-Teilchen geschützt sind, unwirksam. Deshalb ist die Wahrscheinlichkeit, Treffer mit Neutronen zu erzielen, ganz bedeutend größer. Diese Geschosse brauchen aber auch keine so große Wucht zu haben, weil sie als ungeladene Teile ohne elektrischen Energieaufwand bis in unmittelbare Kernnähe gelangen können. Es hat sich sogar gezeigt, daß „langsamere“ Neutronen manche Kernspaltungen viel sicherer und besser herbeiführen als schnellere. Speziell bei der Spaltung von Urankernen erweisen sich Neutronen, welche, der Größenordnung nach, etwa dieselben Geschwindigkeiten aufweisen, wie es Gasmoleküle bei gewöhnlicher Temperatur tun (sogenannte „thermische“ Neutronen), als besonders wirksam. Das sind aber Geschwindigkeiten, welche mehrere tausendmal kleiner sind als diejenigen, mit denen Neutronen bei einem Kernzerfall ausgestoßen werden. Um die Beschießung von Kernen mit Neutronen besonders wirksam zu gestalten, muß man ihre Geschwindigkeit deshalb auf diejenige von „thermischen“ Neutronen herabsetzen, indem man sie durch eine Bremsschicht, einen „Moderator“, führt, in welchem ihre Geschwindigkeit durch Zusammenstoß mit anderen Partikeln entsprechend ermäßigt wird.

Nach den Stoßgesetzen ist der Energieverlust, den ein stoßendes Teilchen erleidet, dann am größten, wenn es auf einen, wenigstens annähernd gleich schweren Stoßpartner trifft. Neutronen und Protonen haben nun annähernd gleich große Masse. Substanzen, die Protonen enthalten, wie z. B. Kohlenwasserstoffe, scheinen deshalb von vornherein besonders geeignet zu sein, die Bremsung von Neutronen herbeizuführen. Als Moderator verwendete man auf Grund dieser Überlegungen denn auch zunächst gewöhnliches Paraffin. Es zeigte sich aber, daß der Erfolg den Erwartungen nicht entsprach, weil Neutronen von Protonen unter Bildung von Deuteronen eingefangen werden, weshalb ein großer Teil der Neutronen beim Durchgang durch die Paraffinschicht verschwindet. Gegeben war es somit, an Stelle gewöhnlichen Paraffins, Kohlenwasserstoffverbindungen des Deuterons zu verwenden[1], das dadurch große aktuelle Bedeutung erlangte.

---

[1] In der ersten, in Chicago gebauten Uranbatterie wurde freilich keine Deuteronverbindung zur Anwendung gebracht, weil sie nicht in hinreichender

Dadurch wurde der Technik die neue Aufgabe gestellt, ein Isotop in ansehnlicher Menge zu isolieren.

Bisher war eine solche Trennung nur mittels des Massenspektroskopes vorgenommen worden, und dies nur im allerkleinsten Maßstabe mit kaum wägbaren Mengen. Diese Trennungsmethode ist auch noch zur Zeit die einzige, die es ermöglicht, Isotope rein darzustellen, und zwar in einer einzigen Operation und quantitativ.

Mit ihrer Hilfe läßt sich der Gehalt gewöhnlichen Wassers an schwerem Wasser bestimmen, wobei es sich zeigt, daß er in Seewasser etwas höher ist (rund 0,02%) als in Flußwässern (etwa 0,015%), welche der Verdampfung nicht so lange ausgesetzt geblieben sind als Meerwasser. Die mengenmäßigen Ausbeuten sind aber im Massenspektroskop so geringfügig, daß es sich nicht zur Trennung größerer Quantitäten eignet.

Die Beobachtung WASHBURN und UREYS (l. c.), daß der bei der Elektrolyse wässeriger Lösungen entwickelte Wasserstoff einen geringeren Anteil an schwerem Wasserstoff enthält als der zurückbleibende Elektrolyt, eröffnete einen Weg, das schwerere Isotop im Elektrolyten wenigstens anzureichern.

Bezeichnet man die in Wasser und im entwickelten Gas enthaltenen absoluten Mengen von H und D mit a_H und a_D, so ist nach LEWIS, welcher als erster schweres Wasser in ziemlich reinem Zustande hergestellt hat:

$$d \ln a_H = S \, d \ln a_D.$$

S bezeichnet darin einen konstanten Faktor, den sogenannten „Trennungsfaktor", der das Maß angibt, in welchem die Konzentration des Deuterons im Gase kleiner ist als in der Flüssigkeit.

Dieser Trennungsfaktor scheint von der Temperatur, der Zusammensetzung des Elektrolyten und der Stromdichte ziemlich unabhängig zu sein, aber von der Natur des Kathodenmetalls und von seiner Oberflächenbeschaffenheit beeinflußt zu werden.

Menge aufgebracht werden konnte, sondern reiner Graphit. Beryllium wäre wohl, und vielleicht noch besser, geeignet gewesen als Graphit, es war aber gleichfalls nicht in genügender Menge erhältlich. Lithium und Bor fangen, wie gewöhnlicher Wasserstoff, zuviel Neutronen ein. Helium kommt nur in Gasform vor. Graphit war daher das leichteste der verfügbaren Elemente und es empfahl sich auch wegen seiner Wärmebeständigkeit und der Möglichkeit, es in ziemlich reiner Form herzustellen.

Angegeben werden z. B. für den Trennungsfaktor:

Metall	Trennungsfaktor
Fe	6,9—7,6
Pb.............	6,3—7,4
Cu	5,5—6,8
Ag.............	5,3—6
Ni	4,0—6,5
Pt	4,7—7,6
platiniertes Pt ...	3,4—4,7
Hg.............	2,8—2,9

Irgendeine eindeutige Abhängigkeit des Trennungsfaktors von bestimmten Eigenschaften des Kathodenmetalls ist daraus nicht zu erkennen. Die Verwendung von Eisen-Elektroden scheint sich zu empfehlen, der Trennungsfaktor liegt meist zwischen 5 und 7, ist im Mittel etwa 6.

Daß der Trennungsfaktor sowohl an Quecksilber wie an platiniertem Platin besonders niedrig ist, zeigt an, daß kein Parallelismus mit den Erscheinungen der Überspannung vorliegt, wiewohl man von vornherein geneigt wäre zu vermuten, daß die größere oder geringere Leichtigkeit, mit der die Bildung von Gasmolekülen aus entladenen Ionen vor sich geht, von Einfluß sein sollte.

Der Umstand, daß die Ladungsdichte beim $D^{\cdot}$-Ion geringer ist als beim $H^{\cdot}$-Ion, könnte erwarten lassen, daß dem $D^{\cdot}$-Ion ein etwas niedrigeres Entladungspotential zukommt als dem $H^{\cdot}$-Ion, was sich freilich nur auswirken kann, wenn die Ionenkonzentration beider Ionenarten annähernd dieselbe ist. Zur Zeit steht eine befriedigende Erklärung des Umstandes, daß die Entwicklung des leichteren Isotops in Gasform bevorzugt ist, noch aus. Sie bleibt auch nicht auf die Elektrolyse beschränkt, man beobachtet sie auch in Akkumulatoren und sie ist nicht nur eine Eigenschaft des Wasserstoffisotops; da sich auch das schwerere Sauerstoffisotop O_{18} bei der Elektrolyse langsam anreichert.

Fest steht, daß das Verhältnis des schweren zum leichten Isotop im Gase nicht wie in der Flüssigkeit rund 1 : 5000 bis 7000, sondern je nach dem Gehalt des Ausgangswassers an schwerem Wasserstoff und je nach dem Ausmaß des Trennungsfaktors 1 : 25.000 bis 50.000 beträgt.

Würde bei der Elektrolyse lediglich leichter Wasserstoff entwickelt, so würde die restlose Zerlegung des leichten unter Hinterlassung des schweren Wassers 60 bis 90 kWh je Gramm hinterbleibenden D_2O

beanspruchen. Da aber mit dem leichten auch etwas schwerer Wasserstoff entweicht, ist der Energieverbrauch ein noch höherer, etwa 100 kWh je Gramm D_2O. Selbst bei Ausführung der Elektrolyse mittels billigster Wasserkraft bildet das schwere Wasser somit ein sehr teures Produkt. Eine 1000-kW-Anlage vermag im Jahre nur etwa 80 bis 100 kg schweren Wassers herzustellen.

Die Anreicherung an schwerem Wasser wird noch dadurch verzögert, daß man zur Inganghaltung der Elektrolyse das zerlegte Wasser sukzessive durch frisches ersetzen muß, und ferner dadurch, daß der Anteil an schwerem Isotop, der mit dem Gase entweicht, in dem Maße zunimmt, in welchem sich schweres Wasser im Elektrolyten anreichert.

Ersetzt man das zerlegte Wasser durch solches, welches nur einen Teil schweren Wassers in 5000 bis 7000 Teilen enthält, so wird bald ein Gleichgewichtszustand erreicht, in welchem das abziehende Gas ebensoviel schweres Isotop enthält als das nachgesetzte Wasser.

Ist der Trennungsfaktor 5, so wird dieser Zustand erreicht, wenn der Elektrolyt rund 0,1% schweren Wassers enthält (etwa 0,14% beim Trennungsfaktor 7).

Man kann diese Grenze verschieben und die Ausbeute verbessern, wenn man die Zellen mit Wasser nachspeist, das mehr vom schweren Isotop enthält als $^1/_{5000}$. Solches Wasser gewinnt man z. B., freilich unter Preisgabe des kathodischen Wasserstoffs, wenn man das Gas verbrennt, welches bei der Elektrolyse eines schon angereicherten Elektrolyts gebildet wird.

Wie eben ausgeführt wurde, enthält ja das abziehende Gas mehr Deuteron D als gewöhnliches Wasser, wenn sich im Elektrolyten schweres Wasser auf 0,1% (beim Trennungsfaktor 5) angereichert hat.

Andere Methoden der Isotopenanreicherung, die an Stelle der Elektrolyse oder in Verbindung mit derselben oder mit dem Massenspektrographen herangezogen werden, gründen sich auf den Unterschied der Diffusionsgeschwindigkeit der verschieden schweren Isotope. Sie können sowohl dazu dienen, ein Ausgangsprodukt herzustellen, in welchem das schwere Isotop bereits angereichert ist, als auch die Trennung nachträglich zu vervollständigen.

Bei Durchführung dieser Methoden muß ein und dasselbe Quantum der betreffenden Substanz sehr viele Male hintereinander (bis zu 5000mal) dem Anreicherungsprozeß unterworfen werden, um den gewünschten Reinheitsgrad zu erreichen. Auch in diesem Falle ist deshalb der Gesamtaufwand der Anlagen für die Herstellung unverhältnismäßig kleiner Mengen ein sehr großer.

Clusius und Dickel haben dazu eine Apparatur ausgebildet, mit welcher die Isotopenanreicherung in gasförmigem Ausgangsmaterial nach dem Prinzip der Thermodiffusion durchgeführt wird.

G. HERTZ — ein Neffe des Entdeckers der elektromagnetischen, nach ihm benannten Wellen — hat eine andere Methode im Forschungslaboratorium von Siemens & Halske durchgebildet, nach welcher die Isotopentrennung mittels Diffusion durch poröse Membranen bewirkt wird.

In Amerika (Clinton) wurde dann eine Anlage ausgeführt, welche wieder auf dem Prinzip der Thermodiffusion beruht, die aber nicht mit gasförmigen, sondern mit flüssigen Ausgangsmaterialien arbeitet. Sie besteht darin, daß die eine vertikale Seitenfläche eines hochgestreckten Kastens von außen geheizt, die andere gekühlt wird. Der heißere Teil der Flüssigkeit steigt an der geheizten Wand nach oben, der gekühlte sinkt herab. Es entsteht eine zirkulierende Strömung, bei welcher aber gleichzeitig Flüssigkeitsmoleküle in horizontaler Richtung aus den kühleren in die wärmeren Zonen wandern, die leichteren schneller, die schwereren langsamer. Dies hat zur Folge, daß sich allmählich die leichteren Anteile oben, die schwereren unten anreichern.

Hinreichend lange fortgesetzt, liefern alle diese Methoden schließlich ein Produkt, dessen Reinheitsgrad etwa 99,6% und sogar 99,96% erreichen kann.

III. Elektrolytische Oxydationen und Reduktionen.

A. Allgemeines.

Anstatt die Produkte der Wasserzersetzung in Gasform zu entwickeln, kann man sie in der Zelle selbst auf Stoffe chemisch einwirken lassen, welche befähigt sind, Sauerstoff oder Wasserstoff unter Bildung von Oxydations-, bzw. von Reduktionsprodukten aufzunehmen. Solche Stoffe können im Elektrolyten gelöst oder suspendiert sein, können selbst Elektrolyte oder Nichtelektrolyte vorstellen.

Bei der Elektrolyse wird das chemische Agens — Wasserstoff, bzw. Sauerstoff — aus dem Elektrolyten durch Ionenentladung zunächst in atomarer Form an den Elektroden abgeschieden und hat Gelegenheit, in statu nascendi mit gelösten oder suspendierten Stoffen in Reaktion zu treten.

Man gewinnt dadurch den Vorteil, Reduktionen oder Oxydationen durchzuführen, ohne Fremdstoffe zuzusetzen (welche oft schwer vom erhaltenen Produkt zu trennen sind) und ohne daß sich das Reagens im Laufe des Prozesses erschöpft, da es fortlaufend aus dem Schoße des Elektrolyten nachgeliefert wird.

Eine Besonderheit der elektrolytischen Methode besteht darin, daß die Reaktion nicht im Innern der Flüssigkeit, sondern an den Elektrodenflächen vor sich geht. Das Material der Elektrode kann dabei Einfluß auf den Reaktionsgang ausüben, der etwa folgenden Verlauf nimmt:

Bei schrittweiser Steigerung einer angelegten Spannungsdifferenz wird eine wachsende Zahl entgegengesetzt geladener Ionen an die Elektroden herangeführt und dort festgehalten — „Polarisation" —, solange die Spannungsdifferenz aufrechtgehalten wird. Erst wenn die „Zersetzungsspannung" erreicht wird, bei welcher Ionen der betreffenden Gattung zur Entladung gelangen, können diese einen regelmäßigen Stromtransport durch die Zelle übernehmen.

Nun ist beim Auftreten gasförmiger Produkte an den Elektroden die Zersetzungsspannung, wie bereits S. 7 erwähnt, eine Funktion des herrschenden Gasdruckes. Bei stark ermäßigtem Außendruck wird sie merklich erniedrigt, wie dies z. B. SOKOLOW (s. S. 8) experimentell feststellen konnte.

Enthält der Elektrolyt Stoffe, welche mit dem einen oder mit beiden Gasen, die an den Elektroden auftreten, reagieren, so üben diese eine Wirkung aus, welche der Ermäßigung des äußeren Gasdrucks in ihrer Erscheinung vergleichbar ist: es beginnt Strom schon unterhalb der Zersetzungsspannung durch die Zelle zu fließen. In ganz geringem Grade übt schon der Luftsauerstoff, der im Elektrolyten gelöst ist, eine solche Wirkung aus und führt dazu, daß minimaler Strom, sogenannter „*Reststrom*“, durch die Zelle fließt.

Solche Akzeptoren wirken der Polarisation an der einen oder an beiden Elektroden entgegen und werden deshalb als „*Depolarisatoren*“ bezeichnet. Sie sind geeignet, bei der Elektrolyse Reduktions-, bzw. Oxydationsprodukte zu liefern.

Die Frage, ob eine chemische Substanz, die sich nicht selbst an der Elektrolyse beteiligt, einen Depolarisator vorstellt, kann z. B. dadurch entschieden werden, daß man die Stromspannungskurve erst in Abwesenheit, dann in Gegenwart des zu untersuchenden Stoffes aufnimmt. Bleibt die Stromspannungskurve dieselbe, dann hat man es mit keinem Depolarisator zu tun. Treten aber ein oder mehrere Knickpunkte vor Erreichung der Zersetzungsspannung des reinen Elektrolyten auf, so zeigen sie das Einsetzen einer chemischen Reaktion an. Durch Potentialmessung der einen oder der anderen Elektrode gegen eine dritte, unveränderliche Vergleichselektrode kann man entscheiden, ob es sich um Reaktionen an der Kathode oder an der Anode handelt.

Ein typisches und recht anschauliches Bild liefert uns z. B. die Untersuchung des Verhaltens einer verdünnten Ätzkalilösung, durch welche man Azetylen leitet. Vor dem Einleiten dieses Gases verläuft die an platinierter Platinkathode gemessene Stromspannungskurve, wie auf Abb. 37 dargestellt, nach der Linie $a—h—i$. Bis h steigt sie kaum merklich infolge von Restströmen an, wendet sich hier aber bei Erreichung und Überschreitung der Zersetzungsspannung jäh aufwärts, während Wasserstoff in steigenden Mengen, die der Fläche $h—d—i$ entsprechen, frei auftritt.

Wiederholt man den Versuch nach Sättigung des Elektrolyten mit Azetylen, so findet man, daß die Stromstärke schon von a an, das ist bei rund 0,7 V gegen die Wasserstoffelektrode in gleicher Lösung gemessen, langsam ansteigt. Gleichzeitig entwickelt sich etwas Gas, und zwar Äthylen. Steigert man schrittweise die angelegte Spannung, so richtet sich die Kurve bei b, das ist bei rund 0,15 V, auf, gleichzeitig tritt neben Äthylen auch Äthan als Kathodenprodukt auf. Bei noch stärkerer kathodischer Polarisation wird bei $g = 0{,}0$ V gegen die Wasserstoffelektrode der Zersetzungspunkt des Elektrolyten erreicht, zugleich treten reichliche Mengen Wasserstoff neben Äthylen und Äthan als Kathodenprodukt auf[1].

Im Raume *a—b—k* wird also Äthylen als einziges Kathodenprodukt gebildet, und zwar, wie die Untersuchung ergeben hat, mit quantitativer Stromausbeute.

Im Raume *b—g—h—k* ein Gemisch von Äthylen und Äthan, im Raume *g—f—d—h* ein Gemisch dieser beiden Gase mit steigenden Mengen Wasserstoff. Die Flächen *a—c—d*, *b—e—c*, *g—f—e* entsprechen ungefähr den Anteilen der drei Gase im Gasgemisch.

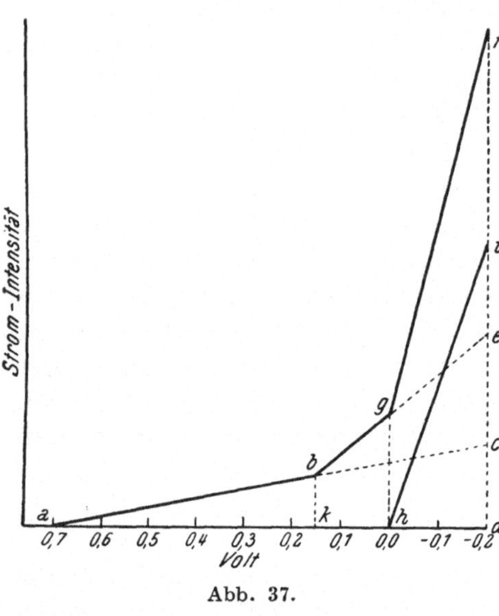

Abb. 37.

Durch Einhaltung bestimmter Potentialgrenzen läßt sich demnach Äthylen als einziges Produkt der Elektrolyse herstellen.

Nun ist, der NERNSTschen Formel entsprechend, das Potential der Wasserstoffelektrode eine Funktion der Wasserstoffionenkonzentration der Lösung, es ist in 1-n Alkalilösung an platinierten Platinkathoden dementsprechend um rund 0,8 V negativer als in 1-n Säurelösung. Mit seinem negativeren Potential steigt die Reduktionskraft des Wasserstoffs. Deshalb können in alkalischen Lösungen elektrolytische Reduktionen durchgeführt werden, welche an denselben Elektroden in sauren Lösungen ausbleiben.

Mutatis mutandis gilt Analoges auch für elektrolytische Oxydationen.

Eine andere, freilich weniger durchsichtige Art der Potentialsteigerung verursacht die Überspannung und es hat sich gezeigt, daß im allgemeinen elektrolytische Oxydationen und Reduktionen an Elektroden, welche höhere Überspannungen aufweisen, leichter und vollständiger durchzuführen sind[2].

Manche, schwerer zu reduzierende Stoffe, z. B. Ketone, Oxyde usw. sind elektrolytisch an den meisten Kathodenmetallen, wie Pt, Au,

---

[1] BILLITER, J.: Sitzungsber. d. Wiener Akad. **110**, 1222 (1901).

[2] cf. z. B. TAFEL, J.: Ber. **33**, 2309 (1900), Z. physik. Chem. **34**, 157 (1900), **35**, 1510.

Ag, Cu, Ni usw. kaum zu reduzieren, wohl aber an Metallen mit hoher Wasserstoffüberspannung, wie Blei, Quecksilber oder Cadmium[1].

E. Müller hat die kathodische Reduktion von 1-n KNO_3 in 0,01-n KOH untersucht und dabei die auf Abb. 38 dargestellten Stromspannungskurven erhalten[2]. Obgleich dieselben keine scharfen Knickpunkte aufweisen, entnimmt man der Abb. 38, daß die an verschiedenen Kathodenmetallen auftretenden Potentialdifferenzen bei Gegenwart des Depolarisators (KNO_3) nicht dieselbe Größe haben und voneinander nicht gleich weit abstehen wie in dessen Abwesenheit.

Neben der Größe der Überspannung wirken eben noch andere Momente ein, oft solche, welche für ein bestimmtes Kathodenmetall ganz spezifisch sind.

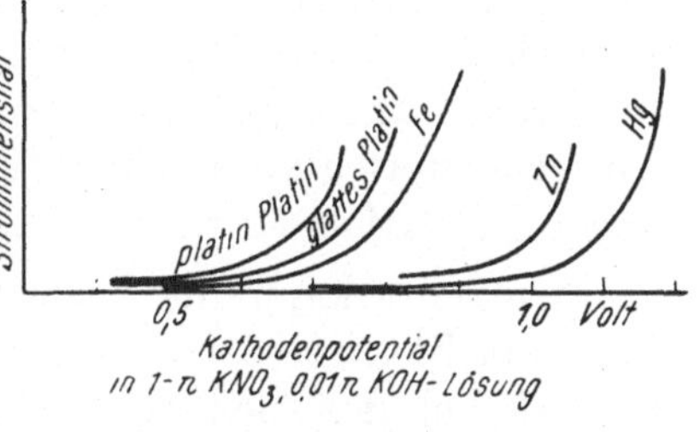

Abb. 38.

So wird z. B. Kaliumchlorat, selbst bei höheren Stromdichten, an Kathoden aus Platin, Blei, Kupfer, Nickel oder Zink kaum merklich reduziert, glatt hingegen an Kathoden aus weichem Eisen, das nur geringe Wasserstoffüberspannung aufweist, die weit hinter derjenigen von Blei und Zink zurückbleibt[3].

Die Reduktion von Salpetersäure zu Ammoniak geht besonders leicht an Kupferkathoden vor sich, Indigo läßt sich nur an Zinkkathoden leicht zu Indigweiß reduzieren[4] usf.

Welches Kathodenmaterial am besten anzuwenden ist, läßt sich demnach nicht vorhersehen, sondern muß in jedem Einzelfall erst experimentell ermittelt werden.

Depolarisatoren, welche träge reagieren, können nur bei sehr geringen Stromdichten mit guter Ausbeute in Reduktions- oder Oxydationsprodukte übergeführt werden, wofür die Reduktion des Azetylens ein Beispiel geliefert hat. Zuweilen läßt sich aber die Reaktion durch Zusatz von Stoffen beschleunigen, die als Überträger wirken.

So können beispielsweise Salze des vierwertigen Titans[5] als Wasserstoffüberträger herangezogen werden. An der Kathode werden

---

[1] Tafel, J.: l. c.
[2] Z. anorg. Chem. **26**, 1 (1901).
[3] Foerster, F.: Z. Elektrochem. **5**, 386.
[4] Binz u. Hagenbach: Z. Elektrochem. **1**, 103; 261.
[5] Piccini: Z. anorg. Chem. **17**, 355. Spense & Sons' D. R. P. 149 602. Knecht: Ber. **36**, 166. Id. u. Hibbert: ebenda 1549. Höchster Farbwerke, D. R. P. 168 273.

diese leicht unter Bildung von Salzen des dreiwertigen Titans reduziert, welche im Schoße der Lösung unter Rückbildung vierwertiger Titanverbindungen kräftige Reduktionswirkungen ausüben.

In analoger Weise spielen z. B. Cersalze bei der elektrolytischen Oxydation die Rolle von Sauerstoffüberträgern[1], in etwas schwächerem Grade auch Salze des Mangans, Vanadiums usf.[2]

Gefördert wird die elektrolytische Oxydation zuweilen auch durch anscheinend unbeteiligte Anionen, wie Cl′ und ganz besonders F′, welches das Anodenpotential sonderbarerweise erhöht und z. B. die Bildung von Chromsäure aus Chromsulfat, von Übermangansäure aus Mangansulfat usw. begünstigt, die Stromausbeute bei der anodischen Bildung von Perjodat und Persulfat von 30%, bzw. von 50% auf 80% steigern kann und dergleichen mehr[3]. Bemerkenswert ist auch die Wirkung des Chromatzusatzes bei gewissen Oxydationsvorgängen, z. B. bei der Herstellung von Chloraten.

Umgekehrt kann die kathodische Reduktion durch gewisse Zusätze zum Elektrolyten zurückgedrängt oder ganz verhindert werden. Dies ist bei der elektrolytischen Herstellung von Oxydationsprodukten von Bedeutung, um anodisch gebildete Oxydationsprodukte — z. B. Chlorat — vor ihrer Zerstörung an der Kathode zu schützen.

In dieser Weise wirken Zusätze, welche dazu führen, daß sich schwerlösliche Stoffe in poröser Form an der Kathode abscheiden und diese mit einer enganliegenden schützenden Membran umgeben. An solchen sind Kalzium- und Magnesiumsalze zu nennen[4], ferner Harzseifen, Türkischrotöl bei Gegenwart von Kalksalzen, besonders aber Alkalichromate[5] und Vanadinsalze[6].

Chromatzusätze wirken durch Bildung einer dünnen Chromoxydschicht an der Kathode. In stark sauren Lösungen, welche Chromoxyd angreifen, bleibt die Membranbildung und somit auch die Schutzwirkung aus. Entsprechend der Löslichkeitszunahme des Chromoxyds ist seine Schutzwirkung in sehr stark alkalischen Lösungen eine geringere.

Nach längerer Elektrolyse läßt die Schutzwirkung nach, kann aber durch Chromatzusatz wieder erhöht werden. Bei Zusatz von Vanadinsalzen soll dieser Rückgang der Schutzwirkung lang-

[1] Farbwerke Höchst: D. R. P. 152 063.

[2] Böhringer & Söhne: D. R. P. 117 129.

[3] Skirrow: Z. anorg. Chem. **33**, 25 (1903), Müller, E.: Z. Elektrochem. **10**, 753, 776.

[4] cf. Bischoff u. Foerster: Z. Elektrochem. **4**, **464** (1898), Oettel: ib. **5**, 1.

[5] Imhoff: D. R. P. 110 505 (1898), Müller, E.: Z. Elektrochem. **5**, 469 (1899), **7**, 398 (1900), **8**, 909 u. a.

[6] D. R. P. 174 128 (1906).

samer vor sich gehen. Die Bildung von Membranen, welche die Kathode überziehen und die oxydierten Produkte daran hindern, in direkte Berührung mit ihr zu treten, gibt sich hier durch Bildung eines grauen Schleiers zu erkennen, der sie bedeckt, mit freiem Auge wahrnehmbar ist und von E. MÜLLER (l. c.) auch gewogen werden konnte: Nach Durchgang von 320 Ampere-Stunden hatte eine Versuchskathode an Gewicht zugenommen, allerdings nur um rund 5 Milligramm.

B. Anwendungsbeispiele elektrolytischer Reduktion.

1. Auf organisch-chemischem Gebiete.

Einige Besonderheiten der elektrolytischen Reduktion, wie:

der Umstand, daß die Konzentration des Reduktionsmittels (da es fortlaufend kathodisch in Freiheit gesetzt wird) nicht, wie sonst, während der Reaktion abnimmt,

die Möglichkeit, seine Konzentration und damit die Reaktion durch bloße Spannungsänderung zu steuern,

sie durch Katalysatoren beeinflussen zu können usf., erweckten Hoffnungen und veranlaßten, besonders um die Jahrhundertwende, viele Forscher, Versuche nach dieser Richtung zu unternehmen, welche in der Zahl der Patente zum Ausdruck kam, die besonders von deutschen chemischen Fabriken um diese Zeit entnommen wurden.

Einige derselben führten auch zu Nutzanwendungen, die sich freilich auf die Dauer nicht behauptet haben.

Da es aber häufig vorkommt, daß man auf Altes zurückgreift, wenn Neuerungen unerwartete Verbesserungen herbeiführen, die ein erfolgreiches Aufbauen auf älteren Erfahrungen ermöglichen (tatsächlich sind, s. weiter unten, Reduktionen organischer Verbindungen, wenn auch sekundär durch Produkte der Elektrolyse, wieder aufgenommen worden), mögen kurze Hinweise hier am Platze sein, wiewohl organisch-chemische Reaktionen nur andeutungsweise in diesem Bande berührt werden.

Hauptsächlich waren es aromatische Verbindungen, welche man der Untersuchung unterzog. Die Wichtigkeit, welche die Reduktion von Nitroverbindungen zu Amidoverbindungen für die Farbstoffindustrie besitzt, konzentrierte die Tätigkeit zahlreicher Chemiker auf dieses Thema.

Bei der elektrolytischen Reduktion von Nitrobenzol bildet sich Nitrosobenzol. Dieses ist ein viel stärkerer kathodischer Depolarisator als das Nitrobenzol und unterliegt alsbald einer weiteren Reduktion zu Phenylhydroxylamin.

Auch Phenylhydroxylamin — dessen Anwesenheit man durch seine Farbreaktion mit Hydroxylamin und Naphtylamin nachweisen kann — setzt sich leicht weiter um. Verlangsamt man seine Umsetzung dadurch, daß man den Elektrolyten ganz schwach sauer oder ganz schwach alkalisch hält, so läßt es sich bei der elektrolytischen Reduktion trotzdem mit zirka 38% Stromausbeute isolieren.

In stärker saurer oder stärker alkalischer Lösung tritt es praktisch aber nur als Zwischenprodukt auf, das sich rasch weiter umsetzt. Dieser Umsatz nimmt in saurer Lösung andere Richtung an als in alkalischer.

a) Reduktionen in saurer Lösung.

In stark saurer Lösung geht, wie GATTERMANN entdeckt hat, eine Umlagerung des Phenylhydroxylamins in Para-Amidophenol nach:

$$C_6H_5 \cdot NHOH \rightarrow OH \cdot C_6H_4 \cdot NH_2$$

glatt und schnell vor sich, um so besser, je höher die Säurekonzentration gehalten wird. Aryl-Hydroxylamine reagieren auf dieselbe Art.

Ist die Para-Stellung besetzt, so tritt die Hydroxylgruppe in Ortho-Stellung zur NH_2-Gruppe, z. B.:

$$NO_2 \cdot C_6H_4 \cdot N(CH_3)_2 \xrightarrow{\text{elektrolyt. Reduktion}} \rightarrow NHOH \cdot C_6H_4 \cdot N(CH_3)_2 \xrightarrow{\text{Umlagerung}} NH_2(OH) \cdot C_6H_3 \cdot N(CH_3)_2$$

Die Farbenfabriken vorm. Bayer & Co. in Elberfeld haben diese Arbeitsweise eine Zeitlang zur Herstellung verschiedener Produkte angewendet.

Die Reduktion wird vorzugsweise mit Platinkathoden bei mäßiger Temperatur (30 bis 40°) in Zellen durchgeführt, die durch Tondiaphragmen abgeteilt werden.

Im Kathodenraum wird Nitrobenzol in 90%iger Schwefelsäure mit Stromdichten von 300 bis 400 A/qm behandelt, der Anodenraum, in welchem sich die Säure während der Elektrolyse anreichert, wird mit etwas verdünnterer Säure beschickt. Die Spannung hängt zum großen Teile von der Stärke und dem Porositätsgrade der Diaphragmen ab. Sie kann auf etwa 6 V gehalten werden. Die kathodische Stromausbeute erreicht meist nur zirka 25% bei 40 bis 50%iger

Materialausbeute, so daß man mit einem Kilowattstunden-Aufwand von 15 bis 20 kWh/1 kg p-Amidophenol zu rechnen hat.

Darmstädter empfahl die Verwendung von Kohle[1], bzw. Graphit als Kathodenmaterial, mit welchen man auch nach Elbs bessere Resultate erzielen soll.

Nach Beendigung der Elektrolyse scheidet sich das p-Amidophenol als Sulfat beim Abkühlen ab.

Chilesotti hat die in den Patenten 116 942 und 117 007 beschriebenen Verfahrensarten von Boehringer im Laboratorium Foersters nachgeprüft. Tonzellen gelangten dabei als Diaphragmen zur Anwendung, sie wurden mit neunprozentiger Schwefelsäure beschickt, nahmen eine Bleiblechanode auf und waren außen konzentrisch von einer zylindrischen Nickeldrahtnetzkathode umgeben. Zwischen Kathode und Tonzelle konnte ein ringförmiger Rührer aus Glas auf- und abbewegt werden.

Gearbeitet wurde bei einer Badspannung von 5,0 bis 5,6 V und mit Stromdichten von 1000 bis 1200 A/qm. Der Säureüberschuß in der Kathodenlösung wurde möglichst niedrig, aber doch so hoch bemessen, daß die Kathodenlauge nach der Elektrolyse in bezug auf freie Säure noch mindestens 0,7 bis 0,8 n blieb. Auch die doppelte Menge freier Säure konnte noch ohne Schaden angewendet werden. Es war unnötig, das Rühren besonders energisch vorzunehmen. In verdünnten wässerigen Lösungen sind die Nitrokörper nur wenig löslich, die Bildung einer Emulsion erfolgt aber ziemlich leicht. Durch voraufgehendes Lösen der Nitrokörper in Alkohol kann sie noch begünstigt werden. Wasserstoff tritt bei der Elektrolyse nur spärlich auf, und seine Entwicklung bleibt zeitweise ganz aus; dementsprechend erzielt man oft Strom- und Materialausbeuten, welche den theoretischen nahekommen. Wichtig ist es dazu aber, Säure- und Wassermenge so zu bemessen, daß keine unlöslichen Stoffe während der Reduktion (basische Metallsalze, schwerlösliche Chlorhydrate der Basen usw.) an der Kathode abgeschieden werden. Beobachtet man diese Maßregeln, so erhält man beim Arbeiten mit Zinnchlorür wasserhelle, metallfreie Produkte, bei Gegenwart von Kupfer- und Eisensalzen nur geringe Mengen gefärbter, teils als Öl suspendierter Nebenprodukte.

Infolge der hohen Stromdichte, welche zur Anwendung gelangt, erwärmen sich die Lösungen sehr lebhaft und müssen gekühlt werden, die Temperatur wurde in der Regel zwischen 40 und 50° gehalten, unter stärkerer Kühlung wurden aber auch Versuche bei 20° ausgeführt. Folgendes waren die Resultate (s. Tab. 16):

---

[1] D. R. P. 150 800.

Tabelle 16.

Zugesetztes Salz	Zusammensetzung der Kathodenlösung	Mittlere Versuchs-temperatur	Angewandte A-Stunden	Produkt	Material-ausbeute %	Strom-ausbeute %
$SnCl_2$	20 g Nitrobenzol in 30 ccm Alkohol, 250 ccm Wasser, 11 g HCl, 1 g $SnCl_2$, 2 H_2O	45°	26,5	12,76 g Anilin	84,4	83,5
		20°	28,5	11,4 g „	75,4	66,9
$SnCl_2$	40 g Nitrobenzol in 30 ccm Alkohol, 250 ccm Wasser, 22 g HCl, 1 g $SnCl_2$, 2 H_2O	47°	53,5	23,1	76,4	76,4
		21°	55,9	25,8	85,4	80,9
Cu_2Cl_2	40 g Nitrobenzol in 30 ccm Alkohol, 250 ccm Wasser, 17,6 g HCl, 1 g Cu_2Cl_2, 2 H_2O	55°	28,4	12,6	83,1	75,1
$CuSO_4$	40 g Nitrobenzol in 30 ccm Alkohol, 250 ccm Wasser, 23,6 g H_2SO_4, 1,5 g $CuSO_4$, 5 H_2O	45°	28,2	11,8	78,3	70,5
	Reduktion substituierter Nitrobenzole.					
	20 g o-Chlornitrobenzol, 39 ccm Alkohol, 300 ccm fünfprozent. HCl, 1 g $SnCl_2$, 2 H_2O	58°	22,5	13,0 g o-Chloranilin (Siedepunkt 207—208)	80,3	70,5
	12,6 g Nitranilin, 250 ccm sechsprozent. HCl, 1 g $SnCl_2$, 2 H_2O	38°	15,0	16,3 g m-Phenylendiamin	98,7	95,9
	19,4 g p-Nitrotoluol, 35 ccm Alkohol. 300 ccm fünfprozent. HCl, 1 g $SnCl_2$, 2 H_2O	65°	24	14,2 g p-Toluidin 14,2 g p-Toluidin (Schmelzpunkt 44,5)	96,4	91,6
	20 g o-Nitrotoluol, 35 ccm Alkohol, 300 ccm fünfprozent. HCl, 1 g $SnCl_2$, 2 H_2O	45°	24,0	14,8 g d-Toluidin (Siedepunkt 197 bis 199)	96,7	94,6

Während der Elektrolyse bedeckt sich die Kathode mit schwammigem Zinn, bzw. Kupfer. Benutzt man von vornherein solche Kathoden, so wird der Salzzusatz überflüssig, an blanken Kupferkathoden bleibt hingegen die Überführung in Anilin eine sehr unvollkommene.

Damit die Reaktion glatt verläuft, muß man stets Metall auflösen und kathodisch niederschlagen. An glatten Metallkathoden geht sie zu langsam vor sich, gute Erfolge erhält man nur an schwammigen Elektroden. Daß sich wirklich Metall während des Prozesses auflöst, um sich kathodisch wieder niederzuschlagen, geht daraus hervor, daß die Lösung nach Beendigung der Elektrolyse metallfrei ist, aber sofort wieder metallhaltig wird, wenn man frisches Nitrobenzol zusetzt.

Bei Temperaturen unter 50° ist die Reduktion, selbst an schwammigen oder rauhen Kupferkathoden, nur sehr unvollständig. Bei diesen Temperaturen wird Phenylhydroxylamin sehr rasch in Anilin übergeführt. Es liefert aber in stark salzsaurer Lösung fast nur p-Chloranilin neben etwas o-Chloranilin. Daraus schloß CHILESOTTI, daß die Wirkung des Zinn- und Kupferschwammes (wohl auch die besondere Wirkung, welche Zink, Zinksalzzusätze oder Bleikathoden ausüben, und die von ELBS und SILBERMANN beobachtet wurde[1]) darauf beruhe, daß er auf rein chemischem Wege elektrolytisch vorgebildetes Phenylhydroxylamin äußerst rasch in Anilin überführt, ehe es Zeit findet, sich umzulagern oder Kondensationsprodukte, wie Azoxybenzol, zu bilden. Dabei geht Metall in Lösung, das elektrolytisch wieder gefällt wird.

Manche nichtaromatische Nitrokörper lassen sich auf ähnliche Art reduzieren, z. B. Nitroguanidin zu Aminoguanidin:

$$HN = C\begin{matrix} \diagup NH \cdot NO_2 \\ \diagdown NH_2 \end{matrix} + 6\,H \rightarrow NH = C\begin{matrix} \diagup NH \cdot NH_2 \\ \diagdown NH_2 \end{matrix} + 2\,H_2O$$

Nach dem D. R. P. 167 637 von Boehringer & Söhne ist dies unter Verwendung rauher Zinnelektroden glatt durchzuführen, während die Ausbeuten an anderen Kathodenmetallen nicht befriedigen. Eine Besonderheit dieser Reaktion besteht darin, daß die Ausbeuten nur in nahezu neutralen Lösungen genügend hoch ansteigen (81%). Man arbeitet am besten bei Temperaturen, die 8 bis 10° nicht überschreiten, unter kräftigem Rühren mit Stromdichten von 2500 A.

b) Reduktion in alkalischer Lösung.

In alkalischer Lösung reagiert das bei der Reduktion von Nitrobenzol gebildete Phenylhydroxylamin mit dem intermediär gebildeten Nitrosobenzol nach:

$$C_6H_5NHOH + C_6H_5NO \rightarrow C_6H_5 - \underset{\diagdown\, O \,\diagup}{N - N} - C_6H_5 + H_2O$$

unter Bildung von Azoxybenzol.

[1] Z. Elektrochem. 7, 589.

Azoxybenzol kann gleichfalls an der Kathode reduziert werden, die Reduktion erfolgt aber schwerer als die des Nitrobenzols. Man kann es deshalb erreichen, daß die Reduktion bei der Bildung von Azoxybenzol Halt macht, wenn man dafür sorgt, daß seine Konzentration neben der des Nitrobenzols stets klein bleibt, wenn man also die Reduktion in einem Lösungsmittel ausführt, in welchem Azoxybenzol schwer löslich ist und die Kathode aus einem Metall herstellt, an welchem die Reduktion schwer weitergeht. Beide Bedingungen werden gemäß D. R. P. 127 727 der Farbwerke Höchst (1900) erfüllt, in welchem es vorgeschrieben wird, in wässerig-alkalischer Suspension an Nickelkathoden ohne Diaphragma bei 80° zu arbeiten. In diesem Medium ist Azoxybenzol schwer löslich, es scheidet sich daraus in Gestalt hellgelber Kristalle aus. Die Stromausbeute soll eine gute sein[1]. Das durch langsame, gleichmäßige Rührung in Suspension gehaltene Nitrobenzol wird so leicht reduziert, daß fast kein Wasserstoff auftritt.

Arbeitet man hingegen bei höherer Temperatur (105 bis 115°) in konzentrierterer Lauge (NaOH von 40 bis 50° Bé), so schreitet die Reaktion weiter bis zur Bildung von Azobenzol vor, das auf diese Weise nach dem D. R. P. 141 535 neben Spuren von Azoxybenzol, Anilin und Hydrazobenzol gleichfalls elektrolytisch, ohne Anwendung eines Diaphragmas, erhalten werden kann:

$$\underbrace{C_6H_5N - NC_6H_5}_{O} \rightarrow C_6H_5N = NC_6H_5$$

In beiden Fällen ist das Produkt leicht von der Alkalilauge zu trennen, die wieder benutzt werden kann. Es empfiehlt sich, bei Durchführung der Elektrolyse eine große Kathode zu verwenden und sie einer kleinen Anode gegenüberzustellen.

Weitergehende Reduktion von Azoxy- und von Azo-Verbindungen führt zur Bildung von Hydrazobenzolen und von Benzidin.

Die Herstellung von Hydrazoverbindungen durch elektrolytische Reduktion der entsprechenden Azoverbindungen ist betriebsmäßig durchgeführt worden. Sie dürfte aber durch die Reduktion mittels Natriumamalgam abgelöst worden sein, welche direkt vom Nitrobenzol zum Hydrazobenzol führt.

Es lag natürlich auf der Hand, auch die Frage der Reduktion des Nitrobenzols zu Anilin aufzunehmen, das eines der wichtigsten Ausgangsprodukte der Farbenfabrikation bildet.

Sie wurde in schwach saurer Lösung mit Zinnkathoden, später in Gegenwart von Schwermetallsalzen bei 6,5 V Spannung mit Stromdichten von 1800 A/qm unter Kühlung vorgenommen.

---

[1] vgl. Löb: Z. Elektrochem. 5, 325 (1898).

Man erhielt zwar nahezu quantitative Ausbeuten, die rein chemische Reduktion mittels Eisenpulver und Salzsäure oder Essigsäure erwies sich aber als wirtschaftlicher.

In übersichtlicher Weise lassen sich die beschriebenen Grundreaktionen bei der elektrolytischen Reduktion des Nitrobenzols in folgendem Schema zusammenfassen:

Schema der Reduktion des Nitrobenzols.

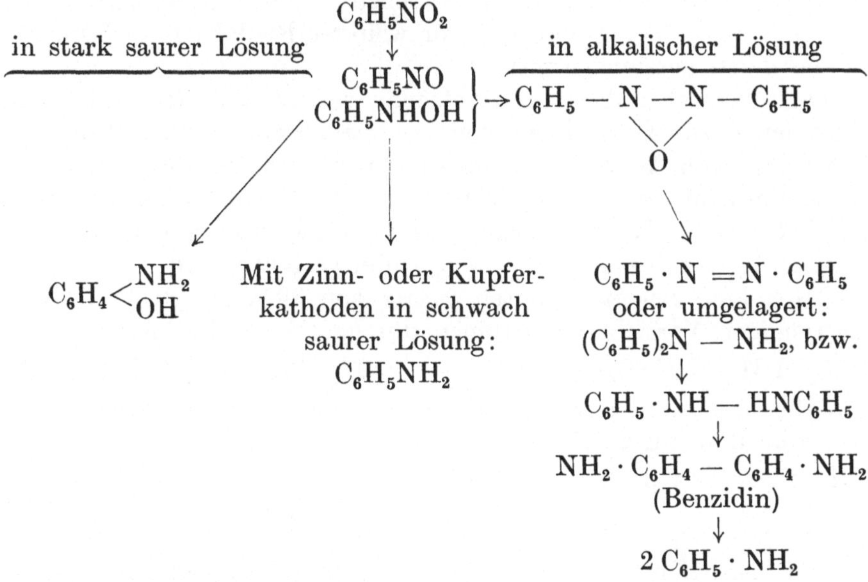

Von all den vielen vorgeschlagenen und zeitweise auch betriebsmäßig erprobten elektrolytischen Reduktionen aromatischer Verbindungen dürfte sich höchstens die Herstellung von Hydrazobenzol und seiner Homologen erhalten haben, die zu Benzidin umgelagert werden.

In jüngerer Zeit ist die Herstellung von Azobenzol, bzw. von Hydrazobenzol und weiter von Benzidin wieder in größerem Maßstabe, aber diesmal in Verbindung mit der Chloralkali-Zerlegung in Quecksilberzellen an mehreren Stellen aufgenommen worden und — wie es scheint — mit gewissem Erfolg.

So hat die *I. G.* im Werk Leverkusen Nitrobenzol mit dem von Quecksilberzellen gelieferten Natriumamalgam zu Azobenzol reduziert, dann aus diesem mit Hilfe von Zinkstaub Benzidin hergestellt.

Dazu wurden partienweise in mit Rührwerk ausgestatteten Reaktoren Chargen von 130 kg Nitrobenzol mit dem von acht 20.000-A-Zellen gelieferten 0,2%igen Natriumamalgam unter Wasserzulauf von 28 l/h durch 8 bis $8^1/_2$ Stunden (also unter Aufwand von 170 kA-Std.) in Reaktion gebracht. Das abfließende verdünnte Amalgam wurde durch Amalgamzersetzer geführt, ehe man es in die Quecksilberzellen zurückleitete.

Nach Beendung der Reaktion überließ man das Reaktionsgemenge der Ruhe, bis sich nach 1 bis 2 Stunden drei übereinander liegende Schichten: Quecksilber, 50%ige Lauge und die Azoschichte scharf abhoben und voneinander trennen ließen. Letztere Schicht enthielt 80% Azobenzol, 9 bis 10% Azoxybenzol, 7 bis 8% Hydrazobenzol und etwa 2 bis 3% Anilin, das vor weiterer Reduktion zu Benzidin entsprechend gereinigt wurde.

In italienischen Werken zieht man es vor, die Reduktion von Nitrobenzol zur Herstellung von Hydrazobenzol in zwei Stufen in Gegenwart von Äthylalkohol vorzunehmen und die Reaktionsdauer der ersten Stufe auf 8, die der zweiten auf 16 Stunden zu bemessen. Es bildet sich Hydrazobenzol, das vom gleichzeitig entstandenen (etwa 13%) Azobenzol und etwas Anilin getrennt wird.

Nach (gegebenenfalls unter Zusatz von 30%iger HCl) mit den notwendigen Vorsichtsmaßnahmen durchgeführter Umlagerung:

$$C_6H_5 \cdot NH - NH \cdot C_6H_5 + HCl \rightarrow NH_2 \cdot C_6H_4 - C_6H_4NH_2 \cdot 2\,HCl$$

wird filtriert, dann langsam 66° Bé Schwefelsäure zur Fällung von Benzidinsulfat zugesetzt:

$$NH_2 \cdot C_6H_4 - C_6H_4NH_2 \cdot 2\,HCl + H_2SO_4 \rightarrow$$
$$\rightarrow NH_2C_6H_4 - C_6H_4NH_2 \cdot H_2SO_4 + 2\,HCl$$

Auf dem Gebiet der Verbindungen der aliphatischen Reihe setzte man einige Zeit größere Hoffnung auf die kathodische Reduktion der Oxalsäure.

Diese erfolgt in einer ersten Stufe:

$$COOH \rightarrow CHO - COOH$$

zu Glyoxylsäure, dann weiter nach:

$$CHO - COOH \rightarrow CH\ OH - COOH$$

zu Glykolsäure, die verhältnismäßig hoch im Preis steht.

Der ersteren Aufgabe widmete sich unter anderen KINZLBERGER, der zweiten, wichtigeren, die Scheideanstalt.

Da man es hier mit einem Depolarisator zu tun hat, der selbst stark ionisiert ist und an der Anode eine Oxydation erfährt, muß man den Elektrolyten derart zusammensetzen, daß die Stromleitung hauptsächlich von einem noch besseren Elektrolyten übernommen wird. Nach dem Patent der Scheideanstalt arbeitet man deshalb in 30%iger Schwefelsäurelösung (s. S. 24) — in verdünnterer Lösung ist die Ausbeute geringer — nach einem Zusatzpatent in starker

Salzsäurelösung (30%). Die Reduktion wird bei etwas erhöhter Temperatur durchgeführt, bei Zimmertemperatur sind die Ausbeuten niedere. Von großem Einfluß ist das Kathodenmaterial, wie nachstehende Tabelle zeigt:

Tabelle 17. *Elektrolytische Reduktion der Oxalsäure (Pb-Anoden).*

	Oxalsäure		
Kathode:	reduziert	unverändert	oxydiert
Platin	2,0%	76,7%	21,3%
Zinn	11,8%	70,1%	18,1%
Kohle	36,8%	43,7%	19,5%
Blei	75,7%	4,7%	19,6%

Diese Resultate wurden erhalten, nachdem 110% der berechneten Strommenge durch die Zelle gesandt worden waren.

Man arbeitet am besten mit amalgamierten Bleikathoden, löst zur Herstellung des Katholyten etwa 700 Teile kristallisierte Oxalsäure in 3300 Teilen Wasser und fügt 1100 Teile konzentrierte Schwefelsäure unter Rühren zu, wenn man 30%ige Schwefelsäurelösung als Anolyten wählt. Um die anodische Oxydation der Oxalsäure zu erschweren, kann man eine Zwischenzelle mit 30%iger Schwefelsäure einschalten. Nach Beendigung der Elektrolyse dient dann die Zwischenzellenlösung (die nunmehr Oxalsäure enthält) als Ansatz für die Kathodenlösung.

Die Elektrolyse wird durch Rühren befördert. Die Kathodenstromdichte kann innerhalb weiter Grenzen variiert werden (25 bis 250 A/qm). Einer eventuellen Verarmung an Schwefelsäure im Kathodenraum beugt man durch Schwefelsäurezusatz vor und läßt andererseits die Säurekonzentration im Anodenraum nicht zu hoch steigen, weil die Leitfähigkeit dann wieder abnimmt (s. Abb. 6, S. 24).

Zur Abtrennung der Glykolsäure fällt man die Schwefelsäure und die unveränderte Oxalsäure durch Kalk. Bei Verwendung von Salzsäure dampft man einfach ab, ohne eine Zerstörung der Glykolsäure befürchten zu müssen, was bei den wasserentziehenden Eigenschaften konzentrierter Schwefelsäure wohl eintreten könnte.

Das Verfahren wurde seinerzeit in Biebrich und in Bitterfeld ausgeübt. Es hat sich aber nicht dauernd behauptet.

Hingegen wird die elektrolytische Reduktion von Glukose seit 1937 zumindest in einer amerikanischen Anlage, der Atlas Powder Co., betriebsmäßig mit Erfolg ausgeführt[1], die allerdings nur geringen Umfang aufweist.

[1] Beschrieben von KILLEFFER: Ind. Eng. Chem. News **15**, 489 (1937); TAYLOR: Chem. Eng. **44**, 588 (1937); cf. auch CREIGHTON: Trans. Amer. Electrochem. Soc. **75**, 289 (1939); PARKER, SHERLOK SWANN: ib. **92**, 342 (1947); SANDERS u. HALES: J. electrochem. Soc. **96**, 241 (1949).

Sie wird in zwölf Zellen vorgenommen, die in Serie geschaltet sind und 5000 A aufnehmen.

Die Zellen aus Eisen mit Gummiauskleidung sind rund 3,5 m lang, 2 m breit, 1 m tief, nehmen zehn taschenförmige Ton-Diaphragmen von 60 × 60 × 76 cm Größe auf, die mit verdünnter Schwefelsäure beschickt werden und in die Anoden aus Blei eingesetzt sind.

Die Glukoselösung mit 250 bis 500 g/l wird zur Erhöhung ihrer Leitfähigkeit mit 70 bis 100 g Na_2SO_4/l versetzt. Sie füllt den Raum außerhalb der Diaphragmen, wird während der Elektrolyse in Zirkulation gehalten und durch Wasser gekühlt.

Die Elektrolyse wird bei 4 bis 6 V Spannung mit 100 bis 200 A/qm kathodischer Stromdichte vorgenommen, wobei die Badtemperatur auf 20 bis 24° gehalten und die Kathoden aus amalgamiertem Blei den Diaphragmen möglichst nahegebracht werden.

Soll die Mannitolbildung bevorzugt werden, so setzt man dem Elektrolyten bis zu 20 g NaOH/l zu. Verunreinigungen durch Mg oder Cr sind sehr schädlich. Spuren von Al, Fe, Ni oder Cu sind zulässig.

Die Elektrolyse wird partienweise vorgenommen, das Stromvolumen dabei so bemessen, daß die Kathodenoberfläche 0,8 bis 2,5 qdm je Liter Lösung beträgt.

Nach beendeter Reduktion wird das Produkt abgezogen, neutralisiert, filtriert, eingedampft, wobei der größte Teil des Natriumsulfats ausfällt. Nun nimmt man in heißem Äthylalkohol auf, um vollends von Natriumsulfat zu trennen und destilliert schließlich ab. Der Rückstand wird entfärbt und in Wasser umkristallisiert.

2. Kathodische Reduktion anorganischer Körper.

Versuche, Hydrosulfite[1] oder Hydroxylamin[2] auf elektrolytischem Wege herzustellen, haben zwar Beachtung gefunden, aber keinen besonderen Erfolg erzielt.

Da Hydrosulfit-Lösungen nur geringe Beständigkeit aufweisen, ist es wesentlich, das Produkt möglichst rasch in seiner anhydrischen Form ($Na_2S_2O_4$) abzuscheiden. Die Elektrolyse liefert aber Lösungen, welche dazu zu verdünnt sind.

Hydroxylamin läßt sich durch elektrolytische Reduktion von Salpetersäure herstellen. Nach Boehringer (bzw. Tafel[2]) arbeitet man dazu in Zellen, welche durch ein Hartgummi-Diaphragma unterteilt sind, beschickt beide Elektrodenkammern mit 50%iger

---

[1] Chaumat: D. R. P. 211 614, Frank: D. R. P. 125 207, 129 861, Höchster Farbwerke (intermediäre Bildung bei der Reduktion des Indigos): D. R. P. 139 567.

[2] Boehringer: D. R. P. 133 456, 137 697 identisch mit Tafel: U. S. A. Pat. 727 025. Cie Parisienne des Couleurs d'Aniline, F.-Pat. 322 943.

Schwefelsäure und läßt in den Kathodenraum Salpetersäure zutropfen, während die Flüssigkeit gekühlt und durchgerührt wird. Als Anode dient Blei, als Kathode amalgamiertes Blei. Das Verfahren ist technisch ausgeübt worden. Das Hydroxylamin kann als Chlorhydrat oder als Sulfat unschwer isoliert werden.

Thiosulfat (= Hyposulfit, $Na_2S_2O_3$) kann durch elektrolytische Reduktion von Bisulfit erhalten werden. Die I. G.[1] empfiehlt dazu in Zellen, welche durch ein poröses Hartgummi-Diaphragma abgeteilt sind, Anoden aus Blei, Kathoden aus Silberdrahtnetz zu verwenden und während der Elektrolyse Temperaturen von 25 bis 50° und pH 4,5 bis 6,0 aufrechtzuhalten. Zu letzterem Zwecke ist es angezeigt, während der Elektrolyse in den Kathodenraum von unten einen Strom von Schwefeldioxyd durchzuleiten, das durch Stickstoff, Wasserstoff oder Kohlensäure verdünnt ist.

Größeres Interesse hat die kathodische Bildung von Wasserstoffsuperoxyd auf sich gelenkt, die als ein Reduktionsvorgang angesprochen werden kann, wenn kathodischer Wasserstoff das Agens, Luft, bzw. Sauerstoff, den Depolarisator vorstellt.

Daß sich Wasserstoffsuperoxyd in geringer Menge beim Vorbeileiten von Sauerstoff an Kathoden, die Wasserstoff entwickeln, bildet, dürfte zuerst von TRAUBE[2] (1882) beobachtet worden sein. FOERSTER[3] hat diese Reaktion näher studiert.

F. FISCHER und PRIESS haben gezeigt, daß die Resultate durch Anwendung von hochkomprimiertem Sauerstoff wesentlich verbessert werden und die Firma Henkel & Co. hat darauf eine Reihe von Patenten entnommen[4].

Bei Anwendung hoher Drucke (150 bis 200 Atm.) gelingt es, Wasserstoffsuperoxydlösungen mit 2,7% H_2O_2, welche also den käuflichen 3%igen Lösungen nahekommen, mit 83% Stromausbeute herzustellen.

Die I. G. hat das Problem gleichfalls aufgenommen[5], wobei sie unter anderem das Ziel verfolgte, in einer Diaphragmazelle gleichzeitig in der Anodenkammer Perstoffe, in der Kathodenkammer Wasserstoffsuperoxyd zu erzeugen.

Von der Vorstellung ausgehend, daß Gase, welche von Aktivkohle adsorbiert werden, an deren Oberfläche so verdichtet sind, als stünden sie unter Drucken von 10.000 Atm und darüber, ver-

[1] Brit. Pat. 480334 (CARPMAEL bzw. I. G.).
[2] Ber. **46**, 698.
[3] Z. angew. Chem. **34**, 355 (1921).
[4] D. R. P. 273 269, 302 735.
[5] D. R. P. 463 794, 485 053, 485 714, 486 418, 514172. E. P. 290750 (1927).

suchte E. BERL, die Wasserstoffsuperoxydbildung an Kathoden aus Aktivkohle herbeizuführen[1].

Als dazu besonders geeignet fand er Aktivkohle, welche aus Rückständen der Petroleumraffination durch Behandlung mit Kalisalzen hergestellt war.

Von vornherein war es zweifelhaft, ob Wassersuperoxyd an derartigen Kathoden entstehen würde; denn Aktivkohle zersetzt H_2O_2 sehr rasch, in alkalischer Lösung noch rascher als in saurer. Die kathodische Polarisation nahm ihr aber, wie der Versuch lehrte, die zersetzende Kraft.

In Natriumsalzlösungen zerfielen die Kathoden, in alkalischen Kalisalzlösungen hielten sie aber stand. In diesen ließen sich verdünnte Wasserstoffsuperoxydlösungen (2 bis 5% H_2O_2) mit 90% Stromausbeute bei 2 V Zellenspannung herstellen. Bei Herstellung konzentrierter Lösung sinkt die Stromausbeute; doch ist es möglich gewesen, in Lösungen von 500 g KOH/l die Konzentration bis auf 25% zu treiben.

Leider kann das Wasserstoffsuperoxyd aus solchen Lösungen erst nach Herstellung eines pH von weniger als 7, also nach mehr als vollständiger Neutralisation, abdestilliert werden. Der Aufwand an Lauge, in der allein die Reaktion befriedigend vor sich geht, und an Säure, sie nachträglich zu neutralisieren, dürfte den Hauptgrund gebildet haben, welcher das Verfahren gehindert hat, sich durchzusetzen. Möglicherweise auch der Umstand, daß die Aktivität der Kohle mit der Zeit zurückgeht.

Die teurere Konstruktion der Zellen und die Schwierigkeit der Handhabung dürfte andererseits der Einführung jener Verfahren im Wege gestanden sein, welche Sauerstoff unter hohem Druck anwenden wollten.

C. Elektrolytische Oxydationen.

a) Allgemeines.

Anodisch an Platin freigesetzter Sauerstoff stellt eines der stärksten Oxydationsmittel vor, die wir kennen. Mit seiner Hilfe gelang es u. a. CONSTAM und HANSEN[2], erstmalig Überkohlensäure und Perkarbonate, also Oxydationsprodukte, herzustellen, die lange Zeit hindurch überhaupt auf keine andere Weise gewonnen werden konnten und von BAUR[3] erst viel später auch auf rein chemischem Wege

[1] Trans. Amer. Electrochem. Soc. Sept. 1939, U. S. A.-Pat. 2 093 989, D. R. P. 648 964.

[2] Z. Elektrochem. 3, 137, 445; D. R. P. 91612.

[3] D. R. P. 145746; Chem. Ztg. 1903, 1090.

durch Einwirkung flüssiger Kohlensäure auf Natriumsuperoxyd bereitet wurden.

Die wichtigsten Anwendungen finden elektrolytische Oxydationen auf anorganisch-chemischem Gebiete, z. B. bei der Herstellung von Perverbindungen, dann auch aus den S. 104 hervorgehobenen Gründen für gewisse Spezialzwecke, z. B. zur Regenerierung von Chromsäurelösungen, zur Oxydation von Manganaten zu Permanganaten und dergleichen mehr.

Die Bildung von Perchloraten aus Chloraten, die zwar gleichfalls einen rein anodischen Oxydationsvorgang vorstellt, und die Bildung von Chloraten selbst wird nicht in diesem Abschnitt, sondern in Teil II im Zusammenhange mit der Alkalichloridelektrolyse besprochen werden.

Auf elektrolytischem Wege werden somit vorzugsweise solche Oxydationen vorgenommen, welche sonst schwer auszuführen sind. Für diese kommen nur Anodenmateriale in Betracht, die chemisch widerstandsfähig sind und hohe Anodenpotentiale herstellen lassen: zuweilen Blei, bzw. Bleisuperoxyd, vor allem aber Platin, bzw. Platin-Iridium-Legierungen, die sich bei der Herstellung von Perverbindungen und auch bei manchen Oxydationen organischer Stoffe füglich durch kein anderes Elektrodenmaterial ersetzen lassen.

b) Form und Haltbarkeit von Platin- und Platin-Iridium-Elektroden.

Während sich Platin- und besonders Platin-Iridium-Anoden bei der Chloridelektrolyse (s. d.) als nahezu unangreifbar erwiesen haben, unterliegen sie bei Oxydationsprozessen einem merklichen Verschleiß, der bei Gegenwart gewisser reduzierender organischer Verbindungen in empfindlicher Weise erhöht werden kann.

Ergebnisse systematischer Untersuchungen sind bisher nicht bekanntgegeben worden, auch keine eindeutigen Angaben, welche entscheiden lassen, wann eine größere Haltbarkeit die Verwendung von — etwa 5 bis 10%igen — kostspieligeren Platin-Iridium-Legierungen an Stelle von Reinplatinanoden lohnend erscheinen läßt.

Überschlagsweise rechnen die Fabriken, welche Perverbindungem herstellen, mit einem Platinverbrauch von rund 1 Milligramm Pt je durchgesandte Kiloamperestunde. Ein Teil des bei der Elektrolyse in Lösung gehenden Platins — meist etwa ein Drittel — läßt sich dadurch wiedergewinnen, daß man Kolloide im Schoße der Lösung bildet und dann koagulieren läßt. Dabei reißen diese feinverteiltes Platin in wiedergewinnbarer Form in den Niederschlag mit.

Dieses Vorgehen befolgt man bei der Herstellung von Persalzen. Bei der Herstellung von Perschwefelsäure kann man einen Teil des in Lösung gegangenen Platins kathodisch wieder abscheiden.

Zur Anwendung gelangt das Platin in Form dünner Folien, dünner Bänder von etwa 0,03 bis 0,06 mm Stärke, oder in Drahtform von 0,1 bis 0,2 mm Durchmesser mit Zuführungen aus stärkerem Draht. Für größere Flächenbedeckung werden oft Netze aus solchen Drähten geklöppelt.

Die stärkeren Platindrahtstücke, welche den Stromanschluß vermitteln, wurden früher durchwegs in Glas eingeschmolzen, um die anschließenden Kupferdrähte zu schützen. Die Einschmelzstelle bildete aber immer einen gefährdeten Punkt, an welchem die Erhitzung des Platindrahtes durch Joulesche Wärme leicht Sprünge hervorrief. In jüngerer Zeit wurden zwar Glassorten hergestellt, die besser standhalten, und auch neue Werkstoffe herausgebracht, welche die isolierte Durchführung des Drahtes erleichtern und sichern.

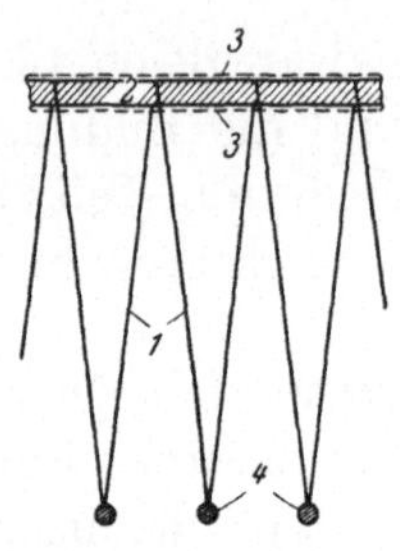

Abb. 39. Platin-Elektrode. *1* Platindrähte, *2* Kupferleiter (Stromzuführung), *3* Isolierschicht, *4* Gewichte (z. B. Glasperlen), welche die Drähte spannen.

Da man zur Herstellung hoher Anodenpotentiale, aber auch im Interesse der Metallersparnis, an Platinanoden stets hohe Stromdichten herstellt, müssen längere dünne Blech- oder Drahtelektroden mehrere Stromanschlüsse erhalten, welche der Länge des Drahtes nach verteilt sind. Sie erhalten dann etwa die in Abb. 46 b, S. 128, dargestellte Form.

Eine einfache, von Siemens & Halske (Dr. Huth) ersonnene Art, Platindrähten den Strom durch Kupferleiter zuzuführen und sie zu spannen, ist auf Abb. 39 dargestellt, die keiner weiteren Erläuterung bedarf.

Dank seines hohen Schmelzpunktes läßt Platin, besonders in Form dünner Folien oder Drähte, welche die Wärmeabfuhr befördern, sehr hohe Strombelastungen zu, wie es folgende Versuchsdaten illustrieren:

Tabelle 18.

Durchmesser des Platindrahtes mm	Wird in Luft bei Strombelastung durch Amperes: glühend		geschmolzen	
0,2	2,8 A	entspr. 90 A/mm²	4,6 A	entspr. 150 A/mm²
0,4	7,5–8 A	„ 65 A/mm²	12 A	„ 100 A/mm²
0,6	13 A	„ 50 A/mm²		
0,8	20 A	„ 40 A/mm²		
1,4	bei 40 A	noch nicht heiß		

Dadurch wird es unter anderem ermöglicht, sehr hoch belastete dünne Drähte erst oberhalb des Flüssigkeitsniveaus an die Stromleitung zu schließen, ohne befürchten zu müssen, daß der den Luftraum durchsetzende Teil bei Strombelastungen bis zu 100 A/mm² durchschmilzt.

Versuche, eine Metallersparnis dadurch herbeizuführen, daß man angreifbare gute metallische Leiter mit einer dünnen Platinschicht überzog, sind lange Zeit daran gescheitert, daß es nicht gelang, sehr dünne Platinbleche absolut lochfrei und ohne poröse Stellen herzustellen, sondern erst bei Blechstärken, welche kaum mehr eine Metallersparnis erzielen ließen. In noch höherem Grade gilt dies für elektrolytisch hergestellte Platinüberzüge, die stets porös sind.

In jüngerer Zeit ist es aber gelungen, ganz fehlerlose, absolut lochfreie Platinfolien von rund 0,05 mm (0,002 inch)[1] als Überzüge für stabförmige Elektroden herzustellen. Obgleich der Edelmetallbelag dann bloß auf seiner Außenseite wirksam ist, ließ sich der Platinaufwand dadurch auf die Hälfte und noch weiter verringern. Die Haltbarkeit der Elektroden soll befriedigend sein. Sie kommen aber wohl nur bei elektrolytischen Prozessen in Betracht, bei welchen der Angriff des Platins gering bleibt.

Dasselbe gilt für Elektroden, die man dadurch herzustellen versuchte, daß man vorerst dickere Platinüberzüge auf Kupfer, z. B. auf Kupferdraht, aufbrachte und die so gebildeten Bimetalldrähte soweit auszog, bis der Platinüberzug die gewünschte Dicke aufwies.

Überschlagsweise kann man annehmen, daß in einer elektrolytischen Zelle für je 1000 A Stromaufnahme rund 100 g Platinmetall für die Herstellung der Anoden aufzuwenden sind, wenn dieselben aus Drähten von 0,1 bis 0,2 mm, bzw. Blech von 0,03 mm bestehen, die sich nicht sehr weit erstrecken.

Jede Maßnahme, welche die Stromverteilung verbessert, also die Spannungsverluste in den dünnen Platinleitern verringert, ermöglicht es, mit geringeren Edelmetallmengen auszukommen. Man hat deshalb Elektroden ausgebildet, in welchen die dünnen Platinteile nur geringere Abstände zwischen kompakteren Teilen aus unedleren Metallen überbrücken, die ihrerseits auf zuverlässige Art durch einen isolierenden Überzug geschützt sein müssen.

Relativ leicht ist letzteres zu erzielen, wenn man — wie es z. B. die Weißensteiner Chemischen Werke[2] tun — diese kompakteren Leiter aus einem Metall herstellt, das sich selbsttätig anodisch mit einer isolierenden Oxydschicht bedeckt — eine Eigenschaft, welche Tantal in hohem, aber auch Aluminium oft in hinreichendem Maßstabe besitzt.

[1] JAHN: Met. Ind. 5, 12, 19, 26. März, 2. April 1948.

[2] D. R. P. 386514 (Weißenstein).

Verwendet man hingegen Metalle, welche — wie Kupfer — anodisch oder in Betriebspausen angegriffen werden, zur Herstellung von stab- oder gitterförmigen Trägern für Platindrähte, dann muß man sie durch einen chemisch widerstandsfähigen, dicht abschließenden Überzug schützen. Gewisse Kunstharze, Havegitmasse, Araldit und dergleichen mehr, sind hierzu geeignet. Sie verbinden sich aber nicht immer fest genug mit dem Platin, ohne Kapillarräume freizulassen, durch welche Elektrolyt eindringen und bis an den Kupferleiter dringen kann, welcher dann korrodiert wird.

Eine, in der Regel zuverlässigere Verbindung läßt sich an Glas herstellen. Als erste zog die Fa. Siemens & Halske, Wernerwerk, davon Nutzen, indem sie auf die Platindrähte, knapp bei ihrer Verbindungsstelle mit dem Kupferleiter, Glasperlen aufschmolz und dadurch einen sicheren Abschluß herstellte. Die erste Anwendung fanden solche Elektroden als Endelektroden in den horizontalen Kellnerschen Bleichelektrolyseuren (s. diese).

1. Anwendungsbeispiele elektrolytischer Oxydationen in der organischen Chemie.

Auf organischem Gebiete hat die anodische Herstellung oxydierter Produkte sehr wenig Erfolge aufzuweisen gehabt, hingegen bildet sie auf anorganischem Gebiete einen wichtigen Industriezweig.

Organische Körper werden — besonders bei Verwendung von Platinanoden — meist zu heftig angegriffen. Der anodische Sauerstoff stellt dabei meist ein zu energisches Oxydationsmittel vor, dessen zerstörende und abbauende Wirkung sich schwer in die gewünschte Bahn leiten läßt.

Nutzanwendungen fanden sich deshalb vor allem bei solchen Oxydationsprozessen, die am schwierigsten durchzuführen sind, z. B. bei der Oxydation von Chinonen, welche meist bei Gegenwart von Sauerstoffüberträgern, wie Cer- oder Vanadinsalzen, ausgeführt wurde.

Bei der Oxydation von Anthrazen zu Anthrachinon:

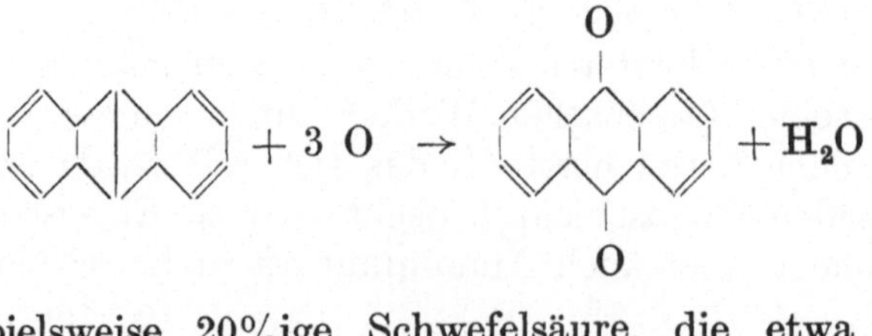

O

$+ 3\,O \rightarrow$ $+ H_2O$

O

wird beispielsweise 20%ige Schwefelsäure, die etwa 2% $CeSO_4$ enthält, in Bleigefäßen elektrolysiert, während man Anthrazen unter lebhaftem Rühren einführt. Ein Diaphragma ist überflüssig, die Oxydation wird mit Spannungen von 2,8 bis 3,2 V und mit Stromdichten bis 500 A durchgeführt. Die Temperatur beträgt anfangs 80 bis 90°, am Schlusse 100°. Das Ende des Prozesses erkennt man daran, daß die Lösung durch Cerisalz gelb wird. Solange Anthrazen zugegen ist, tritt diese Farbe nicht auf. Die Ausbeute ist beinahe quantitativ und das gewonnene Produkt zeichnet sich durch große Reinheit aus.

Ganz ebenso kann Naphthalin zu Naphthachinon, Phenantren zu Phenantrenchinon oxydiert werden usw.

Im D. R. P. 172 654 (1903) beschreiben die Farbwerke Höchst auch die Verwendung von Vanadin- an Stelle von Cersalzen bei elektrolytischen Oxydationen und Reduktionen.

Überraschenderweise geben Vanadinsalze gleichzeitig sowohl vorzügliche anodische als auch kathodische Depolarisatoren ab. Schon ganz kleine Zusätze beschleunigen Oxydationen wie Reduktionen in außerordentlich hohem Maße. V_2O_2 ist ein starkes, V_2O_3 ein schwaches Reduktionsmittel. V_2O_4 kann sowohl als Reduktions- wie auch als Oxydationsmittel auftreten, V_2O_5 bildet aber ein vorzügliches Oxydationsmittel. Ein Beispiel für die gleichzeitige Oxydation und Reduktion bildet die Reaktion:

NH_2 (Anilin) → Oxydation → O, O (Chinon) → Reduktion → OH, OH (Hydrochinon)

welche bei 5 bis 10° in 10%iger Schwefelsäure bei Gegenwart von 3% Vanidinsäure ohne Diaphragma bei Stromdichten von 400 A ausgeführt wird. Bei allmählichem Zusatz von Anilin ist seine Oxydation eine quantitative.

Ein anderes Beispiel ist die Oxydation von Cyanid zu Cyanat. Diese wurde im Laboratorium wohl zuerst von Paterno und Pannin[1] ausgeführt, von der Scheideanstalt[2], welche sie bis auf den heutigen Tag technisch zu Zeiten in ihrer Anlage in Rheinfelden anwendet, betriebsmäßig ausgebildet.

Der anodischen Oxydation werden dabei vorzugsweise Natriumcyanid-Lösungen mit überschüssigem Natriumhydroxyd unterworfen. Das in diesem Mittel schwerlösliche Natriumcyanat fällt in Form weißer Kriställchen aus. Die Elektrolyse verläuft glatt, liefert hohe Ausbeuten, ist aber an die Anwendung von Platin als Anodenmaterial

[1] Gazzetta Chimica **34**, 152 (1904).

[2] D. R. P. 368 520 (1919); A. Pat. 1 531 836 (O. Liebknecht).

gebunden, welches bei dieser Elektrolyse zehnmal so stark wie sonst angegriffen wird. Der Platinverschleiß beträgt nämlich etwa 10 Milligramm je Kilo-Ampere-Stunde.

2. Elektrolytische Oxydationen anorganischer Verbindungen.

Während die hohe Oxydationskraft des an Platin-Anoden freigesetzten Sauerstoffs bei der Oxydation organischer Verbindungen gewisse Schwierigkeiten verursacht, bietet sie im Gegenteil auf anorganischem Gebiete den Vorteil, Verbindungen in reinem Zustande herzustellen, die sonst nicht leicht isoliert werden können, ohne durch Oxydationsmittel verunreinigt zu bleiben.

Unter diesen wurden, wie oben erwähnt, Perkarbonate überhaupt zum erstenmal auf elektrolytischem Wege hergestellt. Wenn sie gegenwärtig betriebsmäßig auch rein chemisch hergestellt werden, so geschieht dies auf Grund der bei ihrer elektrolytischen Herstellung gewonnenen neuen Kenntnisse und, zum Teil, unter Verwendung elektrolytisch hergestellter Ausgangsprodukte.

Das breiteste Anwendungsgebiet elektrolytischer Oxydationen bildet die Herstellung von Perverbindungen, welche einen wichtigen Industriezweig bildet und die besonders während des zweiten Weltkrieges in Deutschland großen Umfang angenommen hat. Bescheidenere technische Anwendung fanden elektrolytische Oxydationsmethoden bei der Regenerierung von Chromsäurelösungen, die zur Herstellung organischer Oxydationsprodukte dienen, der Oxydation von Kaliummanganat zu Permanganat, von Manganosulfat zu Mangansuperoxyd und von Ferro- zu Ferrizyankalium.

Neben diesen wird im vorliegenden Abschnitt die Bildung von Wasserstoffsuperoxyd und von Additionsprodukten desselben beschrieben.

a) Elektrolytische Regenerierung von Chromsäurelösungen.

Eine ihrer ältesten Nutzanwendungen, die sich dauernd erhalten hat, fand die elektrolytische Oxydation bei der Regenerierung verbrauchter Chromsäurelösungen, die in der organisch-chemischen Synthese verwendet werden. Sie wurde von Le Blanc und Reisenegger ausgearbeitet[1] und zuerst in den Farbwerken Höchst ausgeführt.

Zur Behandlung gelangen schwefelsaure Chromsulfatlösungen mit etwa 100 g/l Cr_2O_3 neben 350 g freier Schwefelsäure. Die Elektrolyse

[1] D. R. P. 103 860 (1898); cf. auch Le Blanc: Z. Elektrochem. **6**, 2, 257 (1899), **7**, 290 (1900); Regelsberger: Z. angew. Chem. 1899, 1123; ferner Fitz Gerald: Brit. Pat. 5542; Smith: Ber. **21**, 2182; Le Blanc: Das Chrom (Halle a. S., 1902).

wurde in Zellen aus verbleitem Blech ausgeführt, welche durch große, etwa 1 m hohe zylindrische Tondiaphragmen in einzelne Elektrodenräume abgeteilt waren. Poröse Tonzellen solcher Größe wurden zum ersten Male für diesen Zweck von der Fa. Villeroy & Bloch hergestellt.

Als Anoden dienten Hartbleibleche, die sich mit einer Superoxydschicht bedeckten, die Kathoden bestanden aus Eisen.

Überraschenderweise erzielte man an 90% heranreichende Stromausbeuten nur bei Gegenwart von Blei, bzw. von Bleisuperoxyd, das eine katalytische Wirkung bei diesem Prozesse auszuüben scheint, die mit ausschlaggebend ist[1]. An Platinanoden erhielt man im bleifreien Elektrolyten nur geringere Stromausbeuten.

In Höchst wurde die Elektrolyse bei 50° C mit Stromdichten von 300 A/qm vorgenommen. Die Spannung betrug 3,5 V, die Stromausbeute 90%, die Materialausbeute war nahezu quantitativ. Die kleinen unvermeidlichen Chromverluste wurden durch Zusatz von etwas Chromoxyd ausgeglichen.

Bei der Elektrolyse reichert sich Säure im Anolyten an, während der Katholyt säureärmer wird. Dreiwertige Chromverbindungen werden dabei anodisch zu solchen des sechswertigen Chroms aufoxydiert.

Die an der Anode regenerierte Lösung wird neuerdings für Oxydationsprozesse benützt und nach ihrer Erschöpfung in die Kathodenräume der Zellen zurückgeführt, deren Inhalt nunmehr zur Beschickung der Anodenräume verwendet wird.

Bei Aufnahme der Elektrolyse ist der Katholyt demnach säurereicher als der Anolyt; doch gleicht sich dieser Unterschied im Verlaufe der Elektrolyse aus.

Der Elektrolyt kann auch in kontinuierlichem Strome erst durch den Kathoden-, dann durch den Anodenraum geführt werden. Etwa noch vorhandene unverbrauchte Chromsäure wird dabei im Kathodenraume zu Verbindungen des dreiwertigen Chroms reduziert, ehe sie in den Anodenraum gelangt.

Rationeller ist es, die Elektrolyse in kontinuierlichem Strome in Zellen ohne Diaphragma nach einem Verfahren durchzuführen, das vom *Verein für chemische und metallurgische Produktion in Aussig* angegeben worden ist[2].

Nach diesem Verfahren wird die Chromlauge nur durch die Anodenräume geführt. Der spezifisch leichtere Katholyt schichtet sich dar-

---

[1] cf. REGELSBERGER: Z. f. Elektrochem. **6**, 308 (1899); LE BLANC, ib. **7**, 292 (1900); MÜLLER u. SOLLER, ib. **11**, 863 (1905).

[2] Ö. Pat. 34 562 (1908); cf. auch LE BLANC: D. R. P. 182 287 (1905).

über in einem durch Zwischenwände abgegrenzten Raume in einer stagnierenden Schicht.

Die Zelle wird dazu durch zwei Scheidewände aus Glas, Steinzeug oder dergleichen, die nicht ganz bis an den Boden des Zellengefäßes reichen, in drei Räume geteilt, deren mittlerer zur Aufnahme der Kathoden dient, während die Anoden in den Außenräumen angeordnet sind. Die Chromlauge wird in eine der beiden Außenkammern eingeführt und fließt durch die unter den Scheidewänden offen bleibenden Spalte in die andere Außenkammer, aus welcher man sie abzieht. Dadurch, daß man die Lösung unterhalb des Kathodenraumes in horizontaler Richtung durchführt, schützt man die in ihr noch vorhandenen Chromsäurereste.

b) Herstellung von Permanganat.

Aus Pyrolusit (MnO_2-Erz) wird Permanganat in zwei Operationsstufen dargestellt. In der ersten wird das Mineral mit Kalilauge unter Bildung von Manganat nach

$$MnO_2 + 2\,KOH + O \rightarrow K_2MnO_4 + H_2O$$

aufgeschlossen, dann wird das gebildete Kaliummanganat zu Permanganat mittels Luftsauerstoff, Ozon, Chlor oder auf elektrolytischem Wege oxydiert. Die Oxydation durch Luftsauerstoff wird durch die Gegenwart von Pottasche beschleunigt. Sie verläuft nach der Brutto-Gleichung:

$$3\,K_2MnO_4 + 2\,CO_2 \rightarrow 2\,KMnO_4 + MnO_2 + 2\,K_2CO_3,$$

also unter Rückbildung von MnO_2 und Überführung des Ätzkalis in weniger wertvolle Pottasche.

Bei der Oxydation mittels Chlor:

$$2\,K_2MnO_4 + Cl \rightarrow 2\,KMnO_4 + 2\,KCl$$

wird aus aufgewendetem Ätzkali Chlorkalium gebildet.

Die Oxydation mittels Ozon:

$$2\,K_2MnO_4 + O_3 \rightarrow 2\,KMnO_4 + K_2O + O$$

erfolgt glatt und ohne Bildung wertloserer Produkte; doch erweist sich die Herstellung des Ozons als zu kostspielig.

Die elektrolytische Oxydation, die nach der Bruttogleichung:

$$K_2MnO_4 + H_2O + \frac{1\ \text{Faraday}}{\%\ \text{Stromausbeute}} \rightarrow KMnO_4 + KOH + H$$

vor sich geht, ist mit einer Rückbildung wieder verwendbaren Kaliumhydroxydes verbunden und erweist sich als die wirtschaftlichste.

Sie ist zuerst 1884 von der Chemischen Fabrik Schering[1], dann vor mehr denn 50 Jahren nach einer vom *Aussiger Verein* durchgebildeten Arbeitsweise im Salzbergwerk *Neu-Staßfurt*[2] aufgenommen und seither von mehreren Seiten angewendet und verbessert worden. Damals setzte man festes Manganat dem Elektrolyten im Anodenraum sukzessive zu, um denselben soweit anzureichern, daß das in stark alkalischem Mittel schwerlösliche Permanganat auskristallisierte.

Als Ausgangsmaterial dient Braunstein,- bzw. Pyrolusit verschiedener Herkunft mit MnO_2-Gehalten von 60 bis 80%, neben 1 bis 10% SiO_2, 0,5 bis 2,5% Al_2O_3 und etwas Eisenoxyd. Besonders gute Sorten werden von Java bezogen, mindere aus Ungarn und Rußland.

Das angelieferte Erz wird, wenn erforderlich, zunächst getrocknet, dann so fein gepulvert, daß es durch ein 10.000-Maschen-Sieb geht, ohne mehr als etwa 2% Rückstand zu hinterlassen, mit konzentrierter Kalilauge verrührt und in der Hitze aufgeschlossen.

Die eigenartigen Vorgänge, die bei dieser Manganatbildung ohne Zufuhr ausgesprochener Oxydationsmittel vor sich gehen, sind noch nicht vollkommen aufgeklärt. Immerhin haben Untersuchungen von ASKENASY und KLONOWSKY[3], dann von anderen[4] dargetan, daß der Wasserdampf und die hergestellte Temperatur eine ausschlaggebende Rolle spielen. Oberhalb 350° C wird schon gebildetes Kaliummanganat nach:

$$2\ K_2MnO_4 + 2\ H_2O \rightarrow 4\ KOH + Mn_2O_3 + 3\ O$$

zum Teil zerstört, die Schmelze sintert und dies hemmt den weiteren Fortschritt der Reaktion.

Ein zu geringer Wasserdampfgehalt der Atmosphäre bringt die Manganatbildung zum Stillstand, sie wird, im Gegenteil, bei richtiger Bemessung befördert, während ein zu hoher Wasserdampfgehalt abermals eine teilweise Zersetzung zu Manganit oder Manganit-Manganat herbeiführt.

Der Zusammensetzung nach hat sich das Mengenverhältnis 1 Mol MnO_2 : 2,5 Mol KOH als das beste erwiesen, wobei KOH meist in Form 50%iger Lauge zugesetzt wird. Größerer KOH-Überschuß führt zu Verlusten durch Bildung von Manganit-Manganaten.

Erhitzt man das Reaktionsgemisch von außen in feststehenden oder selbst in Drehöfen, so sind Schlacken- und Krustenbildungen nicht zu vermeiden. Es ist meist nötig, das Material erst einer Vor-

[1] D. R. P. 28782.
[2] D. R. P. 101710.
[3] Z. Elektrochem. 3, 104, 5, 170.
[4] SACKUR: Ber. 43, 381, 448 (1911); cf. auch SCHLESINGER u. Mitarbeiter: Ind. Eng. Chem. 1919, 317. ib. 1923, 53.

schmelze zu unterziehen, dann bei 200 bis 250° zu trocknen, abermals fein zu mahlen und nachzuoxydieren.

Vorteilhafter ist es, wenigstens im Anfang, innen geheizte Drehrohröfen zu verwenden. Diese Arbeitsweise ist wohl in der Chemischen Fabrik in Bitterfeld am besten ausgebildet worden.

Im älteren Betriebsgebäude, das einer Monatsproduktion von 200 t dient, wird in Bitterfeld das feingemahlene Erz mit KOH im angegebenen Verhältnis gemengt, dann nacheinander durch vier Drehrohröfen von 2 m Durchmesser und 6 m Länge geführt, die eine Drehung in der Minute ausführen. Die zwei ersten dieser Öfen haben Innen-, die zwei letzten Außenfeuerung.

In den ersten Ofen wird das MnO_2-Kalilauge-Gemisch in die oxydierende Flamme eingeblasen, die durch Wasserstoff von 0,5 atü und Luft von 4 atü unterhalten wird. Daneben wird die erfahrungsgemäß richtige Menge Wasser durch Düsen eingespritzt. Die Temperatur beim Eintritt ist ungefähr 250°, bei der Austragsöffnung 350°. Durch diese fällt das Gut in eine Kugelmühle, aus der es in fein gemahlenem Zustande in das zweite Rohr befördert wird, das ebenso wie die folgenden zwei Rohre auf ungefähr 250° gehalten wird.

Die Gase gelangen erst in einen Zyklon, in welchem sich ein großer Teil des Flugstaubes absetzt, dann werden sie mit Wasser gewaschen. Die dabei erhaltenen Waschwässer dienen später zum Ausziehen der Schmelze.

Bei dieser Behandlungsweise erzielt man Umsätze von 87 bis 93%. Nicht jedes Erz läßt sich aber leicht auf diesem Wege behandeln. Manganärmere, kieselsäurereichere Erze werden vor der Schmelze in Autoklaven bei 8 bis 10 atü und 180 bis 200° etwa vier Stunden vorbehandelt.

Das aus dem vierten, dem letzten Drehrohrofen, kommende Gut wird abermals fein gemahlen, dann in Rührbottichen ohne äußere Wärmezufuhr ausgezogen. Man erhält eine grünliche Lösung mit 200 bis 225 g Manganat im Liter, welche noch Ungelöstes in Suspension enthält. Sie wird, ohne vorher geklärt zu werden, der Elektrolyse zugeführt.

1939 wurde an den Bau einer neuen Anlage für eine Monatsproduktion von 300 bis 400 t geschritten. Auf Grund der im Laufe der Jahre gewonnenen Erfahrungen wurde in dieser, an Stelle der vier kleineren 6 m langen Drehrohröfen, ein einziger 20 m langer, von 2,3 m Durchmesser, installiert. Aus Kesselblech hergestellt, wird er an seiner inneren Oberfläche bloß durch die Schmelzschicht geschützt. Die Temperatur des innengeheizten Ofens ist 300 bis 400° am Eingangs-, 180 bis 200° am Ausgangsende. Bei bloß einmaligem

Durchgange durch diesen Ofen werden 90 bis 95% des aufgegebenen Mangandioxyds in Manganat umgewandelt, ohne daß eine Zwischenmahlung erforderlich wäre.

Aus dem Ofen gelangt die Schmelze unmittelbar in einen Drehrohr-Auflöser, in dem sie durch ein Gemisch von alkalischen Waschwässern und Mutterlaugen aus früheren Operationen ausgelaugt wird.

α) Die Elektrolyse. In den ersten Elektrolyseuren von Schering und *Neu-Staßfurt* wurden die Kathoden in porösen Diaphragmazylindern angeordnet. Gegenwärtig werden die Zellen nach einer Konstruktion von Schuetz ohne Diaphragma gebaut. Sie werden aus Eisenblech hergestellt, das durch die Lauge passiviert wird, und weisen kreisförmigen Querschnitt auf. In ihrem Unterteil sind sie mit einem Rührer ausgestattet, der durch eine zentral angeordnete, von oben herabreichende Welle angetrieben wird, um die trübe Lösung periodisch aufzurühren.

Über dem Rührwerk wird ein zylindrischer Raum freigehalten. Die Elektroden sind konzentrisch in regelmäßigen Abständen im ringförmigen Raum zwischen diesem freien Innenraum und der Außenwand verteilt. Unten läuft die Zelle meist in einen Konus aus.

Die Zellen wurden ursprünglich für eine Stromaufnahme von etwa 500 A, dann von 1200 bis 1500 A gebaut. Der ältere Teil der Bitterfeld-Anlage verwendet noch 1400 A-Zellen. Sie sind 0,75 m hoch und haben 1,75 m Durchmesser. In ihrer Mitte wird ein Raum von 0,5 m Durchmesser freigehalten, durch welchen die Antriebswelle des Rührers geführt ist, der alle halben Stunden durch einige Minuten in Bewegung gehalten wird.

Zwischen der Außenwand und dem freigehaltenen Innenraum hängen die stabförmigen 8 mm starken eisernen Kathoden von sechs konzentrisch in etwa 12 cm Abstand voneinander angeordneten Ringen in gegenseitigen Abständen von 18 cm herab und werden von, gleichfalls konzentrisch angeordneten, zylindrischen Nickelblech-Anoden eingefaßt (s. Abb. 40). Die Kathoden sind mit blauer Cap-Asbest-Schnur umwickelt, die Abstände von Kathode zu Anode betragen rund 6 cm. Die Anoden weisen eine Gesamtoberfläche von rund 25 qm auf. Die anodische Stromdichte erreicht etwa 60 A/qm, die kathodische rund 700 A/qm.

Während des Betriebes erwärmt sich die Badlösung auf 60 bis 70°, die Klemmenspannung beträgt 2,6 bis 3 V, die Stromausbeute nur etwa 50%, die Materialausbeute 90 bis 92%.

Die Oxydation wird partienweise in Betriebsperioden von etwa 48 Stunden vorgenommen. Dazu werden die Zellen jedesmal mit frischer Lösung beschickt, die 200 bis 225 g Manganat/l enthält und so lange betrieben, bis ihr Gehalt auf 20 bis 25 g Manganat/l gesunken ist, was durch Titration einer mit Schwefelsäure angesäuerten Probe mittels Oxalsäure und Rücktitration mittels Bichromatlösung kontrolliert wird.

Die neueren Zellen der Anlage in Bitterfeld sind innen gummiert, sie haben rechteckigen Querschnitt, sind für die Stromaufnahme von 10.000 A bestimmt, 3,2 m lang, 1,25 m breit, 2 m tief und gehen unten in einen Spitzbottich von 1,35 m Tiefe über. Das Verhältnis Lösungsvolumen : Ampere-Kapazität ist also ungefähr dasselbe wie in den älteren Rundzellen.

Abb. 40. Permanganat-Zelle.

Als Anoden dienen 20 flache rechteckige vernickelte Stahlbleche, welche in Querrichtung der Zelle angeordnet sind und rund 66 qm wirksamer Gesamtfläche haben. Die Elektroden werden in jeder Zelle derartig in vier Gruppen verteilt, daß je fünf Anoden vier Reihen von Kathodenstäben einfassen (s. Abb. 40). Zwischen diesen vier Elektrodenaggregaten werden drei, rund 35 cm breite, taschenförmige Kühlzellen eingehängt, durch welche Wasser geführt wird.

Die Kathodenstäbe sind in Polyvinylgewebe eingehüllt und werden wieder mit etwa zehnfach höherer Stromdichte belastet als die Anoden, um die Reduktion schon oxydierten Produktes zu erschweren. Die Anodenstromdichte wird aber höher gehalten als in den älteren Zellen, nämlich auf 150 A/qm.

In den neueren Zellen wird kein Rührwerk mehr eingebaut, sondern es wird in ihnen eine Zirkulation durch Thermosyphonwirkung unterhalten. Dazu wird die Lösung ungefähr im Niveau, in welchem der kastenförmige Teil in einen Spitzbottich übergeht, durch vier Heizschlangen mittels Dampf geheizt, während in den Kühltaschen oben eine Temperatur von 20 bis 25° hergestellt wird. Die Badlösung selbst wird dadurch auf eine mittlere Temperatur von 30 bis 40° gehalten.

Von den Heizschlangen steigt der warme Elektrolyt, den Elektrodenflächen entlang, hoch und sinkt an den Kühltaschen in den Zwischenräumen zwischen den Elektroden-Aggregaten wieder herab. Durch die aufsteigenden wärmeren Lösungsanteile werden die Elektrodenflächen blank gehalten, es bildet sich an ihnen kein Kristallbelag, wie er in den älteren Zellen auftrat und dem dürfte es zuzuschreiben sein, daß die Stromausbeute auf 70% erhöht, die Betriebsspannung auf 2,3 bis 2,5 V ermäßigt werden konnte.

Im Maße, in welchem der Elektrolyt an Manganat verarmt, wird ihm etwas festes Manganat aus den weiter unten angeführten Verdampfern gelegentlich zugesetzt. 90 bis 95% des Manganats werden in den Elektrolyseuren in Permanganat übergeführt.

β) Die Kristallisation. Wenn der Umsatz soweit fortgeschritten ist, wird der Bäderinhalt in tiefer gelegene Kristallisierpfannen mit äußerer Wasserkühlung abgelassen. Bei Abkühlung auf 10 bis 15° scheiden sich Kristalle aus, die in Vakuumfiltern abgenutscht werden. Der größte Teil des feinen Schlamms bleibt in Schwebe. Die abgesetzten Kristalle werden in heißer Mutterlauge von früheren Operationen gelöst und in Spitzbottiche geführt, in denen sich Schlamm im Laufe von 24 Stunden absetzt. Die geklärte Lösung wird durch Filterpressen geleitet, von da in Kristallisiergefäße. Zurück bleibt eine Mutterlauge mit 15 bis 20 g $KMnO_4$/l und 190 bis 210 KOH/l.

Die Kristalle werden abermals bei 80 bis 85° in Mutterlauge in Lösung gebracht, aus der sich bei Abkühlung auf 5° grobe Kristalle abscheiden, die, gewaschen und in erwärmter Luft getrocknet, einen Reinheitsgrad von 99,2 bis 99,3%, nach nochmaliger Kristallisation von 99,5 bis 99,6% aufweisen.

Will man nadelförmige Kristalle erhalten, so werden schmale taschenförmige Kühlzellen, an die sie anwachsen, in die Kristallisationsgefäße eingehängt.

Der abgesetzte Schlamm wird in Filterpressen abgetrennt, gewaschen und geht dann auf die Halde.

Die Mutterlaugen werden in Verdampfern auf 650 g KOH/l Gehalt gebracht, gekühlt, zur Abtrennung der dabei ausgefallenen Kristalle (die den elektrolytischen Zellen wieder aufgegeben werden), zentrifugiert, weiter auf 750 g KOH/l eingeengt und entweder in den Prozeß zurückgeführt oder nach Behandlung mit etwas Kaliumformiat auf K_2CO_3 verarbeitet.

Für die Herstellung von 100 kg $KMnO_4$ werden in der neueren Anlage aufgewendet:

60 bis 65 kg MnO_2,
40 bis 42 kg KOH,
1,2 bis 1,4 kg Dampf,
zirka 70 kWh (gleichstromseitig),
40 bis 50 kg Kohle von 7200 Kal,
20 bis 25 cbm Kühlwasser.

c) *Herstellung von Mangansuperoxyd.*

In ihren Anfängen stieß man bei der Zinksulfat-Elektrolyse auf erhebliche Schwierigkeiten, ein Anodenmaterial zu finden, mit welchem sich diese Elektrolyse störungsfrei durchführen ließ. Blei stand damals nicht in dem erforderlichen hohen Reinheitsgrad zur Verfügung und man sah sich veranlaßt, nach anderen Anodenmaterialien Ausschau zu halten.

Als solches schlug Ferchland[1] Bleisuperoxyd vor, das er bei der Elektrolyse neutraler Bleinitratlösung anodisch in glatter, dichter und harter Form niederzuschlagen wußte, in welcher es chemischen Angriffen gut widersteht. Derart hergestellte stabförmige Elektroden befriedigten zwar in chemischer Hinsicht, sie waren aber so spröde und brüchig, daß sie den mechanischen Ansprüchen, die man an sie stellt, nicht genügten.

Siemens & Halske versuchten bald darauf für den gleichen Zweck Mangansuperoxyd-Elektroden auf elektrolytischem Wege herzustellen. Es zeigte sich aber, daß die Bildung kompakter, wohlgeformter Stücke durch die Mitabscheidung von Hydraten des dreiwertigen Mangans so sehr erschwert wurde, daß die Firma es vorzog, ihre Mangansuperoxyd-Elektroden auf chemischem Wege durch Erhitzung von Mangannitrat in Formen herzustellen.

Die bedeutende Ausdehnung, welche die Fabrikation von Trockenbatterien gewann, lenkte später das Interesse abermals auf die elektrolytische Herstellung von Mangansuperoxyd, um auf diesem Wege ein reineres Produkt zum Ersatz natürlichen Braunsteins zu bereiten.

[1] D. R. P. 140317 (1902), Zusatz 206329 (Addition basischer Bleisalze oder von Bleikarbonat zum Neutralhalten der Lösung).

Einer der ersten Vorschläge rührt von der *Burgess Battery Co.*[1] her, welche Mangansuperoxyd durch Elektrolyse heißer Mangansulfatlösungen unter Zusatz von Magnesiumsulfat herstellte. Verwendet wurden dabei Lösungen von 100 g $MnSO_4$/l mit Zusatz von 0,1 g $MgSO_4$/l.

Nichols hat dann ein Verfahren beschrieben[2], Mangansuperoxyd durch Elektrolyse schwefelsaurer Mangansulfatlösungen herzustellen, welches die Grundlage der heutigen Arbeitsweise darstellt.

Die Mangansulfatlösung wurde durch Auslaugen von Manganerz mittels Schwefelsäure, bzw. mittels schwefelsauren erschöpften Elektrolyten einer vorangegangenen Operation gewonnen. Als Ausgangsmaterial diente Rodochrosit ($MnCO_3$). Aus der Rohlösung wurde Eisen vor der Elektrolyse ausgefällt.

Der reine Elektrolyt enthielt 100 g $MnSO_4$/l und 35,5 g freier H_2SO_4/l. Die Elektrolyse wurde bei 90° C mit Stromdichten von 0,6 bis 1 A/qdm so lange durchgeführt, bis der Gehalt an Mangansalz auf die Hälfte gesunken, der Gehalt an freier Säure auf das Doppelte gestiegen war, worauf der Elektrolyt zum Auslaugen neuer Erzpartien verwendet wurde, bis er seine ursprüngliche Zusammensetzung wieder aufwies.

Als Kathode diente Graphit, als Anode Hartblei mit mindestens 5% Sb. Unter diesen Arbeitsbedingungen stellten sich bei 25 mm Elektrodenabstand Klemmenspannungen von 2,5 V her. Die Stromausbeute hielt sich um 75%. Je Kilogramm MnO_2 wurden 1,75 kWh aufgewendet.

Die Verwendung von Hartbleianoden hatte die unliebsame Folge, ein Anodenprodukt zu liefern, das vom Fremdmetall schwer zu befreien war und deshalb zur Verwendung in Trockenbatterien ungeeignet erschien.

Marx setzte später die Versuche im *Bureau of Mines* (U. S. A.) fort[3], benützte aber dabei Platinanoden, mit denen er ein viel reineres Produkt herstellte, welches 92 bis 94% des Mangans in Form von MnO_2 enthielt. Er arbeitete bei 80° C mit Stromdichten von 0,5 bis 1 A/qdm, Klemmenspannungen von 3 V und erzielte Stromausbeuten von 65 bis 70%.

Zur technischen Darstellung, welche seit einiger Zeit aufgenommen worden ist, verwendet man Anoden aus Kohle, bzw. aus Elektrographit und erhält ein Produkt, welches sich bei seiner Verwendung als Depolarisator in Trockenbatterien gut bewährt hat.

---

[1] U. S. A. Pat. 1874 827 (1931).
[2] Trans. Electrochem. Soc. **62**, 393 (1931).
[3] U. S. Bureau Min. Inform. Circ. 7464 (1948).

Allerdings sinkt die Stromausbeute bei der Herstellung von Mangansuperoxyd mit diesen Anoden auf etwa 55%, auch werden dieselben mit der Zeit aufgebraucht und sind periodisch durch neue zu ersetzen.

Von SCHRIER und HOFFMANN[1] ist neuerdings eine Anlage beschrieben worden, in welcher etwa 20%iges Manganerz reduzierend geröstet, gepulvert und mit verarmtem Elektrolyt (75 g H_2SO_4/l) ausgelaugt wird, darauf mittels Bariumsulfid, dann mit gebranntem Kalk unter Luftdurchblasen gereinigt wird.

Die 33 Zellen messen 5 × 9 Fuß (rund 1,5 × 2,7 m) bei 4,5 Fuß (rund 1,4 m) Höhe und nehmen 600 Graphit-Stab-Anoden in 30 Reihen zu 20 auf, die zusammen eine Anodenoberfläche von 1000 Quadratfuß (rund 96 qm) darbieten, die Kathodenoberfläche mißt 600 Quadratfuß (rund 58 qm). Die Zellen werden mit 7000 bis 9000 A betrieben. Die Elektrolyse wird bei 90 bis 94° C mit 2,2 bis 2,4 V Klemmenspannung ausgeführt, sie liefert 10 tato. Je Kilogramm Anodengewicht können bis zu 36 kg Mangansuperoxyd niedergeschlagen werden.

Im Verlaufe der Elektrolyse vergrößert sich der Durchmesser der Anoden durch die sich ansetzenden Superoxydschichten ungefähr bis auf das Zweieinhalbfache. Die Anodenstromdichte, welche anfangs nahezu 1 A/qdm beträgt, sinkt im selben Maße.

Die Kathodenstromdichte bleibt hingegen unverändert und beträgt rund 1,5 A/qdm.

Die Graphitanoden halten rund einen Monat und müssen dann ausgewechselt werden.

Am Ende einer Betriebsperiode werden die Anoden aus dem Bade gehoben und gebrochen. Das Superoxyd wird von den Graphitresten getrennt, dann gewaschen und getrocknet.

Je Kilogramm Mangansuperoxyd werden 2,2 kWh aufgewendet.

Die elektrolytische Herstellung von Metalloxyden, welche vom betreffenden Metall ausgeht, das anodisch in Lösung gebracht wird, nämlich die Darstellung von:

Kupferoxydul, Bleifarben, Quecksilberoxyd

fällt in das Gebiet der Elektrometallurgie wässeriger Lösungen und ist vom Verfasser in der Publikation beschrieben worden, welche dieses Gebiet behandelt[2].

d) *Ferrizyankalium.*

Die lange hindurch mittels eingeleiteten Chlors durchgeführte Oxydation von Ferro- zu Ferrizyankalium nach der Brutto-Gleichung:

[1] Chem. Eng. New-York, Januarheft 1954, S. 152 bis 155. Daselbst auch Abbildungen.

[2] BILLITER: Technische Elektrochemie, Halle 1952, S. 288 bis 292.

$$2\ K_4Fe\ (CN)_6 + Cl_2 \rightarrow 2\ K_3Fe\ (CN)_6 + 2\ KCl$$

liefert ein Produkt, das schwer vollständig vom gleichzeitig gebildeten Kaliumchlorid zu trennen ist.

Führt man hingegen die Oxydation auf elektrolytischem Wege in Zellen aus, die mit Diaphragmen in eine Anoden- und eine Kathodenkammer geteilt sind, so bildet sich nach der Brutto-Gleichung:

$$2\ K_4Fe\ (CN)_6 + O + H_2O \rightarrow 2\ K_3Fe\ (CN)_6 + 2\ KOH$$

Kalilauge in der abgeteilten Kathodenkammer, während das Oxydationsprodukt aus der Anodenkammer rein zu gewinnen ist. Ansehnliche Mengen von Ferrizyankalium werden auf diese Weise hergestellt.

Die Elektrolyse verläuft sehr glatt und liefert gute Stromausbeuten, sie wird entweder in Zellen vorgenommen, deren Kathodenräume in alkalibeständigen Diaphragmen eingeschlossen sind[1], oder nach PAWECK und HIRSCH[2] auch ohne Diaphragmen, wenn man die Kathoden einhüllt, sie etwa mit Asbestschnur dicht umwickelt.

Verwendet werden Eisenkathoden und Anoden aus Graphit[3] eventuell Nickel oder selbst Kupfer.

Man geht von Lösungen aus, die an Ferrozyankalium gesättigt sind und setzt die Elektrolyse mit Stromdichten von 300 bis 400 A bei etwa 4 V Spannung solange fort, bis der Anolyt an Ferrizyankalium nahezu gesättigt ist. Dann wird er abgelassen und scheidet beim Abkühlen von 45 bis 50° auf Raumtemperatur Ferrizyankalium in Kristallen aus.

Die Mutterlauge kann, mit Ferrozyankalium nachgesättigt, in die Zellen zurückgeleitet werden.

Eine zu große Anreicherung des Anolyten an Ätzalkali ist zu vermeiden, weil sich Ferrizyankalium in stark alkalischer Lösung zersetzt. Dies kommt besonders beim Arbeiten mit eingehüllten Kathoden ohne eigentliches Diaphragma in Betracht. Man kann dem begegnen, indem man die Nachsättigung der Mutterlauge von der Ferrisalz-Kristallisation unter Einleiten von Kohlensäure mittels Kalium-Kalzium-Ferrocyanid vornimmt. Dann wird nach:

$$CaK_2Fe\ (CN)_6 + 2\ KOH + CO_2 \rightarrow K_4Fe\ (CN)_6 + CaCO_3 + H_2O$$

Ätzkali gebunden, während sich Kalziumkarbonat abscheidet. Nach dem Absetzen des letzteren kann die geklärte Lösung in die Zellen zurückgeführt werden.

---

[1] HAJEK: Z. anorg. Chem. **39**, 240 (1904); LEPSIUS: Ber. **42**, 2895; GRUBE: Z. Elektrochem. **20**, 334 (1914).

[2] Z. Elektrochem. **34**, 684 (1928).

[3] BROWN, HENKE u. MILLER: J. phys. Chem. **24**, 220 (1920).

Die Elektrolyse liefert Stromausbeuten von etwa 90%, der Energieverbrauch beträgt dann rund 0,4 kWh/1 kg Ferrizyankalium.

e) *Überschwefelsäure, Persulfate und Wasserstoffsuperoxyd.*

Die Überschwefelsäure ist 1878 von M. Berthelot als Anodenprodukt bei der Elektrolyse von Schwefelsäure entdeckt worden[1]. Richarz[2], dann besonders Elbs und Schönherr[3] ermittelten die Bedingungen, unter denen ihre Bildung begünstigt wird. Ihr chemisches Verhalten wurde von Baeyer und Villiger[4] untersucht. Fichter erhielt sie als erster auf rein chemischem Wege durch Oxydation mittels Fluor, später wurde sie auch von d'Ans und Friedrich[5] durch Einwirkung von Fluor- oder von Chlorsulfonsäure auf Wasserstoffsuperoxyd in reinem Zustande hergestellt. In diesem bildet sie weiße, wasseranziehende Kristalle, welche bei 65° unter Zersetzung schmelzen.

Die Überschwefelsäure kann als eine sich vom Wasserstoffsuperoxyd ableitende Disulfosäure oder auch als Polymerisationsprodukt aufgefaßt werden, bei welchem zwei HSO_4 zu einem $H_2S_2O_8$ zusammentreten:

$$
\begin{array}{ccccccccccc}
 & & O & & & & & & O & & \\
 & & \| & & & & & & \| & & \\
HO & - & S & - & O & - & O & - & S & - & OH \\
 & & \| & & & & & & \| & & \\
 & & O & & & & & & O & &
\end{array}
$$

Nach dieser Formel würde sie eine „echte", durch die Sauerstoffbrücke: — O — O — charakterisierte Perverbindung vorstellen.

Als „echte" Peroxyde bezeichnet man jetzt allgemein jene, welche aus neutraler, 30%iger Jodkaliumlösung schon in der Kälte Jod in Freiheit setzen, ohne Sauerstoff zu entwickeln, ein Kennzeichen, das von Riesenfeld und Reinhold[6] aufgefunden worden ist. Es ermöglicht, „echte" Peroxysalze von Wasserstoffsuperoxyd selbst und von seinen Additionsverbindungen zu unterscheiden, die unter diesen Bedingungen kein Jod freisetzen, sondern unter Sauerstoffentwicklung zersetzt werden.

---

[1] Compt. rend. **86**, 20, 71, 277 (1878); **90**, 269, 331 (1880); **112**, 1481 (1891).
[2] Wied. Ann. **24**, 183 (1885); **31**, 912 (1887).
[3] Z. Elektrochem. **1**, 419 (1895); **2**, 247 (1896).
[4] Ber. **34**, 853 (1901).
[5] Ber. **43**, 1880 (1910).
[6] Ber. **42**, 4377 (1909).

Um die Störung der Reaktion durch OH'-Ionen zu erschweren, empfahl LIEBHAFSKY[1], die Probelösungen durch zugesetztes Phosphat zu puffern.

Überschwefelsäure zerfällt schon beim Stehen durch Einwirkung von Schwefelsäure, zum Teil unter Bildung der, zuerst von H. CARO[2] erkannten und nach ihm benannten Sulfomonopersäure, der CAROschen Säure H_2SO_5:

$$\begin{matrix} O - HSO_3 \\ | \\ O - HSO_3 \end{matrix} + H_2O \rightleftharpoons \begin{matrix} O - HSO_3 \\ | \\ O - H \end{matrix} + H_2SO_4$$

Bei höherer Temperatur zerfällt Überschwefelsäure besonders leicht in Gegenwart von Schwefelsäure, wie ELBS beschrieben hat[3], in Wasserstoffsuperoxyd und Schwefelsäure. BAEYER und VILLIGER haben l. c. ermittelt, daß CAROsche Säure dabei als Zwischenprodukt auftritt.

Da Schwefelsäure, CAROsche Säure, Überschwefelsäure und Persulfate sowie Wasserstoffsuperoxyd sich bei ihrer Bildung und ihren Umwandlungen gegenseitig beeinflussen, ist es wichtig, daß jedes derselben charakteristische Reaktionen liefert, durch die es sich identifizieren und, unter gewissen Bedingungen, auch quantitativ bestimmen läßt. Dieselben sind in Tab. 19 zusammengestellt.

Tabelle 19.

Reagens	$KMnO_4$	30%ige KJ-lösung	$BaCl_2$	Anilin	Kaliumsalzlösung	Titanschwefelsäure
H_2O_2	wird entfärbt	O_2-Entwicklung				
H_2SO_4		O	u. l. $BaSO_4$			
H_2SO_5		J wird freigesetzt		Nitroso-, bzw. Nitro-Benzol kein brauner Niederschlag		keine Gelbfärbung
$H_2S_2O_8$			l. $Ba_2S_2O_8$	Emeraldin-Reaktion orange-brauner Niederschlag	schwer lösl. Salz	

[1] Z. anorg. Chem. **221**, 25 (1934).
[2] Z. angew. Chem. **11**, 845 (1898).
[3] Z. angew. Chem. **10**, 195 (1897).

Für Überschwefelsäure charakteristisch sind: die Löslichkeit seines Bariumsalzes, welche die Trennung von Schwefelsäure leicht gestaltet, die Eigenschaft, mit Anilin die Emeraldin-Reaktion und orangebraune Niederschläge zu liefern, ferner Farbreaktionen mit p-Phenylendiamin, p-Amidophenol, 2-4-Diaminophenol, α- und β-Naphthol zu geben, endlich ein verhältnismäßig schwer lösliches Kaliumsalz zu bilden.

Carosche Säure bildet mit Anilin, zum Unterschiede von allen anderen Oxydationsmitteln, sofort Nitrosobenzol und oxydiert es weiterhin zu Nitrobenzol, liefert mit Anilin aber keine braungelben Niederschläge. Von Wasserstoffsuperoxyd und Überschwefelsäure unterscheidet sie sich ferner dadurch, daß sie sofort Jod aus Jodkaliumlösung in Freiheit setzt. Hingegen entfärbt sie nicht Permanganatlösung und gibt mit Titansäure keine Gelbfärbung.

Wasserstoffsuperoxyd entfärbt Permanganatlösung und liefert die bekannten Farbreaktionen mit Titanschwefelsäure und mit Cerisalzen.

Besonderes Interesse gewann die Überschwefelsäure, als es G. Teichner, einem österreichischen Chemiker, gelang, im Jahre 1905 beim *Konsortium* für elektrochemische Industrie in Nürnberg ein Verfahren zur Wasserstoffsuperoxyd-Herstellung über Perschwefelsäure als elektrolytisch bereitetes Zwischenprodukt auszubilden und alle — damals erheblichen — Materialschwierigkeiten soweit zu überwinden, daß das Verfahren schon 1908 betriebsmäßig von den *Österreichischen Chemischen Werken* in Weißenstein (Kärnten) mit Erfolg ausgeübt werden konnte. Diese Fabrik, welche das Verfahren seither ununterbrochen benützt, ist der Ausgangspunkt der elektrolytischen Wasserstoffsuperoxyd-Herstellung gewesen, die sehr großen Umfang in zahlreichen Betriebsstätten in Frankreich, Deutschland, Ungarn, U.S.A., Japan usw. gewonnen hat.

Elbs und Schönherr haben hinwiederum beobachtet, daß sich manche Persulfate mit höherer Stromausbeute herstellen lassen als die freie Säure, und zwar ganz besonders das Ammonsalz, dann auch das Kalium-, überraschenderweise auch das Nickelsalz, in geringerem Grade das Natrium-, gar nicht das Magnesiumsalz.

Dies veranlaßte Pietzsch und Adolph, eine Abart der Herstellungsweise des Wasserstoffsuperoxyds durchzubilden, die von saurer Ammonsulfatlösung ausgeht, aus der gebildeten Ammonpersulfatlösung das schwerer lösliche Kaliumpersulfat ausfällt, um durch dessen Hydrolyse Wasserstoffsuperoxyd zu bereiten. Die direkte Hydrolyse der Ammoniumpersulfatlösung war damals noch nicht erfolgreich durchzuführen.

Letzteres gelang erst LÖWENSTEIN im Jahre 1924, der damit eine weitere Variante des Verfahrens ins Leben rief, welche von der Riedel-de Haën A. G. technisch ausgeführt wurde.

Alle drei Varianten werden industriell verwertet, daneben wird noch immer Wasserstoffsuperoxyd, wenn auch nur mehr in kleinem Umfange, auf rein chemischem Wege über Bariumsuperoxyd hergestellt, was aber weniger rationell ist und ein viel unreineres Produkt liefert.

Die Herstellung des Wasserstoffsuperoxydes aus den Elementen ist fortlaufend, sowohl auf thermischem Wege als unter Zuhilfenahme von Katalysatoren, der Autoxydation, der stillen elektrischen Entladung, ferner, wie schon S. 97 ausgeführt worden ist, kathodenseitig bei der Elektrolyse unter Druck oder mit Anwendung von Elektroden aus Aktivkohle versucht worden, ohne jedoch industrielle Anwendung gefunden zu haben.

Die Herstellung durch stille elektrische Entladung ist ebenfalls längere Zeit in einer Versuchsanlage erprobt worden und hat ein Produkt von besonders hohem Reinheitsgrade geliefert, das aber zur Zeit nur mit etwa zehnfach größerem Energieaufwand herzustellen ist.

In Erprobung stehen an mehreren Orten auch rein chemische Verfahren, Wasserstoffsuperoxyd durch abwechselnde Oxydation und Reduktion organischer Verbindungen, die als Überträger wirken, zu gewinnen. So z. B. nach einem Verfahren von PFLEIDERER und RIEDL[1] über Äthyl-Anthrachinon, in USA nach einer Arbeitsweise, welche von der Mathieson Chemical Co. geprüft wird, über p-Azotoluol[2]. Ob diese Herstellungsweisen sich neben der elektrolytischen behaupten oder dieselbe, die gegenwärtig allein in ganz großem Maßstabe ausgeübt wird, gar ersetzen können, läßt sich wohl noch nicht beurteilen.

α) Das Perschwefelsäure-Verfahren G. Teichners und der Österreichischen Chemischen Werke in Weißenstein. Durch die Untersuchungen ELBS und SCHÖNHERRS[3] war es bekannt geworden, daß die Bildung von Überschwefelsäure ein hohes Anodenpotential erfordert, das am besten an möglichst glatten Platinanoden herzustellen ist, ferner, daß die Stromausbeuten mit steigender Anoden-Stromdichte anwachsen und bei bestimmten Schwefelsäurekonzentrationen ein Maximum erreichen.

Die Schwefelsäurekonzentration, bei welcher die maximale Stromausbeute erzielt wird, ist aber, wie aus Tab. 20 ersichtlich,

---

[1] D. R. P. 671 318 (1941).

[2] Sogenannter P. A. T.-process, cf. auch MICHALEK u. SOULE: USA-Pat. 2 144 341, 2 178 640 (1939).

[3] l. c.

bei Anwendung verschiedener Anodenstromdichten jeweils verschieden. Bei höheren Stromdichten wird das Maximum in verdünnterer Säure erreicht als bei schwächeren Stromdichten, in allen Fällen aber bei Schwefelsäurekonzentrationen, die größer sind als diejenige, bei welcher Schwefelsäure ihr höchstes Leitvermögen aufweist (nämlich Säure vom spezifischen Gewicht 1,2207 bei 18°, s. Tab. 8, S. 25 und Abb. 6, S. 24).

Durch Wechselwirkung bereits gebildeter Überschwefelsäure mit Schwefelsäure tritt stets auch etwas CAROsche Säure im Elektrolyten auf, die bei Gegenwart von Schwefelsäure ihrerseits in Schwefelsäure und Wasserstoffsuperoxyd rückzerfällt. Letzteres wird dann anodisch zerstört. Da die Bildung der CAROschen Säure mit steigender Schwefelsäurekonzentration beschleunigt wird, ist die Abnahme der Stromausbeute nach Durchschreitung des Optimums durch weiter gesteigerte Schwefelsäurekonzentration einer beschleunigten Bildung der CAROschen Säure zur Last zu legen.

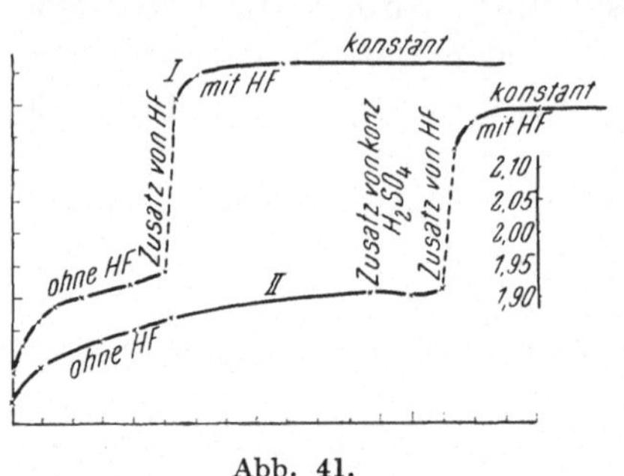

Abb. 41.

Mit Rücksicht darauf, daß sich auch beim Stehen Überschwefelsäure bei Gegenwart von Schwefelsäure in CAROsche Säure umsetzt, ist es wichtig, die Umwandlung von Überschwefelsäure in Wasserstoffsuperoxyd möglichst bald nach ihrer Bildung zu erzielen.

Wichtig ist es, daß sich das Anodenpotential und mit diesem die Stromausbeute, sowohl bei der Bildung von Überschwefelsäure wie von Persulfaten, durch gewisse, anscheinend indifferente Zusätze erhöhen läßt. So hat E. MÜLLER[1] gefunden, daß ein Zusatz von HF eine sprunghafte Steigerung der Spannung um mehr als ein Viertelvolt hervorruft, die mit nennenswerten Ausbeutesteigerungen (etwa von 50 auf 70%) verbunden ist (s. Abb. 41). Eine eindeutige Erklärung dieser Besonderheit steht noch aus.

Ähnliche Wirkungen üben Salzsäure (welche auch die Konzentration der CAROschen Säure herabdrückt)[2], Vanadinsalze, Rhodanwasserstoffsäure[3] usw. aus. Von dieser noch unaufgeklärten Besonderheit zieht die Technik Nutzen.

---

[1] Z. Elektrochem. **10**, 776 (1902); D. R. P. 155 805; s. auch D. R. P. 170 311 u. 172 508.

[2] MÜLLER u. SCHELLER: Z. anorg. Chem. **48**, 112 (1905).

[3] D. R. P. 205 067, 205 068 (1907) der Vereinigten Chemischen Werke AG. Charlottenburg. Darin werden auch Ferrozyankalium, Cyansäure, Cyanamid genannt. Verwendung findet vorwiegend Rhodanwasserstoffsäure.

Tabelle 20.

Spezifisches Gewicht	H_2SO_4 im Liter g	Anodische Stromdichte 0,05 A/qcm	0,5 A	1,0 A
		Stromausbeute an Überschwefelsäure in Prozent		
1,15	239	—	—	7,0
1,2	328	—	4,4	20,9
1,25	418	—	29,3	43,5
1,3	510	1,8	47,2	51,6
1,35	605	3,9	60,5	71,3
1,4	702	23,0	67,7	75,6
1,45	798	32,9	73,1	**78,4**
1,5	896	52,0	**74,5**	71,8
1,55	996	59,6	66,7	65,3
1,60	1096	**60,1**	63,8	50,8
1,65	1202	55,8	52,0	—
1,70	1312	40,0	—	—

Wie es allgemein bei der elektrolytischen Herstellung von Perverbindungen der Fall ist, sinken die Stromausbeuten mit steigender Temperatur. Diese ist deshalb entsprechend niedrig zu halten, was bei Anwendung hoher anodischer Stromdichten nur durch künstliche Kühlung zu erreichen ist.

Am stärksten beeinträchtigt wird die Stromausbeute aber durch Katalysatoren, welche die Zersetzung von Perverbindungen herbeiführen und die entweder schon im Ausgangsmaterial enthalten sein können oder aus den Gefäßwänden, den Elektroden usw. in den Elektrolyten gelangen. Besonders gefährliche Katalysatoren dieser Art sind: Arsen, Eisen, Mangan, feinverteiltes Platin.

Um diese fernzuhalten, ist die Schwefelsäure nicht nur vor Aufnahme der Elektrolyse, sondern auch fortlaufend nachzureinigen, ehe man sie wieder der Elektrolyse unterwirft.

Die Vorreinigung erfolgt durch Destillation in Quarzgeräten mit Bleikühlern; Arsen wird so auf kaum mehr nachweisbare Spuren, Eisen bis auf einen Gehalt von etwa 1 Milligramm im Liter entfernt.

Eine weitere Reinigung erfolgt dadurch, daß man die Säure an Kathoden vorbeileitet, ehe man sie in die Anodenräume führt.

Die Betriebssäure ist auch fortlaufend durch Destillation von Verunreinigungen zu befreien, die sich in ihr anhäufen, so daß man damit rechnet, daß ständig gewichtsmäßig rund ebensoviel Säure zu destillieren ist, als H_2O_2 erzeugt wird.

Die Elektrolyse wird in Säure vorgenommen, welche 500 g H_2SO_4/l enthält[1]. Sie wird durch Mischung reiner destillierter Säure mit destilliertem Wasser unter Zusatz von filtrierter Rückstandssäure (von der später folgenden Destillation) auf die gewünschte Konzentration gebracht und in Bleigefäßen gekühlt, ehe man sie in die Kathodenräume der Zellenbatterie einführt.

Da die Zellen mit zylindrischen Tondiaphragmen ausgerüstet sind, können sie nur in verhältnismäßig kleinen Ausmaßen hergestellt werden. Deshalb werden mehrere (in Weißenstein zehn) gleich gebaute Zellen in einer gemeinsamen Wanne angeordnet, welche die gekühlten Kathoden aufnimmt.

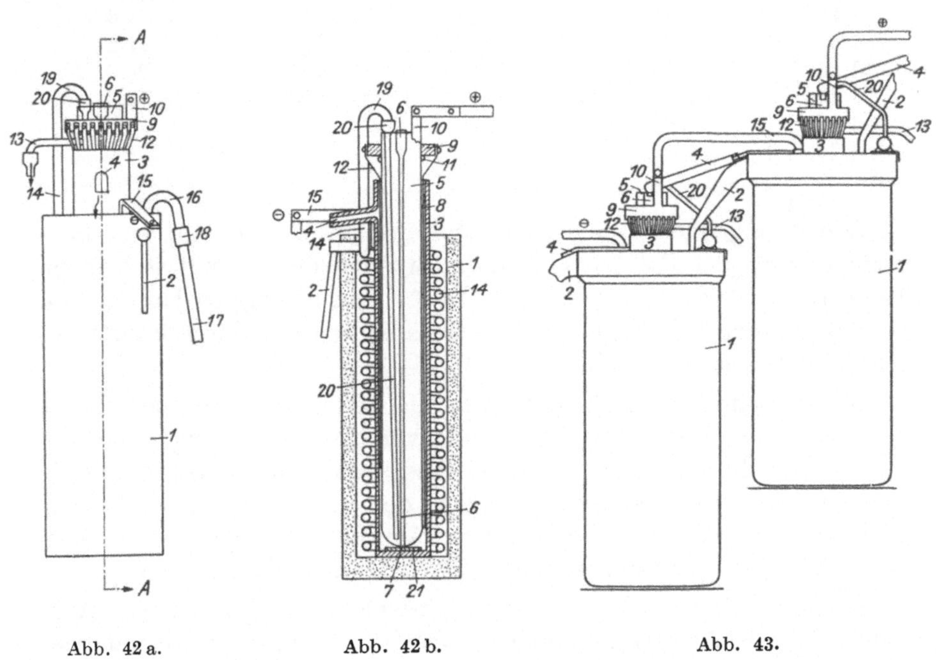

Abb. 42 a. Abb. 42 b. Abb. 43.

Weißensteiner Zelle.

Die Wannen können aus Steinzeug oder Porzellan hergestellt werden, die Kathoden aus wasserdurchflossenen Bleirohren. Für die Perschwefelsäure-Herstellung ist es sehr vorteilhaft, daß Blei weder Perschwefelsäure noch CAROsche Säure zersetzt, obgleich es einen Katalysator bei der H_2O_2-Zersetzung bildet. In Berührung mit Schwefelsäure überzieht es sich langsam mit Bleisulfat, von dem sich

[1] Diese Konzentration ist etwas geringer als die von ELBS u. SCHÖNHERR für maximal erzielbare Ausbeute angegebene. Möglicherweise verschiebt sich die Lage des Optimums mit zunehmendem Reinheitsgrade der Säure.

mechanisch etwas ablöst. Dieses Bleisulfat setzt sich aber als unschädlicher Schlamm in Sammelgefäßen usw. ab.

Als Anodenmaterial kommt ausschließlich Platin in möglichst glatter hochpolierter Form in Betracht. Platin-Iridium-Legierung scheint dem Platin gegenüber keine Vorteile zu bieten (s. hingegen S. 120).

Die Form der Zellen hat im Laufe der Zeit auf Grund der Erfahrung, daß umso bessere Resultate zu erzielen sind, je mehr man die Elektrolysedauer abkürzt, einige Änderungen erfahren. Das auf Grund dieser Erfahrung anzustrebende Ziel, eine Zelle zu bauen, in welcher man die größtmögliche Strommenge durch ein möglichst klein gehaltenes Elektrolytvolumen leiten kann, wurde konstruktiv durch die auf Abb. 42 bis 45 dargestellte Bauart[1] gelöst.

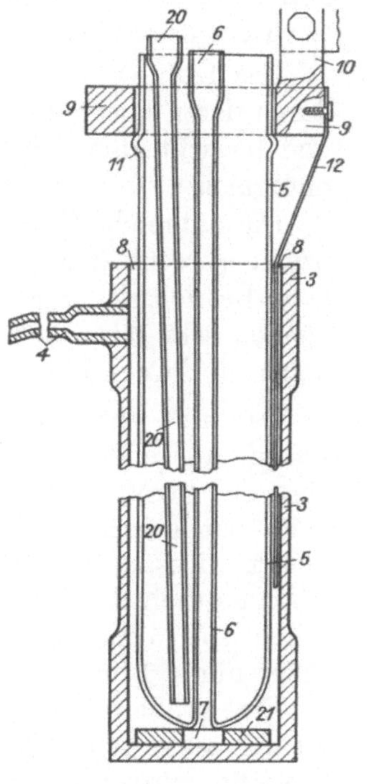

Abb. 44.
Anodenzelle.

Die Zellen, welche zylinderförmig gestaltet sind, werden entweder einzeln in gleichfalls zylinderförmige Außengefäße *1* oder zu mehreren in ein gemeinsames Außengefäß untergebracht, das dann auch rechteckig gestaltet sein kann.

Im einzelnen wird die Bauweise durch die Abb. 42a in Seitenansicht, 42b im Vertikalschnitt nach Linie *A—A* der Abb. 42a verdeutlicht. Abb. 43 zeigt an, wie die Zellen kaskadenförmig aufgestellt werden und wie die Flüssigkeiten von einer zur anderen Zelle geleitet werden. Abb. 44 führt einen Vertikalschnitt durch das Diaphragma und die darin untergebrachten Teile vor Augen.

Als Kathodenraum dient der zwischen dem Außengefäß *1* und dem darin eingesetzten keramischen Diaphragma *3* freibleibende Raum, in welchem die serpentinförmige, wasserdurchflossene Kathode *14* aus Bleirohr eingesetzt ist. Die Säure fließt durch *2*, wie aus Abb. 43 ersichtlich, von einer Zelle in die nächst tiefergelegene Zelle.

In jedes keramische Diaphragma *3* wird der auf Abb. 44 sichtbare Glaskörper *5* eingesetzt, durch dessen Mitte das Speiserohr für den Anolyten geführt ist, welcher bei *6* einfließt und durch *7* in den Anodenraum gelangt. Um die Kommunikation mit dem Anodenraum *8*

[1] D. R. P. 567542.

zu sichern, ruht der Glaskörper auf einer entsprechend ausgesparten Platte *21*.

Den Anodenraum bildet der ringförmige, etwa nur 3 Millimeter breite, zwischen Glaskörper *5* und Diaphragma *3* freibleibende Raum, Platin-Tantal-Anoden, die tief dort eintauchen, erhalten ihre Stromzuführung durch den ringförmigen Bleikörper *9*, der auf dem Kropf *11* aufruht und die Verbindung mit der Stromschiene *10* herstellt, *12* stellt die streifenförmigen Platinfolien dar. Der Anolyt hat höheres Niveau als der Katholyt und fließt durch einen Überlauf *4* in den Anodenraum der nächst tiefergelegenen Zelle, in die er wieder durch Zentralrohr *6*, *7* eingeführt wird.

Das Kühlwasser fließt durch die serpentinförmige Kathode, dann durch deren hochgeführtes Ende *19* bei *20* in das innere Glasgefäß *5* und bewirkt somit die Kühlung außerhalb und innerhalb des Diaphragmas.

Die sinnreiche Konstruktion dieser Zelle schützt alle empfindlichen, bzw. zerbrechlichen Teile gegen äußere Beschädigung. Dadurch wird hohe Betriebssicherheit gewährleistet. Die keramischen Diaphragmen können sehr dünn gehalten werden und verbrauchen selbst bei der hohen in Anwendung kommenden Stromdichte nur etwa 0,5 V.

Dadurch, daß der Anodenraum durch das Kühlgefäß *5* fast vollständig ausgefüllt ist, wird nicht nur gute Kühlwirkung erzielt, sondern das Stromvolumen gleichzeitig auf ein Minimum reduziert, die Zeitdauer, durch welche der Elektrolyt der Stromwirkung ausgesetzt bleibt, wirksam verkürzt. Je Ampere-Minute werden etwa 3,25 ccm Anolyt durch die Zellen geführt. Der Gesamtinhalt von 20 Anodenzellen von 5 cm Durchmesser und 50 cm Höhe beträgt in runder Ziffer nur 4 Liter.

Eine größere Zahl (in Weißenstein 26) Wannen werden kaskadenförmig aufgestellt. Schwefelsäure von 1,29 bis 1,30 spezifisches Gewicht wird in den gemeinsamen Kathodenraum der obersten Wanne eingeleitet und durchfließt der Reihe nach alle Kathodenräume. Sie wird dabei durch Stromwirkung (Abwanderung von SO_4'') verdünnt und von Schwermetallverbindungen gereinigt. Die aus der untersten Wanne gesammelte Säure wird in einen Verteiler geführt, aus dem sie den Anodenzellen der obersten Wanne mit einer Temperatur von etwa 15 bis 17° C zufließt, um nunmehr der Reihe nach durch alle kaskadenförmig aufgestellten Anodenzellen zu treten. Bei diesem Durchgang erwärmt sie sich um etwa 5° C, nimmt SO_4 aus den Kathodenräumen auf und reichert sich auf 26 bis 28% mit Perschwefelsäure an.

Die Stromzuführungen zu den Anoden werden vorzugsweise aus Tantal hergestellt, mit welchem die Platinanoden durch Punktschweißung verbunden werden. Anodisch geschaltet ist Tantal dank seiner (dem Aluminium analogen) Sperrwirkung dazu sehr geeignet[1]. Vom Tantal zu den Stromschienen, bzw. zu den Kathoden der benachbarten Zellen wird der elektrische Anschluß durch Bleileiter hergestellt, welche in der von Säuretropfen geschwängerten Atmosphäre allein standhalten. Die Verbreitung von Säurenebeln, welche durch den kathodisch entwickelten Wasserstoff erzeugt werden, kann allerdings durch Bedeckung der Kathodenräume und Absaugen des Gases eingeschränkt werden.

Durch Erhöhung der Stromkonzentration, bzw. Verkürzung der Elektrolysedauer auf etwa 20 Minuten und darunter hat sich die Stromausbeute dauernd auf 70% und etwas darüber steigern lassen. Da die Elektrolyse mit Spannungen von 5,0 bis 5,5 V durchgeführt wird, beträgt der Energieverbrauch je kg $H_2S_2O_8$ 2 bis 2,17 kWh.

Die Platinanoden werden aus Blechstreifen hergestellt, mit Stromdichten von 0,5 bis 1 A/qcm (5000 bis 10.000 A/qm) belastet und nehmen dementsprechend $^1/_6$ bis $^1/_3$ des Umfanges des ringförmigen Elektrolyseraums ein. Der Anodenverschleiß ist normal (s. S. 99), nämlich 1 bis 1,2 Milligramm Pt je durchgesandte Kiloamperestunde. Ein Teil des in Lösung gegangenen Edelmetalls (ca. 30%) läßt sich aus den Destillationsrückständen sammeln und zurückgewinnen, so daß der Platinverbrauch in runder Zahl etwa 0,01 g je 1 kg 100%ig gerechneten Wasserstoffsuperoxyds beträgt.

Für die Herstellung besonders reinen Wasserstoffsuperoxydes (z. B. für medizinische Zwecke) wird das Produkt der Elektrolyse nochmals destilliert oder einem elektrolytischen Reinigungsprozeß unterzogen[2]. Dazu werden Zellen benützt, deren Bauart der bereits beschriebenen bis auf die Ausmaße entspricht, nur daß jetzt die Anoden außen, die Kathoden in die engen ringförmigen Räume eingesetzt werden, durch welche man das zu reinigende Wasserstoffsuperoxyd leitet (Abb. 45). Als Anodenmaterial wird wieder Platin verwendet, die Kathoden werden aber aus Graphit oder aus nichtrostendem Stahl hergestellt. Die zu reinigende Lösung wird durch mehrere Zellen durchgeleitet, wobei die Spannung nach Maßgabe des zunehmenden Reinheitsgrades von Zelle zu Zelle steigt.

β) Die Herstellung von Persulfaten nach dem Verfahren Pietzsch und Adolph durch Elektrolyse von Sulfaten. Wie bereits S. 118 erwähnt worden ist, hatten schon ELBS und SCHÖNHERR (l. c.) festgestellt, daß sich die Elektrolyse gewisser Persulfate leichter gestaltet und

[1] D. R. P. 386 514.
[2] Österr. Pat. 123 168, 124 895.

daß sie höhere Stromausbeuten liefert als diejenige der freien Schwefelsäure.

Sonderbarerweise ist die Steigerung, welche die Stromausbeute beim Ersatz des Wasserstoffions durch andere Kationen erfährt, von Kation zu Kation verschieden, am größten beim Ersatz durch Ammonium- und Kalium-Ion, fast verschwindend klein beim Ersatz durch Natriumion. Eine Erklärung dafür steht noch aus.

Die Elektrolyse der Sulfate kann so geleitet werden, daß festes Persulfat in der Zelle ausfällt. Aus praktischen Gründen zieht man es

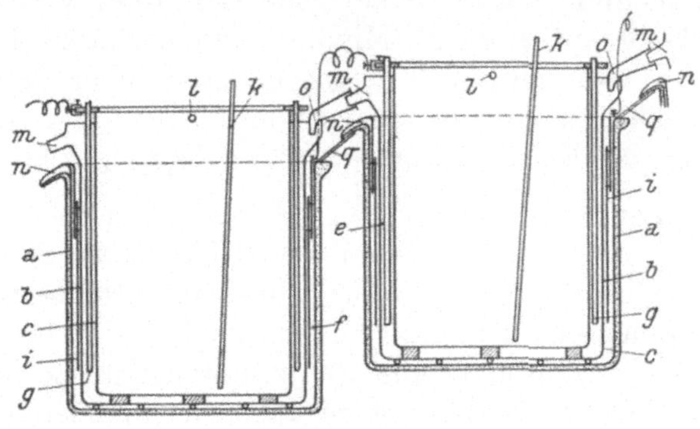

Abb. 45. Reinigungs-Zellen.

aber bei ihrer Darstellung vor, die Fällung außerhalb der Zelle vorzunehmen oder, nach LÖWENSTEIN, die Lösung ohne vorherige Fällung der Hydrolyse zu unterwerfen.

Da Ammonpersulfat viel größere Löslichkeit aufweist als Kaliumpersulfat, wird die Elektrolyse des Ammonsalzes derjenigen des Kaliumsalzes vorgezogen.

Die Verbesserung der Stromausbeuten bei fortschreitender Abstumpfung durch Ammonzusatz illustrierten ELBS und SCHÖNHERR durch folgende Versuchsreihe, die mit Platinanoden und einer Anodenstromdichte von 1 A/qcm ausgeführt wurde:

Tabelle 21.

Gramm H_2SO_4 im Liter: 494		Stromausbeute
davon an NH_4 gebunden	frei	
0	494	45,0%
83	411	62,0%
165	329	69,5%
247	247	75,1%
329	165	73,8%
ca. 400	83	85,0%

Wenn auch die hier wiedergegebenen Resultate den heutigen Betriebsverhältnissen zahlenmäßig nicht mehr entsprechen, weil die Stromausbeute bei der Schwefelsäure-Elektrolyse erheblich über 45% gesteigert worden ist, zeigen sie an, daß man bei der Elektrolyse des Ammonsalzes höhere Ausbeuten erzielen kann, als dies gegenwärtig noch bei jener der freien Säure (s. S. 125) möglich ist.

Ein günstiges Moment ist auch darin zu erblicken, daß die Stromausbeute in Sulfatlösung ständig mit ihrer Konzentration ansteigt, ohne, wie bei der Schwefelsäure, durch ein Maximum zu gehen und dann wieder abzufallen. Dies ermöglicht die Anwendung höchst konzentrierter Lösungen.

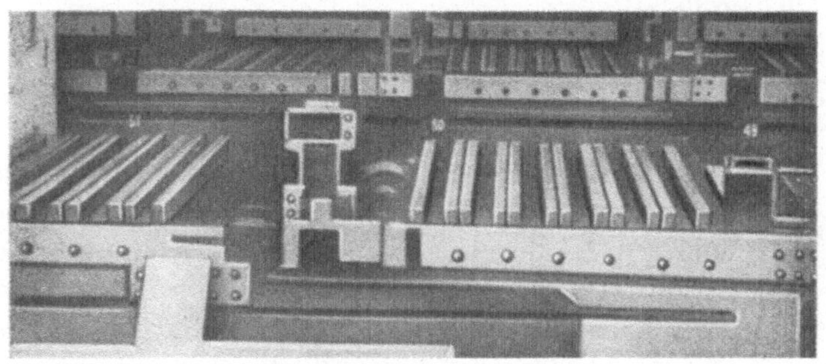

Abb. 46a. Persulfatzellen *Pietzsch* und *Adolph*.

Da die Hydrolyse von Ammonpersulfatlösungen auf Schwierigkeiten stieß, welche erst viel später überwunden werden konnten, wählten PIETZSCH und ADOLPH[1] den Umweg, aus der zunächst elektrolytisch bereiteten Ammonpersulfatlösung durch Umsatz mittels Kaliumbisulfat erst festes, viel schwerer lösliches Kaliumpersulfat herzustellen, dessen Hydrolyse nach Wiederauflösung und nach Säurezusatz viel leichter vor sich ging als die des Ammonsalzes.

Das Verfahren wurde zuerst in Höllriegelskreuth bei München 1910 in die Technik übersetzt, dann in einer Reihe anderer Anlagen in Deutschland, Italien, der Schweiz, in USA. (Buffalo Electrochemical Co.) ausgeübt.

Während des zweiten Weltkrieges ist eine gigantische Anlage nach diesem Verfahren in Bad Lauterberg am Harz errichtet worden, deren Produktion das Dreifache derjenigen aller anderen deutschen und österreichischen Anlagen zusammengenommen übertraf und die allerdings ausschließlich für Kriegszwecke betrieben wurde. Daß die Wahl auf das PIETZSCH-ADOLPH-Verfahren fiel, wurde damit begründet, daß dieses weniger Platin — das damals knapp war — be-

[1] D. R. P. 241 702, 243 366, 256 148, 293 087, 645 290.

anspruchte. Ein anderes Werk, an dessen Errichtung 1943 im nahegelegenen Ort Rhumspringe herangeschritten wurde, kam nicht mehr in Betrieb[1]. 1945 stellte das Werk in Bad Lauterberg seinen Betrieb wegen Kohlenmangels ein.

In Lauterberg[2] sind die Zellen in Gruppen zu elf (von denen zehn in Betrieb, eine in Reserve gehalten wurde) angeordnet. Vier solche Gruppen sind in Serie geschaltet. Diese 40 Zellen wurden mit Strom von 4500 A bei 230 V Gesamtspannung gespeist, so daß auf jede Zelle eine Durchschnittsspannung von 5,75 V entfiel.

Als Elektrolyt dient eine etwa 2-n schwefelsaure, etwa 4,5-n Ammoniumsulfat-Lösung, welche der Reihe nach durch die Zellen einer Gruppe geleitet wird. Dieselben bestehen aus Steinzeuggefäßen von zirka 95 cm Länge, 70 cm Breite und 95 cm Tiefe. Jedes derselben nimmt 6 Aggregate auf, in welchen 14 Anoden, 30 Graphitkathoden und 32 Kühlrohre zu einem Block vereinigt sind.

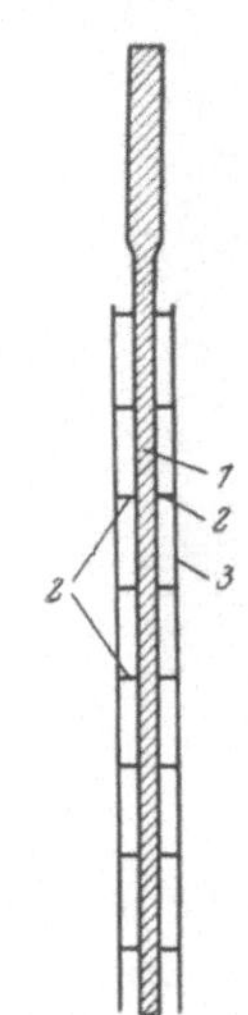

Abb. 46 b. 1 Aluminiumrohr mit isolierendem Überzug; 2 Verbindungsstücke aus Platin; 3 Platindraht-Anoden.

Die Anoden bestehen aus Platindrähten, die von einem gummierten Aluminiumrohr getragen werden, mit dem sie durch 2 × 7, der Höhe nach verteilte, vorspringende Stromanschlüsse (s. Abb. 46b) elektrisch und mechanisch verbunden sind. Sie sind (Mitte zu Mitte) in 44 mm Abstand voneinander angeordnet.

Zusammengenommen besitzen die Anoden eines Elektrolyseurs 3600 qcm aktiver Oberfläche, ihre Strombelastung entspricht einer Anodenstromdichte von 1,25 A/qcm. Bei Steigerung der Anodenstromdichte auf 2 A/qcm und darüber nehmen die Platinverluste rasch zu. Durch 0,1% Iridium-Zuschlag wurde die Haltbarkeit der Anoden hier merklich erhöht.

Jede Wanne faßt 340 l Lösung. Je Liter Lösung fließen somit rund 13 A (gegen 400 A/l beim Weißensteiner Verfahren. Auch hierin kommt die Schutzwirkung des Ammoniums deutlich zum Ausdruck).

Die Graphit-Stab-Kathoden weisen eine Gesamtoberfläche von rund 1 qm auf. Sie sind mit 3 mm starker Schnur aus blauem Cap-Asbest umwickelt, um sie vor direkter Berührung mit dem Elektrolyten und diesen vor Reduktion zu schützen. Sie umschließen die Anoden allseitig und sind an den Stellen, wo sie den Platindrähten am nächsten kommen, von diesen 5 mm entfernt.

Der zu beiden Seiten der sechs Aggregatblöcke freibleibende Raum wird durch Kohlenblöcke abgedeckt. Das sich darunter sam-

[1] C. I. O. S. Ber. 23,18.

[2] D. R. P. 257 276.

melnde Gas wird abgesaugt, um seinen Wasserstoffgehalt unter 5% zu halten.

Die Badtemperatur wird durch Wasserkühlung (in Lauterberg zirka 7 qm Kühlfläche Kühlwasser von 2 bis 12° C) auf zirka 30° gehalten. Die Stromausbeute hält sich um 85% und entspricht einem Verbrauch von 12,5 kWh Gleichstrom/1 kg (100%ig gerechnetes) H_2O_2 [bzw. 6,7 kg $(NH_4)_2S_2O_8$].

Bei tieferer Badtemperatur besteht die Gefahr, daß sich Kristalle auf die Kühlflächen oder die Elektroden absetzen.

Die Lösung wird den Zellen mit einer Konzentration von rund 600 g Ammonsalz und 200 g/l Schwefelsäure (nebst 35 bis 40 g Kalisalz) zugeführt. Sie verläßt sie mit einem Gehalt von rund 320 g/l Ammoniumpersulfat (nebst etwa 280 Sulfat) und 60 g freier Säure. Nach dem Umsatz mit Kaliumbisulfat enthält sie noch 136 g/l Persulfat, während ihre Säurekonzentration auf 140 g/l gestiegen ist. Auf ursprüngliche Zusammensetzung eingestellt, wird sie der Elektrolyse nach Reinigung durch 50 Milligramm Ferrisulfat/l, dann 60 Milligramm $K_4Fe(CN)_6$/l wieder zugeführt. Es bildet sich Berlinerblau, das sich nach Rührung langsam absetzt und die verunreinigenden Schwermetalle mit sich in den Bodensatz führt. Diese bestehen hauptsächlich aus Fe, dann Al und etwas Platin, das sich teilweise zurückgewinnen läßt. Nach dieser Reinigung soll der Eisengehalt weniger als 5 mg Fe/l betragen.

Die von den Zellen kommende Lösung enthält 0,25 bis 0,5 g/l Carosche Säure, welche vor der Umsetzung mit dem Kalisalz durch SO_2-Zusatz zerstört wird.

Die Persulfatlösung wird in einem Behälter gesammelt und gelangt von dort in einen Vakuum-Kühler, wo sie sich unter Wasserabgabe auf etwa 28° C abkühlt. Stärkere Abkühlung ist wegen der Gefahr einer Abscheidung festen Salzes zu vermeiden. Eine Pumpe befördert sie nun in den Konverter, in welchem die Umsetzung im angegebenen begrenzten Umfange durch die berechnete Menge Kaliumbisulfat unter Kühlung und Rührung vorgenommen wird.

Die Konverter bestehen vorzugsweise aus doppelwandigen zylindrischen Gefäßen aus V4A-Stahl, in welche gleichfalls doppelwandige konzentrische Zylinder aus demselben Material eingesetzt sind, die nicht bis an den Boden reichen. Eine im Unterteil des inneren Zylinders rotierende Flügelschraube hält den Inhalt des Gefäßes in Bewegung. Zur Kühlung dient Wasser, welches durch die doppelwandigen Zylinder geleitet wird und die Temperatur während des Umsatzes innerhalb der Grenzen von 14 bis 16° C hält.

Der ausgeschiedene Salzbrei wird dem Konverter in Chargen von 300 kg entnommen, in Zentrifugen aus V2A-Stahl von der

Mutterlauge getrennt, dann mit 30 l destillierten Wassers nachgewaschen. Nach weiterem Trockenschleudern hält das Kaliumpersulfat nur noch 6 bis 8% Wasser zurück.

Ein Teil der Mutterlauge wird laufend abgezweigt und entweder, wie bereits angegeben, mittels Ferrisalz und Ferrozyanid oder mittels Ferrisalz und Ammoniakgas gereinigt, wobei die entstehende unlösliche Eisenverbindung Verunreinigungen in den Niederschlag reißt, der mittels Filtration durch PVC-Gewebe zurückgehalten wird. Vor der Rückleitung zum Elektrolyseraum setzt man der gereinigten Lösung als potentialerhöhendes Mittel 0,1 mg/l NH_4CNS zu.

Das zentrifugierte, schwach feuchte Salz wird den Hydrolyseretorten aufgegeben.

Insgesamt werden je 1 kg (100%ig gerechnetes) H_2O_2 verbraucht:

12,5 kWh Gleichstrom für die Elektrolyse
+ zirka 5 kWh für andere Zwecke, Umformerverlust usw.
15 kg (100%ig gerechnete) Schwefelsäure
6 bis 8 kg K_2SO_4
8 kg NH_3
7,5 g $(NH_4)CNS$ zur Steigerung des Anodenpotentials
0,14 g Pt (nach Abzug des rückgewonnenen Anteils)
1 kg $K_4Fe(CN)_6$
22,2 kg Dampf
2,4 cbm Kühlwasser.

γ) *Das Riedel-Löwenstein-Verfahren.* Soweit es auf die Elektrolyse ankommt, hält das Riedel-Löwenstein-Verfahren gewissermaßen die Mitte zwischen den zwei anderen eben beschriebenen ein.

Die Elektrolyse wird in Ammoniumbisulfat-Lösung vorgenommen, deren Azidität noch durch Zusatz freier Schwefelsäure erhöht wird. Dies ist für die nachfolgende Destillation erforderlich und wirkt sich auch vorteilhaft aus, um Ammoniakverluste bei der Elektrolyse, in deren Verlauf der Säuregrad zurückgeht, zu vermeiden.

Wie beim Weißensteiner Verfahren wird mit Tondiaphragmen gearbeitet, wobei der Elektrolyt, wie dort, erst durch die Kathodenräume der kaskadenförmig aufgestellten Zellen, dann durch die Anodenräume geführt wird.

Die Anoden sind aus Platinblech, die Kathoden aus Blei, die Kühlgefäße aus Glas.

Ein Unterschied besteht darin, daß die Lösung bei der Elektrolyse mit Rücksicht auf den hohen Säuregehalt nur bis auf 250 g/l $(NH_4)_2S_2O_8$ angereichert wird.

Die Temperatur des Elektrolyten, die Betriebsspannung und die Stromausbeute entsprechen fast genau denen des PIETZSCH- und ADOLPH-Verfahrens, erst bei der Destillation tritt der Unterschied hervor.

δ) *Hydrolyse und Destillation.* Durch Hydrolyse und Destillation wird die Rückbildung der Schwefelsäure, bzw. der Sulfate unter Abspaltung von H_2O_2 herbeigeführt und angestrebt, eine 30- bis 35%ige Lösung des letzteren in haltbarer Form herzustellen.

Daß sich H_2O_2-Lösungen (die damals durch Behandlung von Na_2O_2 mit H_2SO_4 hergestellt waren) konzentrieren und destillieren lassen, dürfte zuerst von der Fa. Merck (1904) nachgewiesen worden sein, also kurz vor Einführung des TEICHNER-Verfahrens. Erst der späteren Entwicklung blieb es aber vorbehalten, hochkonzentriertes 80- bis 90%iges Produkt in ganz großen Mengen durch weitere Konzentrierung des in einer ersten Phase bereiteten 30- bis 35%igen Zwischenproduktes herzustellen.

1. Die Hydrolyse der Perschwefelsäure nach der Bruttogleichung:

$$H_2S_2O_8 + 2\,H_2O \rightarrow 2\,H_2SO_4 + H_2O_2$$

nimmt ihren Weg über CAROsche Säure:

$$H_2S_2O_8 + H_2O \rightarrow H_2SO_5 + H_2SO_4$$
$$H_2SO_5 + H_2O \rightarrow H_2SO_4 + H_2O_2$$

Sie geht in zwei Stufen vor sich: zunächst wird CAROsche Säure und Schwefelsäure gebildet, letztere beschleunigt (s. S. 120) den Zerfall der CAROschen Säure, der anfangs langsam, dann immer schneller vor sich geht, bis schließlich die Konzentration der CAROschen Säure unter Aufbrauch von H_2O rasch abfällt. Gleichzeitig nimmt die Konzentration der Schwefelsäure während der Destillation ständig zu. Um die letzten Anteile der CAROschen Säure noch zu hydrolysieren, wird dem Destillationsrückstand etwas Wasser zugesetzt.

Lange Zeit hindurch ließ sich die Destillation nur mit relativ großem Dampfverbrauch und mit empfindlichem Materialverlust ausführen. Eine wesentliche Verbesserung führte LÖWENSTEIN herbei, als es ihm gelang, die zersetzende Wirkung, welche Blei auf Wasserstoffsuperoxyd im dampfförmigen wie im gelösten Zustande ausübt, dadurch abzuschwächen, bzw. aufzuheben, daß er die gegenseitige Berührung von Blei und Wasserstoffsuperoxyd erschwerte, indem er das Metall mit einer dünnen Säureschicht bedeckt hielt, wofür er eine konstruktive Lösung fand[1].

[1] D. R. P. 510 064, 574 272, 635 436.

Dadurch wurde es ermöglicht, die Destillation mit Hilfe gut wärmeleitender Bleirohre vorzunehmen, hierdurch den Dampfverbrauch erheblich zu verringern, die Behandlung auf saure Ammonpersulfatlösungen auszudehnen usw.

Weitere Verbesserungen wurden von J. MÜLLER bei den Österreichischen Chemischen Werken in Weißenstein durchgebildet[1], die darin bestehen, die Dämpfe sehr rasch durch entsprechend eng gehaltene Rohre zu treiben und dadurch zu erreichen, daß die ganze Rohrwandung restlos mit einem dünnen Säurefilm bedeckt bleibt, was den Wärmedurchgang befördert und die Verdampfung wirksam beschleunigt.

Der Apparat muß dazu derartig gebaut sein, daß das dampfförmig abgespaltene H_2O_2 nirgends mehr mit Blei in Berührung treten kann, sondern nur mehr mit keramischem Material. Die Übergangsstelle, an welcher Blei an keramisches Material stößt, bildet freilich einen sehr empfindlichen Teil der Apparatur und muß vor jeder kleinsten Beschädigung dauernd geschützt bleiben. Bei richtiger Ausführung und sachgemäßer Behandlung erreicht aber die Lebensdauer etwa 15 mm starker Hartbleirohre an dieser Stelle ungefähr ein Jahr.

Durch solche Verbesserungen konnte die Ausbeute bei der Destillation auf 90 bis 92% (wovon zirka 10% auf den Umsatz der letzten Anteile CAROscher Säure mittels Wasserdampf entfallen) gesteigert, der Dampfverbrauch je Kilogramm 100%ig gerechnetes H_2O_2 von rund 66 kg auf rund 30 kg verringert werden.

Die Dämpfe verlassen den Verdampfer mit einer Durchschnittskonzentration von etwa 7% H_2O_2. Sie durchstreichen erst einen Separator, in welchem mitgerissene Säuretröpfchen, bzw. Nebel zurückgehalten werden, dann eine mit RASCHIG-Ringen beschickte Kolonne aus Steinzeug, auf die sich zirka 35%iges H_2O_2 (mit 0,05 bis 0,1% H_2SO_4) in flüssiger Form niederschlägt.

In einer Kühlkolonne werden schließlich noch unkondensierte Gasreste sowie die Dämpfe, welche von der Destillation der Rückstandssäure mit Wasserdampf herrühren, möglichst vollständig in flüssiger Form abgeschieden.

2. Dem Wesen nach sehr verwandt ist die Behandlung, welcher man die nach RIEDEL-LÖWENSTEIN hergestellten hochsauren *Ammoniumpersulfat-Lösungen* unterwirft, deren geringere Konzentration nebst der Gefahr einer Abscheidung festen Salzes aber gewisse Modifikationen in der Durchführungsweise verlangt. Die wichtigste derselben besteht darin, daß die Verdampfung in zwei Stufen vorgenom-

[1] D. R. P. 572 801, 573 906.

men und daß die Lösung vor der zweiten, der Fertigverdampfung, verdünnt werden muß.

In ihrer Bauart entsprechen die hier nacheinander verwendeten zwei Verdampfer dem bekannten KESTNERschen Kletterverdampfer, in welchem die vertikal angeordneten konzentrischen Heizrohre so eng gehalten sind, daß die von unten eingeführte Lösung infolge der energischen Dampfentwicklung in dünner Schicht nach oben, die Rohrwände entlang, gerissen wird.

Oben gelangt das Dampf-Flüssigkeits-Gemisch in eine angesetzte Haube, welche in ihrer unteren Hälfte eine (meist verkehrt flachkonisch geformte) Stoßplatte trägt. Das Dampf-Flüssigkeits-Gemisch trennt sich beim Anprall an dieselbe: die flüssigen Anteile werden nach unten zurückgeworfen und fließen, gesammelt, in eine Ableitung, die Dämpfe werden oben durch eine Saugleitung abgezogen und in einen Separator, dann in eine mit RASCHIG-Ringen oder BERL-Sätteln beschickten Kolonne aus keramischen Materialien kondensiert.

Die Destillationsausbeute liegt bei etwa 88%, der Dampfverbrauch ist wegen der geringeren Konzentration der Ausgangslösung und wegen der hier erforderlichen Verdünnung vor der Fertigverdampfung größer, als unter 1. angegeben, nämlich etwa 40 bis 45 kg Dampf (auf 1 kg 100%igen H_2O_2 gerechnet).

Die verbleibende Sulfatlösung wird gereinigt, filtriert, auf das richtige Konzentrationsverhältnis eingestellt und in den Betrieb zurückgeleitet.

3. Im Gegensatze zu 1. und 2. wird die Hydrolyse des nach dem PIETZSCH-ADOLPH-Verfahren als Zwischenprodukt hergestellten *Kaliumpersulfats* diskontinuierlich in Retorten aus keramischem Material vorgenommen.

Die Retorten werden mit den Kristallen beschickt, denen 280 Liter Schwefelsäure von 50° Bé je 1000 kg zugesetzt werden, dann durch einen Deckel geschlossen, durch welchen ein Dampfeinleitungsrohr geführt ist, das zu Beginn der Operation bis knapp unter die Oberfläche des Salzbreis reicht. Nun wird Vakuum hergestellt und Dampf von 4 atü eingeleitet. Während der Operation wird das unten mit kleinen Löchern versehene Dampfeinleitungsrohr nach und nach gesenkt, bis es nahe über den Boden der Retorte zu stehen kommt. In der Retorte stellt sich eine Temperatur von 75 bis 80° ein. Die Dämpfe gelangen in eine Kolonne, in der sie kondensiert werden. Zu Anfang der Operation sind diese Dämpfe reich und enthalten etwa 10% H_2O_2, je weiter die Reaktion vorschreitet, desto ärmer werden sie, dementsprechend enthält das Kondensat zu Anfang bis zu 50% H_2O_2, dessen Konzentration aber allmählich im Maße der Verarmung der Dämpfe abnimmt.

Die Operation wird als beendet angesehen, wenn die Dämpfe nur noch weniger als 1% H_2O_2 führen, weil in diesem Zeitpunkt der Dampfverbrauch dem Werte des gewonnenen Produktes gleichkommt oder ihn zu überschreiten beginnt. Das erhaltene Kondensat enthält dann im Durchschnitt 35% H_2O_2 und 0,2% H_2SO_4.

Die Verluste an H_2O_2 sind bei dieser Art der Umsetzung sehr gering, nämlich nur rund 1% in den abziehenden Gasen, 2% in den Retortenrückständen. Ebenso ist der Dampfverbrauch dank dem hier direkten Dampfeinleiten in die Reaktionsmasse weitaus kleiner, etwa 40 kg Dampf je 1 kg hergestellten H_2O_2 (100%ig gerechnet). Allerdings ist die Operation umständlicher und erfordert höheren Lohnaufwand, die Herstellungskosten erhöhen sich überdies durch die Verluste und den Lohnaufwand bei der Herstellung des Zwischenproduktes usw.

Der Salzrückstand der Retorten wird zentrifugiert, die dabei ablaufende, zirka 40%ige Schwefelsäure wird zur Zerstörung restlicher Caroscher Säure und von Wasserstoffsuperoxyd auf 105° erhitzt, notfalls wird dabei etwas SO_2 eingeleitet. Dann wird sie, wie S. 129 beschrieben wurde, durch Bildung von Berlinerblau gereinigt, das die Schwermetall-Verunreinigungen und besonders das Platin in den Bodensatz führt, aus dem es zum Teil zurückgewonnen werden kann.

Das in der Zentrifuge zurückbleibende Kaliumbisulfat wird wiederverwendet.

ε) Herstellung von 80- bis 99%igem Wasserstoffsuperoxyd. Dieses Produkt, von dem ein Liter bei seiner Zersetzung (auf Atmosphärendruck und 0° bezogen) rund 400 Liter Sauerstoff liefert und dessen Zersetzungswärme mit rund 550 KCal/kg angegeben wird, war für Propulsionszwecke bei kriegsmäßiger Verwendung von hohem Wert[1].

Wie weit die Bemühungen, die Technik seiner Herstellung betriebsfähig zu gestalten, zeitlich zurückreichen, ist unbekannt; doch steht es fest, daß in Deutschland bereits im Januar 1939 daran geschritten wurde, eine Anlage in Bad Lauterberg zu errichten, welche die größte Wasserstoffsuperoxyd-Anlage der Welt geworden ist, und

[1] C. I. O. S. Ber. **25**, **44**. Für welche Zwecke dieses hochprozentige Wasserstoffsuperoxyd tatsächlich verwendet wurde, ist nur zum Teil bekannt geworden. Im letzten Kriegsjahr scheint es in sehr großem Umfange, zusammen mit Hydrazinhydrat und Brennstoff oder mit einem festen Katalysator und Brennstoff, in Unterseebooten verwendet worden zu sein, ferner in V 1, zu deren Abschuß es mittels Permanganat zersetzt wurde.

Die Marine stellte hohe Anforderungen an dessen Reinheitsgrad und wünschte den Verdampfungsrückstand auf 5 mg/l verringert zu sehen, dem, wie es scheint, nicht vollkommen entsprochen werden konnte.

daß es geplant war, eine fast doppelt so große noch in Betrieb zu bringen, deren Bau bei Kriegsende etwa zur Hälfte schon vorgeschritten war[1].

Diese hochkonzentrierten Lösungen entzünden die meisten organischen Substanzen, entwickeln durch Umsatz mit Brennstoffen große Energiemengen, liefern sehr explosive Gemische, sind aber in reinem Zustande bei Abwesenheit von Katalysatoren beständiger als verdünntere Lösungen.

Ihre Anwendbarkeit für friedliche Zwecke, z. B. für organische Synthesen, für Bleichzwecke, als Initiatoren für Polymerisationen, bildet den Gegenstand von Untersuchungen, deren Resultate noch nicht abgeschätzt werden können[2].

Sie sind lagerbeständig, dabei kommen als Gefäßmaterialien geeignete Glassorten, Polyvinylchlorid und vor allem Aluminium in Betracht. Aluminiumbehälter von hohem Fassungsraum dienten während des Krieges diesem Zweck. Das dazu verwendete Metall muß einen Reinheitsgrad von mindestens 99,5% Al aufweisen. Seine Innenoberflächen wurden durch Behandlung mit einer Lösung, die Natriumphosphat, Ätznatron und Natriumsilikat enthielt, Spülung mit destilliertem Wasser und zirka sechs- bis achtstündige Nachbehandlung mit 25- bis 30%iger Salpetersäure gereinigt und passiviert. Oder auch durch Beschickung mit 7- bis 15%iger Natronlauge und Erhitzung bis zur auftretenden Wasserstoffabscheidung, nachfolgender Spülung mit destilliertem Wasser und Passivierung mittels Salpetersäure.

In Höllriegelskreuth, wo ebenfalls große Mengen hochkonzentrierten Wasserstoffsuperoxyds hergestellt wurden, begnügte man sich damit, die Aluminiumtanks vor Ingebrauchnahme über Nacht mit 30- bis 35%igem H_2O_2 stehen zu lassen.

In derartigen Aluminiumgefäßen verliert das hochkonzentrierte Produkt nur 1% des aktiven Sauerstoffs im Jahr, wobei der größere Teil der Abnahme im ersten Monat vor sich geht[3]. Durch Untersuchungen ist ermittelt worden, daß ein Verlust von 5 bis 6% innerhalb 24 Stunden bei 96° C dem Verlust von 1% im Jahr bei gewöhnlicher Temperatur entspricht.

Die Anreicherung des 30- bis 40%igen Ausgangsproduktes erfolgte in zwei Stufen. Zunächst wurde sein Schwefelsäuregehalt (zirka 2 g/l) mittels NH_3 auf 0,5 g freier Säure/l abgestumpft, ferner

---

[1] C. I. O. S. Ber. **23**, 18.

[2] cf. Z. angew. Chem. A **60**, 81 (1948).

[3] 30%iges mit $Na_4P_2O_7$ stabilisiertes H_2O_2 verliert in Glasgefäßen dagegen 3 bis 4% im Jahr.

120 mg/l Ammoniumpyrophosphat zu seiner Stabilisierung zugesetzt, ehe man es kontinuierlich in die erste Retorte einlaufen ließ.

Beide Retorten und Kolonnen sind aus Steinzeug, die Kondensatoren aus Aluminium hergestellt, die Heizschlangen aus poliertem V14A-Stahl (18% Cr, 8% Ni, 2,5% Mo).

Anfangs wird unter Rückfluß bei 45 mm Hg-Druck auf ca. 60°, maximal 66° erhitzt, bis der Retorteninhalt eine Konzentration von 70 bis 75 Gew.-% erreicht. Sobald dies nach einigen Stunden erreicht ist, beginnt man den Kolonnenablauf zu sammeln, während der Retorte 35%iges H_2O_2 in gleichmäßigem Strome zugeführt wird. Es entströmt ihr dann ein Dampfgemisch, dessen H_2O_2-Gehalt dem der zugeführten Lösung gleichkommt. Er wird durch einen mit Raschig-Ringen aus Porzellan beschickten Separator, aus welchem die zurückgehaltenen, Nebel bildenden Tropfen in die Retorte zurückfließen, dann durch eine gleichfalls mit Raschig-Ringen beschickte Steinzeugkolonne, endlich an einem Oberflächenkondensator aus Aluminium vorbeigeführt. Die aus dem Unterteil der Kolonne ausfließende Lösung enthält 65 Gew.-% H_2O_2. Sie wird zur weiteren Einengung in die zweite Retorte geleitet, die gleiche Bauart aufweist.

Hier wird eine Temperatur von 75° aufrechtgehalten, bei welcher Dampf mit 44% H_2O_2 der Retorte entströmt, aus dem sich in der zweiten Kolonne ein Kondensat mit 56% H_2O_2 abscheidet, welches in die zweite Retorte zurückgeführt wird. Aus dieser wird das sich darin ansammelnde 85%ige Produkt abgezogen, gekühlt und in (15 t) Aluminiumtanks gesammelt.

Alle Schwermetall-Verunreinigungen bleiben in der ersten Retorte zurück und reichern sich darin an. Wenn der Salzgehalt auf etwa 50 g/l gestiegen ist, was nach fünf bis sieben Tagen der Fall ist, wird deshalb der Betrieb unterbrochen, die Retorte entleert, gewaschen und mit frischer Lösung beschickt, worauf die Operation von neuem beginnt.

Aus dem Retortenrückstand wird H_2O_2 zurückgewonnen. Die Destillationsausbeute erreicht 95%, mit Rückgewinnung aus den Rückständen 98%.

Der Gesamtdampfverbrauch (inklusive des Verbrauchs von 2,2 t bei der Herstellung 35%igen Produktes) beträgt rund 2,8 t je 100 kg (100%ig gerechneten) H_2O_2.

Das Endprodukt wird durch Zusatz von 20 mg (100%ig gerechneter) Phosphorsäure je Liter stabilisiert. Es soll bei Vakuumverdampfung bei 110° C nicht mehr als 50 mg/l Rückstand hinterlassen, dessen Gewicht beim Ausglühen bei 800° auf 25 mg zurückgehen soll, und der aus Phosphorsäure, Aluminiumphosphat und etwas Kaliumsilikat (aus den Steinzeuggefäßen) besteht.

f) Die Herstellung von Perboraten und Perkarbonaten.

Natriumperborat wurde erstmalig 1898 von TANATAR[1] durch Einwirkung von Wasserstoffsuperoxyd auf alkalische Boraxlösung hergestellt.

Die so erhaltene Verbindung setzt in der Kälte kein Jod aus Jodkaliumlösung frei. F. FÖRSTER sprach sie deshalb als eine Additionsverbindung an, der die Formel: $NaBO_2 \cdot H_2O_2 \cdot 3\,H_2O$ zukomme[2].

Da es aber weder durch Ätherextraktion noch durch Vakuum-Destillation gelingt, Wasserstoffsuperoxyd aus dieser Verbindung abzuspalten, nahmen LE BLANC und ZELLMANN an[3], daß in derselben Wasserstoffsuperoxyd anders als durch bloße Nebenvalenzen gebunden sei, was sie durch die Formel:

$$Na[BO_2 \cdot H_2O_2] + 3\,H_2O$$

zum Ausdruck zu bringen suchten.

Auf elektrolytischem Wege stellte K. ARNDT in Elektrolyten, die Natriumkarbonat und Natriummetaborat enthielten, als erster Natriumperborat in fester Form mit annehmbarer Stromausbeute her. Sein Verfahren[4] wurde von der Chem. Fabrik Grünau übernommen, dann später in den Aussiger Werken und von der Scheideanstalt weiter ausgebildet.

Betriebsmäßig wird Perborat sowohl auf rein chemischem, wie auf elektrolytischem Wege hergestellt. Manche Werke üben beide Verfahren nebeneinander aus. Beide wollen mit allen Kautelen ausgeführt werden, schädliche Katalysatoren fernzuhalten, die sonst eine rasche Zersetzung des Peroxyds herbeiführen. Bedacht ist auch auf die Aufrechterhaltung relativ niederer Temperaturen zu nehmen und die Kristallisation des Produktes unter Bedingungen erfolgen zu lassen, welche die Bildung gröberer Kristalle begünstigen, weil feinkristallines oder gar teigartiges Produkt schlecht haltbar ist.

Zur *chemischen* Herstellung wird einer rund 10%igen Ätznatronlösung die äquivalente Menge Borax zugesetzt, wobei sich nach:

$$Na_2B_4O_7 + 2\,NaOH \rightarrow 4\,NaBO_2 + H_2O$$

zunächst Natriummetaborat bildet. Der auf 15° abgekühlten Lösung wird dann etwas Magnesiumsilikat (zirka 10% vom NaOH-Ge-

[1] Z. physik. Chem. **26**, 132 (1898), **29**, 162.

[2] Z. angew. Chem. **34**, 354 (1921).

[3] Z. Elektrochem. **29**, 179, 192 (1923). Das „echte“ Persalz: NaO — O — — B = O erhielten dieselben Autoren durch Verreiben von Natrylhydrat: Na — O — O — H mit Borsäure unter Alkoholzusatz. In wässeriger Lösung wandelt sich dasselbe in das Additionsprodukt des H_2O_2 um (Ber. **17**, 816. 2297).

[4] D. R. P. 297 223.

wicht) als Stabilisator zugesetzt, worauf man zunächst die Hälfte der erforderlichen Wasserstoffsuperoxydmenge (vorzugsweise in Form seiner 20- bis 40%igen wässerigen Lösung) einträgt.

Die Bildung der Additionsverbindung setzt nach:

$$NaBO_2 + H_2O_2 + 3\ H_2O \rightarrow NaBO_2 \cdot H_2O_2 \cdot 3\ H_2O$$

ein und führt eine Erhöhung der Temperatur herbei, die durch künstliche Kühlung auf 20° gehalten wird, während man die zweite Hälfte des Wasserstoffsuperoxyds zufließen läßt. Sodann wird das ganze Reaktionsgemisch im Laufe einiger Stunden allmählich auf 0°, oder selbst etwas darunter, abgekühlt. Dadurch erzielt man die Bildung gröberer Kristalle, die sich als haltbarer erweisen.

Schließlich wird entleert, die Charge filtriert, mit destilliertem Wasser nachgewaschen, durch 20 bis 30 Minuten zentrifugiert, endlich in rotierenden Trommeln oder mit Heißluft in Zyklonen getrocknet.

Eine Variante der Arbeitsweise besteht darin, Natriumsuperoxyd an Stelle von Wasserstoffsuperoxyd zu verwenden. Beim Umsatz entsteht dann etwas überschüssiges Ätznatron, das zur Herstellung guten Produktes neutralisiert werden muß, was am besten mittels Kohlensäure geschieht.

Eine andere Abart besteht darin[1], nur soviel Natriumsuperoxyd zu verwenden, als Alkali für die Bildung von Metaborat aus Borax erforderlich ist und den Rest in Form von Wasserstoffsuperoxyd einzuführen. Der Umsatz geht dann nach der Brutto-Gleichung:

$$Na_2B_4O_4 \cdot 10\ H_2O + Na_2O_2 + 3\ H_2O_2 + 3\ H_2O \rightarrow$$
$$\rightarrow 4\ (NaBO_2 \cdot H_2O_2 \cdot 3\ H_2O)$$

vor sich und man erhält Mutterlaugen, die in steter Zirkulation gehalten werden können.

Auf *elektrolytischem* Wege läßt sich Natriumperborat nur bei Temperaturen von weniger als 12° C und nur bei Gegenwart von Karbonat mit leidlicher Stromausbeute herstellen.

F. Förster hat deshalb wohl mit Recht vermutet, daß seine Bildung über primär auftretendes Perkarbonat vor sich geht. Das zunächst entstehende Perkarbonat würde nach dieser Vorstellung mit dem in Lösung vorliegenden Natriummetaborat: NaO — B = O unter Rückbildung von Karbonat nach:

$$Na_2CO_4 + NaBO_2 + H_2O \rightarrow NaBO_2 \cdot H_2O_2 + Na_2CO_3$$

reagieren[2].

---

[1] D. R. P. 507 522 Roessler-Hasslacher.

[2] Förster, F.: Z. angew. Chem. 34, 354 (1921). Arndt u. Hantgen vertreten, Z. Elektrochem. 28, 270 (1922), eine etwas andere Ansicht, die aber weniger ansprechend erscheint.

Für die Erzielung wirtschaftlicher Stromausbeuten ist es jedenfalls wesentlich, die Konzentration der Soda im Elektrolyten hoch zu halten, nämlich auf 140 bis 160 g/l (ARNDT verwendete ursprünglich [l. c.] 120 g/l, andere wandten festes Karbonat als Bodenkörper an).

Die Boraxkonzentration wird in verschiedenen Werken innerhalb der Grenzen 20 bis 40 g/l $Na_2B_4O_7 \cdot 10\,H_2O$ gehalten.

Als Stabilisator wird meist Magnesiumsilikat in Mengen von 0,5 g/l benützt, das wirksamer ist als andere Mittel (z. B. Zinnsäure).

Die kathodische Reduktion wird, wie bei der Chlorat-Herstellung, durch zirka 0,2 g/l $K_2Cr_2O_7$ gehemmt.

Entscheidend für den Erfolg ist die Fernhaltung aller Katalysatoren, welche die Wasserstoffsuperoxyd-Zersetzung beschleunigen, vor allem die Fernhaltung von Mangan, von welchem 0,1 Milligramm/l die Stromausbeute bereits um 15% herabdrückt.

Die Reinheit der Ausgangsmateriale wird meist durch Beobachtung der Geschwindigkeit geprüft, mit welcher Wasserstoffsuperoxyd in Berührung mit ihnen zerfällt. Dazu wird z. B. eine gesättigte Lösung von Natriumperborat mit 10% des zu prüfenden Borax versetzt, im Thermostaten auf 200° C gehalten, dann durch 6 Tage täglich einmal mittels Permanganat titriert.

Ebenso wird eine Soda als brauchbar angesehen, wenn ihre 6%ige Lösung bei 15° C innerhalb zweier Stunden in 3%iger Wasserstoffsuperoxyd-Lösung größter Reinheit keinen größeren H_2O_2-Verlust hervorruft als 20%.

Wie bei der rein chemischen hat es sich auch bei der elektrolytischen Herstellung als vorteilhaft erwiesen, ständig Kristallkeime im Elektrolyten in Schwebe zu halten. Man setzt deshalb von Haus aus Perboratkristalle zu und verwendet ein Rührwerk, um sie in Suspension zu halten. Um diesen Zustand dauernd zu gestalten und das Rückbleiben von Kristallkeimen im Elektrolyten zu sichern, hat sich die Praxis eingebürgert, die Zellen immer nur zum Teil zu entleeren und dazu etwa alle sechs Stunden jeweils nur ein Drittel ihres Inhaltes (nämlich Lösung mit den darin schwebenden Kristallen) abzuziehen.

Während der Elektrolyse wird die Temperatur durch Kühlung auf 12° gehalten. Zwar erzielt man bei noch tieferer Temperatur etwas höhere Stromausbeuten, die damit verbundene Spannungssteigerung verursacht aber höheren Energieaufwand.

Die Zellengefäße werden aus Holz mit Wachsüberzug, aus gummiertem Stahl oder dergleichen hergestellt. Die in Deutschland verwendeten weisen bis zu 3000 l Inhalt auf und sind für Stromaufnahmen von 6000 bis 10.000 A und selbst darüber bestimmt.

Die Kühlschlangen werden vorzugsweise aus Aluminiumrohr hergestellt, mit etwa 1 bis 1,2 qm Kühlfläche je 1000 A in der Zelle. Als Kühlmittel dient Glyzerin oder eine 20%ige Lösung von Tetrafurfuryl-Alkohol in destilliertem Wasser, die zwischen einer Ammoniak-Kühlmaschine und den Zellen zirkuliert.

Als Kathoden dienen vorzugsweise 3 mm starke perforierte Stahlbleche, als Anode ist nur Platin, bzw. Platin-Iridium-Legierung verwendbar.

Man benützt sie meist in Form feinerer Drahtnetze. Da diese in Zellen der angegebenen Größe Flächen von 6 bis 10 qdm darbieten, müssen sie durch entsprechende Maßnahmen vor Deformationen und Verletzung geschützt werden. Man baut sie dazu in starre „Elektroden-Pakete" ein, in denen sie vor jeder mechanischen Beanspruchung bewahrt und abgeschirmt sind.

Beispielsweise hatte die Anlage Henkel, Düsseldorf, bei Besichtigung durch Fachleute der Besatzungsmächte[1] in ihren 10.800 A-Zellen sechs Elektroden-Pakete eingebaut, deren jedes aus drei Platin-Netz-Anoden von 550 mm Länge und 170 mm Breite bestand, welche zwischen sechs Stahlkathoden von 598 mm Länge und 180 mm Breite eingeschlossen waren. Distanzkörper aus Gummi dienten zur Festhaltung der gegenseitigen Abstände. Die Drahtnetze sind aus 0,15 mm Draht hergestellt, durch 0,5 mm Draht eingefaßt und an ihren Längsseiten durch 1,5 mm starke Platindrähte an einen Rahmen aus Elektrolyt-Zink angeschlossen, der die Stromführung übernimmt. Die dünnen (0,15 mm) Drähte stehen nur 1 mm voneinander ab.

Jede derartige Platinelektrode von rund 180 g Platingewicht wurde von 600 A durchflossen. Der Aufwand an teurem Material betrug also rund 300 g je 1000 A bei einer Stromdichte von rund 32 A/qdm (einseitig auf die Fläche gerechnet).

Die Anlage der Gold- und Silber-Scheideanstalt in Rheinfelden verwendete für Stromdichten von etwas über 12 A/qdm Drahtnetze, die aus 0,5 mm starken Drähten aus 5%iger Platin-Iridium-Legierung hergestellt waren und etwa 15 mm Maschenweite aufwiesen. Sie wurden an den Vertikalseiten zwischen Elektrolyt-Zinkstreifen festgeklemmt, die 9 mm stark und 25 mm breit waren. Der Aufwand an Edelmetall betrug hier nur rund 150 g/1000 A. Jedes Elektrodenpaket enthielt 21 Anoden, die von 22 Kathoden eingefaßt waren. In jeder Zelle, die mit 6700 A belastet wurde, waren 6 solche Elektrodenpakete eingebaut[2].

Um den Betrieb ungestört fortführen zu können, während die Zellen, wie angegeben, periodisch teilweise entleert und wieder aufgefüllt werden, sind die Elektrodenpakete soweit unterhalb des

[1] B. I. O. S. Final Report No 1367 Item No 22.
[2] B. I. O. S. Final Report No 864 Item No 22.

höchsten Flüssigkeitsniveaus einmontiert, daß sie auch nach teilweiser Entleerung der Zelle überall vom Elektrolyten bedeckt bleiben.

Bei der Elektrolyse des Soda-Borax-Elektrolyten bildet sich Bikarbonat, dessen Konzentration allmählich zunimmt und unter 60 g/l gehalten werden muß. Dies zu sichern, empfiehlt es sich, mit stetem kleinem Natronüberschuß — etwa 2 g NaOH/l — zu arbeiten. Borax wird nach Maßgabe seines Aufbrauchs alle 2 bis 6 Stunden partienweise nachgesetzt (meist zugleich mit etwas Magnesiumsilikat, und zwar von letzterem etwa 25 ‰ vom Perboratgewicht).

Die Stromausbeute hält sich zwischen 55 und 60% und kann im Mittel mit 58% angenommen werden. Die Betriebsspannung beträgt je nach hergestellter Stromdichte bei 3 bis 5 mm Elektrodenabstand 5,5 bis 6,5 V. Man hat also mit einem Kilowattstunden-Verbrauch von rund 6 bis 7 kWh/1 kg Perborat zu rechnen.

Der Platinverlust erreicht 2,5 bis 5% vom Platingewicht im Jahr, ungefähr ein Viertel kann aus dem Magnesiumsilikat-Schlamm zurückgewonnen werden.

Aus den Zellen wird Elektrolyt und Salz periodisch zunächst in ein Zwischengefäß abgelassen, gemessen, dann in Zentrifugen mit Körben aus V2A-Stahl durch etwa eine halbe Stunde abgeschleudert, nachgespült und mit Heißluft getrocknet.

Das Endprodukt enthält 49,3 bis 50% Na_2O_2, bzw. 10,1 bis 10,3% aktiven Sauerstoff und ist in der Regel etwas feinkörniger als das rein chemisch bereitete. Es verliert im Jahre etwa 1% aktiven Sauerstoff.

Perkarbonate sind zum erstenmal durch Elektrolyse tiefgekühlter Karbonatlösungen bereitet worden. CONSTAM und HANSEN[1] stellten auf diese Weise Kaliumperkarbonat durch Elektrolyse konzentrierter Kaliumkarbonatlösung bei —10° C unter Verwendung eines Tondiaphragmas mit Platinanode und Nickelkathode her. In beständigerer Form konnte diese, bei Gegenwart von Wasser leicht zersetzliche Verbindung aber erst gewonnen werden, als man alle Substanzen, welche die Zersetzung beschleunigen, fernhielt, bzw. deren Wirkung durch Zusatz antikatalytisch wirkender Stabilisatoren, wie Natrium- oder Magnesiumsilikat, abschwächte.

Als erster dürfte BAUR[2] haltbareres Natriumperkarbonat auf rein chemischen Wege durch Einwirkung flüssiger Kohlensäure auf Natriumsuperoxyd nach:

$$Na_2O_2 \cdot 8\,H_2O + CO_2 = Na_2CO_4 + 8\,H_2O$$

hergestellt haben.

---

[1] Z. Elektrochem. 3, 137 (1896).

[2] D. R. P. 145 746 (1903).

An Stelle von Natriumsuperoxyd oder eines Teils desselben läßt sich Wasserstoffsuperoxyd verwenden; doch erhält man dann bestenfalls Ausbeuten von 60%. Der *Scheideanstalt* gelang es jedoch, die Ausbeuten durch Aussalzen mittels NaCl wesentlich zu erhöhen[1], sie ließen sich durch Zusatz von 10% NaCl auf 80%, durch Zusatz von 20% NaCl auf 90% steigern. Erst nach dieser Verbesserung konnte Natriumperkarbonat betriebsmäßig mit Vorteil hergestellt werden. Die zum Aussalzen erforderliche Kochsalzmenge kann durch Ansetzen von Natriumsuperoxyd mit Salzsäure eingeführt werden, das angewandte Na_2CO_3 durch Ansetzen mit $NaHCO_3$ bereitet werden. Unter solchen Umständen kann die Reaktion partienweise, allenfalls auch ohne Tiefkühlung, bei etwa 8° C durchgeführt werden. Als Stabilisator dient dabei Magnesiumsilikat, das, wie bei der Perboratherstellung, durch Vermengung der entsprechenden Mengen von Magnesiumsulfat mit Natriumsilikatlösung bereitet wird.

Perkarbonate und Perborate bilden mildalkalische wertvolle Bleich- und Waschmittel, deren Anwendung nur infolge ihres verhältnismäßig hohen Preises beschränkt bleibt. Ihre Dosierung wird dadurch erleichtert, daß sich der Gehalt an aktivem Sauerstoff auch bei Gegenwart organischer Substanzen, wie Seife usw., durch Titration mit Permangat hinreichend genau feststellen läßt.

Natriumperborat bildet ein rein weißes, kristallines, haltbares Salz mit zirka 10,4% aktivem Sauerstoff, das bei Raumtemperatur in etwa 40 Teilen Wasser löslich ist.

Perkarbonat ist, trocken, nahezu ebenso lagerbeständig wie Perborat, zerfällt aber in wässeriger Lösung schneller als das letztere.

---

[1] D. R. P. 342 046 (1921), 347 693 (1915), 425 598 (1915).

IV. Diverses.

A. Anodische Herstellung von Ozon.

Bei der Elektrolyse von Sauerstoffsäuren oder auch von Fluorwasserstoff[1] mit Platinanoden tritt häufig Ozon im Anodengas auf, wenn man bei verhältnismäßig niederer Temperatur hohe anodische Stromdichten zur Wirkung bringt.

Auf diesem Wege ist Ozon bisher freilich nur mit so hohem Energieaufwande hergestellt worden, daß eine entsprechende industrielle Darstellung ganz unwirtschaftlich erscheint. Trotzdem beansprucht diese Bildungsart gewisses Interesse, weil sie ein Gasgemisch von besonders hohem Ozongehalt liefert, das möglicherweise neue Nutzanwendungen finden könnte.

Ozonreiches Anodengas hat wohl McLeod[2] als erster bei der Elektrolyse von Schwefelsäure mit feinen Platindrahtanoden und Stromdichten hergestellt, die sich innerhalb der Grenzen von 50 bis 100 A/qcm bewegten.

Die erzielbaren Ozonkonzentrationen waren eine Funktion der angewandten Säurekonzentrationen. Die besten Resultate wurden bei Säuredichten von 1,05 bis 1,15, das ist also bei der Elektrolyse von 7,5- bis 16%iger Schwefelsäure, erzielt, bei welcher 16,5- bis 17%iges Ozon gewonnen wurde.

Die Anoden wurden aber stark angegriffen.

Später wurden die Versuche von Targetti[3], dann von F. Fischer und K. Massenez[4] wieder aufgenommen.

Letztere beobachteten, daß Platinanoden bei dieser Elektrolyse anfangs stark angegriffen werden, durch diesen Angriff aber, besonders in konzentrierterer Säure, eine glatte Politur erhalten und von da ab nicht nur widerstandsfähiger werden, sondern auch bessere Stromausbeuten liefern.

Als Elektroden verwendeten sie mit Kühlmitteln durchflossene Platinröhrchen, die zur Herstellung hoher Stromdichten nur auf

[1] cf. Gräfenberg: Z. anorg. Chem. **36**, 355 (1903).
[2] J. Chem. Soc. **49**, 591 (1886).
[3] Nuovo Cimento, (4), **10**, 360 (1899).
[4] Z. anorg. Chem. **52**, 202 (1907).

1 mm Länge bloßlagen und anodisch wirkten. Sie erhielten, wie McLeod, die höchsten Ozon-Konzentrationen bei Säure von 1,07 bis 1,08 spezifisches Gewicht.

Bei Wasserkühlung erzielten sie bei 87 A/qcm Stromdichte Ozon-Konzentrationen bis zu 23%, bei —14° bis zu 28%. Je Kilowattstunde wurden 6 bis 7,18 g Ozon erhalten.

Weitere Versuche von Fischer und Benedixsohn[1] lieferten in etwas abgeänderter Anordnung nicht wesentlich andere Resultate. Briner und Yelta erhielten bei ihren Versuchen[2] auch nur 7,8 g Ozon/kWh.

Lash, Hornbeck, Putnam und Boelter[3] haben die Elektrolyse bei noch tieferen Temperaturen in Perchlorsäure von 40 Gew.-% ausgeführt und haben dabei Ozon-Konzentrationen bis zu 58% und Ausbeuten bis zu 24 g Ozon/kWh erhalten, worin freilich der Energieaufwand für die Kühlung nicht eingerechnet ist.

Sie stellten fest, daß die Stromausbeute linear mit sinkender Temperatur anstieg. Die besten Ausbeuten erhielten sie bei Temperaturen von — 60 bis — 65° an den als Kühlkörper ausgebildeten Elektroden. Im Elektrolyten stellte sich eine um 6 bis 10° höhere Temperatur ein. Der Gasdruck wurde während der Elektrolyse auf 10 bis 100 mm Hg-Säule gehalten. Als günstig erwiesen sich Stromdichten von 0,3 bis 2,6 A/qdm, also wesentlich niedrigere, als ihre Vorgänger angewandt haben. Mitgeteilt wurden aber l. c. folgende, etwas andere, Versuchsresultate bei Stromdichten von rund 30 bis 50 A/qdm, welche Konzentrationen bis zu 25 Gew.-% Ozon und Energieausbeuten bis zu 11,33 g Ozon/kWh aufweisen.

Tabelle 22.

Temperatur	Anodische Stromdichte A/qdm	Volt	Strom-ausbeute %	Gewichts-prozente O_3	g O_3/kWh
— 31	29,5	4,6	6,41	5,7	4,12
— 40,9	29,8	5,2	11,59	10,3	6,64
— 50	30,8	5,4	14,75	13,12	8,12
— 50	41,3	5,82	18,95	16,85	9,70
— 50,7	49,9	6,30	22,9	20,40	10,85
— 59,8	31	7,7	22,3	19,81	8,77
— 59,1	41,1	7,78	22,75	22,9	9,87
— 59,8	50,1	7,4	28,20	25,1	11,33

[1] Z. anorg. Chem. **61**, 13, 153.

[2] Helv. Chim. Acta **24**, 1322 (1941), **25**, 1188 (1942).

[3] J. Electrochem. Soc. **4**, 134 (1951).

Die Apparate, in denen Ozon aus Luft oder Sauerstoff durch stille elektrische Entladung erzeugt wird, verbrauchen ganz wesentlich geringere Energiemengen, liefern aber viel verdünnteres Gas. Wie groß ihr Energieverbrauch dabei ist, läßt sich beim Betrieb mit Luft schwer angeben, weil die Resultate schwanken. In Sauerstoff erhält man konstantere Werte.

Die Demag Elektrometallurgie Ges. (früher Siemens & Halske) gibt an, daß ihre Ozonanlagen bei Behandlung von Sauerstoff 160 bis 170 g Ozon/kWh bei Ozon-Konzentrationen von 30 g Ozon/cbm Sauerstoff erzeugen lassen.

Auf Grund älterer Erfahrungen nimmt man meist an, daß von bestimmter Konzentrationsgrenze ab jede Verdopplung der Konzentration mit einer Verdopplung des Energieaufwandes je Gramm erzeugten Ozons verbunden ist.

Demnach steht es nicht zu erwarten, daß die elektrolytische Bildungsweise mit der gegenwärtigen bei der Herstellung verdünnteren Gases jemals wird in Konkurrenz treten können. Sollte es aber erforderlich werden, für bestimmte Zwecke Gase mit wesentlich höherem Ozongehalt als 12% herzustellen, dann könnte ihre elektrolytische Bereitung aktuelles Interesse erhalten und eine Lücke ausfüllen.

Trotz aller Vorzüge, welche Ozon als Oxydationsmittel aufweist, findet es wegen seines zu hohen Preises nur selten Anwendung. Selbst bei der Trinkwasserreinigung ist es fast vollständig durch das viel billigere Chlor verdrängt worden. Nur dort, wo es ganz spezifische, einzelnstehende Vorzüge aufweist, wird es Aussicht haben, sich einzuführen.

B. Elektrolyse von Natriumsulfat.

Bei vielen chemischen Prozessen fällt Natriumsulfat in ziemlich konzentrierten Lösungen ab, für die man keine recht befriedigende Verwertung findet. Insbesondere liegt in der Kunstseiden-Industrie ein Interesse vor, Ätznatron und Schwefelsäure aus Natriumsulfat-Lösungen wiederzugewinnen.

Es ist deshalb nicht verwunderlich, daß man unter anderem versucht hat, dazu auch die Elektrolyse heranzuziehen. Besonders lukrativ verspricht eine solche Arbeitsweise freilich nicht zu sein; denn weder in wirtschaftlicher noch in elektrochemischer Hinsicht liegen die Verhältnisse günstig. Man muß darauf gefaßt sein, mindestens ebenso hohe Betriebskosten aufzuwenden wie bei der Alkalichlorid-Zerlegung, um anodenseitig ein doch minderwertiges Gemisch von Schwefelsäure mit unzersetztem Sulfat zu erhalten.

Eine eingehende Studie, welche Stender und Seerak veröffentlicht haben[1] — wohl die sorgfältigste, welche in dieser Richtung bekannt geworden ist —, führt immerhin viele interessante Daten an.

Bei ihren Laboratoriumsversuchen verwendeten sie, durch zwei Filterdiaphragmen, in drei Kammern abgeteilte Zellen, leiteten in die Mittelkammer, in der höheres Elektrolytniveau gehalten wurde, eine Lösung mit 284 bis 320 g Na_2SO_4/l ein und verwendeten als Anodendiaphragma porösen Ebonit oder säurefesten blauen Cap-Asbest, als Kathodendiaphragma gleichfalls Ebonit oder auch Chrysotil-Asbest. Ebonitdiaphragmen erweisen sich als beständig. Wenn die Durchlässigkeit des Kathodendiaphragmas doppelt so hoch gehalten wurde als die des Anodendiaphragmas, erhielt man verhältnismäßig gute Resultate.

Es konnten bei 50° Arbeitstemperatur Stromdichten von 700 bis 800 A/qm und 4,9 bis 5,3 V Spannung sulfathältige Kathodenlösungen mit 100 g NaOH/l und Anodenlösungen mit etwa 225 g H_2SO_4/l mit Stromausbeuten von 70 bis 90% erhalten werden. Der Anolyt wurde mit 220 bis 230 g H_2SO_4/l und 150 g Na_2SO_4/l abgezogen.

Die Trennung des NaOH vom mitgeführten Natriumsulfat bereitet keine Schwierigkeiten, da bei 50° in 55%iger NaOH-Lösung nur 0,13% Sulfat gelöst bleiben. Umständlicher ist die Trennung des Sulfats von der Säure. Sein Hauptanteil kann zwar durch Kühlung auf — 10° als $Na_2SO_4 \cdot 10\,H_2O$ gefällt werden; aber es verbleibt doch noch zuviel Sulfat in der Säure, um dieselbe ohneweiters verwenden zu können. Durch Einengen derselben auf eine Konzentration von 57 bis 63% und nochmalige Kühlung kann soviel $NaHSO_4$ abgeschieden werden, daß nur noch 2 bis 3% Sulfat von der Säure zurückgehalten werden.

Man erhält also mit einem Energieaufwand, der um 25 bis 30% größer ist als bei der Natriumchlorid-Zerlegung, zwar ziemlich reine Lauge, aber nach weiterem Aufwand für Kühlung und für Einengung daneben nur eine Säure, die noch etwas sulfathältig ist.

Anoden aus 1%iger Blei-Silber-Legierung, wie sie TAINTON mit Vorteil bei der Zinksulfat-Elektrolyse verwendet hat, erwiesen sich als brauchbar. Wenn der Chloridgehalt der Lösung kleiner blieb als 0,15 g Cl'/l, so erlitten sie nur langsamen Angriff, umso geringeren, je höhere Stromdichten man zur Anwendung brachte. Etwas Ozon tritt anodisch auf.

Später sind ähnliche Versuche bekanntgeworden, welche die I. G. ungefähr um dieselbe Zeit in Bitterfeld in größerem Umfange ausgeführt hat. Bei diesen wurde der Elektrolyt dadurch gegen die Anode

[1] Trans. Amer. Electrochem. Soc. **68** (1935).

in Bewegung gehalten, daß ein Minderdruck von 20 bis 60 mm Hg in den Anodenräumen hergestellt wurde.

Regelmäßige Resultate sind bei dieser Arbeitsweise nur bei Verwendung entsprechend feinporiger, gut reproduzierbarer Diaphragmen gleichmäßiger Durchlässigkeit zu erzielen. Diesen Anforderungen entsprachen am besten „Mipor"-Diaphragmen, das sind feinstporige Gummi-Diaphragmen, welche nach einem Verfahren von BECKMANN von der I. G. in Ludwigshafen hergestellt wurden und die, wie Furniere, in dünne Blätter geschnitten wurden. Bei 1 mm Dicke ließen dieselben bei 35 cm Druck Wassersäule und bei 40° C je qdm ungefähr 1 ccm Flüssigkeit in der Minute durchtreten.

Bei der Elektrolyse mit zwei Diaphragmen und mit Eisenkathoden erhielt man in Bitterfeld ähnliche Resultate, wie sie STENDER und SEERAK (l. c.) mitgeteilt haben, nämlich als Kathodenprodukt eine Lösung, die 125 g/l NaOH neben 150 g/l Na_2SO_4 enthielt, als Anodenprodukt eine solche mit 150 bis 160 g H_2SO_4/l neben 150 g/l Na_2SO_4. Bei 5 bis 6 V Spannung ließen sich Stromdichten von 1000 A/qm herstellen und Stromausbeuten von 70 bis 80% erzielen.

Unter vergleichbaren Umständen steigen die Stromausbeuten mit steigender Sulfat-Konzentration. Herangezogen wurden vorzugsweise 30%ige Lösungen, in welchen man um rund 30% höhere Stromausbeuten erzielte als in 20%igen. Mit steigendem Gehalt an freier Säure im Anolyten fällt die Stromausbeute; sinngemäß lassen sich in konzentrierteren Lösungen höhere Säure-Konzentrationen bei gleicher Stromausbeute herstellen als in verdünnteren.

Die Stromdichte ließ sich auf etwa 1500 A/qm steigern; doch tritt die elektrophoretische Wirkung der Diaphragmen mit höherer Stromdichte immer stärker in Erscheinung.

Ganz reines Kathodenprodukt läßt sich nur gewinnen, wenn man die Elektrolyse mit *Kathoden aus Quecksilber* oder aus festem, mit einer Quecksilberschicht überzogenem Metall vornimmt, die ständig zu erneuern ist, wenn man also intermediär Natriumamalgam bildet und es mit Wasser fortlaufend umsetzt.

Versuche mit *Quecksilberkathoden* sind gleichfalls schon in den dreißiger Jahren in Bitterfeld ausgeführt worden, und zwar zunächst in Zellen von horizontaler Bauart, die erst 500 A, dann 9000 A Stromkapazität aufwiesen; später auch in Zellen vertikaler Bauart unter Verwendung von Stahlkathoden, deren Oberfläche mit Quecksilber, bzw. mit ganz verdünntem Natrium-Amalgam berieselt wurde.

Es zeigte sich, daß man selbst dann nur unter Zuhilfenahme eines Diaphragmas gute Resultate erzielen konnte, wenn auch jetzt ein einziges an Stelle von zwei Diaphragmen ausreichte, ferner, daß man die Temperatur zweckmäßigerweise nicht über 50° C steigen lassen soll. Die Lösungen wurden also gekühlt, Stromdichten von 1000 bis 1500 A/qm zur Anwendung gebracht, welche für Quecksilberzellen nieder bemessen sind.

Die Verwendung von Quecksilberkathoden erwies sich dennoch als vorteilhafter, weil man nicht nur 50%ige reine Ätznatronlösungen als Kathodenprodukt gewann, sondern dies auch mit höherer Stromausbeute.

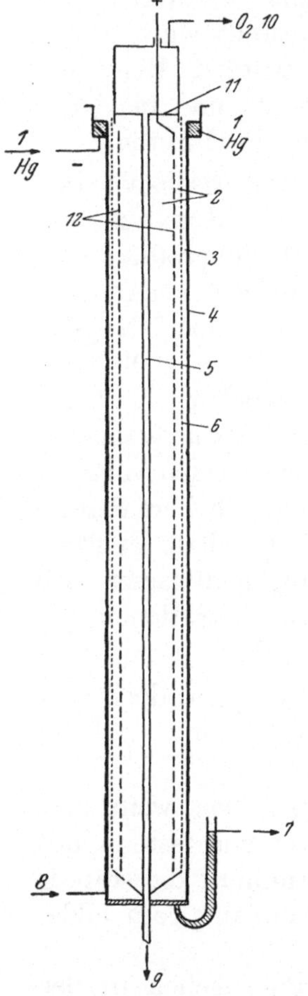

Abb. 47. *Messner*-Zelle.

Da auch bei diesen höheren Stromausbeuten kathodisch doch merkliche Mengen Wasserstoff entwickelt wurden, erwies sich die horizontale Anordnung infolge der Notwendigkeit, ein Diaphragma zu verwenden, als weniger zweckmäßig als eine vertikale Anordnung. Das Kathodengas sammelt sich nämlich unter dem ungefähr 10 mm über der horizontalen Kathode angeordneten Diaphragma an und sperrt dort Stromlinien ab. Sein Entweichen zu befördern, muß das Diaphragma schwach geneigt sein, und das hat eine Vergrößerung seines mittleren Abstandes von der Kathode zur Folge.

Als diese Versuche ausgeführt wurden, beschäftigte sich die I. G. schon seit einiger Zeit mit dem Problem, die Elektrolyse von Alkalichlorid-Lösungen mit vertikal angeordneten Kathoden aus einem unedlen Metall auszuführen, das mit einem Film aus sehr verdünntem Amalgam bedeckt gehalten wurde.

Welche Elektrodenarten und Zellenkonstruktionen sie dazu angewendet hat, gelangt in einem späteren Kapitel zur Erörterung. An dieser Stelle beschränkt sich die Beschreibung auf die Besprechung der Zelle, welche Messner 1936 in Bitterfeld speziell für die Natriumsulfat-Elektrolyse angegeben hat.

Die Versuche der I. G. hatten (u. a. in Wolfen) gezeigt, daß verdünntes Natrium-Amalgam zusammenhängende Flächen mit einem lückenlosen Film überzieht, daß aber die Benetzung der Ränder rechteckiger Elektroden an den Rändern mangelhaft bleibt.

Um die Gegenwart solcher Ränder auszuschließen, verwendete Messner eine zylinder-, bzw. rohrförmige Kathode *4* (Abb. 47), welche als Außengefäß diente und deren Innenfläche von Quecksilber berieselt wurde. Oben wurde diese Kathode, wie dies die beistehende schematische Darstellung zeigt, von einem ringförmigen Raum *1* umgeben, in welchen Quecksilber eingeleitet wurde. Aus diesem floß das flüssige Metall über den glatten Oberrand der Kathode, dessen horizontale Lage mittels 4 Stellschrauben eingestellt wurde, verteilte sich gleichmäßig genug über dessen Peripherie und rieselte weiter in zusammenhängender Schicht an der inneren Zylinder-Oberfläche der Kathode herab, wo es der Stromwirkung ausgesetzt war. Das gebildete Amalgam sammelte sich auf dem Boden der Zelle und gelangte von hier in den Überlauf *7*, in dem es auf höheres Niveau stieg und dem Lösungsinhalt der Zelle die Waage hielt.

Außerhalb der Zelle wurde es, wie beim Quecksilberverfahren der Alkalichlorid-Elektrolyse üblich, mit Wasser in Wechselwirkung gebracht, lieferte dabei 50%ige reine Ätznatronlauge unter Rückbildung äußerst armen Amalgams, das in die Zelle zurückgeleitet wurde.

Das Mipor-Diaphragma *6* ließ sich in weniger als 10 mm Abstand konzentrisch zur Kathode *4* in der Zelle anordnen. Es setzte sich oben in eine Haube fort, die als Sauerstoffkammer ausgebildet war, aus der Anodengas bei *10* abgesaugt wurde. Unten wurde das Diaphragma durch einen Ansatz abgeschlossen, der mit Bohrungen versehen war, um dem Elektrolyten Durchtritt zu gewähren.

Die zylindrischen, perforierten Blei-Silber-Anoden *12* wurden von oben isoliert eingeführt und konzentrisch zum Diaphragma und zu der Kathode angeordnet.

Natriumsulfatlösung vom spezifischen Gewicht 1,3 wurde von unten bei *8* in den Kathodenraum *2* eingeleitet und teilte sich in der Zelle in zwei Ströme. Der eine strich von unten nach oben durch den (oben offen gehaltenen) Kathodenraum. Unter der Stromwirkung sank die Konzentration der Lösung auf diesem Wege. Verarmt wurde sie oben bei *11* durch das Rohr *5* nach *9* abgeleitet, kontinuierlich außerhalb der Zelle mit festem Salz nachgesättigt[1] und in die Zelle zurückgeleitet. Ein anderer Teil der Lösung trat durch die Bohrungen und durch die Poren des Diaphragmas in den Anodenraum *3*, durchsetzte denselben gleichfalls von unten nach oben, während ein Teil des Salzes in freie Säure umgesetzt wurde.

Die Zirkulationsgeschwindigkeit wurde derart bemessen, daß

---

[1] Das Natriumsulfat, welches bei der Kunstseidenfabrikation abfällt, ist durch organische Stoffe verunreinigt. Zu seiner Reinigung engt man die Lösungen ein und läßt festes Salz auskristallisieren, ehe man es, wieder aufgelöst, der Elektrolyse unterwirft. In diesem Falle steht also festes Salz zur Nachsättigung der verarmten Lösung stets zur Verfügung.

der Anolyt mit einem Gehalt von 240 bis 260 g/l freier Säure neben 210 bis 240 g/l unzersetzten Natriumsulfats ausfloß.

Die Zelle war 2 m hoch. Ihre 1,8 m hohe Kathode hatte 0,2 m Durchmesser, ihre wirksame Oberfläche maß also etwas mehr als 1,1 qm. Normalerweise wurde die Zelle mit 1000 bis 1100 A betrieben, die Strombelastung konnte aber auf 1500 A gesteigert werden. Bei 1000 A Strombelastung und bei 40 bis 50° Temperatur, die durch Kühlung aufrecht erhalten wurde, stellte sich die Spannung auf 4,4 V ein. Die Stromausbeute erreichte wie in den horizontalen Quecksilberzellen (die aber etwa 5,5 V verbrauchten) rund 95%.

Die um etwa 20% niedrigere Betriebsspannung der vertikalen Zelle ist dem Umstand zu verdanken, daß die Gasblasen frei entweichen und daß das Diaphragma parallel zur Kathode angeordnet werden kann, so daß sich kleinere Elektrodenabstände herstellen lassen.

Die Elektrolyse mit Quecksilberkathoden liefert demnach — besonders in Zellen von vertikaler Bauart — viel günstigere Resultate, als man in solchen mit Eisenkathoden erzielt. Während man in letzteren zwei Diaphragmen verwenden muß und eine Lösung herstellt, die nur etwa 125 g/l NaOH neben unzersetztem Natriumsulfat enthält, kann man nach dem Quecksilberverfahren 50%ige reine Lauge herstellen und dies mit wesentlich höherer Stromausbeute und mit einem Energieaufwand von etwa 3,3 kWh/je kg NaOH (gegen 5,5 kWh mit Eisenkathoden).

Vorteilhaft ist es auch, daß man in Quecksilberzellen bei der Elektrolyse konzentriertere Lösungen verwenden kann, weil im Kathodenraum NaOH nur in so geringfügigen Mengen auftritt, daß man keine Ausfällung von Natriumsulfat zu befürchten hat.

Wie in den Zellen mit Eisenkathoden stieß man aber beim Quecksilberverfahren auf Schwierigkeiten bei der Wahl des Anodenmaterials. Magnetit-Elektroden scheinen nicht gut verwendbar zu sein, wenn auch darüber noch kein abschließendes Urteil gefällt worden ist.

Die 1%ige Pb-Ag-, die TAINTON-Anode, die sich bei der Zinksulfat-Elektrolyse so gut bewährt hat und die STENDER und SEERAK als verwendbar bezeichnen, erwies sich in Bitterfeld als zu stark angreifbar[1]. Durch Steigerung ihres Silbergehaltes auf 7,5 bis 10% konnte die I. G. in Bitterfeld ihre Haltbarkeit zwar wesentlich steigern; doch blieb es sehr schwierig, aus so silberreichen Legie-

[1] Die Haltbarkeit der Anoden wird allerdings in hohem Maße durch den Reinheitsgrad des Bleis bestimmt. Nur allerreinstes Elektrolytblei, z. B. das in Trail hergestellte „Tadanac“-Blei mit 99,998% Pb, liefert sehr widerstandsfähige Anoden. Ob die hier beschriebenen Versuche mit solchem ausgeführt worden sind, ist l. c. nicht bekanntgegeben worden.

rungen Elektroden in größeren Dimensionen ohne störende Inhomogenität herzustellen.

Die Abb. 48, auf deren Ordinate die Gewichtsverluste von Probeelektroden, deren Silbergehalte auf der Abszisse aufgetragen sind, bei 1000 Ah Stromdurchgang wiedergegeben sind, läßt erkennen, daß der Elektrodenverbrauch bei Steigerung des Silbergehaltes von 0 auf 7,5% sehr rasch, dann weiter langsam zurückgeht, um schließlich bei Überschreitung eines Silbergehaltes von zirka 10% wieder langsam zuzunehmen.

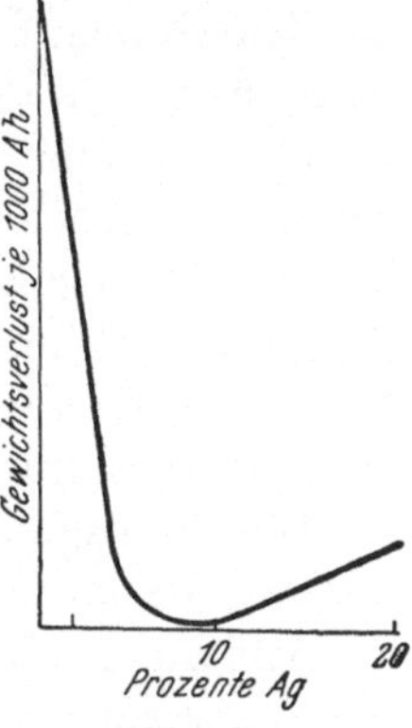

Abb. 48.

Die betreffenden Versuche sind in ruhender Natriumsulfatlösung bei 40° ausgeführt worden. Im strömenden Elektrolyten findet man größere Gewichtsabnahmen, die auch bei Erhöhung der Temperatur — besonders bei Erhöhung derselben über 50° — beträchtlich zunahmen.

Aus dem Gewichtsverlust, welchen die verschiedenen Ag-Pb-Anoden bei Belastung mit 1000 A/qm Stromdichte in einigen Tagen erfuhren, wurde, unter der Annahme, daß der Angriff weiter regelmäßig und wie im ruhenden Elektrolyten vor sich geht, berechnet, daß:

Elektroden mit	0% Ag	zirka	70 mm
„ „	1% (Tainton)	„	37 „
„ „	5% Ag	„	4 „
„ „	10% Ag	„	1 „

an Stärke in sechs Monaten bei der Natriumsulfat-Elektrolyse einbüßen würden.

Die in Bitterfeld ausgeführten Versuche haben dargetan, daß die Natriumsulfat-Elektrolyse technisch durchführbar ist, am besten in Quecksilberzellen mit vertikaler Anordnung. In ihrer Rentabilität muß diese Elektrolyse aber notwendigerweise beträchtlich hinter der Natriumchlorid-Elektrolyse zurückbleiben; denn in an und für sich teureren Zellen, die man nur mit etwa dreimal kleinerer Stromdichte betreiben kann, wird um etwa 15 bis 35% mehr Energie verbraucht als bei der Alkalichlorid-Zerlegung, und dies, um ein geringwertigeres Anodenprodukt herzustellen. Ein solches Verfahren kann betriebsmäßig nur unter besonderen Voraussetzungen Gewinn abwerfen.

Wirtschaftlicher dürfte das Verfahren sein, welches die Fa. Krebs ausgebildet und auch bereits in industriellem Maßstabe ausgeführt hat. Es gründet sich darauf, Natriumsulfatlösung, z. B. abgestoßene Spinnbadlauge, zunächst mit gasförmigem Chlorwasserstoff zu behandeln, um Schwefelsäure freizusetzen und das Sulfat in Chlorid umzuwandeln, welches bei dieser Behandlung in so reiner Form ausfällt, daß es das Ausgangsprodukt für die Alkalichlorid-Elektrolyse bilden kann.

Vorzugsweise wird diese Umsetzung erst vorgenommen, nachdem die Natriumsulfatlösung soweit eingeengt worden ist, daß sie das Salz in Form des Deka-Hydrats enthält. Sie liefert dann in Absorptionstürmen 32%ige Schwefelsäure. Diese wird von dem ausgefallenen Kochsalz in Zentrifugen getrennt.

Das Kochsalz wird abgespült, zentrifugiert und den Chlorzellen zugeführt. Es entsteht in denselben neben Natronlauge Chlor und Wasserstoff, die in Brennern zu HCl-Gas vereint werden, welches dem Prozeß im Kreislauf wieder zugeleitet wird.

Die Schwefelsäure wird mittels Chlor und SO_2, oder mittels SO_3, welches in Kontakttürmen hergestellt wird, aufgestärkt.

Auf diesem Wege kann man beispielsweise bei der täglichen Aufbereitung von 30 t Glaubersalz 7,4 t Ätznatron in Form von Lauge, 177 kg Wasserstoff (nahezu 4000 cbm) und 18,2 t H_2SO_4 (100%ig gerechnet) herstellen und hat dazu 3 t Schwefel und rund 29.000 kWh aufzuwenden.

Nimmt man die Aufkonzentrierung der Säure aber mittels SO_3 vor, so erhöht sich der Aufwand an Schwefel um 7 t, während die Schwefelsäureproduktion auf 21,7 t steigt.

Der Vorteil des Verfahrens liegt darin, daß die schwierige elektrolytische Trennung zweier verschiedener Elektrolytlösungen durch die wohlausgebildete Alkalichlorid-Elektrolyse ersetzt wird, bei welcher ein gasförmiges neben einem flüssigen Produkt entsteht.

C. Elektro-kinetische Prozesse.

Die typisch elektrochemischen Vorgänge kennzeichnen sich dadurch, daß bei ihnen Ionen gebildet oder entladen werden. Die Umsätze gehen in stöchiometrischen Verhältnissen vor sich.

Die elektrische Stromwirkung läßt sich aber auch auf andere Prozesse ausdehnen. Zum Beispiel kann auf Grund der elektrischen Potentialdifferenzen, die sich an Phasen-Grenzflächen ausbilden, eine Verschiebung der Phasen zueinander, also ein elektrokinetischer Effekt, hervorgerufen werden. Sie kann ferner unter anderem dazu dienen:

Nichtelektrolyte, die sich im Potentialgefälle nicht bewegen, von Elektrolyten zu trennen,

die Dialyse durch Anlegung einer Potentialdifferenz zu beschleunigen, eine „Elektrodialyse“ auszuführen,

die Entmischung von Elektrolytlösungen auf Grund der verschiedenen Beweglichkeit einzelner Ionengattungen herbeizuführen und anderes mehr.

Solche Prozesse gehen im allgemeinen nicht nach stöchiometrischen Verhältnissen vor sich, wenn sie auch meist in zahlenmäßiger, regelmäßiger Beziehung zur aufgewendeten elektrischen Energie stehen.

Die Verschiebung von Phasengrenzflächen, z. B. fest/flüssig, zueinander unter Einwirkung eines Potentialgefälles, findet gewisse praktische Anwendungen. Sie wird als „*Elektroosmose*" bezeichnet, wenn die feste Phase praktisch unbewegt, die Flüssigkeit bewegt wird, als „*Elektrophorese*" wenn die festen Anteile beweglich sind, also in suspendierter, disperser Form, als Kolloidteile und dergleichen vorliegen, und zwar spricht man von *Anaphorese*, wenn die Teilchen zur Anode, von *Kataphorese*, wenn sie zur Kathode wandern.

Die *Elektroosmose* tritt besonders deutlich in Erscheinung, wenn man eine Potentialdifferenz an feinporige Körper anlegt, deren Poren von Flüssigkeit erfüllt sind. Sie äußert sich dadurch, daß die Flüssigkeit nach einer Seite, gewöhnlich nach der Kathodenseite hin, bewegt wird. In unbeabsichtigter Weise tritt dies fast immer dort, wenn auch in geringem Grade, auf, wo eine elektrolytische Zelle durch ein dicht abschließendes Diaphragma in zwei getrennte Kammern abgeteilt wird, weil dieses eine Grenzflächenspannung annimmt.

Die Geschwindigkeit, mit welcher die Flüssigkeit nach einer Seite bewegt wird, folgt einem einfachen Gesetz. Sie ist nämlich:

der angelegten Spannung, der Grenzflächenspannung, der Dielektrizitätskonstante des Mediums (des Wassers) und der Summe der Querschnitte aller Poren direkt proportional,

der Länge der Poren und dem Koeffizienten der inneren Reibung der Flüssigkeit umgekehrt proportional.

Aus ihrer Messung läßt sich bei Kenntnis der übrigen Größen, die man in vielen Fällen experimentell bestimmen kann, die Größe der elektrischen Grenzflächenspannung, die mit ξ bezeichnet wird, berechnen.

Es ist bemerkenswert, daß für diese Größe ξ praktisch stets ähnliche Zahlenwerte gefunden werden. Sie liegen innerhalb der Grenzen 0,03 bis 0,08 V und sind in der Regel wenig von 0,06 V verschieden.

Der Größe nach unterscheiden sie sich also wesentlich vom Potential E fest/flüssig einer Elektrode, welches die Spannungsdifferenz derselben von der ihr *unmittelbar* anliegenden Flüssigkeitsschicht angibt.

Man pflegt sich deshalb vorzustellen, daß die dem festen Körper unmittelbar anliegende Flüssigkeitsschicht sehr schwer oder gar nicht durch angelegte kleine Potentialdifferenzen bewegt wird, daß sich vielmehr deren Wirkung nur auf etwas abstehende Flüssigkeitsschichten erstreckt. Auf Grund dieser Vorstellung nimmt man an, daß die ξ-Potentiale Spannungsdifferenzen sind, die sich zwischen zwei Flüssigkeitsschichten ausbilden.

Die Frage nach dem Ursprung dieser Spannungsdifferenz ist nicht immer eindeutig zu beantworten. Z. B. kann die elektrolytische Dissoziation eine Ionart liefern, welche mit dem festen Körper verbunden bleibt, der ihren Ladungssinn annimmt, während das entgegengesetzt geladene Ion in der Lösung, also beweglich bleibt, oder die verschiedene Beweglichkeit der Ionen der flüssigen Phase kann an der Grenzfläche eine Doppelschicht bilden, welche dem festen Körper den Ladungssinn des schnelleren Ions erteilt. In vielen Fällen handelt es sich jedoch um eine ungleichmäßige, selektive Adsorption entgegensetzt geladener Ionen. Größe und selbst Sinn der Ladung lassen sich in vielen Fällen durch Elektrolytzusätze beeinflussen; doch sind Ausnahmen davon bekannt.

Die Umladung, welche manchmal mit der Veränderung der Lösungen auftritt, kann zur Folge haben, daß sich die Richtung der Flüssigkeitsbewegung während des Stromdurchganges umkehrt.

Noch wenig ist die Frage geprüft worden, ob und in welcher Weise sich die Zusammensetzung der bewegten Flüssigkeit von derjenigen des Lösungsmittels unterscheidet, obwohl viele Momente dafür sprechen, daß Unterschiede vorhanden sind.

Versuche, die elektroosmotischen Erscheinungen für industrielle Zwecke zu verwerten, sind nach vielen Richtungen unternommen worden. Sie haben bisher nur selten praktischen Erfolg aufzuweisen gehabt; doch sind durchaus noch nicht alle Möglichkeiten, die sich bieten können, in Angriff genommen worden.

Versuche, die elektroosmotischen Erscheinungen für praktische Zwecke zu verwerten, sind zuerst von Graf SCHWERIN, bzw. der Elektroosmose G. m. b. H. unternommen, dann von vielen anderen fortgesetzt worden.

Die ersten derselben waren auf die Entwässerung von Torf gerichtet. Der im Reißwolf zerkleinerte Torf wurde unter Zusatz von etwas Wasserglas in dünner Breiform mit etwa 90% Wasser in „elektroosmotischen Filterpressen“ der Stromwirkung unterworfen. In $1^1/_2$ Stunden wurde ungefähr ein Drittel des Wassers ausgetrieben. Nach kurzer Nachtrocknung an der Luft konnten die Preßkuchen zur Mondgasbereitung verwendet werden.

Der Energieverbrauch betrug aber 130 kWh je t und dies ließ den Prozeß unrentabel erscheinen. Während des ersten Weltkrieges wurde er zwar in Wildehoft (Ostpreußen) mit Staatshilfe ausgeübt, nach dem Kriege aber aufgelassen.

Gewisse Erfolge soll man durch ähnliche Behandlung von Farbteigen der Alizarinreihe erzielen können. Diese lassen sich in gewöhnlichen Filterpressen nur auf 30 bis 40% Wassergehalt, in elektroosmotischen Filterpressen aber bis auf 15 bis 20% Wassergehalt bringen. Dazu werden die Farbteige unter geringem Ammoniakzusatz in Behandlung genommen und durch zwischengelegtes Filtertuch vor direkter Berührung mit den Elektrodenmetallen geschützt. Als Elektroden dienen gelochte Siebplatten, deren Rand mit Hartgummi überzogen ist. Diese und die Filterrahmen, zwischen die sie eingesetzt werden, ruhen mit ihren isolierten Tragansätzen wie bei einer Filterpresse auf Längsstangen auf.

Einigen Erfolg hatten Versuche, die Ledergerbung auf elektroosmotischem Wege zu beschleunigen, er wurde aber durch den Nachteil gleichzeitiger teilweiser Oxydation des Tannins beeinträchtigt. Hingegen haben Versuche, Zuckersäfte aus Rübenschnitzeln durch Elektroosmose zu extrahieren, keine guten Resultate geliefert.

Bei gewissen Handhabungen, z. B. bei der Formung von Rohziegeln, hat es sich als vorteilhaft erwiesen, metallische Schneiden oder Drähte, die zur Teilung der feuchten Masse dienen, an den negativen Pol, die zu teilende Masse an den positiven Pol einer Stromquelle zu schließen. Die Elektroosmose zieht dann etwas Wasser aus der teigförmigen Masse zur Kathode, diese wird dadurch schlüpfrig, die Ablösung des Teiges von der Form wird dadurch erleichtert, das Haftenbleiben von Masseteilen an ihr wirksam verhindert, die Schnittflächen fallen glatter aus usw.

Es ist nicht unwahrscheinlich, daß sich zahlreiche derartige nützliche Anwendungen, wenn auch nur in kleinerem Maßstabe, ausbilden lassen, die sich praktisch bewähren.

Etwas breitere Anwendung findet die *Elektrophorese* bei Behandlung von Suspensionen, Kolloiden und dergleichen.

Die Bewegung suspendierter Teilchen in Richtung einer der beiden Elektroden, die sie hervorruft, ist der Ionenwanderung vergleichbar, das Verhältnis Masse/Ladung ist aber ein anders, meist ein viel größeres. Gleiche Strommengen bewirken deshalb viel größeren Massentransport zu der betreffenden Elektrode, und dies wirkt sich günstig aus.

Bemerkenswerterweise sind die Wanderungsgeschwindigkeiten suspendierter Teilchen im Stromgefälle bei halbwegs größerem Dispersionsgrad von derselben Größenordnung wie die Wanderungsgeschwindigkeit trägerer Ionen, nämlich meist nur drei- bis zehnmal kleiner als die letzteren, während ihre Massen, also auch ihre Durchmesser, von ganz andrer Größenordnung[1] sind. Dies läßt sich dahin deuten, daß Ionen weitgehend hydratisiert sind, disperse Teilchen aber nicht. Die weitgehende Vergrößerung des Ionenquerschnittes durch mitgeführtes Wasser scheint bei dispersen Teilchen auszubleiben. Das Verhältnis Ladung/Masse wäre dann nur scheinbar sehr verschieden. Praktisch würde der Unterschied darin bestehen, daß Ionen unnütze Masse (nämlich anhaftendes Wasser) mitführen, disperse Teilchen aber nicht.

Ein Analogon findet dies in der Tatsache, daß die Beweglichkeit der Ionen von ihrer Ladung fast unabhängig ist, z. B. ist sie für $Fe^{\cdot\cdot}$ $4{,}8 \cdot 10^{-4}$ (cm sec^{-1} $Volt^{-1}$), für $Fe^{\cdot\cdot\cdot}$ im selben Maße $4{,}6 \cdot 10^{-4}$. Dies veranlaßte v. HEVESY 1917 den Satz aufzustellen: Das Verhältnis der Ionenladung zum Ionendurchmesser bleibt annähernd konstant. Mit zunehmender Ladung vergrößert sich nach seiner Ansicht das Ion durch Wasseranlagerung, sodaß die Ladungsdichte annähernd gleichbleibt. Dadurch würde es sich auch erklären, daß die Potentiale in Wasser suspendierter Teilchen, wie bereits bemerkt, einander sehr ähnlich, nämlich von 0,06 V wenig verschieden sind.

Dies kann indessen keine strenge Gültigkeit beanspruchen; denn die Ladung läßt sich in vielen Fällen der Größe und selbst dem Sinne nach durch Elektrolytzusätze beeinflussen, besonders stark durch Zusätze von Elektrolyten mit mehrwertigen Ionen.

So wandern kolloidale Silberteilchen normalerweise zur Anode, durch steigenden Zusatz von Aluminiumchlorid läßt sich aber, wie SVEDBERG gezeigt hat, ihre Wanderungsgeschwindigkeit zur Anode sukzessive verzögern, bis sie überhaupt zu wandern aufhören, also keine Ladung mehr tragen. Setzt man weiter Aluminiumchlorid zu, so beginnen sie zur Kathode zu wandern, und zwar um so schneller, je mehr $Al^{\cdot\cdot\cdot}$ zugesetzt werden kann, bevor Koagulation eintritt.

Ein anderes Beispiel für dieses Verhalten hat ein Versuch von LOTTERMOSER geliefert, der dargetan hat, daß sich aus sehr verdünnten Silbernitratlösungen nach Belieben positiv oder negativ geladenes Silberjodid fällen läßt, je nachdem man bei der Fällung einen Überschuß von $Ag^{\cdot}$ oder einen solchen von J' herstellt.

Die Umladung des einen oder andern Bestandteils von Gemischen durch geeigneten Elektrolytzusatz bietet die Möglichkeit, neue Trennungsmethoden zur Wirkung zu bringen. Sie werden allerdings dadurch erschwert, daß die Zusammensetzung des Mittels und damit

[1] Salzmoleküle haben (ohne Hydratwasser) Durchmesser von der Größenordnung $1 \cdot 10^{-7}$ mm. Feine Suspensionen $1 \cdot 10^{-3}$ bis $1 \cdot 10^{-4}$. Die Mastixemulsionen, die PERRIN durch Zentrifugieren herstellte, bestanden z. B. aus Teilchen von $4 \cdot 10^{-4}$ mm Durchmesser. Kolloidteilchen weisen hingegen Durchmesser von $1 \cdot 10^{-4}$ bis $1 \cdot 10^{-6}$ mm auf.

der Sinn der Ladungen während des Stromdurchganges meist schwer konstant zu halten ist.

Die meisten Stoffe laden sich in Wasser — wohl durch Anionen-Adsorption — negativ auf, wandern also im Stromgefälle zur Anode. Zur Kathode wandern nur ausgesprochen basische Oxyde und Hydroxyde, ferner basische Farbstoffe, die aber wohl Ionen großer Dimension vorstellen.

Technische Anwendung hat dementsprechend auch bisher nur die Anaphorese gefunden, und zwar zur Abscheidung von Kaolin, zur Herstellung von Überzügen aus gummiartigen Stoffen mit oder ohne Füllkörper usw.

Die anaphoretische Abscheidung und Entwässerung von Kaolin wird betriebsmäßig ausgeführt, sie hat sich dauernd gut bewährt.

Der rohe Kaolin, welcher durch Verwittern von Feldspat und anderen Gesteinen entstanden ist, die Glimmer, Quarz, Pyrit usw. als Verunreinigungen mitführen, kann von diesen schnell und leicht durch elektrische Stromwirkung getrennt werden, weil er sich, besonders nach geringem Ammoniak- oder Wasserglaszusatz, glatt an der Anode abscheidet, während die Verunreinigungen sich zu Boden setzen.

Hierzu wird der Kaolin zunächst mit viel Wasser zu einer dünnen Trübe verrührt und geschlämmt. Die gröberen Verunreinigungen sinken dabei zu Boden. Der aus der überfließenden Trübe abgesetzte Roh-Kaolin wird mit der ungefähr vierfachen Wassermenge durch Quirlen wieder aufgeschlämmt, mit zirka 1 Liter Wasserglas/t versetzt und von unten in die Zellen eingeführt, in denen er durch Rührer in Suspension gehalten wird.

In die milchige Flüssigkeit taucht eine mit Hartblei überzogene trommelförmige Elektrode, die um ihre horizontale Achse in Rotation gehalten wird und an den positiven Pol der Stromquelle (meist 110 V) geschlossen ist. Eine Messingdrahtnetz-Kathode umgibt sie unten im Halbkreis in einigen Zentimetern Abstand.

Die Anode wird von einem synchron umlaufenden Leinwandband bedeckt, auf dem sich das pulverförmige Material als Pelz in 6 bis 12 mm dicker Schicht abscheidet, welcher kontinuierlich durch eine Schneide abgehoben wird.

Graf Schwerin nahm diese Anaphorese bei 75 bis 110 V Spannung mit Stromdichten von 100 bis 500 A/qm vor und erhielt je durchgesandte Kilowattstunde etwa 24 kg (wasserfrei gerechnetes) rein weißes Produkt.

Die bekanntgegebenen Angaben über die Leistung schwanken allerdings innerhalb der Grenzen von 10 bis 28 kg/kWh. Dies dürfte einerseits auf den verschiedenen Feinheitsgrad der Suspension, andererseits darauf zurückzuführen sein, daß die Entwässerung des Pelzes im einen Fall weiter getrieben wurde als im anderen. In der Regel betrug sein Wassergehalt etwa 35%. Im allgemeinen ist die Stromausbeute unabhängig von der angewandten Stromdichte, die Niederschlagsmenge der durchgesandten Strommenge proportional.

Auch die Herstellung isolierender Überzüge auf Metalle durch anaphoretisches Niederschlagen gummiartiger Stoffe aus deren Suspensionen oder aus kolloidalen Lösungen scheint sich gut einzuführen. Die Natur des Anodenmetalls bestimmt die Haftintensität und die Struktur des hergestellten Überzuges. Aus Suspensionen von Latex erhält man z. B. an Zinkanoden dichte, gut haftende Niederschläge, während sie an Kupferanoden rissig werden und schlecht haften.

Beigemischte Suspensionen anderer Stoffe, die gleichfalls zur Anode wandern, z. B. solche von Schwefel, von Farbstoffen und dergleichen, können zugleich mit dem Gummi niedergeschlagen werden.

Die Niederschläge weisen meistens hohe Zerreißfestigkeit auf und lassen sich nachträglich leicht vulkanisieren. Durch gleichzeitiges Niederschlagen von Akzeleratoren läßt sich die Vulkanisierung noch befördern. Da die Kationen von der Anode in Richtung der Kathode abwandern, erhält man salzarme, bzw. salzfreie Niederschläge von gutem Isolationsvermögen, die keine hygroskopischen Beimengungen einschließen.

Die Überzüge lassen sich in Stärken bis zu etwa 3 mm herstellen. Die Streukraft, bzw. die Tiefenwirkung, ist allerdings beschränkt, sie läßt sich durch ähnliche Mittel beeinflussen wie in der Galvanotechnik.

Je nach der angewandten Klemmenspannung lassen sich je Kilowattstunde mit Spannungen von 10 bis 100 V 0,75 bis 15 kg Gummi niederschlagen, wobei Stromdichten von 100 bis 1000 A/qm angewendet werden.

Hüllt man die Anode in eine Membran oder umgibt man sie mit einem Diaphragma, so scheidet sich das Produkt, wie bei der Kaolingewinnung, auf diesem ab. In Java ist dies dazu benützt worden, Gummi aus den Säften der Gummibäume abzuscheiden.

Ähnlich verhalten sich wässerige Suspensionen von Asphalt oder bituminösen Stoffen. Dies ist in manchen Fällen von praktischem Wert, weil sich auf diesem Wege isolierende Überzüge auf nassen Metallunterlagen herstellen lassen, auf welchen sich isolierende Anstriche nicht auftragen lassen.

Im Versuchsstadium befinden sich Methoden, aus nichtwässerigen Suspensionen von Harzen gleichfalls isolierende Überzüge herzustellen.

In der Laboratoriumspraxis sehr verbreitet, zuweilen auch in etwas größerem Maßstabe anwendbar, ist es, die *Dialyse* durch Stromwirkung zu beschleunigen, also durch Ausführung der „*Elektrodialyse*".

Graham dürfte der erste gewesen sein, welcher durch Einschalten gewisser Membranen, welche kristalloid gelöste Stoffe (also Elektrolyte) durchtreten lassen, aber Kolloide zurückhalten, eine Trennung und Reinigung der letzteren durch „*Dialyse*" vollzogen hat (1861). Die Elektrodialyse läßt sich nicht nur zur beschleunigten Reinigung von Kolloiden, sondern naheliegenderweise auch von Nichtelektrolyten, die im Stromgefälle nicht wandern, heranziehen. Auf ganz analoge Erscheinungen gründet sich die Entsalzung von Wässern durch elektrische Stromwirkung.

D. Entsalzung von Wässern durch die Wirkung des elektrischen Stroms.

Vorschläge, natürliche Wässer durch elektrische Stromwirkung in Diaphragma-Zellen zu enthärten, gelangten schon frühzeitig in die Patent-Literatur. Es handelte sich dabei um die Ausfällung von schwer löslichen Erdalkalihydroxyden durch das im Kathodenraum gebildete Alkali. Die im Wasser enthaltenen Alkalisalze blieben unverändert darin.

Von etwa 1900 ab wurde es aber zielbewußt angestrebt, Elektrolyseure auszubilden, welche dazu dienen, Wässer nicht nur zu enthärten, sondern zu entsalzen. Dazu wurden Zellen gebaut, welche durch zwei parallele Diaphragmen in drei Kammern unterteilt wurden. Die Elektroden wurden in die äußeren Kammern eingesetzt, das zu behandelnde Wasser durch die von den zwei Diaphragmen eingeschlossene Mittelkammer geführt[1].

Über die Natur der Vorgänge, die sich in diesen Zellen abspielen, war man sich anfangs im unklaren. Man sprach fälschlich von einer „elektroosmotischen" Entsalzung, vielleicht auch deshalb, weil die Elektroosmose G. m. b. H. die erste war, welche solche Zellen praktisch zur Ausführung brachte. Tatsächlich suchte sie in diesen zunächst wirklich von elektroosmotischen Vorgängen Nutzen zu ziehen.

Erfahrungsgemäß treten nämlich Kationen leichter durch negativ geladene, Anionen leichter durch positiv geladene Membranen als durch gleichsinnig geladene. Die Elektroosmose G. m. b. H. wollte deshalb kathodenseitig Diaphragma-Materiale verwenden, die sich

---

[1] Einer der ersten Vorschläge rührt von Siemens & Halske (E. Abel) her (Brit. Pat. 14 195 aus 1903), in welchem erwähnt wird, daß Dreikammerzellen schon früher für die Reinigung von Sacharinsäften verwendet worden sind.

negativ, anodenseitig solche, die sich positiv aufladen[1], für erstere z. B. Gewebe aus Pflanzenfasern, für letztere Materiale tierischen Ursprungs, wie Leder, Chinonleder oder auch Filterleinwand, die mit Chromgelatine imprägniert war. Sie leisteten aber nicht, was man sich von ihnen versprochen hatte. Man kam deshalb von ihnen wieder ab und verwendete beiderseitig dichte Baumwoll-Filterdiaphragmen. Soferne man nur sehr schwach chloridhältige Wässer behandelte, befriedigten sie. Bei der Entsalzung deutlich chloridhältiger unterlagen sie aber einem sehr schnellen Verschleiß.

Neuerdings sucht man auf die Verwendung von Diaphragmen zurückzugreifen, die sich aufladen. So hat sich die *Raffinerie Tirlemontoise* die Verwendung von Ionenaustauschern als Diaphragmamaterial ganz allgemein schützen lassen[2], während JUDA, WAYNE und PELLSTON[3] u. a. deren Verwendung für die Entsalzung von Wässern beschreiben.

Ionenaustauscher charakterisieren sich dadurch, daß eines ihrer Ionen an die feste Phase gebunden, das andere aber beweglich bleibt, ihre Leitfähigkeit hat die Größenordnung von etwa $5 \cdot 10^{-2}$, ihre Ladung steigt bis auf etwa 55 Millivolt. Sie werden entweder als solche verwendet, wenn es gelingt, sie in passende Form zu bringen, oder als Imprägnierungsmittel für Gewebe aus Saran oder dergleichen.

Von JUDA und Mitarbeitern werden z. B. Kationenaustauscher vorgeschlagen, die (wie z. B. „Dowex“) aus polymerisierten Sulfonsäuren oder (wie z. B. Amberlite IRG-50) aus Polystyren aufgebaut sind, Anionenaustauscher, die aus Guanidin, Melamin usw. aufgebaut sind. Veröffentlichungen in ausländischen Fachzeitschriften[4] geben an, daß mit ihnen aufsehenerregende Resultate erzielt worden sein sollen. Ein klares Urteil zu gewinnen, muß aber die Mitteilung präziserer Daten abgewartet werden.

In konstruktiv eleganter Weise hat die Elektroosmose G. m. b. H. die Dreikammerzellen durch Aneinanderreihen U-förmiger eiserner, mit Hartgummi überzogener Rahmen hergestellt, die sie in einer Art Filterpresse zu einem Block zusammenschloß. Als Diaphragmen dienten dabei sackförmige Gewebe. Sie wurden außen über die Rahmen gespannt, welche die Mittelkammern (die Wasserräume) einschließen sollten. Diese waren zwischen zwei etwas breiteren, aber unbespannten U-Rahmen eingeordnet, die auf ihren Außenflächen durch Hart-

---

[1] D. R. P. 291 672 (1914), Brit. Pat. 11 823 (1914).

[2] F. Pat. 484 577 von 27. August 1948.

[3] U. S. A.-Pat. 2 636 851 und 2 636 852 von 9. Juli 1949, beide Übertragen an die Ionics Inc., Cambridge, Mass.

[4] cf. z. B. Chem. Eng. News, März 1952. L'Industrie Chimique, Februar 1954.

gummiplatten abgeschlossen wurden und die Elektroden aufnahmen. Hohle Magnetit-Elektroden dienten als Anoden[1].

Solche Filterpressen wurden meist aus 30 U-Rahmen zusammengesetzt. Die von diesen gebildeten zehn Dreikammerzellen waren in vier, elektrisch parallel zueinander geschaltete, Gruppen eingeteilt, die durch Hartgummiplatten voneinander isoliert wurden. Die erste dieser Gruppen bestand aus vier in Serie geschalteten Zellen, die zweite zählte deren drei, die dritte zwei, die letzte bloß eine Zelle. Letztere nahm also die volle Netzspannung (von meistens 220 V) auf, die Zellen der vorhergehenden Gruppen aber entsprechend niedrigere Spannungen. Das zu behandelnde Wasser wurde an einem Ende der ersten Mittelkammer der ersten Gruppe unten eingeführt, floß aufwärts durch dieselbe, trat am diagonal entgegengesetzten oberen Ende durch einen Glasheber aus, der es in den Unterteil der nächsten Mittelkammer führte. Auf dieselbe Art wurde es, der Reihe nach, durch alle folgenden Mittelkammern geleitet, bis es, entsalzt, aus der letzten oben austrat. Von Mittelkammer zu Mittelkammer nahm die Leitfähigkeit des Wassers dabei ab, die Zellenspannung zu.

Unter der Stromwirkung reicherten sich Elektrolyte in den Elektrodenkammern an. Um dieser Anreicherung entgegenzutreten, wurden die Elektrodenräume ständig mit Wasser gespült: die ersten mit Rohwasser, die mittleren manchmal mit vorgereinigtem, die letzten mit elektrisch entsalztem Wasser. Etwa 10% des entsalzten Wassers wurden für diesen Spülzweck verbraucht.

Als „vollständig“ entsalzt galt ein Wasser, das gemäß der Vorschrift der Pharmakopoe einen Maximalabdampfrückstand von 10 mg/l aufwies und nicht mehr als 0,3 mg/l Chlor enthielt. Solches ohneweiters herzustellen, gelang nur, wenn das Rohwasser keine größeren Mengen von Nichtelektrolyten (z. B. kolloidaler Kieselsäure) enthielt, andernfalls nur, wenn diese vor der elektrischen Entsalzung wenigstens zum Teil entfernt worden waren.

Die Elektroosmose G. m. b. H. führte ihre Apparate in vier Größen mit Durchschnittsleistungen von 4, 20, 80, bzw. 180 l/h aus. Entsprechend der hohen angewandten Zellenspannung, deren arithmetisches Mittel: $(4 \cdot 220)/10 = 88$ V betrug, war ihr Energieverbrauch relativ hoch. Noch schwerer fiel aber ins Gewicht, daß die Entsalzung chloridhältiger Rohwässer auf erhebliche Schwierigkeiten stieß, weil die Anodendiaphragmen in solchen Wässern ziemlich rasch zerstört wurden.

Die Dreikammerzellen, welche von anderen Firmen für die Entsalzung von Wässern unter dem Namen „*Hydor*“-Zellen in sehr zahl-

[1] D. R. P. (1921) 383666, Brit. Pat. 311562, F. P. 557861.

reichen Betrieben eingeführt wurden, sind im Gegensatze hierzu mit Diaphragmen aus keramischer Masse ausgerüstet, welche allen hier in Betracht kommenden chemischen Angriffen dauernd standhalten. Auch ihre Konstruktion ist eine andere: die Zellen haben Zylinderform, die Kathodendiaphragmen (aus Filtertuch oder Asbest) umfassen die Anodendiaphragmen konzentrisch. Die von ihnen begrenzten Wasserräume sind nicht durch Heber miteinander verbunden (in denen sich erfahrungsgemäß Gasblasen festsetzen, welche die Zirkulation periodisch stören), sondern das Wasser fließt frei von einer Mittelkammer zur nächsten herab. Dazu sind die Zellen treppenartig aufgestellt (s. Abb. 50). Jedwede Spülung der Elektrodenräume wird während des normalen Betriebes auf Grund folgender Überlegungen unterlassen[1]:

In den Dreikammerzellen wird die Stromleitung anodenseitig teils von den Anionen übernommen, welche durch das Anodendiaphragma in den Anodenraum treten, teils von den Kationen (das sind im sauren Anolyten Wasserstoff-Ionen), die daraus in den Mittelraum zurückwandern. Da letztere rund viermal beweglicher sind als die in Rohwässern auftretenden Anionen, übernehmen sie anodenseitig etwa 80% der Stromleitung. Kathodenseitig übernehmen die dort bald auftretenden OH'-Ionen in analoger Weise den Hauptanteil der Stromleitung. Von der durchgesandten Strommenge dienen demnach höchstens 20% dem angestrebten Zweck, den Abtransport von Salzen aus der Mittelkammer zu dienen, die restlichen 80% der Überführung von H', bzw. von OH'-Ionen in den Mittel raum[1].

Die Entsalzung im Mittelraum kommt dadurch zustande, daß die in diesen einwandernden H˙- und OH'-Ionen zu, nahezu undissoziiertem, H_2O zusammentreten. Diese Art der Entsalzung, die als elektrolytische Entmischung verschiedener Ionengattungen anzusehen ist, kann also nur in Lösungsmedien durchgeführt werden, welche — wie Wasser — sehr schwach dissoziiert sind.

Sind andere Kationen als H˙ im Anolyten, andere Anionen als OH' im Katholyten vorhanden, so werden sie zum Teil wieder in den Mittelraum zurückgeführt, was der Entsalzung entgegenwirkt. Deshalb ist es unrationell, wie es früher geschah, Waschwässer durch die Elektrodenkammern zu leiten, weil sie fremde Kationen und Anionen mitführen. Es war aber auch unvorteilhaft, die Leitfähigkeit des Anolyten und des Katholyten herabzusetzen, weil dies die Stromkapazität und damit die Literleistung der Zellen nutzlos herabdrückt. Bei Verwendung guter, möglichst feinporiger Diaphragmen von hohem

[1] Öst. Pat. 143 038 (Billiter), A. P. 2 093 770, It. Pat. 339 824 usw.

Diffusionswiderstand ist es im Gegenteil von Vorteil, die Elektrodenkammern mit relativ gut leitenden Flüssigkeiten zu beschicken. Deshalb werden die Anodenkammern der *Hydor*-Zellen von vornherein mit verdünnter Schwefelsäure beschickt. Der gut leitende Anolyt übernimmt die Rolle einer Elektrode und es kann ihm der elektrische Strom durch Platindrähte zugeführt werden, deren Durchmesser so klein gehalten wird, daß sie wohlfeil bleiben und eben nicht in Glut (s. S. 100) geraten.

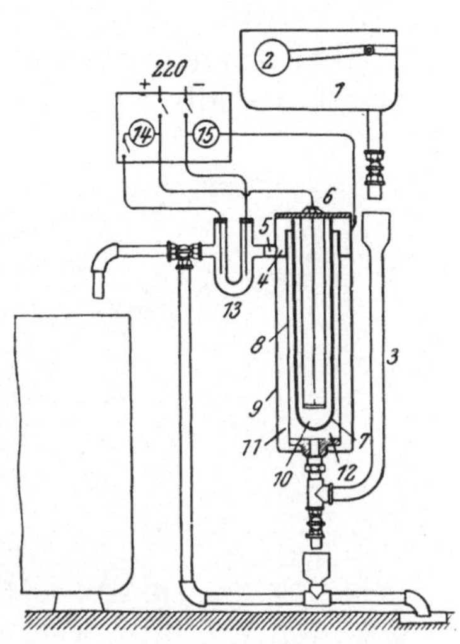

Abb. 49. *Hydor*-Zelle.

1 Rohwasser-Reservoir, *2* Schwimmerventil, *3* Zuflußrohr, *4* Überlauf für gereinigtes Wasser, *5* Anschlußstück, *6* Platindrähte, *7* keramisches Diaphragma, *8* Kathodendiaphragma, *9* Außengefäß-Kathode, *10* Anolyt, *11* Katholyt, *12* Wasserraum zwischen beiden Diaphragmen, *13* Meßgefäß für Leitfähigkeitsprüfung, *14* Milli-Amperemeter, *15* Amperemeter.

Keramische Anodendiaphragmen laden sich deutlich *negativ* auf. Dies hat zur Folge, daß sie bei Stromdurchgang Wasser durch Elektroosmose aus dem Anodenraum in den Mittelraum überführen. Kathodendiaphragmen aus Geweben nehmen gleichfalls negative, wenn auch schwächere Ladung an, die sich aber im Maße, in welchem sich basische Niederschläge auf ihnen absetzen, in eine positive umkehrt und dann gleichfalls eine Überführung von Wasser in den Mittelraum bewirkt. An und für sich wird die Entsalzung dadurch nicht gestört, wenn man nur Sorge dafür trägt, daß die Elektrodenräume nicht leerlaufen. In *Hydor*-Zellen[1] (Abb. 49, 50) wird dies dadurch verhindert, daß die Diaphragmen an ihrem unteren Rand mit einer kleinen Bohrung oder einer Kapillare versehen werden, durch welche Wasser aus dem Mittelraum in dem Maße in die Elektrodenkammern nachströmt, in welchem es daraus durch Elektroosmose abwandert. Dadurch, daß Zu- und Ableitung aus den Elektrodenkammern unterbleibt[2], wird die Konstruktion vereinfacht und verbilligt.

Eine restlose Entsalzung ist bisher in Dreikammerzellen nicht erzielt worden, wenn sich auch der Verdampfrückstand bei Abwesen-

[1] Die *Hydor*-Zellen sind nicht mit den *Hydorit*-Zellen zu verwechseln, welche die Firma Seibold in Wien vertreibt, und die, wie es der Name schon anzeigt, eine Imitation der Hydor-Zellen vorstellen, bei welchen aber die in den letzten Absätzen dargestellten Merkmale nicht zur Anwendung gelangen. Die erzielten Betriebsresultate sind deshalb auch nicht dieselben.

[2] Der Anolyt wird nur nach längeren Betriebsperioden zum Teile abgehebert.

heit von Nichtelektrolyten auf wenige Milligramm pro Liter, der Chloridgehalt auf eine Spur, die Leitfähigkeit auf etwa 1 bis $5 \cdot 10^{-6}$ herabsetzen läßt. Die Entsalzung ist bei höheren Temperaturen vollständiger, die Literleistung der Zellen größer. Eine Vorwärmung des Rohwassers, etwa in Wärmeaustauschgefäßen, durch welche das heiß abfließende entsalzte Wasser dem Rohwasser entgegengeführt wird, ist deshalb rationell.

Abb. 50. *Hydor*-Zellen.

In *Hydor*-Zellen beträgt der Wattstundenverbrauch bei „vollständiger" Entsalzung ungefähr 0,0025 bis 0,003 · (Milligramm Salz je Liter Rohwasser) · (Durchschnitts-Zellenspannung in Volt), also z. B. bei der Entsalzung von Rohwasser mit 200 mg Salz im Liter und einer durchschnittlichen Zellenspannung von 55 V (in einer Batterie von vier an 220 V Netzspannung in Serie geschaltenen Zellen) rund 30 Wattstunden pro Liter. Dieser Energieverbrauch entspricht ungefähr der Stromausbeute, die sich nach den oben angeführten Überlegungen bestenfalls erzielen läßt.

Von Zelle zu Zelle steigt bei Serienschaltung die Spannung (der fortschreitenden Entsalzung und der sie begleitenden Abnahme der Leitfähigkeit entsprechend) rasch an. Bei Schaltung von vier Zellen in Serie an 220 V nimmt jede folgende ungefähr die doppelte Spannung der vorhergehenden Zelle an. Die Literleistung wird aber — gleichgültig, ob die Zellen in einzelne Gruppen geteilt werden oder nicht — durch die angewandte Gesamtspannung bestimmt.

Sie steigt ceteris paribus mit steigender Temperatur an, ist also bei Herstellung höherer Durchschnitts-Zellenspannungen — bei „schärferer“ Schaltung — größer als bei „milderer“ Schaltung.

Die Größe, in welcher sich die Zellen herstellen lassen, ist durch die Maximaldimension begrenzt, in welcher keramische Diaphragmen ausführbar sind. Die größten Zellen haben gegenwärtig Stundenleistungen von rund 200 Litern. Mit anderen Diaphragma-Materialen, welche zurzeit noch in Erprobung stehen, lassen sich bedeutend größere Zellen bauen.

Der Vorteil der elektrischen Entsalzung liegt in ihrer Einfachheit, der Kontinuität des Betriebes, dem Mangel jeder Wartung, die sich darauf beschränkt, die Zellen in größeren Zeiträumen zu entleeren und mit verdünnter Säure zu reinigen. Bei normalen Kraftpreisen ist der oben angegebene Wattverbrauch für die Entsalzung ganz großer Wassermengen zu groß. Die Anwendung von Hydor-Zellen beschränkt sich deshalb auf kleine und mittlere Verbraucher: Akkumulatoren-Zentralen, Fabriken chemischer und pharmazeutischer Produkte, Spiegelfabriken, elektrolytische Wasserzersetzung, Apotheken und dergleichen mehr.

Für Großabnehmer muß der Energieverbrauch verringert werden. Der gegebene Weg besteht darin, die Zellenspannung herabzusetzen. Die allerletzte Reinigung gelingt zwar nur bei relativ hoher Spannung, der Hauptanteil der Entsalzung läßt sich aber schon bei 4 bis 7 V Spannung durchführen, und zwar in Zellen mit nur einem Diaphragma.

Ein erster Schritt nach dieser Richtung wurde dadurch unternommen, daß nur die allerletzte oder die zwei letzten Zellen einer Batterie mit zwei, die anderen nur mit einem Diaphragma ausgerüstet wurden[1]. In solchen Batterien hat man es also in den ersten Zellen mit bloßer Enthärtung der S. 159 angegebenen Art und erst in den Dreikammerzellen mit Entsalzung durch elektrolytische Entmischung zu tun. Später wurden Elektrolyseure gebaut, in denen ausschließlich Zweikammerzellen mit 4 bis 7 V Zellenspannung in einen Block vereinigt wurden, der den Dreikammerzellen vorgeschaltet war. Das zu behandelnde Wasser wurde in ersteren durch die Kathodenräume geleitet. Ein Teil, bei salzreichen Wässern der überwiegende Hauptanteil, der Erdalkalisalze scheidet sich dort in fester Form ab. Bei der niederen Stromdichte, die zur Anwendung kommt, bleiben sie zum Großteil suspendiert, werden mit dem Wasser aus der Zelle geführt und scheiden sich erst außerhalb derselben in Absetzgefäßen ab. Die Zellen bleiben deshalb lange rein. Sie lassen sich aus Holzbottichen und billigen Materialen herstellen und verbrauchen an elektrischer Energie nur etwa 2 bis 3,5 kWh je Kubik-

[1] Schweizer Pat. 185 966 (Maschinenfabrik Oerlikon), D. R. P. 661 117.

meter Wasser, so daß der „vollständigen" Entsalzung ein schon weitgehend entsalztes Wasser zugeführt wird, das entsprechend weniger Kilowattstunden verbraucht.

Im Versuchsstadium steht auch eine Kombination elektrischer Behandlung und solcher mit Ionen-Austauschern.

In den USA wird sogar angestrebt, enorme Wassermengen — es handelt sich um 400,000.000 m^3 im Jahr — auf elektrischem Wege in einem südkalifornischen Wasserwerk teilweise zu entsalzen, dessen Wasser für Haushalte, Kulturen usw. zu salzreich ist. Dies soll derart vorgenommen werden, daß das Rohwasser zunächst durch die Kathodenräume von Zweikammerzellen geleitet, dann durch Absetzen geklärt wird. Je nach der Dauer dieser Behandlung weist es ein pH von 8,5 bis 10,5 auf und wird dadurch, daß man es nunmehr durch Anodenräume führt, auf pH = 7 gebracht[1].

Eine Versuchsanlage (Größe zirka 600 m^3/Tag) war im Gange, um dieses Verfahren zu erproben. Die Rohwässer weisen Abdampfrückstände von 500 bis 770 mg pro Liter auf. Bei Besichtigung der Anlage im Jahre 1945 wurden folgende Resultate aufgewiesen:

Tabelle 23.

Abdampfrückstand		Wattstundenverbrauch
des Rohwassers	des behandelten Wassers	pro Gallone[2] bei 4 V Zellenspannung
624	194	1,76
505	133	3,04
563	153	2,44
502	114	6,4
511	108	6,36

Wenn auch der Wattverbrauch mit zunehmender Entsalzung rascher ansteigt, sind diese Resultate bemerkenswert, sie entsprechen einem Energieverbrauch von rund 0,5 bis 1,5 Wattstunden/Liter.

Die Zellen bestehen aus Holzbottichen mit Diaphragmen aus Filterleinwand und Anoden aus kostspieligem künstlichem Graphit, die im Jahre etwa 1,5 mm an Stärke abnehmen. Die Kosten der geplanten Großanlage wurden auf 3,780.000 Dollar geschätzt. Dies entspricht Installationskosten von etwa 277 Dollar je Kubikmeter Wasser/Stunde. Eine Vergrößerung dieser Versuchsanlage ist bis 1952 nicht erfolgt[3].

---

[1] USA. Pat. (Briggs) 2341356 (1944).

[2] 1 Gallone = 3,785 l.

[3] Nach brieflicher Mitteilung.

Zweiter Teil.

Elektrolyse wässeriger Lösungen von Halogenverbindungen.

Allgemeines.

Alle vier Elemente der Halogengruppe können elektrolytisch abgeschieden werden.

Das leichteste und reaktionsfähigste, das *Fluor*, wohl das aggressivste aller Gase, ließ sich lange überhaupt nur auf diesem Wege in freier Form isolieren. Es gelang dies, trotz aller apparativen Schwierigkeiten, zuerst im Jahre 1886 dem hervorragenden Experimentator H. MOISSAN, als er tiefgekühlte Fluorkalium-hältige, wasserfreie Fluorwasserstoff-Säure zuerst in Platin-, später in Kupferapparaten der Elektrolyse unterwarf[1].

Die geringe Leitfähigkeit des Elektrolyten bei so tiefer Temperatur (— 25 bis — 50°) veranlaßte ihn, Klemmenspannungen bis zu 50 V herzustellen. Die Société Poulenc Frères sowie M. MESLANS[2], GALLO[3] und RUFF[4] haben die Zelle zu verbessern gesucht, und es gelang letzterem, die Elektrolyse bei 30 bis 35 V Zellenspannung durch mehrere Tage ununterbrochen mit 7 A in Gang zu halten. Zu einer industriellen Anwendung kam es damals aber nicht.

Nach N. V. PHILIPS soll Fluor auch auf rein chemischem Wege durch Erhitzen von Fluor-Sauerstoff-Verbindungen des Titans, Zirkons oder Hafniums unter Sauerstoffzufuhr isoliert werden können[5].

In größeren Mengen wurde Fluor aber erst während des zweiten Weltkrieges durch Schmelzfluß-Elektrolyse von Fluorverbindungen hergestellt.

Seine Isolierung, die technisches Interesse zu beanspruchen beginnt, fällt aus dem Rahmen der Elektrolyse wässeriger Lösungen.

---

[1] Ann. Chim. Phys. (6) **24**, 226 (1891). Comptes rend. **128**, 1543 (1899). MOISSAN, H.: Le Fluore, Monographie (Paris).

[2] D. R. P. 129 825 (1900).

[3] Atti Linc. (5) **19**, 206, 75 (1910).

[4] RUFF: Die Chemie des Fluors, Berlin 1920.

[5] D. R. P. 453 502.

Sie wird bei der Beschreibung der Schmelzfluß-Elektrolyse erörtert werden. Aus wässerigen oder auch nur wasserhältigen Lösungen läßt sich elementares Fluor nicht in technisch gangbarer Weise in Freiheit setzen, da es mit Wasser unter Ozonbildung lebhaft reagiert[1].

Chlor wird soviel wie ausschließlich auf elektrolytischem Wege hergestellt. In geringerem Umfange durch Schmelzfluß-Elektrolyse gemischter Chloridschmelzen, in sehr großem durch die Elektrolyse wässeriger Alkalichloridlösungen, die sich zu einer sehr bedeutenden Industrie entwickelt hat.

Die Alkalichlorid-Elektrolyse dient auch zur Herstellung von Hypochloriten und Chloraten. Die direkte Bereitung von Hypochlorit-Bleichlaugen hat einige Zeit ziemlich große Verbreitung gefunden, sie hat aber der indirekten Herstellung weichen müssen, seitdem flüssiges Chlor so leicht und wohlfeil zu beschaffen ist.

Hingegen werden Chlorate fast ausschließlich durch Elektrolyse von Alkalichloridlösungen gewonnen und dienen u. a. auch als Ausgangsmaterial für die Herstellung von Perchloraten, welche durch weitere Oxydation von Chloraten — vorzugsweise von Natriumchloratlösungen — fabriksmäßig hergestellt werden.

Chlorate bilden auch das Ausgangsprodukt für die Herstellung von Chlordioxyd und von Chloriten, die in steigendem Maße Anwendung finden.

Brom ist verschiedentlich betriebsmäßig auf elektrolytischem Wege aus Endlaugen der Kaliumindustrie, in U. S. A. aus Solen isoliert worden[2]. Der Vorteil der elektrolytischen Methode, ein chlorärmeres, reineres Produkt zu liefern, erwies sich aber nicht als ausschlaggebend

---

[1] Gräfenberg: Z. anorg. Chem. **36**, 360 (1903).

[2] Kossuth konstruierte eine Zelle für die *Bromgewinnung*, die im D. R. P. 103 644 (1897) u. Z. Elektrochem. **6**, 240 (1899) beschrieben ist und durch mehrere Jahre im Kaliwerk Asse in Verwendung stand. Wünsche beschrieb eine Diaphragmazelle, welche zum gleichen Zweck in den Alkaliwerken Westeregeln eine Zeitlang betrieben wurde. Das Kaliwerk Beienrode bei Königslutter erprobte versuchsweise eine von Mehns ausgeführte Zelle D. R. P. 134 975 (1902). Schon viel früher hatte die Dow Chemical Co. in Midland (Mich.) 1890 eine Anlage in Betrieb genommen, in welcher Brom aus Solen, die viel bromreicher waren als die Endlaugen der deutschen Kaliwerke, auf elektrolytischem Wege hergestellt wurde und ihr Verfahren im D. R. P. 6554 geschützt. Sie gab aber später die Elektrolyse zugunsten der Abscheidung durch Chlor auf.

Die Elektrolyse ließ sich mit Stromausbeuten von 60 bis 75% bei Zellenspannungen von 3 bis 4 V durchführen. Krusten von Magnesia, welche sich auf den Kathoden absetzten, verursachten bei der Elektrolyse der Endlaugen der Kaliwerke zeitweise Störungen.

Da die elektrolytische Bromabscheidung gänzlich aufgelassen worden ist und deshalb im folgenden nicht weiter erörtert werden wird, mag dieser kurze Hinweis hier am Platze sein.

genug, ihr neben der soviel einfacheren Austreibung durch Chlor dauernd einen Platz in der Technik zu sichern.

Auch bei der *Jod*-Gewinnung bietet die Elektrolyse keine besonderen Vorteile. Alle Versuche, sie hier zur Anwendung zu bringen und sie durch gleichzeitige Herstellung von Nebenprodukten, z. B. von Kaliumchlorat, zu verbilligen, wurden nach kurzer Zeit aufgelassen. Dauernde Anwendung scheint aber die Elektrolyse von Jodiden zur Herstellung von Jodoform gefunden zu haben, die allerdings nur in ganz kleinem Maßstabe zur Ausführung gelangt[1].

[1] cf. ELBS u. HERZ: Z. Elektrochem. **4**, 113 (1897), FÖRSTER u. MEVES: ib. **4**, 268 (1897).

Die elektrolytische Herstellung von *Jodoform* ist schon frühzeitig und wohl zuerst von der *Chemischen Fabrik Schering* aufgenommen worden (D. R. P. 29 771, 1884). Sie liefert reineres Produkt, ermöglicht vollständigeren Aufbrauch des Jods als die chemische Darstellungsweise und hat sie deshalb verdrängt.

Es ist dies einer der seltenen Fälle, in welchen sich die elektrolytische Herstellung eines organischen Produktes von Anfang an bewährt und dauernd behauptet hat und vielleicht der einzige, in welchem dabei eine Substitution auf organisch-chemischem Gebiet betriebsmäßig durchgeführt wird.

Man geht von Jodkalium oder von Jodnatriumlösung aus und läßt das freiwerdende Jod auf Äthylalkohol oder auf Azeton bei Gegenwart von Soda unter Einleiten von Kohlensäure einwirken.

Die Gegenwart von Soda ist erforderlich. Ohne dieselbe liefert die Elektrolyse des Jodids, selbst bei Anwesenheit von Alkohol oder Azeton, wesentlich Jodat.

Da ein Teil des anodisch in Freiheit gesetzten Jods gebunden wird, die ihm äquivalente, an der Kathode gebildete Ätzalkalimenge aber keine solche Bindung eingeht, hat man während der Elektrolyse Kohlensäure einzuleiten, um die Lauge abzustumpfen, welche sonst die Jodatbildung sehr befördern würde, bzw. um ein günstiges pH aufrechtzuerhalten. Dieses gibt sich dadurch zu erkennen, daß der Elektrolyt strohgelb bis bernsteingelb gefärbt erscheint. Wird er braun, so hat man den Kohlensäurestrom zu mäßigen, verblaßt hingegen die Farbe, so muß man ihn beleben.

Die Elektrolyse wird bei 50 bis 70° C in Porzellan- oder Steinzeuggefäßen mit Platindrahtnetzanoden und Nickelkathoden ausgeführt. Die Umsetzung des Jods mit Alkohol oder Azeton geht so schnell vor sich, daß es genügt, die Kathoden in Pergamentpapier od. dgl. einzuhüllen, um Ausbeuteverluste durch kathodische Reduktion auf ganz kleine Beträge einzuschränken.

Für die tägliche Herstellung von 100 kg Jodoform setzt man etwa eine Lösung von 40 bis 50 kg Jodid (KJ oder NaJ), 40 kg Soda, 80 l 96%igen Äthylalkohol in 400 bis 500 l an und elektrolysiert sie bei etwa 4 V Spannung, während man von unten Kohlensäure einleitet. Man erzielt Stromausbeuten von 93 bis 95%.

Das Jodoform sammelt sich in gut kristallisierter Form und in sehr reinem Zustande auf dem Boden der Zelle an.

Am Ende filtriert man, wäscht nach, bis mit Silbernitrat keine Trübung mehr auftritt und trocknet.

Das Filtrat wird, auf richtige Zusammensetzung gebracht, wieder verwendet. Wenn sich im Laufe der Zeit zuviel Jodat darin angesammelt hat, wird es abgestoßen, um das Jod daraus zu vertreiben, das dann zur Herstellung von Jodid wieder verwendet wird.

I. Die Herstellung von Chlor und Alkali.

A. Allgemeines.

1. Bedeutung der Chlor-Industrie.

Die Bemühungen, Chlor und Alkali durch die Elektrolyse von Kochsalz- oder Chlorkaliumlösungen herzustellen, stießen anfangs auf so große Material- und methodische Schwierigkeiten, daß man noch bis zum Ende der achtziger Jahre ernstlich bezweifelte, sie überwinden zu können. Erst als es BREUER 1885 gelungen war, bei der Duisburger Kupferhütte haltbare Diaphragmen aus porösem Zement herzustellen, wurde es möglich, elektrolytische Chloralkalizellen länger in Betrieb zu halten; STROOF und seine Mitarbeiter haben diese um das Jahr 1890 in der chemischen Fabrik Griesheim-Elektron weiter ausgebildet.

Bis dahin stellte man Chlor in Mengen, die uns heute winzig erscheinen, durch Oxydation von Salzsäure her, die man durch Einwirkung von Schwefelsäure auf Kochsalz gewann. Ihre Oxydation wurde mittels Braunstein nach WELDON oder auch mittels Luftsauerstoff in Gegenwart von Kupferchlorid als Katalysator nach DEACON vorgenommen. Seine Verwendung blieb beschränkt.

Die Alkalichlorid-Elektrolyse war anfangs mehr auf die Verbilligung des Ätzalkalis als des Chlors gerichtet. Da Chlor aber zwangsläufig als Nebenprodukt in großen Mengen abfiel, wurde es eine Existenzfrage der elektrochemischen Herstellungsweise, Absatz für dasselbe zu finden. Zunächst kam es fast ausschließlich in Form von Chlorkalk zur Anwendung in der Papier- und Textilindustrie, in welcher es schon vorher für Bleichzwecke verwendet worden war.

Der Umstand, daß man es nunmehr wesentlich billiger herstellen konnte, daß es bald gelang, es zu verflüssigen und in Stahlflaschen, dann in Kesselwagen zu verschicken, eröffneten dem Chlor ganz neue Nutzanwendungen. Allerdings ging dies bis zum ersten Weltkrieg nur langsam, Schritt für Schritt vor sich.

Der erste Weltkrieg, während dessen Chlor für viele neue Verwendungszwecke in Mengen herangezogen wurde, welche damals sehr groß erschienen, brachte eine jähe Wendung. Auch nach dem

Kriege blieb eine Zeitlang, besonders in den Vereinigten Staaten, die Nachfrage nach Chlor größer als diejenige nach Ätznatron, obwohl etwa 40% der Gesamtproduktion des letzteren auf rein chemischem Wege erfolgte.

In den letzten 25 Jahren ist aber der Jahres-Weltverbrauch an Chlor rund auf das Zehnfache gestiegen. Dies ist hauptsächlich auf die steigenden Mengen zurückzuführen, welche die organisch-chemische Industrie für zahlreiche Synthesen, die Herstellung von wichtigen Kunststoffen und von Lösungsmitteln verbraucht. Während bis zum ersten Weltkriege die Hauptmenge des Chlors noch immer zur Herstellung von Chlorkalk und von andern Bleichmitteln diente, schätzt man, daß rund 60% der jährlichen, inzwischen mehr als verzehnfachten Weltproduktion für organisch-chemische Zwecke verbraucht wird. Dabei fällt soviel Salzsäure ab, daß die Frage, daraus Chlor rückzugewinnen, akut geworden ist.

Während örtliche oder zeitliche Überproduktion an Chlor manche Produzenten dazu geführt hat, Salzsäure oder Chlorammonium durch Chlorverbrennung mit Wasserstoff zu bereiten, wird gegenwärtig das alte, jahrzehntelang ganz in den Hintergrund getretene DEACON-Verfahren in verbesserter Form wieder aufgegriffen, Chlor aus diesen Abfallsäuren herzustellen. Daneben wurden neue elektrolytische Zellen zu diesem Zweck konstruiert und in Betrieb genommen.

Die Weltproduktion wird gegenwärtig auf rund 3 Millionen Tonnen Chlor im Jahre geschätzt, davon entfallen rund zwei Drittel auf die Vereinigten Staaten von Nordamerika, ungefähr ein Sechstel auf Deutschland.

Statistiken, welche veröffentlicht worden sind, lassen den Entwicklungsgang, den die Chlor-Industrie in den U. S. A. genommen hat, ziemlich gut verfolgen.

1920 wurden dort nur 50%, 1930 75%, 1945 aber 85% der Produktionskapazität ausgenützt.

1930 wurden dort kaum 300.000 t Chlor erzeugt, davon wurden

30% für die Herstellung von Chemikalien
14% für Desinfektionszwecke
9% für Bleichzwecke in der Textilindustrie verbraucht.

Von 1935 bis 1940 ist die jährliche Chlorproduktion auf mehr als das Doppelte gestiegen, sie betrug 560.000 t im Jahre 1940. 413.000 t, also rund zwei Drittel der Gesamtproduktion, dienten der Herstellung von Chlorverbindungen.

1944 bis 1946 inklusive hielt sich die Produktion auf ziemlich gleicher Höhe, nämlich auf 1,200.000 t, wovon im Jahre 1944 schon 100.000 t für die Herstellung von Chlorderivaten verwendet wurden.

Seit 1950 übersteigt die Produktion die Ziffer von 2,000.000 t und ist in weiterer ständiger Zunahme begriffen.

In U. S. A. wurden 1950

84% des Chlors in Diaphragma-Zellen hergestellt,

7% des Chlors in Quecksilber-Zellen,

8% des Chlors durch Schmelzfluß-Elektrolyse neben Natrium-Metall (*Downs*-Zelle),

1% nach dem chemischen Nitrosylchlorid-Prozeß der Firma Mathieson.

Im Gegensatz hierzu stammen in Canada etwa 75% der Jahresproduktion von 140.000 t aus Quecksilberzellen.

In Deutschland waren bis 1935 Diaphragma-Zellen durchaus vorherrschend, und zwar bis etwa 1910 *Griesheim*-, dann *Siemens-Billiter*- (S-B-) Zellen.

Quecksilberzellen kamen zunächst selten zur Ausführung, ein erstes Mal (*Castner*-Type) in Osternienburg; dann, 1907 (mit Platin-Iridium-Anoden), in Gersthofen, wo sie aber schon 1914 durch S-B-Zellen ersetzt wurden. Später wurde die *Wildermann*-Zelle eine Zeitlang von Zellstoff-Waldhof und 1914 bis 1922 in Lülsdorf (Feldmühle) benützt, dann aber gleichfalls durch Diaphragma-Zellen ersetzt.

Von 1935 ab änderte sich aber der Zug und fast alle ab 1938 in Deutschland errichteten Anlagen sind mit Quecksilberzellen ausgerüstet worden, die meisten mit solchen horizontaler Bauart.

Rund 80% des Chlors, das in Werken hergestellt wird, die zur I. G. gehörten, kommt aus Quecksilberzellen, das sind schätzungsweise 65% des gesamten in Deutschland verwendeten Chlors.

Da der Weltverbrauch an Chlor aller Voraussicht nach noch weiter ansteigen wird, während der Bedarf an Ätzalkalien — von denen überdies noch immer rund ein Drittel auf chemischem Wege hergestellt werden — nicht im selben Maße zugenommen hat, sind die Bestrebungen, die Chlorbereitung von derjenigen der Ätzalkalien unabhängig zu machen, recht aktuell[1].

Das eben erwähnte Nitrosylchlorid-Verfahren stellt einen der dahinzielenden Versuche vor. Ob sich dieses oder ein anderes rein chemisches Verfahren als konkurrenzfähig erweisen wird, kann nur die Zukunft lehren. Zur Zeit beherrscht die Elektrolyse für die Chlorerzeugung im Großen allein das Feld.

[1] Als alleiniges Produkt der Elektrolyse kann Chlor beispielsweise durch Elektrolyse salzsaurer Kupferchloridlösung hergestellt werden, bei welcher kathodisch ein Teil des Chlorids unter geeigneten Arbeitsbedingungen ohne Wasserstoffentwicklung zu Chlorür reduziert wird, welches sich mittels Sauerstoff, bzw. Luft wieder zu Chlorid aufoxydieren läßt. Ch. P. Roberts beschreibt ein solches Verfahren im Septemberheft des Chem. Eng. Progress 1950.

Je nachdem, ob Eisen- oder Quecksilber-Kathoden verwendet werden, sind Zellenbau und Kathodenprodukt voneinander verschieden.

Sie werden im folgenden deshalb nach Erörterung der allgemein in Frage kommenden Gesichtspunkte getrennt behandelt.

2. Grundbedingungen für die Erzielung wirtschaftlicher Stromausbeuten bei der Alkalichlorid-Elektrolyse.

Das Normalpotential des Chlors (1,28 bis 1,32 V) ist von demjenigen des Sauerstoffs (1,23 V) wenig verschieden, doch etwas höher als das letztere. Reines Chlor ist deshalb anodisch nur dann mit hoher Stromausbeute zu gewinnen, wenn seine Abscheidung durch die Wahl und Zusammensetzung des Elektrolyten begünstigt wird und wenn Anoden verwendet werden, an denen es sich nicht mit höherer, sondern vorzugsweise mit niedrigerer Überspannung abscheidet als der Sauerstoff (Überspannung des Chlors an Graphitanoden und Platinanoden s. S. 189).

Sind sauerstoffhältige Anionen, wie OH', bzw. O'', ClO', ClO_2', ClO_3', HSO_4', SO_4', besonders solche, die sich wie die letzteren unter Sauerstoffabscheidung umsetzen und durch Wechselwirkung mit dem Lösungswasser rückbilden, von Haus aus im Elektrolyten vorhanden oder gelangen sie im Zuge der Elektrolyse, bzw. durch Verunreinigungen dahin, so sinkt der Reinheitsgrad des entwickelten Chlors und die Stromausbeute geht zurück.

Vollkommen läßt sich ein Teil dieser Ionen aus Anodenumgebung nicht ausschließen, weil unterchlorige Säure durch Wechselwirkung des Chlors mit dem Lösungswasser nach Gleichung:

$$Cl_2 + H_2O \rightleftharpoons H^{\cdot} + Cl' + HClO \qquad (1)$$

zwangsläufig entsteht, die nach:

$$HClO \rightleftharpoons H' + ClO' \qquad (2)$$

dissoziiert. Das Gleichgewicht nach Gl. (1) wird schon bei sehr kleinen HClO-Konzentrationen erreicht, die Dissoziations-Konstante der unterchlorigen Säure beträgt bei 20° C nur $3{,}7 \cdot 10^{-8}$; doch können sich ClO_3'- und ClO_2'-Ionen aus ClO' bilden.

Aus den Gl. (1) und (2) folgt nach dem Massenwirkungsgesetz, daß ihre Bildung sowohl durch Steigerung der Cl'- wie der $H^{\cdot}$-Konzentration zurückgedrängt wird.

Aber selbst unter Bedingungen, die für ihre Bildung und Dissoziation besonders ungünstig sind, nämlich bei der Elektrolyse konzentrierter Salzsäurelösungen, ist etwas unterchlorige Säure immer gegenwärtig und erteilt dem entwickelten Chlor einen Sauerstoffgehalt, der zwar zu gering ist, um nach den gewöhnlichen Methoden der Gasanalyse erfaßt zu werden, den aber Altmeister BUNSEN durch Messung der Verzögerung, welche er bei der photochemischen Bildung von Salzsäure aus Chlorknallgas hervorruft, nachgewiesen hat[1].

Bei der Elektrolyse verdünnterer Salzsäure tritt sie schon in Mengen auf, die, wie HABER und GRINBERG ermittelt haben[2], dazu führen, daß in:

1-n. (3,6%iger) HCl 0,9%, in
0,1%iger HCl 34,4%

der Stromarbeit an glatten Platinanoden zur Sauerstoffbildung verbraucht werden.

F. FÖRSTER fand, wie sich erwarten ließ, daß die Chlorverluste in Chlorkaliumlösungen gleicher Molarität noch etwas größer sind als in Salzsäure, wie man den Ziffern der Tab. 24 entnimmt:

Tabelle 24.

Konzentration des Elektrolyten an KCl	Zur Sauerstoff-entwicklung verwendete Prozente der Stromarbeit	Konzentration an freier Säure dicht unter der Anode
3,16—3,04 normal	0,09	0,0001
1,96—1,9 ,,	0,20	0,0000
1,47—1,42 ,,	0,43	0,0014
0,98—0,92 ,,	1.20	0,0024
0,48—0,43 ,,	3,13	0,005
0,30—0,22 ,,	6,3	0,01

Die Möglichkeit, anodisch Chlor mit hoher Stromausbeute abzuscheiden, verdankt man also unter anderem dem Umstande, daß die unterchlorige Säure durch Umsatz nach Gl. (1) nur in ganz geringfügigen Mengen gebildet wird und daß sie eine äußerst schwache Säure vorstellt, deren Dissoziationsgrad schon durch Aufrechthaltung mäßiger Chlorionen-Konzentration wirksam zurückgedrängt wird.

Die angeführten Versuchsresultate zeigen aber auch an, daß in verdünnterer Chloridlösung selbst ganz geringfügige Mengen sauerstoffhältiger Anionen sehr empfindliche Stromverluste herbeiführen können. Als solche kommen neben ClO'-Ionen vor allem OH'-Ionen, dann auch ClO_3'-Ionen, sowie SO_4''-, bzw. HSO_4'-Ionen in Betracht. Die letzteren entstehen allerdings nicht im Zuge der Elektrolyse, sie können aber durch Verunreinigung des Salzes und des verwendeten Wassers in den Elektrolyten gelangen.

[1] Pogg. Ann. **100**, 60 (1857).
[2] Z. anorg. Chem. **16**, 221, 344, 346 (1898).

Wie groß die Stromverluste sind, die SO_4''-, bzw. RSO_4'-Ionen herbeiführen, ist meines Wissens nicht systematisch bei wechselnder Chloridkonzentration ermittelt worden. Ziemlich vereinzelt steht eine Untersuchung M. JACOPETTIS, bei welcher er unter anderem geprüft hat, in welchem Maße die Stromausbeute durch die Gegenwart von Natriumsulfat in höchst konzentrierter Chloridlösung verschlechtert wird. Bei dieser Versuchsreihe wurde die Salzlösung in ständigem Fluß durch den Anodenraum einer mit Graphitanoden ausgerüsteten Filter-Diaphragmazelle geführt, um ihre Chloridkonzentration auf 287 g NaCl/l zu halten. Bei einem 40tägigen Dauerversuch wurde ermittelt, daß die mittlere Stromausbeute durch Zusatz von 11,9 g Na_2SO_4/l von 96,5% auf 87,4% zurückging[1].

Die Konzentration der SO_4''-Ionen erreicht allerdings in technischen Betrieben niemals solche Höhe und sie kann durch scharfe Vorreinigung des Salzes und durch Verwendung von Kondenswasser auf ein Minimum gebracht werden. Sind aber auch die Stromverluste, welche Sulfationen veranlassen, dann unerheblich, so erweisen sie sich doch dadurch als schädlich, daß sie die Graphitanoden angreifen und ihre Lebensdauer herabsetzen (s. S. 188f.).

Am leichtesten ist die SO_4''-Konzentration in Zellen nieder zu halten, in denen die Lösung kontinuierlich von der Anode weg geführt und nur einmal verwendet wird (z. B. Zellen mit Filterdiaphragma), am schwersten in solchen, in welchen der Anolyt ständig mit festem Salz nachgesättigt wird, sei es, daß er unbeweglich bleibt (*Griesheim-Elektron*-Zelle) oder in ständiger Zirkulation zwischen der Zelle und einer Nachsättigungsanlage gehalten wird (Quecksilberzellen, *Townsend*-Zelle).

Viel geringere Ausbeuteverluste und viel geringeren Anodenangriff als Sulfate verursachen Chlorate, welche aus Hypochlorit entstehen können.

Beim Zusatz von 11,2 g $NaClO_3$ zu seiner Kochsalzlösung, die 287 g NaCl/l enthielt, beobachtete JACOPETTI (l. c.) einen Rückgang der mittleren Stromausbeute um bloß 2,5%.

Die Stromverluste, welche die ClO'-Ionen hervorrufen, treten erst in verdünnteren Chloridlösungen deutlich und störend in Erscheinung — nach FÖRSTERS Versuchen (s. Tab. 22) erst beim Sinken der Cl-Konzentration unter 0,5-n. Durch OH'-Ionen wird aber die Elektrolyse selbst in konzentrierten Chloridlösungen ganz wesentlich gestört, und zwar umso stärker, je höher die OH'-Kon-

[1] R. Accademia delle Scienze Fisiche e Matematiche della Società Reale die Napoli, Serie IVa, Vol. **10**, 1939/40 — XVIII.

zentration im Kathodenraum steigt und je tiefer die Cl'-Konzentration dort sinkt.

Am Stromtransport aus dem Kathodenraum nehmen ja alle darin enthaltenen Anionen teil, alle im Verhältnisse ihrer Beweglichkeit und Zahl. Je weniger Cl'-Ionen vorhanden sind, desto größer wird der prozentuelle Anteil, welchen andere Anionen (insbesondere OH'-Ionen, als die beweglichsten) an der Stromleitung nehmen.

Die Steigerung der Cl'-Konzentration auf 1-n oder darüber drängt die Bildung und den Dissoziationsgrad des Hypochlorits sehr stark zurück.

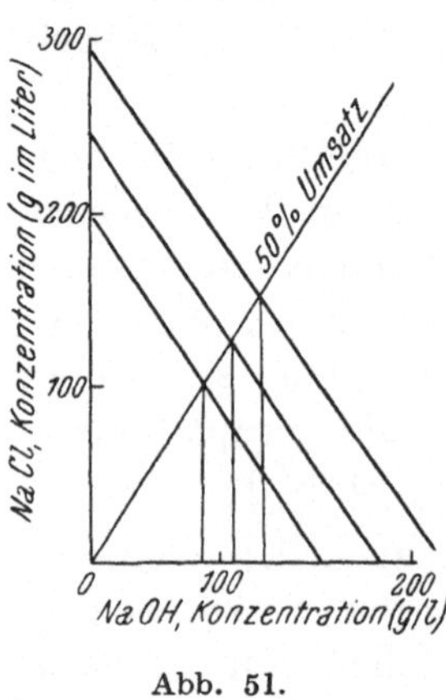

Abb. 51.

Im Gegensatz zum Hypochlorit sind aber Alkalihydroxyde sehr starke Elektrolyte, deren Dissoziationsgrad von der Cl'-Ionenkonzentration nicht wesentlich beeinflußt wird. F. Giordani und Maresca haben experimentell festgestellt, daß sich die Dissoziation von NaOH und NaCl mit steigender Temperatur und mit steigender Konzentration in annähernd gleichem Maße ändert (s. Abb. 61, S. 212).

Ist es aber anzustreben, die Bildung des schädlichen Hypochlorits zurückzudrängen, so ist es umgekehrt das Ziel der Elektrolyse, im Kathodenraum möglichst hohe OH'-Konzentrationen herzustellen.

Jede Änderung der Arbeitsbedingungen, welche höhere Laugenkonzentration bei gleichbleibender Stromausbeute erzielen läßt, ist deshalb wertvoll. Bis zu einem gewissen Grade ist eine solche Besserung aus dem angegebenen Grunde schon durch bloße Steigerung der Chloridkonzentration zu erzielen. Daß dem so sein muß, wird durch die Abb. 51 verdeutlicht, welche die Änderung der NaCl- und NaOH-Konzentration im Katholyten mit fortschreitendem Umsatz in vereinfachter Form darstellt. In Wirklichkeit ist der Verlauf nicht geradlinig, wie ihn die Abb. 51 darstellt; doch sind die Abweichungen von der Geraden gering genug, daß diese graphische Darstellung zulässig erscheint.

Geht man nämlich von Kochsalzlösungen aus, deren Konzentrationen voneinander nicht allzu verschieden sind, so bleibt die Stromausbeute bei gleichem perzentuellem Umsatz von NaCl in NaOH ungefähr dieselbe. Zeichnet man die Linie für 50%igen Umsatz ein, so sieht man aus dem Diagramm, in welchem die Schnittpunkte auf die Abszissenachse projiziert sind, daß man aus zirka 30%iger NaCl-

Lösung wesentlich höhere NaOH-Konzentration erhält als aus 25%iger, bzw. 20%iger Lösung.

In Wirklichkeit ist der Unterschied noch merklich größer.

Von Vorteil ist es ferner, bei erhöhter Temperatur zu arbeiten, nicht nur weil jede Temperatursteigerung die Leitfähigkeit des Elektrolyten erhöht, sondern auch ganz besonders, weil die Beweglichkeit der Cl'-Ionen mit steigender Temperatur rascher zu nimmt als diejenige der OH'-Ionen, wodurch sich der Anteil, den die Cl'- und die OH'-Ionen an der Stromleitung nehmen, mit steigender Temperatur etwas zu Gunsten der Cl'-Ionen verschiebt.

Von Einfluß ist auch die Natur des Kations. Je beweglicher dasselbe ist, desto geringer wird der Anteil, den Anionen an der Stromleitung nehmen, desto weniger OH'- (aber auch Cl'-) Ionen wandern zur Anode.

Die Beweglichkeit des Kaliumions ist der des Chlorions ungefähr gleich, die Beweglichkeit des Natriumions ist aber kleiner. In einer Chlorkaliumlösung übernehmen die Chlorionen rund 50%, in einer Kochsalzlösung aber rund 60% der Stromleitung. Deshalb muß bei Gegenwart von OH'-Ionen der Anteil, der für die Stromleitung auf sie entfällt, in Kochsalzlösungen größer sein als in Chlorkaliumlösung. Man erzielt demzufolge in letzteren (freilich nicht in Hg-Zellen) bessere (in den praktisch in Frage kommenden Fällen um ungefähr 10% höhere) Stromausbeuten.

Diese Erkenntnisse haben den Ausgangspunkt und die Grundlage der ersten Verfahren gebildet, welche industrielle Anwendung gefunden haben und in denen es gelang, die Chloridelektrolyse mit leidlichen Stromausbeuten durchzuführen, solange man sich damit begnügte, verhältnismäßig verdünnte (etwa 1,2-n-) Laugen herzustellen.

Um konzentriertere herzustellen, muß man noch weitere Maßnahmen treffen, die OH'-Ionen von der Anode fernzuhalten, nämlich ihre Bewegung zur Anode dadurch hemmen, daß man den ganzen Elektrolyten von der Anode gegen die Kathode fließen läßt (Gegenstromverfahren) oder die OH'-Ionen außerhalb des stromdurchflossenen Teils der Zelle entstehen läßt (Quecksilberverfahren).

Das Ideal: die Lösungen in allen stromdurchflossenen Teilen der Zelle ständig mit Chlorid gesättigt zu halten, ist eine Forderung, die sich bisher praktisch nicht hat erfüllen lassen. Festes Salz, das etwa im Anodenraum in ständiger Berührung mit dem Anolyten gehalten wird, löst sich zu langsam auf. Es in so fein verteilter Form der Speiselösung zuzusetzen, daß es in derselben suspendiert bleibt und sich mit der Lösung in den Anodenraum einführen läßt, ist zwar versucht worden, hat aber bisher keine zufriedenstellenden Resultate ergeben. Den Anolyten in unabhängiger Zirkulation zu halten und außerhalb der Zelle ständig nachzusättigen, verursacht Wärmeverluste und erheischt die unbequeme Entfernung des Chlors bei der Nachsättigung.

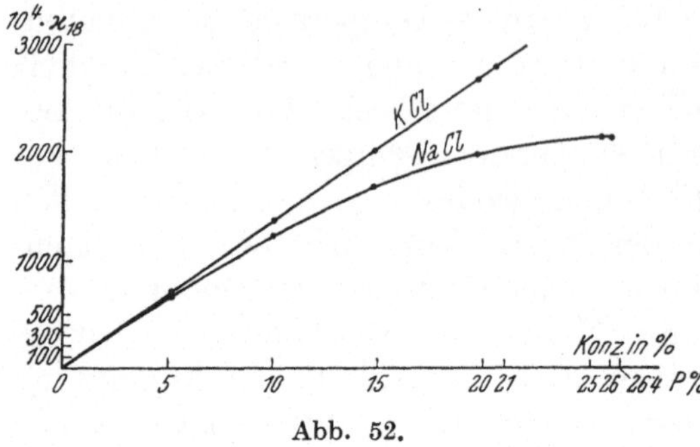

Abb. 52.

Die für den Prozeß vorteilhafte erhöhte Temperatur in den Zellen aufrechtzuhalten, ist früher oft durch äußere Wärmezufuhr hergestellt worden, seitdem man mit höheren Stromdichten arbeitet, aber fast durchwegs durch die JOULEsche Wärme des Elektrolysestroms.

3. Leitfähigkeit und spezifisches Gewicht von Alkalichlorid-Lösungen bei verschiedenen Konzentrationen und Temperaturen.

Die Leitfähigkeit der Alkalichloridlösungen steigt anfangs linear, dann etwas langsamer mit zunehmender Konzentration an (s. Abb. 52).

In gleichmolarer und auch in gleichprozentiger Lösung leitet Chlorkalium- merklich besser als Chlornatriumlösung.

Nach KOHLRAUSCH sind die Leitfähigkeiten, die spezifischen Gewichte und die Temperatur-Koeffizienten dieser Lösungen:

Tabelle 25.

Elektrolyt	P Prozent Salz in 100 Teilen Lösung	Gramm im Liter	Mole im Liter g	Spezifisches Gewicht bei 18°	$\varkappa_{18}$ = Leitvermögen in $\frac{1}{\Omega \cdot cm}$ bei 18°	$\frac{1}{\varkappa_{18}}\left(\frac{d\varkappa}{dt}\right)_{22}$
NaCl	5	51,725	0,884	1,0345	0,0672	0,0217
	10	107,070	1,830	1,0707	0,1211	0,0214
	15	166,305	2,843	1,1087	0,1642	0,0212
	20	228,940	3,924	1,1447	0,1957	0,0216
	25	297,450	5,085	1,1898	0,2135	0,0227
	26	311,530	5,325	1,1982	0,2151	0,0230
	26,4	316,320	5,421	1,2014	0,2156	0,0233
KCl	5	51,540	0,691	1,0308	0,0690	0,0201
	10	106,380	1,427	1,0638	0,1359	0,0188
	15	164,670	2,208	1,0978	0,2020	0,0179
	20	226,700	3,039	1,1335	0,2677	0,0168
	21	239,568	3,213	1,1408	0,2810	0,0166

Für die Betriebskontrolle ist es wichtig, die Konzentration der Chloridlösung, welche für den Erfolg der Elektrolyse ausschlaggebend ist, jeweils durch Spindeln rasch ermitteln zu können.

Außer den in Tab. 25 angeführten Zahlen sind in Tab. 26 deshalb für höhere, bei der Elektrolyse allein in Betracht kommende Temperaturen noch die folgenden Konstanten für Kochsalzlösungen nach KARSTEN[1] mitgeteilt und in Abb. 53 (hier in bequemerem Maße Gramm pro Liter) nach eigenen Messungen graphisch dargestellt.

Tabelle 26.

Gewichtsprozent NaCl	d_4^{10}	d_4^{15}	d_4^{40}	d_4^{55}	d_4^{60}	d_4^{80}
15	1,1125	1,1105	1,1083	1,0988	1,0884	1,0778
20	1,1519	1,1497	1,1473	1,1371	1,1259	1,1142
20,5	1,1559	1,1537	1,1513	1,1410	1,1298	1,1179
21	1,1600	1,1577	1,1553	1,1449	1,1336	1,1217
21,5	1,1640	1,1617	1,1593	1,1489	1,1375	1,1254
22	1,1681	1,1657	1,1633	1,1529	1,1414	1,1292
22,5	1,1721	1,1698	1,1674	1,1569	1,1453	1,1329
23	1,1762	1,1739	1,1714	1,1609	1,1492	1,1367
23,5	1,1803	1,1780	1,1755	1,1649	1,1532	1,1405
24	1,1845	1,1821	1,1796	1,1690	1,1572	1,1443
25	1,1927	1,1904	1,1879	1,7772	1,1652	1,1520
26	1,2011	1,1987	1,1963	1,1855	1,1733	1,1597
26,4	1,2045	1,2021	1,1996	1,1888	1,1765	1,1628
26,8	—	1,2055	1,2030	1,1922	1,1798	1,1660

Die Abb. 54a und b stellen Stromspannungskurven dar, welche in sehr konzentrierten NaCl-, bzw. KCl-Lösungen aufgenommen worden sind. Ihr gerader Teil ist nach unten bis zur Abszissen-Achse verlängert worden, um durch Extrapolation die ungefähre Lage der Zersetzungsspannung anzugeben. Diese ermäßigt sich, wie die Abb. 54a und b zeigen, ein wenig mit steigender Temperatur.

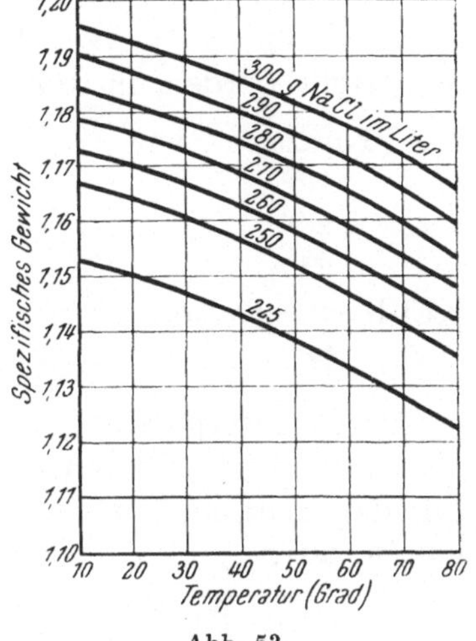

Abb. 53.

In Kochsalzlösung richten sich die Stromspannungskurven mit steigender Temperatur etwas rascher auf als in Chlorkaliumlösung. Da der Dissoziationsgrad beider Salze nur wenig verschieden ist, hat man dies in der Hauptsache auf die raschere Zunahme der Beweglichkeit des Natriumions mit steigender Temperatur zurückzuführen.

[1] KARSTEN: Verhalten der Auflösungen des Kochsalzes, Berlin 1846.

Die Zunahme der Leitfähigkeit läßt sich (auch bei Verwendung poröser Diaphragmen) ziemlich genau nach der einfachen Formel berechnen

$$(E_{t1} - e_{t1}) : (E_{t2} - e_{t2}) = k_{t2} : k_{t1}$$

(E_t: Badspannung bei der Temperatur t, e_t: Zersetzungsspannung bei t°, k_t: Leitfähigkeit bei t°), wenn man die entsprechenden Leitfähigkeiten bei der Meß- und Vergleichstemperatur einsetzt.

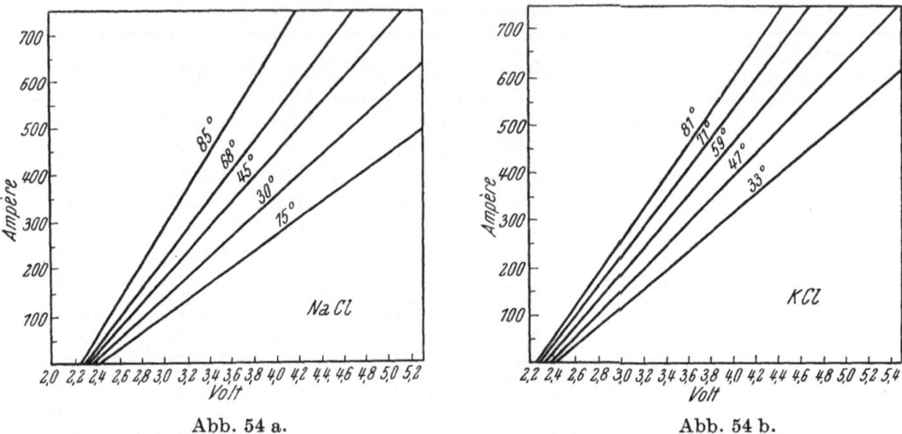

Abb. 54 a. Abb. 54 b.

Im Temperaturintervall von 0 bis 40° kann das Leitvermögen von Chloridlösungen nach KOHLRAUSCH durch die Formel

$$k_t = k_o (1 + c \cdot t + c_1 \cdot t^2)$$

dargestellt werden, in welcher für die Konstanten zu setzen ist:

NaCl-Konzentration	k_o	c	c_1
10%	0,0779	0,0293	0,000095
20%	0,1255	0,0293	0,000101
24%	0,1320	0,0314	0,000104
KCl-Konzentration			
20%	0,1898	0,0222	0,000033

Durch Interpolation der Meß-Ergebnisse, welche GIORDANI und MARESCA mitgeteilt haben[1], stellte JACOPETTI[2] nachfolgende Formel für die Leitfähigkeit von Kochsalzlösungen, die 260 g NaCl/l enthalten, auf:

$$K_t = K_0 (1 + 0{,}03375\, t + 0{,}00006306\, t^2)$$

Diese Kochsalzkonzentration ist derjenigen gleich, die sich in *Giordani-Pomilio*-Zellen bei der Gewinnung 12%iger Kathoden-

[1] Gazzetta Chimica **59**, 870 (1929).
[2] R. Accademia Scienze fis. mat., Napoli Serie 4a, Vol. **12** (1941/42).

laugen und nach STENDER, ZIVOTINSKY und STROGANOFF[1] auch in der *Vorce*-Zelle im Mittel herstellt.

Die von den genannten italienischen Forschern ermittelten Zahlenwerte gelten demnach für die Arbeitsbedingungen, welche in der Technik eingehalten werden und sind deshalb von besonderem praktischen Wert.

Um die Leitfähigkeit bei höheren Temperaturen zu berechnen, setzt man in obige Gleichung den Wert $K_0 = 0{,}1257$ und t in °C ein. Man erhält folgende Zahlenwerte:

Tabelle 27.

Temperatur °C	Leitfähigkeit der Lösung mit 260 NaCl/l
30	0,260
40	0,308
50	0,357
60	0,409
70	0,4615
80	0,5157
100	0,6385

Abb. 55 stellt diese Zunahme mit steigender Temperatur graphisch dar (*2* ist eine Gerade als Vergleichslinie).

Die Änderung der Stromdichte (D) mit der Temperatur (t° C) bei festgehaltener Badspannung kann man in NaCl-Lösung, deren Leitfähigkeit in nahezu linearem Verhältnis mit der Temperatur ansteigt, auch bei Verwendung von Diaphragmen mit hinreichender Annäherung nach der Formel berechnen:

$$D_{t1} = D_{t2} \frac{1 + 0{,}055_{\,t1}}{1 + 0{,}055_{\,t2}}$$

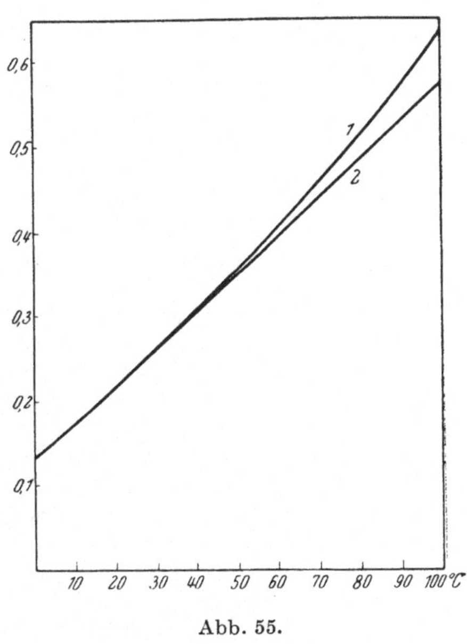

Abb. 55.

4. Änderung der Spannung mit dem Elektrodenabstand.

Bei Vergrößerung des Abstandes um 10 mm beträgt die Spannungszunahme nach eigenen Messungen, bei verschiedenen Stromdichten

[1] Trans. Amer. Electrochemical Soc. **65**, 189 (1934).

und verschiedenen Temperaturen und bei gleichmäßiger Stromverteilung über den stromdurchflossenen Querschnitt in einer Lösung mit 265 g NaCl/l:

Tabelle 28.

Stromdichte A/qm	Temperatur °C	Spannungszunahme/10 mm
400	60	0,105
	70	0,082
	85	0,071
500	60	0,126
	70	0,105
	85	0,089
600	60	0,157
	70	0,123
	85	0,107
1000	60	0,262
	70	0,21
	85	0,178
2000	60	0,525
	70	0,42
	85	0,356

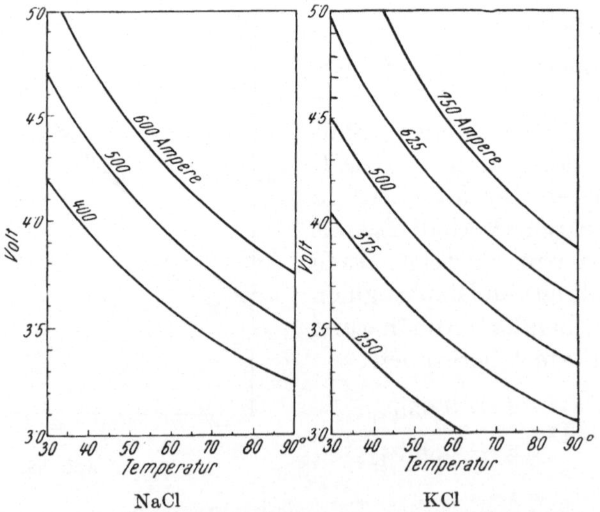

NaCl KCl

Abb. 56 a, b. Änderung der Spannung mit der Temperatur.

Da die Anoden — in Zellen mit starren Kathodenmetallen auch die Kathoden — den Flüssigkeitsquerschnitt nicht völlig ausfüllen, ist die Spannungssteigerung in der Praxis noch etwas größer.

Bei sehr hohen Stromdichten, wie sie in Quecksilberzellen hergestellt werden (2000 bis 4000 A/qm), spielt demnach eine Abstandsänderung um Millimeter (!) schon eine Rolle; denn sie verbraucht — auch wenn man von der Erhöhung der Überspannung, der ungleichmäßigen Stromverteilung und der größeren Verarmung der Lösung absieht — 0,044 bis 0,088 V, in der Praxis also rund 0,05 bis 0,1 V je mm!

5. Anoden-Materiale.

Im Laufe der Zeit sind in technischen Betrieben erst künstliche Kohlen neben solchen aus Platin, bzw. Platin-Iridium verwendet worden. Als künstlicher Graphit auf den Markt kam, wurde dieser an Stelle der künstlichen Kohlen (Retorten-, bzw. Hartbrandkohle) in immer steigenden Mengen als Anodenmaterial gewählt. Solange es sein Einstandspreis zuließ, behauptete sich daneben noch Platin in Zellen, welche hohe Stromdichten zur Wirkung brachten. Als neues Elektrodenmaterial kam künstlicher Magnetit hinzu, der ab 1903 von der chemischen Fabrik Griesheim, dann auch von der Radocha und von der Société d'Electrochimie hergestellt wurde.

Zur Zeit wird bei der Alkalichlorid-Zerlegung, also der elektrolytischen Chlor- und Ätzalkaliherstellung, ausschließlich Elektro-Graphit, das ist künstlicher Graphit, der nach Acheson im elektrischen Ofen hergestellt wird, als Anodenmaterial verwendet. Dieser wurde ursprünglich nur von der Acheson Graphite Co. in Niagara Falls ab 1895 hergestellt, seit vielen Jahren aber auch in Deutschland (Siemens-Plania-, jetzt Sigri-Werke), Frankreich (Savoie-Acheson), Norwegen, Italien, Schweiz. Sein Verbrauch ist so groß geworden, daß die Herstellung von Graphitanoden eine ansehnliche, vollbeschäftigte Industrie geworden ist.

Solange noch Zellen für die Alkalichlorid-Zerlegung in Gebrauch standen, welche mit geringer Stromausbeute und mit schwacher Strombelastung arbeiteten, wiesen Anoden aus künstlichem Magnetit den Vorteil auf, dem Angriff des Sauerstoffs zu widerstehen. Dieser Vorteil sichert ihnen noch einen Platz als Anodenmaterial bei der Herstellung von Chloraten. Weil sie dort neben Graphitanoden verwendet werden, sollen sie anschließend an diese im vorliegenden Abschnitt besprochen werden, obgleich sie nicht mehr Verwendung bei der Alkalichlorid-Zerlegung finden.

Das gleiche gilt für Platin-Elektroden, die gegenwärtig wohl fast nur noch für die elektrolytische Bereitung von Perstoffen und andere Oxydationsprozesse benützt werden.

a) Anoden aus künstlichem Graphit.

Die wichtigsten Vorzüge des Elektro- oder ACHESON-Graphits vor anderen künstlichen Kohlen bilden:

sein vier- bis sechsfach größeres elektrisches Leitvermögen,

seine höhere chemische Widerstandskraft,

die Leichtigkeit, mit der es sich mechanisch bearbeiten läßt,

seine Eigenschaft, als Anode in wässerigen Lösungen auch bei allmählichem Aufbrauch nicht in größere Stücke zu zerfallen, sondern seine Form so gut zu bewahren, daß sich z. B. ACHESON-Graphit-Anoden in Alkalichloridzellen bis auf 3 mm Dicke aufbrauchen lassen.

In chemischer Hinsicht zeichnet er sich durch höheren Reinheitsgrad, viel geringeren Aschengehalt und kristalline Struktur aus. Der Hauptteil der Verunreinigungen und der Asche bildenden Substanzen wird bei seiner Herstellung, welche bei Temperaturen von rund 2200° C vor sich geht, verflüchtigt. Sein Aschengehalt bleibt meist auf höchstens 0,2 Gew.-% beschränkt und wird zu etwa zwei Dritteln aus Kalzium- und Siliziumoxyd, neben Aluminium-, Magnesium- und Eisenoxyd gebildet.

Die Rohstoffe, aus denen er hergestellt wird, sind: Koks und Teer, denen Pech als Bindemittel zugesetzt wird. Die besten Sorten werden aus Petrolkoks und Steinkohlen-Teerpechkoks hergestellt. Steinkohlenkoks ist zu aschenreich.

Petrolkoks enthält oft etwas Vanadin, das bei der Chloridelektrolyse mit Quecksilberkathoden (s. S. 266ff.) Störungen hervorruft. Für diesen Verwendungszweck muß man besondere Sorgfalt bei der Auswahl vanadinarmen Ausgangsmaterials beobachten. Bis zu gewissem Grade kann man durch entsprechende Vorreinigung und auch durch Maßnahmen während der Erhitzung im elektrischen Ofen den Vanadingehalt des Produktes verringern. Amerikanischer Petrolkoks ist meist vanadinreicher als der europäische.

Die Reinigung des Ausgangsmaterials wird durch Waschen und durch Behandlung mit verdünnter Salzsäure vorgenommen. Wesentlich sind bei der Herstellung künstlicher Kohlen richtige Korngröße und gleichmäßige Mischung mit dem Bindemittel in der Wärme sowie das Homogenisieren, das am besten in Kollergängen ausgeführt wird. Die Formung erfolgt gewöhnlich in Strangpressen.

Die wichtigsten physikalischen Eigenschaften der ACHESON-Graphite sind:

Wahres spezifisches Gewicht	2,21 bis 2,25
Scheinbares spezifisches Gewicht	1,55 bis 1,70

Porenvolumen	20 bis 30%
Zugfestigkeit . . . . zirka	200 kg/qcm
Elektr. Widerstand eines Zentimeter-Würfels	8 bis 17 · 10^{-4} Ohm
im Mittel meist	10 · 10^{-4} Ohm

Die immerhin beträchtliche Porosität bringt es mit sich, daß die Graphitanoden relativ große Mengen Salzlösung einsaugen. Außer an den Außenflächen wird diese deshalb auch in der Elektrode selbst der Stromwirkung unterworfen, wo ihre Konzentration stark zurückgeht, weil sie sich dort nur äußerst träg erneuern kann. Dies hat zur Folge, daß innerhalb der Elektrode Bedingungen auftreten, welche (s. S. 173f.) die Hypochloritbildung, also die Sauerstoffentwicklung und mit ihr den Elektrodenangriff begünstigen. Die Elektrodenmasse wird mürber, ihr Porositätsgrad nimmt zu, ihre Widerstandskraft und ihre Festigkeit gehen zurück.

Aus diesem Grunde nimmt die Geschwindigkeit des Anodenaufbrauchs mit der Zeit ständig zu.

Ein anderer Nachteil besteht darin, daß die aufgesaugte Chloridlösung bis an die Metallköpfe der Anoden gelangt und dieselben unter der Stromwirkung mit dünner Chloridschicht überzieht, die einen Übergangswiderstand bildet.

Diesen Fehler kann man dadurch abschwächen (aber nicht beseitigen), daß man die Anoden mit einem geeigneten Stoff imprägniert. Dazu sind vorwiegend selbsttrocknende Öle, Paraffin, chloriertes Paraffin verwendet worden. Eine gute Imprägnierung kann die Lebensdauer der Graphitanoden mindestens verdoppeln, eine schlecht ausgeführte setzt ihre Lebensdauer aber herab.

Tränkt man z. B. Graphitanoden im Vakuum mit geschmolzenem Paraffin und verwendet man sie nach Entfernung des überschüssigen Paraffins von ihrer Oberfläche, so findet man, daß sich ihre Haltbarkeit durch diese Behandlung wesentlich verringert hat.

Erhitzt man sie aber — vorzugsweise im Vakuum — noch ein zweitesmal so lange, bis alles überschüssige Paraffin von ihnen abgetropft ist, so halten die so vorbehandelten Elektroden mindestens zweimal so lange als nicht imprägnierte.

Häufiger werden die Kohlen mit Leinöl, Fischöl oder dergleichen imprägniert. Man nimmt die Tränkung vorteilhafterweise im Vakuum vor, läßt im Vakuum abtropfen und setzt die Kohlen dann Einwirkungen aus, bei welchen das Imprägnierungsmittel oxydiert wird.

Je langsamer und vollständiger diese Oxydation vor sich geht, umso ausgiebiger ist, in der Regel, die erzielte Schutzwirkung. Man kann die Oxydation beschleunigen, indem man die Kohlen etwa 10 bis 14 Tage lang auf erhöhte Temperatur hält — z. B. bei 150 bis 180° —, dann allmählich auf Raumtemperatur abkühlt. Vorsichtiger ist es aber, die Kohlen 6 bis 12 Monate lang derart aufzubewahren, daß die Luft allseitig zu ihnen Zutritt hat.

Aus kohlenwasserstoffhältigen Imprägnierungsstoffen bilden sich während der Elektrolyse Chlorierungsprodukte — freilich in sehr geringen Mengen. Es ist behauptet worden, daß diese das Auftreten von Chlorakne befördern. Dem Verfasser ist aber kein solcher Fall in der Praxis begegnet.

Als Anodenköpfe verwendet man vielfach Blei oder Kupfer, die schwerlösliche Chloride bilden. Besser ist es wohl, Messing-Kontakte zu verwenden, die sich in die Anodenenden einschrauben lassen.

Längeren Stromzuführungen, z. B. den Rundkohlen-Zuführungen zu horizontalen Platten-Elektroden, wird oft ein Metallkern einverleibt, um den Spannungsabfall in denselben zu verringern, der bei Anwendung hoher Stromdichten mit in die Waagschale fällt. Ein derartiges Beispiel wird S. 268 bei Beschreibung der Quecksilberzellen horizontaler Anordnung aufgeführt.

Die Ausbildung von Kontaktwiderständen aus schwerlöslichen, schlecht leitenden Chloriden könnte vermieden werden, wenn man chlorbeständige, metallisch leitende unporöse Körper als Stromzuleitungen verwenden könnte.

Neuerdings wird die Porosität künstlichen Graphits durch Tränkung mit künstlichen Harzen (welche man durch Polymerisation mittels Phenol-Formaldehyd oder Furfurol-Formaldehyd herstellt) und durch nachfolgende Hitze- oder Säurebehandlung wesentlich herabgesetzt. Solche Produkte, die unter den Namen: Carbate, Diabon usw. in den Handel kommen, finden als neue Baustoffe (z. B. bei der Herstellung von Salzsäure aus Chlor und Wasserstoff, s. S. 325, 329) ausgedehnte Anwendung, sie eignen sich aber nicht für Elektrolysezwecke.

Eine Untersuchungsmethode, welche es gestattet, in verhältnismäßig kurzer Zeit die Haltbarkeit einer Kohlensorte als Anode zu ermitteln, die Wirksamkeit einer Imprägnierung von künstlichem Graphit auf schnellem Wege zu erproben, ist von FÖRSTER[1] ausgearbeitet und von SPROESSER vielfach angewendet worden[2]. Sie besteht darin, die Elektrolyse in Zellen ohne Diaphragma mit den Probekohlen in einer Lösung durchzuführen, welche z. B. 200 g NaCl/l neben 2 g/l K_2CrO_4 enthält. Der Aufbrauch verschiedener Kohlensorten bei gleichartiger Beanspruchung — vor allem gleicher Stromdichte und gleicher Temperatur — gibt Vergleichswerte, die nach Angabe der Autoren eine Parallele zu ihrem Verhalten in normalen technischen Zellen darstellen, aber infolge des viel

[1] FÖRSTER: Z. Elektrochem. **9**, 286 (1903).
[2] ib. **7**, 981, 1012, 1071.

energischeren Angriffs in relativ kurzer Zeit deutliche Resultate liefern.

Die Erfahrungen, welche man in technischen Betrieben über die Haltbarkeit, respektive die Lebensdauer bestimmter Graphitanoden gewonnen hat, sind miteinander nicht ohneweiters vergleichbar, weil sie wesentlich durch die Art der verwendeten Zellen und die Verschiedenheit der hergestellten Stromdichten, Temperaturen und Konzentrationen der Salzlösung beeinflußt sind.

Eindeutigere Werte liefern die Messungen, welche JACOPETTI[1] in einem 40tägigen Dauerversuch in Zellen ausgeführt hat, welche ähnlich konstruiert waren wie die Zelle GIORDANI-POMILIO (vertikale Zelle mit Filterdiaphragma, s. S. 234f). Die Konzentration der Salzlösung wurde bei diesen Versuchen dadurch praktisch konstant gehalten, daß der Elektrolyt in sehr schnellem Strome durch den Anodenraum geführt und außerhalb der Zelle nachgesättigt wurde.

Die Versuche wurden in fünf Zellen mit Stromdichten durchgeführt, welche den technischen ungefähr entsprechen.

Um vergleichbare Werte zu erhalten, wurde angestrebt, in jeder der fünf Zellen gleichstarke Laugen herzustellen, was ungefähr gelang, während jeder der fünf Anodenräume mit verschiedener Lösung gespeist wurde.

Das Mittel der vom vierten Tage ab (an welchem stabile Verhältnisse erreicht wurden) erhaltenen Resultate ist in Tab. 29 wiedergegeben.

Tabelle 29.

Zelle Nr.	NaCl-Konzentration im Anodenraum	NaOH-Konzentration im Kathodenraum	Stromausbeute	Gewichtsabnahme der Anode
1	287 g NaCl/l	13,9% NaOH	96,5%	3,14 g
2	230 g NaCl/l	13,2% NaOH	89 %	6,52 g
3	187 g NaCl/l	11,7% NaOH	86 %	7,98 g

In den folgenden Zellen wurde dieselbe NaCl-Konzentration aufrechterhalten wie in Zelle Nr. 1, aber in Zelle 4: 11,9 g Na_2SO_4/l, in Zelle 5: 11,2 g $NaClO_3$/l zugesetzt:

Zelle Nr.	NaCl-Konzentration im Anodenraum	NaOH-Konzentration im Kathodenraum	Stromausbeute	Gewichtsabnahme der Anode
4		11,5% NaOH	87,4%	8,19 g
5		13% NaOH	94 %	3,44 g

Die Versuche wurden alle mit neuen, noch unverwendeten Anoden ausgeführt. Die ersten drei zeigen deutlich an, wie die Stromausbeute mit sinkender Chloridkonzentration abnimmt.

[1] l. c.

Die graphische Darstellung der Versuchsergebnisse Abb. 57 läßt erkennen, daß die Gewichtsverluste der Anoden auch bei Gegenwart von Chlorat oder Sulfat der Abnahme der Stromausbeute direkt proportional ist.

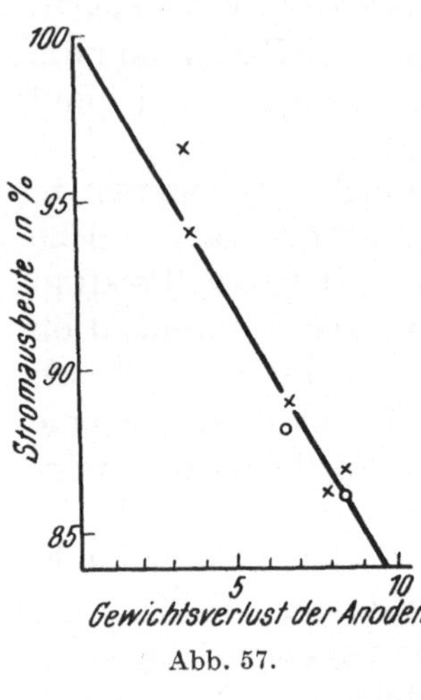

Abb. 57.

Ganz genau miteinander vergleichbar sind die Versuchsergebnisse allerdings auch nicht, da die Voraussetzung, genau gleich zusammengesetzte Laugen bei allen Versuchen herzustellen, nur angenähert erfüllt werden konnte. Es läßt sich aber auf Grund erfahrungsmäßiger Kenntnis des Umfanges der Abnahme der Stromausbeute mit steigender Alkalikonzentration in Filterdiaphragmazellen und Gegenstrom schätzen, daß die Abweichungen nur geringfügig sein können. Statt 89, bzw. 86% im zweiten und dritten Versuche hätte man etwa 88, bzw. 84% gefunden. Diese Zahlenwerte sind in Abb. 57 durch Punkte, die anderen durch Kreuze dargestellt.

Die in der Tabelle aufgeführten Gewichtsverluste in den ersten drei Zellen entsprechen einem Verbrauch von abgerundet:

Zelle 1	500 g	Anodengraphit je Tonne erzeugten Chlors
Zelle 2	1000 g	
Zelle 3	1250 g	

Da alle Versuche mit neuen Anoden, in Zelle 1 auch mit höher konzentrierter Kochsalzlösung ausgeführt wurden, als sie in der Regel technisch zur Anwendung kommt, gibt die erstaufgeführte Ziffer einen unteren Grenzwert für den Anodenaufbrauch an.

Es ist zu bemerken, daß die Schnelligkeit des Angriffs, dem die Graphitelektroden unterliegen, auch eine Funktion der Stromdichte ist, mit welcher man sie belastet. Bei höheren Stromdichten und, wie es scheint, bei höheren Temperaturen, die mit denselben verbunden sind, werden sie etwas schneller angegriffen. Bei abnorm hohen Stromdichten geht in sehr verdünnten Lösungen (z. B. bei der Wasserreinigung) neben dem chemischen Angriff ein Zerstäubungsprozeß einher, der, wie der Verfasser beobachtet hat, zur Bildung kolloidalen Graphits führt, welcher durch das Diaphragma hindurchtritt und wochenlang haltbar bleibt.

Die technisch verwendeten Lösungen weisen in Anodenumgebung meist einen Chloridgehalt von ungefähr 260 g NaCl/l auf und man rechnet im allgemeinen mit einem Durchschnittsverbrauch von

3 bis 6 kg Graphit je Tonne erzeugten Chlors. Darin sind nicht nur der schnellere Aufbrauch der Anoden mit vorschreitender Zeit, sondern auch die Verluste durch Elektrodenreste, die sich nicht weiter anodisch verwenden lassen, einbezogen. Erstere nehmen mit der Stärke der eingebauten Elektroden zu, letztere ab.

In elementarer Form scheidet sich der anodisch entladene Sauerstoff an Graphitanoden höchstens in Spuren ab, auch die Bildung von CO bleibt geringfügig, fast aller Sauerstoff wird vielmehr unter C-Aufbrauch zur Bildung von CO_2 verwendet. Als man noch Zellen verwendete, die niedere Stromausbeuten lieferten, erschwerte das dem Chlorgas beigemengte CO_2 die Verflüssigung und die Herstellung von Chlorkalk.

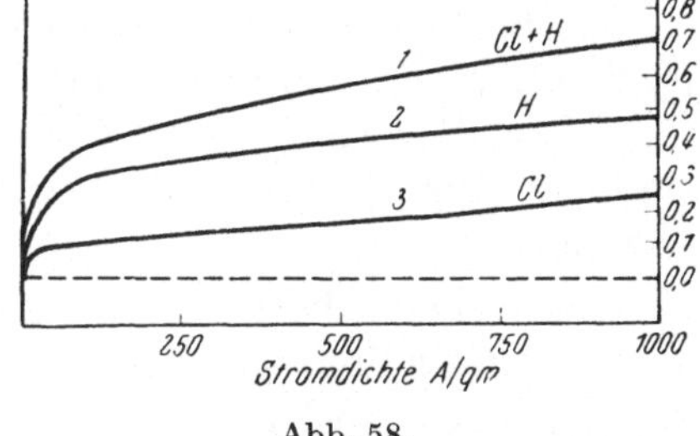

Abb. 58.

Da ein Volumen CO_2 zu seiner Bildung neben Kohlenstoff ein Volumen O_2 verbraucht, das anodisch durch dieselbe Strommenge freigesetzt wird wie zwei Volumen Cl_2, kann die gasanalytische Untersuchung des Anodengases dazu dienen, die momentanen Stromausbeuten zu kontrollieren: Bei Abwesenheit anderer Gase als Chlor und Kohlensäure entspricht jedem Prozent CO_2 im Chlorgas ein Stromverlust von 2%.

Diese Analyse läßt sich (z. B. auf die S. 300 angegebene Art) leicht ausführen. Sie wird vielfach praktisch angewendet, da sie wenig Zeit in Anspruch nimmt.

Ein Vorteil, den Graphit- vor Platin- und Magnetitanoden aufweisen, besteht darin, daß sich das Chlor an ihnen mit geringerer Überspannung abscheidet.

M. Jacopetti hat die Summe der kathodischen und anodischen Überspannung in Zellen mit Graphitanoden und Eisenkathoden bei den technisch angewandten Arbeitsbedingungen gemessen[1] und

[1] Rendiconto Accademia delle Scienze Fisiche e Matematiche della Società Reale di Napoli, Serie IVa, Vol. **12**, **1941/42**.

Für die Änderung der Summe der Überspannungen s für Cl und H bei 70° mit der Stromdichte D stellt Jacopetti auf Grund seiner Berechnungen und Messungen die Formel:

$$s = 0{,}326 + \frac{0{,}000\,91\,D}{1 + 0{,}000\,91\,D} \cdot 0{,}763 \text{ auf,}$$

die bei Stromdichten von 100 bis 1000 A/qm in guter Übereinstimmung mit den Versuchsergebnissen steht.

Die Änderung der Überspannung mit der Temperatur ist noch unbekannt.

dafür Ziffern bei 70° gefunden, welche durch die Kurve *1* in Abb. 58 wiedergegeben werden.

Die in Abb. 58 eingezeichnete Kurve *2* gibt die Überspannung des Wasserstoffs an Eisen nach eigenen Messungen an. Aus der Differenz läßt sich die Kurve *3* für die Überspannung des Chlors konstruieren.

b) Elektroden aus Platin, bzw. Platin-Iridium.

In Lösungen stark oxydierender Stoffe weisen Platinanoden (s. S. 99) nur begrenzte Haltbarkeit auf. Als Anoden, an denen Chlor aus Salzsäure- oder Alkalichloridlösungen abgeschieden wird, sind sie, wie HABER und GRINBERG ermittelt haben, erheblich beständiger.

Ursprünglich bereitete die Herstellung von Blechen und Drähten aus Platin-Iridium größere Schwierigkeiten. Die Elektroden waren brüchig, oder wurden es nach kurzer Zeit. Die Firma Heräus, Hanau, entdeckte, daß diese Brüchigkeit auf eine Verunreinigung des Iridiums durch Ruthenium zurückzuführen ist. Seitdem ein Verfahren zur Reinigung des Iridiums von dieser Verunreinigung ausgearbeitet worden ist, gelingt es, Platin-Iridium-Elektroden herzustellen, welche dieselben mechanischen Vorzüge besitzen wie Reinplatin-Elektroden, deren chemische Widerstandskraft aber diesen etwas überlegen ist.

Die Hauptresultate der Untersuchungen HABER und GRINBERGS sind in Tab. 30 zusammengestellt. Sie zeigen an, daß Platinelektroden in verdünnterer Salzsäure bei mäßiger Temperatur praktisch fast unangreifbar sind, in konzentrierter Salzsäure bei höherer Temperatur schwach angegriffen werden. Platin-Iridium-Anoden weisen eine etwas größere Widerstandskraft auf, welche sich mit zunehmendem Iridiumgehalt weiter steigert.

In Kochsalzlösungen werden Reinplatin-Anoden selbst nahe dem Siedepunkt der Lösung kaum angegriffen.

Tabelle 30.

Metall	Elektrolyt	Temperatur °C	Angriff in % Stromanteil	Amperestunden
rein Pt	8%ige HCl	100	0	1,01
	11%ige HCl	90—95	0,1	1,4
	25%ige HCl	48—52	0,06	2,22
	25%ige HCl	57—60	1,8	
	32%ige HCl	60—70	5,2	1,4

Fortsetzung der Tabelle 30

Metall	Elektrolyt	Temperatur °C	Angriff in % Stromanteil	Ampere-stunden
Pt + 10% Ir	32%ige HCl	68—70	0,9	
	25%ige HCl	68—70	0	
Pt + 25% Ir	32%ige HCl	68—75	0	
rein Pt	20% NaCl-Lsg.	99—105	0	
	gesättigte NaCl-Lsg.	105—106	0	
rein Pt	gesättigte NaCl-Lsg.	fast siedend	0,5	

Diese Messungen sind mit einer Stromdichte von 10.000 A/qm ausgeführt worden.

DENSO[1] hat die Untersuchungen ergänzt und hat dabei Platin-Iridium-Blech von 0,007 mm Dicke verwendet. Die wichtigsten Ergebnisse sind in Tab. 31 aufgeführt.

Tabelle 31.

	Iridium-gehalt %	Elektro-dengröße qdm	Elektrolyt	Tem-peratur °C	Stromdichte pro Quadrat-meter	Gewicht der Elektrode	Durch-geschickte Ampere-stunden	Gewichts-verlust mg
1.	10	1	KCl ohne Diaphragma	20—50	1050	4,8745	800	0,1
2.	10	1	KCl ohne Diaphragma	80	3000	6,7705	1200	0,5
3.	10	1	NaCl mit Diaphragma	20	1000	8,4525	240	0,0
4.	9,5	1,2	NaCl mit Diaphragma	80	—	9,8875	200	3,5
							weit. 400	0,4
5.	7,6	0,5	20% HCl	80	2000	5,4061	70	1,0
							weit. 140	0,6
							weit. 210	0,0
6.	9,5	0,5	20% HCl	80	1000	5,6620	10	0,0
							weit. 35	0,0
							weit. 95	0,0
7.	9,88	0,5	20% HCl	80	2000	5,3367	70	0,7
							weit. 140	0,0
8.	15,05	0,5	20% HCl	80	2000	5,37	70	0,5
							weit. 140	5,5
							weit. 20	3,2

[1] Z. Elektrochem. 7, 149 (1902).

Beim Auswalzen der Bleche (wohl auch beim Ziehen der Drähte) entstehen lokalisierte Stellen geringerer Widerstandsfähigkeit. Nach ihrer mechanischen und chemischen Beseitigung sinken die weiteren Gewichtsverluste auf ganz kleine Beträge. So kommt es, daß die Elektroden in den ersten Tagen der Benutzung merklich an Gewicht abnehmen, um späterhin fast gänzlich unangreifbar zu werden, ein Beispiel dafür geben die Versuche 4, 5, 7, 8. Im Gegensatze zu HABER und GRINBERG findet DENSO 15%ige Platin-Iridium-Legierungen als Anoden nicht wesentlich widerstandsfähiger als 7,5%ige, obgleich letztere von Königswasser gelöst werden, was bei den ersteren nicht mehr der Fall ist.

Nach diesen Versuchen besitzen dünnste Platin-Iridium-Bleche, auch bei längerer Beanspruchung in den stärksten Chloralkalien, eine derartige chemische Widerstandskraft, daß ihrer Anwendung in chemischer Hinsicht bei der technischen Chloridelektrolyse keine Bedenken entgegenstehen.

Ganz dünne Folien erhalten mehrere Stromanschlüsse, die ihrer Länge nach, wie S. 100 beschrieben, verteilt werden oder auch nach Abb. 46b, S. 128.

Dank seines hohen Schmelzpunktes läßt Platin, besonders in Form dünner Folien oder Drähte, welche die Wärmeabfuhr erleichtern, sehr hohe Strombelastungen zu (s. Tab. 18, S. 100).

Versuche, Platin in Form dünner Hüllen über Graphitanoden wie über Kupfer (s. S. 101) zu verwenden, um an dem teuren Metall zu sparen, sind fehlgeschlagen, weil man ganz dünne Überzüge ohne Zieh-Prozeß nicht völlig lochfrei herstellen konnte, sondern nur bei Blechstärken, welche keine Metallersparnis mehr zuließen.

Nach diesen Befunden erweisen sich Platin-Iridium-Anoden nach kurzer Betriebszeit als äußerst widerstandsfähig und ihr Verschleiß bleibt in Salzsäure und in Chloridlösungen so gering, daß er wirtschaftlich kaum in Betracht kommt. In der Tat ließen sich bei der Alkalichloridzerlegung wie bei der Chloratelektrolyse Platin-Iridium- und selbst Platinelektroden durch viele Jahre verwenden, ohne merkliche Abnützung zu zeigen.

In allen Fällen, in denen es sich durch wohlfeileres Anodenmaterial ersetzen ließ, z. B. bei der Alkalichloridzerlegung mit Quecksilberkathoden, hat sein ständig steigender Preis der Verwendung des Platins ein Ende gesetzt, unter anderem auch bei der Hypochlorit- und der Chloratherstellung. Daß es aber bei der Herstellung von Natriumchlorat wieder herangezogen werden wird, ist wahrscheinlich; denn bei dieser Elektrolyse hat man bei Verwendung von Graphitanoden mit einem Verschleiß von rund 1 g je Kiloamperestunde zu rechnen, bei Platin mit einem etwa 3000mal geringerem. Da Platin rund 3000mal teurer ist als Graphit, verursacht der Anodenverschleiß in beiden Fällen etwa gleiche Unkosten. Die Natriumchloratelektrolyse läßt sich aber mit Platinanoden besser durchführen als mit Graphit- oder Magnetitanoden, bei welcher besonders letztere bei Herstellung konzentrierterer Lösungen zu Anständen Anlaß geben.

c) *Elektroden aus künstlichem Magnetit.*

Nach fruchtlosen, von verschiedenen Seiten Ende der neunziger Jahre unternommenen Versuchen, Eisenoxyd in hinreichend gut leitende Form überzuführen, um es als Elektrodenmaterial zu verwenden, gelang es der chemischen Fabrik Griesheim-Elektron, dieses Ziel nach einem von SPECKETER[1] ausgearbeiteten Verfahren 1903 zu erreichen und die Herstellung von Magnetitelektroden betriebsmäßig aufzunehmen.

Zu dieser Zeit war es für die genannte Fabrik eine äußerst akute Frage, die künstlichen Kohlen zu ersetzen, welche sie bei der Chlorerzeugung verwendete, weil ihr relativ schneller Aufbrauch nicht nur kostspielig war, sondern dazu führte, daß das in der Elektronzelle erzeugte Chlor so große Mengen Kohlensäure mit sich führte, daß die Chlorkalkherstellung dadurch erschwert wurde (s. S. 306, 318).

Durch viele Jahre suchte die Stammfabrik das Monopol auf die Herstellung von Magnetitanoden zu bewahren, was ihr auch bis zu gewissem Grade gelang. Später aber wurde diese Fabrikation auch von anderer Seite aufgenommen, z. B. von der Radocha in Polen, von der Société d'Electrochimie in der Schweiz (Le Day).

In Griesheim wurde ein Gemisch von Pyritabbränden, wie sie z. B. von der Entkupferung kommen, im elektrischen Ofen in einem mit Schamotte ausgekleideten Tiegel mit Stromstärken von 8000 bis 10 000 A und 90 bis 110 V Spannung bei etwa 1600° erschmolzen, wobei durch Zusätze von Hammerschlag, bzw. von Oxyden dafür gesorgt wurde, daß das Schmelzgut die Zusammensetzung Fe_2O_3 hatte. Je Elektrode wurden dabei zirka 25 kWh verbraucht.

In erstarrter Form wies dieses hinreichende, wenn auch nicht besonders hohe elektrische Leitfähigkeit auf und erwies sich als chlorbeständig. Erhebliche Schwierigkeiten bereitete es aber, daraus Elektroden herzustellen, welche sich als mechanisch haltbar erwiesen und nicht zersprangen. Schließlich gelang es, diese Schwierigkeit dadurch zu überwinden, daß man Elektroden von geringer Wandstärke herstellte, die man ganz allmählich durch Wochen abkühlen ließ.

[1] D. R. P. 157 122 (1903), 193 367 (1906).

Dazu wurde das Schmelzgut in zweiteilige zylindrische Formen gegossen. Sobald sich eine feste Außenhaut in denselben gebildet hatte, wurde der verbleibende flüssige Inhalt ausgegossen, die Form zur Entnahme des stabförmigen Gußkörpers aufgeklappt, der glühend heiß in einen gasgeheizten Ofen gelangte, in welchem er ganz langsam in zirka 14 Tagen auf 40 bis 50° abgekühlt wurde.

Anstatt die Form mit Schmelzgut anzufüllen und dessen Überschuß nach dem Erstarren des Außenteils auszugießen, kann dieselbe nur zum Teil gefüllt und durch Eintreiben eines Stempels oder Dorns zur Berührung der ganzen Innenfläche der Form gebracht werden.

Die abgekühlten Elektroden werden außen mittels Sandstrahlgebläses geglättet, innen auf galvanischem Wege verkupfert, wobei der innere Kupferüberzug mit einem Kupferblechstreifen oder Draht, der zum Stromanschluß dient, in guten elektrischen Kontakt gebracht wird. Im Gebrauch fließt der Strom also quer durch die Außenwand der Elektrode. Trotzdem verbraucht dieselbe bei der Elektrolyse etwas höhere Spannung als eine Graphitelektrode.

In der *Griesheim-Elektron*-Zelle bewährte sich diese Elektrode sehr gut: anstatt durch Kohlensäure war das Elektrolytchlor nur noch durch unschädlichen Sauerstoff verdünnt. Auch in anderen Chlorzellen wurde sie gelegentlich verwendet, z. B. während des ersten Weltkrieges in der Anlage in Brückl (Österreich), solange Graphitelektroden nicht erhältlich waren. Ihre Vorteile verschwinden aber dort, wo sich die Chloridzerlegung mit Stromausbeuten von 92% und darüber durchführen läßt.

Wenn die Elektroden auch nur ganz geringem chemischem Angriff unterliegen, ist doch ein namhafter Verschleiß infolge von Sprungbildungen und dergleichen nicht zu vermeiden, auf Transporten durch Bruch usw.

Für die Chloridzerlegung werden Magnetitelektroden aus diesen Gründen zur Zeit kaum mehr verwendet; doch finden sie noch bei anderen Elektrolysen Anwendung, z. B. bei der Entkupferung und besonders bei der Herstellung von Chloraten.

Für die Kaliumchloratherstellung dürfte die Magnetitelektrode die bestgeeignete Anode vorstellen. Weniger gut entspricht sie bei der Natriumchloratbereitung, weil ihre Haltbarkeit abnimmt, wenn die $NaClO_3$-Konzentration des Elektrolyten über 200 bis 250 g $NaClO_3$/l ansteigt.

6. Mittel, die Stromausbeute-Verluste einzuschränken und deren Wirkungsgrad.

Der Einfluß, welchen die verschiedene Beweglichkeit und Konzentration der in Frage kommenden vorherrschenden Ionen auf den Verlauf der Elektrolyse nimmt, läßt folgende Maßnahmen als geeignet erscheinen, die Stromausbeute-Verluste mit größerem oder geringerem Erfolg einzuschränken:

α) Unterbrechung der Elektrolyse bei Erreichung einer bestimmten Maximalkonzentration des Alkalis im Katholyten, etwa indem man den Katholyten abläßt, sobald er einen bestimmten Alkalinitätsgrad angenommen hat, und ihn durch frische Salzlösung ersetzt.

Dies ist die Arbeitsweise, welche praktisch von 1888 ab von Griesheim-Elektron zusammen mit den zwei folgenden Maßnahmen befolgt wurde. Nach Laboratoriumsversuchen von FÖRSTER und JORRE[1] gehen die Stromausbeuten bei der Chlorkalium-Elektrolyse im ruhenden Elektrolyten mit steigender Alkali-Konzentration in folgendem Maße zurück:

Tabelle 32.

Zeit Stunden	Entstandene Alkalimenge	Mittlere Stromausbeute in diesem Zeitabschnitt %	g-Äquivalente in 100 ccm KOH	g-Äquivalente in 100 ccm KCl	Volumprozente KOH
0—2	17,78	88,06	0,0418	0,8382	2,34
2—4	14,29	69,30	0,0754	0,2224	4,22
4—6	13,60	66,50	0,1071	0,2096	5,99
6—8	11,11	58,02	0,1331	0,2066	7,45

Es läßt sich demnach 5,99%ige Lauge mit einer Durchschnitts-Stromausbeute von 74,62%, 7,45%ige nur mit einer solchen von 70,47 % herstellen.

β) Möglichste Steigerung der Chloridkonzentration. Den Anolyten und den Katholyten ständig an Chlorid gesättigt zu halten, wie es zur Erzielung höherer Stromausbeuten wünschenswert wäre, bringt soviel Komplikationen durch Verstopfung der Leitungen mit sich, daß sich Griesheim-Elektron beschränkt hat, dieser Forderung nur soweit nachzukommen, daß sie den Anolyten in ständigem Kontakt mit festem Salz hielt und bei jeder neuen Füllung den Kathodenraum mit nahezu gesättigter Chloridlösung beschickte. Da sich das feste Salz nur langsam auflöst, blieb der Anolyt nicht an Chlorid gesättigt.

In Zellen mit Filterdiaphragmen hat die Hooker Co. eine Zeitlang versucht, den Anolyten dadurch ständig an Chlorid nahezu gesättigt zu halten, daß sie ihn mit gesättigter Salzlösung speiste, die ungefähr soviel sehr feingemahlenes Salz in suspendierter Form mit sich führte, als während des Durchgangs durch den Anodenraum elektrolytisch zerlegt wurde. Dies verursachte aber Verstopfungen

[1] Z. anorg. Chem. **23**, 193 (1900).

der Diaphragmen und Leitungen und brachte Nachteile mit sich, welche den Vorteil der Verbesserung der Stromausbeute mehr als aufgehoben haben. Zahlenmäßige Resultate über den Einfluß der Chlorid-Konzentration auf die Stromausbeute s. S. 174, 195.

Mit viel besserem Erfolg hat die I. G. im Werk Gersthofen die Stromausbeute (bzw. die bei gleicher Stromausbeute erzielbare Laugenkonzentration) in ihren *Siemens-Billiter*-Zellen dadurch zu steigern vermocht, daß sie einen Teil des Anolyten fortlaufend abzog, vom gelösten Chlor größtenteils befreite und nach Aufsättigung mit Kochsalz dem Anodenraum wieder zuführte,

In analoger Weise verfuhr die Hooker Co, seinerzeit beim Betriebe ihrer *Townsend*-Zellen, indem sie den Anolyten kontinuierlich durch die Anodenräume und durch Nachsättiger zirkulieren ließ.

γ) Durchführung der Elektrolyse bei möglichst erhöhter Temperatur. Diese Maßnahme empfiehlt sich nicht nur wegen der Leitfähigkeitszunahme des Elektrolyten bei steigender Temperatur, sondern noch besonders auch wegen der gleichzeitig erzielten Verschiebung der Beweglichkeiten von OH'- und Cl'-Ionen zugunsten der letzteren.

Es liegen nicht genügend exakte Meßversuche vor, um die durch Temperatursteigerung herbeigeführte Verbesserung zahlenmäßig darzustellen. Erfahrungsgemäß fällt dieselbe aber stark in die Waagschale.

In Griesheim-Elektron erreichte man es z. B., in den von außen auf zirka 90 bis 95° geheizten Bädern mit Nachsättigung im Anodenraum, etwa 7%ige Kalilauge mit etwa 85% Stromausbeute statt, wie oben S. 195 angegeben, mit bloß 70,5% Stromausbeute herzustellen.

In modernen Zellen, die mit höheren Stromdichten bei kleinerem Lösungsvolumen betrieben werden, stellen sich von selbst Temperaturen her, die sich je nach der Zellentype und der Betriebsweise zwischen 60 und 85° C halten.

Ein Anlaß, zu große Temperatursteigerungen zu verhindern, liegt beim Betriebe von Zellen, die mit beständigen Diaphragmen ausgerüstet sind, wohl niemals vor. Man sucht im Gegenteil die Temperatur in denselben durch Wärmeisolation und dergleichen mehr möglichst hoch zu halten. Nicht so in Quecksilberzellen. Hier ist die Überschreitung von Temperaturen von etwa 70° mit gewissen Nebenwirkungen verbunden (s. diese), welche von Schaden sind. Man hat daher dafür zu sorgen, daß diese Temperaturgrenze nicht überschritten wird. Dies erfolgt meist durch Kontrolle der Stromdichte und der Temperatur der Speiselösung, welche erforderlichenfalls zu kühlen ist, ehe man sie in die Zelle einführt.

δ) *Teilung der Zelle durch zwei Diaphragmen in drei Kammern*, deren äußere als Elektrodenräume dienen, bei steter Erneuerung der Lösung in der Zwischenkammer (gegebenenfalls auch in den Elektrodenkammern).

Der Sinn dieser Anordnung besteht darin, die aus der Kathodenkammer in die Zwischenkammer einwandernden OH′-Ionen in Querrichtung zu den Stromlinien wegzuführen, ehe sie durch das Diaphragma der Anodenkammer in letztere eintreten.

Die aus der Zwischenkammer abgeleitete Lösung ist alkalisch und kann mit Chlorid nachgesättigt und in die Kathodenkammer zurückgeführt werden.

Diese Anordnung ist von FINLAY, später auch von der Badischen Anilin-Soda-Fabrik proponiert worden, sie hat sich aber nicht eingebürgert, weil es mißlich ist, zwei Diaphragmen zu verwenden und weil die Nachsättigung des Anolyten auf dem in β) angegebenen Wege in rationellerer Weise erfolgen kann.

ε) *Hemmung des Andringens der OH′-Ionen an die Anode durch Gegenbewegung des Anolyten durch das Filter-Diaphragma* gegen die Kathode. Diese, zuerst von HARGREAVES und BIRD technisch angewandte, Arbeitsmethode wird in sämtlichen gegenwärtig in Betrieb stehenden Diaphragmazellen befolgt. Sie gründet sich darauf, daß sich die Ionen, infolge des ungeheuren Reibungswiderstandes, in der Lösung nur verhältnismäßig langsam bewegen.

Unter vereinfachenden Annahmen kann man sich durch eine rohe Überschlagsrechnung ein Bild davon machen, in welchem Grade diese Arbeitsweise die Stromausbeuten verbessern kann:

Unter einem Potentialgradienten von 0,1 V pro Zentimeter bewegen sich die Chlorionen bei Zimmertemperatur mit einer Geschwindigkeit von 0,00067 mm, die OH′-Ionen mit einer solchen von 0,00180 mm/sec gegen die Anode. In der Stunde legen demnach die Chlorionen einen Weg von 2,412 mm, die OH′-Ionen einen solchen von 6,48 mm zurück.

Unter demselben Potentialgradienten wird 27%ige Kochsalzlösung bei Zimmertemperatur je Quadratdezimeter Lösungsquerschnitt von 2 A durchsetzt. Ein Strom dieser Stärke bildet nach dem FARADAYschen Gesetz 3 g NaOH in der Stunde aus 4,35 g NaCl, welche in 16 ccm 27%iger NaCl-Lösung enthalten sind. Um das verbrauchte Salz nachzuliefern, müssen also stündlich 16 ccm Kochsalzlösung durch den Quadratdezimeter geführt werden. Dies entspricht einer Strömungsgeschwindigkeit von 1,6 mm in der Stunde.

Diese Geschwindigkeit stellt nur den vierten Teil derjenigen vor, mit welcher sich die OH'-Ionen in entgegengesetzter Richtung bewegen, wenn sie allein den Stromtransport übernehmen.

Fassen wir lediglich die Cl'- und die OH'-Ionen ins Auge und nehmen wir an, daß der Kathodenraum chloridfreie Lauge enthält, so kommen wir zu dem Schlusse, daß man unter diesen Bedingungen bestenfalls Stromausbeuten von 25% erzielen kann.

Anders, wenn der Katholyt Chloride enthält. Dann wird der Stromtransport aus dem Kathodenraum nicht mehr durch OH'-Ionen allein, sondern auch durch Cl'-Ionen bestritten, dies zwar im Verhältnis ihrer Konzentrationen und ihrer Beweglichkeiten.

Bei Zimmertemperatur ist das Verhältnis ihrer Beweglichkeiten (s. oben) ein solches, daß sich die OH'- und die Cl'-Ionen dann gleichmäßig an der Stromleitung beteiligen, wenn ihre Konzentrationen im Verhältnis 0,37 OH' : 1 Cl', bzw. 1 OH' : 2,7 Cl' stehen.

Eine Lösung dieser ungefähren Zusammensetzung leitet doppelt so gut wie alkalifreie Lösung gleichen Chloridgehaltes. Bei gleichbleibender Stromdichte geht deshalb der Spannungsabfall je Zentimeter von 0,1 V/cm auf 0,05 V/cm zurück, zugleich sinkt die Wanderungsgeschwindigkeit der Ionen auf die Hälfte, so daß die OH'-Ionen wie die Cl'-Ionen mit 3,24 mm Geschwindigkeit gegen die Anode vordringen.

Um der Salzlösung eine ebenso schnelle Gegenbewegung zu erteilen, hat man stündlich 32,4 ccm durch den Quadratdezimeter Diaphragmafläche zu treiben. Dieses Lösungsvolumen enthält rund 8,65 g NaCl (entsprechend 270 g/l), aus welchen bei der angegebenen Stromdichte von 2 A/qdm an der Kathode stündlich 3 g NaOH (unter Aufbrauch von rund 4,5 g NaCl) gebildet werden; so entsteht eine Lösung, die rund 9,26% NaOH neben ungefähr 12,8% unzersetzten Kochsalzes enthält.

Eine solche Lösung läßt sich somit theoretisch bei 18° C mit quantitativer Stromausbeute gewinnen, wenn es gelingt, das Vordringen gegen die Anode durch die Gegenbewegung wirklich restlos zu hemmen, wenn also weder Vermengung noch Diffusion auftritt.

Diese ganz rohe Überschlagsrechnung gibt ein ungefähres Bild der Größen, die hier in Wechselwirkung treten, und liefert ein Resultat, das in angenäherter Übereinstimmung mit dem praktisch erzielbaren steht, wenn auch die vereinfachten Annahmen, von denen sie ausgeht, nicht ganz korrekt sind. Von der Wirklichkeit weicht vor allem die Annahme ab, daß das Konzentrationsverhältnis OH'/Cl' konstant bleibt und ungefähr 0,37 beträgt.

Im herausgegriffenen Zahlenbeispiel nimmt es an der Kathode vielmehr den ungefähren Wert 1:1 an. Mit zunehmender Entfernung von der Kathode nimmt es aber zunächst rasch in ungefähr linearer Proportion, dann langsam asymptotisch ab.

Bei horizontaler Lagerung der Kathode, bzw. des Diaphragmas unter der Anode, von der aus konzentrierte NaCl-Lösung von oben herabgeführt wird, bildet sich bei zweckmäßiger Bemessung der Strömungsgeschwindigkeit eine neutrale Zone (in welcher das Konzentrations-Verhältnis OH′/Cl′ = 0 ist) in etwa 2 cm Abstand von der Kathode, bzw. dem Diaphragma und oberhalb desselben aus.

Innerhalb dieser 2 cm-Schicht nimmt das Konzentrationsverhältnis OH′/Cl′ von 1 bis auf 0 ab. In den oberen Lagen dieser Schicht ist es demnach wesentlich kleiner als 0,37, also der Wert, der in Rechnung gestellt worden ist. Dementsprechend nehmen die Cl′-Ionen in zunehmender Entfernung vom Diaphragma immer größeren Anteil an der Stromleitung. Dies erklärt es, daß sich betriebsmäßig sogar bessere Resultate erzielen lassen, als es obige Überschlagsrechnung erwarten läßt.

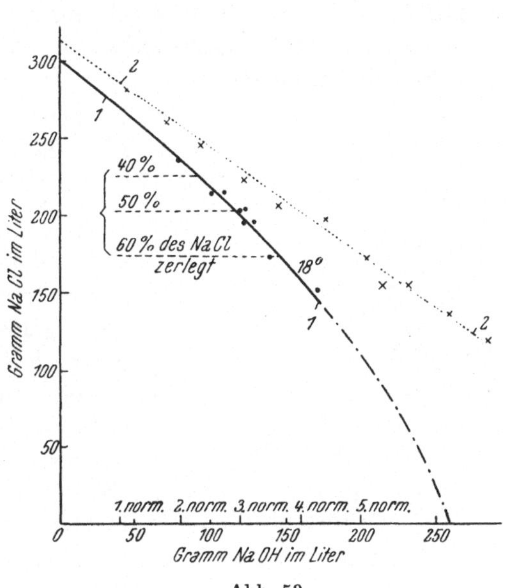

Abb. 59.

Bei vertikaler Anordnung der Elektroden und des Diaphragmas stellt sich der Abfall des Konzentrationsverhältnisses OH′/Cl′ auf viel kürzerer Strecke her.

Von geringerer Bedeutung ist die Außerachtlassung gewisser Nebenumstände, z. B.: daß die Ionen Hydratwasser mit sich führen, daß je Mol gebildeten NaOH 1 Mol H_2O aus der Lösung verschwindet, während etwas Wasser durch Elektroosmose gegen die Kathode getrieben wird, usf.

Die Verschiebung der Beweglichkeiten der OH′- und der Cl′-Ionen mit steigender Temperatur, welche dazu führt, daß die Cl′-Ionen immer größeren Anteil an der Stromleitung nehmen, läßt voraussehen, daß die Verhältnisse bei höherer Temperatur immer günstiger werden. Bei 80° C übernehmen die Cl′-Ionen die Hälfte des von Anionen bestrittenen Stromtransportes schon beim ungefähren Konzentrationsverhältnis OH′/Cl′ = 0,45 : 1, bzw. = 1 : 2,2. Bei gleicher Stromausbeute sind dann um etwa 23% höhere NaOH-Konzentrationen zu erzielen[1]. Höhere Temperaturen stellen sich aber bei Anwendung höherer Stromdichten von selbst her, bei welchen auch Verluste durch Diffusion usw. zurücktreten.

Erfahrungsgemäß gelingt es, in gut konstruierten und richtig betriebenen Zellen, bei etwa 60 bis 75°, 12- bis 14%ige Laugen mit rund 95%iger Stromausbeute zu gewinnen. Wie sich das Konzentrationsverhältnis NaCl:NaOH in der Lösung dabei ändert, wird auf Grund experimentell und betriebsmäßig ermittelter Daten durch die Abb. 59 wiedergegeben[2].

Die Kurve *1* dieser Abbildung gibt das Ergebnis eigener Messungen wieder, Kurve *2* solche HOOKERS[3].

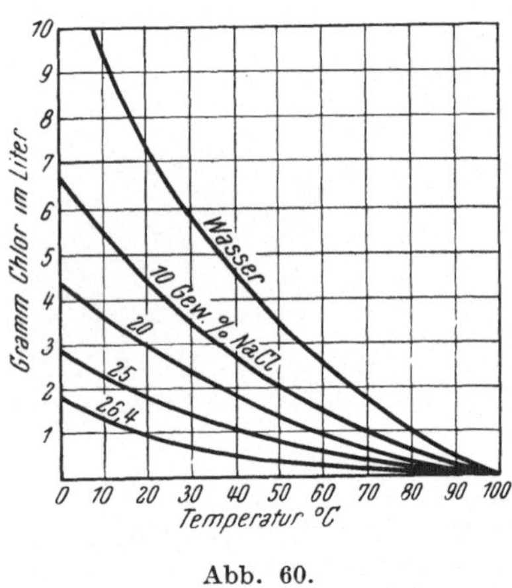

Abb. 60.

Der Anolyt, der bei dieser Arbeitsweise, den OH′-Ionen entgegen, in den Kathodenraum getrieben wird, führt stets gelöstes Chlor mit sich, das im Kathodenraum großen Alkaliüberschuß findet, mit dem es Hypochlorit (eventuell auch Chlorat bildet). Anodisch entsteht dadurch ein Verlust an Chlor, kathodisch ein Verlust an NaOH und ein weiterer Stromverlust, wenn das Hypochlorit an der Kathode reduziert wird.

Diese Verluste sind aber geringfügig, weil die schon in Wasser nicht erhebliche Löslichkeit des Chlors durch gelöstes Chlorid stark zurückgedrängt wird und mit steigender Temperatur noch weiter abnimmt, wie dies in Tab. 33 ziffernmäßig, auf Abb. 60 graphisch vor Augen geführt wird.

[1] Ohne Einfluß darauf bleibt die Abnahme des Potentialgradienten Volt/cm infolge der durch Temperatur-Erhöhung gesteigerten Leitfähigkeit des Elektrolyten, weil das Vordringen der Ionen im selben Maße beschleunigt wird, in welchem der Spannungsabfall abnimmt.

[2] Das Vordringen beider Ionen würde im selben Maße erfolgen, wenn in jeder Sekunde einmal bloß alle OH′, dann bloß alle Cl′ wandern würden.

[3] Met. Chem. Eng. **23**, 1014 (1920).

Tabelle 33. *Löslichkeit des Chlors in Wasser und in Kochsalzlösungen bei verschiedenen Temperaturen.*

NaCl-Gehalt in Gewichtsprozenten	Temperatur °C	Löslichkeit in Gramm Cl_2 pro Liter
0	20	7,3
	40	4,59
	60	2,5
	80	1,15
20 (entspricht 229 g NaCl pro Liter bei 18° C)	20	2,9
	40	1,84
	60	0,95
	80	0,42
25 (entspricht 297,5 g NaCl pro Liter bei 18° C)	20	1,86
	40	1,05
	60	0,54
	80	0,25

Tabelle 34.

NaCl-Konzentration des Anolyten in Gewichtsprozenten	Bei Gewinnung von NaOH-Lösungen der Konzentration %	Ausbeuteverluste bei Temperatur °C			
		20°	40°	60°	80°
20	6	5,45	3,45	1,78	0,78
	8	4,09	2,59	1,34	0,59
	10	3,27	2,07	1,07	0,47
	12	2,72	1,72	0,89	0,39
25	6	3,48	1,97	1,01	0,47
	8	2,61	1,97	0,76	0,35
	10	2,09	1,18	0,61	0,28
	12	1,74	0,93	0,51	0,23

Tabelle 35.

Konzentration NaCl %	Absorptionskoeffizient des Chlors
9,97	$\alpha = 2{,}2317 - 0{,}055\,05\,t + 0{,}000\,025\,t^2$
16,01	$\alpha = 2{,}1923 - 0{,}112\,81\,t + 0{,}003\,280\,6\,t^2 - 0{,}000\,042\,18\,t^3$
19,66	$\alpha = 1{,}7440 - 0{,}067\,17\,t + 0{,}001\,170\,t^2 - 0{,}000\,009\,7\,t^3$

Die Ziffern der Tab. 34 geben (unter der Voraussetzung, daß der Anolyt an Chlor gesättigt ist) die Prozente der (mit 100%iger Stromausbeute) anodisch gebildeten Chlormengen an, die in den Kathodenraum geführt werden, also verlorengehen.

Bei den in der Technik beobachteten Betriebsbedingungen beziffern sich diese Verluste auf höchstens 1%.

Moore hat beobachtet, daß beim Einschalten seiner Zellen erst verdünnte Lauge mit geringerer, dann konzentriertere Lauge mit höherer Stromausbeute gebildet wurde. Da im ersten Falle ein größeres Lösungsvolumen aus dem Anoden- in den Kathodenraum floß als im zweiten, nahm er an, daß die geringere Ausbeute durch größere Verluste an gelöstem Chlor verursacht wird.

Diese Annahme hat Verwirrung hervorgerufen, sie ist aber unzutreffend, da die Ausbeuteunterschiede wesentlich größer waren, als der Löslichkeit des Chlors entspricht, was schon Giordani nachgewiesen hat[1].

Hingegen lassen sich Moores Versuchsergebnisse ungezwungen dadurch erklären, daß seine Diaphragmen anfangs zu durchlässig und fehlerhaft waren und erst im Laufe des Betriebes — wie dies bei Asbestpapieren so oft vorkommt — dichter wurden.

ζ) *Substitution der OH'-Ionen durch trägere Ionen.* Der Ersatz von OH'- durch weniger bewegliche Anionen begünstigt die Erzielung höherer Stromausbeuten aus den bereits dargelegten Gründen. Er ist leicht durch Einblasen von Kohlensäure in den Kathodenraum vorzunehmen, wenn derselbe „leer“ ist. Dabei werden OH'-Ionen durch etwa 2,5mal trägere Kohlensäureanionen ersetzt.

Diese Arbeitsweise ist von Hargreaves und Bird gewählt worden. An Stelle von Ätznatron stellten sie Soda her, die leichter auszukristallisieren ist. Da diese aber ein weniger wertvolles Produkt vorstellt, war dies nur ein Notbehelf.

η) *Verhinderung der Bildung von OH'-Ionen durch Verwendung von Quecksilberkathoden.* Die Elektrolyse mit Quecksilberkathoden kann auf zweierlei Art ausgeführt werden. Nach der älteren durch Schaltung der Quecksilberkathode als Zwischenelektrode zwischen Anode und Kathodenabteil, nach der neueren durch Verwendung des Quecksilbers als Kathode.

Bei letzterer wird in der Zelle selbst kein Ätzalkali, sondern nur Natrium-Amalgam hergestellt, das außerhalb der Zelle mit Wasser umgesetzt wird.

---

[1] Memorie R. Accad. d'Italia fis. mat. e nat. Vol. 1 Chimica, 6., 21. III. (1930) VIII.

Die Besprechung dieser Elektrolyse erfolgt im Abschnitt Quecksilberzellen.

7. Poröse Diaphragmen und Diaphragmawirkung.

Die Hoffnungen, die man ursprünglich daran setzte, ein poröses Diaphragmamaterial zu finden, welches durch auswählende Kraft, nämlich dadurch, daß es den Durchtritt der OH'- in Richtung zur Anode erschweren oder hemmen könnte, ohne denjenigen der Cl'-Ionen zu verzögern und so die erzielbaren Stromausbeuten erhöhen würde, ohne selbst eine chemische Veränderung zu erleiden, haben sich nicht erfüllt (s. hierzu S. 160 und Nachtrag S. 380).

Die ungleiche Wanderungsgeschwindigkeit der Ionen führt zwar dazu, daß sich an der Grenzschicht zweier wässeriger Lösungen mit verschiedenem Gehalt eine Spannungsdifferenz, das „Diffusionspotential", herstellt, daß sich dementsprechend an einer porösen Membran, die zwei solche Lösungen voneinander trennt, ein „Membranpotential" ausbildet, welches die Beweglichkeit der zum Durchtritt gelangenden Ionen beeinflußt. Indessen zählen solche Potentiale nur nach Milli-, höchstens Centivolts und sie verändern sich bei Dauerelektrolysen mit der Zeit durch Ionenadsorption und dergleichen. Sie können bei einer Elektrodialyse von kürzerer Dauer gewisse Effekte erzielen lassen (z. B. ein pH innerhalb enger Grenzen beeinflussen), alle Versuche, sie bei der technischen Elektrolyse mit Vorteil anzuwenden, sind aber bisher fehlgeschlagen.

Als Zwischenleiter geschaltete Quecksilberschichten erfüllen zwar den Zweck, nur eine Ionenart durchzulassen; denn sie nehmen Natrium auf der einen Seite auf, geben es auf der anderen, der anodisch wirkenden Seite, wieder ab, ohne Cl'- und OH'-Ionen durchtreten zu lassen. Da sie dies aber nur tun, wenn sie selbst Elektroden bilden und das Auftreten von OH' durch Amalgambildung verhindern, können sie nicht im herkömmlichen Sinne als Diaphragmen angesprochen werden, unter welchen man eine Zwischenwand versteht, welche Ionen den Durchtritt gestatten, ohne sie zu entladen und chemisch zu binden.

Die porösen Diaphragmen, welche man bei der Chloridelektrolyse verwendet, wirken lediglich als Diffusionswiderstand und dienen, wenn sie als Filter verwendet werden, überdies dazu, die Strömungsgeschwindigkeit des Elektrolyten zu regeln. Sie erfüllen also nur Aufgaben mechanischer Art.

Um diese zweckentsprechend zu erfüllen, müssen sie vor allem große Haltbarkeit und möglichst geringen elektrischen, bei möglichst großem Diffusionswiderstand aufweisen, also möglichst großes Porenvolumen bei möglichst großer und gleichmäßiger Feinheit und Kürze der Poren.

Ursprünglich gelang es, haltbare Diaphragmen nur aus porösem Zement herzustellen (s. S. 219), später aus Asbestzementkompositionen. Diese besaßen einen Diffusionswiderstand, der genügte, die Verluste durch Vermengung der beiden Elektrolyte auf die Größenordnung von 1% herabzusetzen. Da sie aber ziemlich dick gehalten werden mußten, stellten sie dem Stromdurchgange höheren Widerstand entgegen.

Den Anforderungen, welche die Durchführung der Elektrolyse im ruhenden Elektrolyten stellte, konnten sie entsprechen. Um aber die Elektrolyse in Lösungen vorzunehmen, welche durch das Diaphragma hindurch in ständigem Fluß gegen die Kathode gehalten werden — das ist die Arbeitsweise, die seit Jahrzehnten allein in Diaphragmazellen für die Chloridzerlegung befolgt wird —, mußte man viel durchlässigere Diaphragmen herstellen.

Durch den Kunstgriff, sie an eine durchlässige Kathode anzulehnen oder auf der Kathode aufruhen zu lassen, die aus perforiertem Blech oder Drahtnetz hergestellt wurde, konnten Materiale herangezogen werden, die für sich allein keinen genügenden mechanischen Halt aufweisen würden.

Als gut geeignet hat sich Asbest dank seiner ziemlich großen Beständigkeit gegen Alkalien und der Leichtigkeit, mit welcher es sich zu Papier, Pappen, Geweben verarbeiten läßt, erwiesen.

Der chemischen Zusammensetzung nach unterscheidet man den Serpentinasbest (Chrysotil): $3\,MgO$, $2\,SiO_2$, $2\,H_2O$ vom Hornblendenasbest: $MgSiO_3$. Im ersteren stehen Basis und Säure im Verhältnis 3 : 2, im letzteren im Verhältnis 1 : 1. Dieses Verhältnis stellt aber nur Grenzfälle vor, innerhalb welcher die in der Natur vorkommenden unreineren, Ca, Fe usw. enthaltenden, Minerale faseriger Natur schwanken.

Zur Herstellung von Asbestpapieren dient vorwiegend Serpentinasbest, der sich in Kanada in großen Lagerstätten vorfindet, im Uralgebiet usw., seltener Hornblendenasbest aus Italien und Südafrika, usf. Letzterer kommt auch in Form blauen, sogenannten „Cap-Asbestes“ vor, der seine Farbe einer Beimengung von Eisensilikat verdankt. Er hat meist stärkere, härtere Faser, ist weniger beständig gegen Erhitzung und gegen Atmosphärilien, dafür aber gegen Säure viel wiederstandsfähiger, weshalb er in Faser- und in Gewebe-Form mit Vorteil verwendet werden kann. Nun man aber vorzügliche Gewebe aus Kunststoffen, z. B. aus Polyvinylchloridfasern, auf den Markt bringt, werden solche möglicherweise Verwendung finden.

In Gemischen mit schwerlöslichen Pulvern werden Asbestfasern und Asbestpulver, auf Gewebe ausgebreitet, für die Herstellung horizontal gelagerter Diaphragmen verwendet. Die Asbestfasern spielen darin eine ähnliche Rolle wie Baumwurzeln, die ein Erdreich festigen[1].

Zur Herstellung von Asbestpapier und -pappen wird das Mineral durch Schlagen oder Quetschen von anhaftendem Gestein gelöst. Für die Verarbeitung langfaserigen Materials verwendet man vorzugsweise Kollergänge, kurzfaseriges Material wird in leistungsfähigeren Desintegratoren verarbeitet. Zur Entfernung des Staubes und der allerkürzesten Fasern wird das Gut dann in Öffnern mit rotierenden Flügeln behandelt.

Die Herstellung von Papier und Pappen erfolgt nach den Methoden der Papierfabrikation (nur die längsten Fasern werden versponnen und gewebt), wobei der Rohstoff unter Zusatz von Wasser im Holländer zu einem gleichmäßigen dicken Brei zerfasert und „gemahlen" wird. Um besseres Zusammenhalten der Faser zu erzielen, wird dem Brei schon im Holländer etwas Klebstoff, vorzugsweise Kartoffelstärke, zugesetzt.

Die Eigenschaften von Asbestpapieren, die aus kanadischem und aus Ural-Asbest hergestellt waren, sind von STENDER und Mitarbeitern sorgfältig untersucht und bekanntgegeben worden[2].

Das amerikanische Produkt enthielt 2,14% (davon 0,68% Stärke) organische Beimengungen. Bei halbstündiger Behandlung mit kochender 20%iger Natronlauge gingen aus dem

kanadischen Papier: 2,32% SiO_2 und 0,02% Al_2O_3 in Lösung, aus
russischem Papier: 3,78% SiO_2 und 0,27% Al_2O_3.

Eine vorangehende Behandlung mit Alkalien verringert die Widerstandskraft gegen schwache Säure. Dies dürfte darauf zurückzuführen sein, daß Lauge auch das Magnesiumoxyd angreift, das zwar von der Lauge nicht gelöst wird, aber eine Veränderung erfährt, nach welcher es leichter von Säure angegriffen wird.

Das Porenvolumen wurde zu 60%, der Porendurchmesser im Mittel etwas kleiner als 0,001 mm gefunden.

---

[1] Die Verwendung von Diaphragmen aus Faser-Pulver-Gemischen bildet ein Kennzeichen der *Siemens-Billiter*-Zelle.

Viel früher schon hatten unabhängig voneinander K. KELLNER sowohl wie der *Aussiger Verein* (letzterer in seinen Glocken-Zellen) unlösliche pulverförmige Stoffe als Diaphragmamaterial vorgeschlagen, das sich aber nicht bewährte. Erst durch Einverleibung von Faserstoff entspricht es den technischen Anforderungen (cf. hierzu u. a. MÜHLHAUS, Diss. Dresden 1911).

[2] STENDER, ZIVOTINSKY u. STROGANOFF: Trans. Amer. Electrochem. Soc. **65**, 189 (1934); STENDER: ib. **67** (1935).

Von großer praktischer Bedeutung ist der Durchlässigkeitskoeffizient. Derselbe läßt sich nach der POISEUILLEschen Formel:

$$V = K \frac{h \cdot d^4}{l \cdot \eta} T$$

berechnen, in welcher V das Flüssigkeitsvolumen angibt, welches in der Zeit T unter dem hydrostatischen Druck h einer Flüssigkeitssäule durch die Einheitsfläche tritt, wenn l die Porenlänge, d den Porendurchmesser, η die Viskosität der Flüssigkeit angibt.

Messungen des Diffusionskoeffizienten K sind für Tondiaphragmen von TARDY und von GUYE[1], für Asbestpappen und Asbestgewebe von GIORDANI[2], für Asbestpapier von STENDER (l. c.) ausgeführt worden. Am schwierigsten ist es dabei, den Porendurchmesser sowie die Länge der Poren zu bestimmen, welche stets größer ist als die Dicke des Diaphragmas, weil die Kapillarräume nicht geradlinig und senkrecht zur Fläche verlaufen. Aus seinen Messungen hat STENDER (l. c.) schätzen können, daß die Porenlänge in kanadischem Asbestpapier 1,523 seiner Dicke beträgt[3].

---

[1] J. chim. phys. 2, 79 (1904).

[2] l. c. Rend. Accadem. Napoli (3), 27, 209 (1921).

[3] Auf Grund elektroosmotischer Messungen sollten sich die mittlere Länge l, der mittlere Durchmesser 2 r und der Gesamtquerschnitt q der Poren eines Diaphragmas durch Bestimmung des hydrostatischen Druckes, welcher der elektroosmotischen Bewegung einer Lösung vom Leitvermögen λ und vom spezifischen Gewicht s bei angelegter Spannung E das Gleichgewicht hält, bzw. dieselbe zum Stillstand bringt, ferner durch Bestimmung der Geschwindigkeit v, mit welcher dieselbe Lösung, deren Dielektrizitätskonstante ε und Viskosität η bekannt sind, bei derselben Spannung E annimmt, berechnen lassen.

Der hydrostatische Druck im Gleichgewicht entspricht der Formel: $P = \frac{2 \zeta E \varepsilon}{r^2 \pi}$, worin ζ das Grenzflächenpotential darstellt.

Die Geschwindigkeit v der Formel: $v = \frac{q \zeta E \varepsilon}{4 \pi \eta l}$, daraus ergibt sich

$$\zeta = \frac{P r^2 \pi}{2 E \varepsilon} = \frac{4 v \eta l \pi}{q E \varepsilon}; \text{ somit: } \frac{P r^2}{2} 4 v \eta \cdot \left(\frac{l}{q}\right).$$

Der Quotient $\frac{l}{q}$ ist dem Quotienten des Ohmschen Widerstandes Ω durch das Leitvermögen λ der Lösung gleichzusetzen: $\frac{l}{q} = \frac{\Omega}{\lambda} = O$ und läßt sich durch Messung des elektrischen Widerstandes ermitteln.

Das Produkt $q \cdot l$ ist dem Produkt des vom Diaphragma aufgenommenen Lösungsvolumens und dessen Dichte gleich und läßt sich durch Wägung des aufgenommenen Gewichtes G der Lösung ermitteln.

Von den für technische Verhältnisse interessanten Meßergebnissen sind im folgenden diejenigen STENDERS in Tab. 36, diejenigen GIORDANIS in Tab. 37 wiedergegeben:

Tabelle 36.

	In Wasser	In 20%iger NaCl-Lösung
Viskositätskoeffizient	0,0103	0,01513
Dichte	1,0	1,15
Temperatur	18,5°	20°
Diaphragmadicke	0,65 mm	0,7 mm
Durchlässigkeits-		0,024
koeffizient K	0,025	0,024

Tabelle 37.

	Asbestpappe	Asbestgewebe
Dicke im trockenen Zustand	1,0	1,4 mm
Dicke im nassen Zustand	1,12 mm	1,62 mm
Scheinbares spezifisches Gewicht	1,27	1,29
Wahres spezifisches Gewicht	2,46	2,23
Gewicht/qm	1270 g	1820 g
Porenvolumen	53,7%	49,8%
Faktor K	0,076	0,365
Spannungsverbrauch	0,15 V	0,24 V

Der Spannungsverbrauch ist berechnet, und zwar für den Fall der Herstellung einer Stromdichte von 700 A/qm und Herstellung 13%iger NaOH-aus nahezu gesättigter NaCl-Lösung bei Arbeitstemperatur von 50°.

Diese Zahlen gelten für neue, ungebrauchte Diaphragmen.

Der Durchlässigkeitskoeffizient eines Diaphragmas ist keine unveränderliche Konstante, er nimmt mit steigendem hydrostatischem Druck ab und sinkt auch mit fortschreitender Zeit. Offenbar werden die Fasern unter der Druckwirkung deformiert, zusammengepreßt und verengern dabei die Poren. Entspannt man den Druck, so erweitern sie sich ein wenig, stellt man den hydrostatischen Druck wieder her, so findet man erst größere Durchlässigkeit, die aber rasch wieder abnimmt.

Es ergibt sich somit:

$$r^2 = 8 \cdot v\, O \cdot \eta; \quad \frac{l}{q} = O; \quad l = q\, O; \quad q\, l = G = q^2\, O,$$

$$\text{also: } l = O \sqrt{\frac{G}{O}} = \sqrt{G \cdot O} \qquad q = \sqrt{\frac{G}{O}}$$

Die Verengerung der Poren geht erst ziemlich schnell, dann sukzessive langsamer vor sich, sie kann schließlich ganz zum Stillstand kommen.

Es folgt daraus, daß die Durchlässigkeit eines Asbestdiaphragmas dem hydrostatischen Drucke nicht direkt proportional ist, sondern daß sie in etwas langsamerem als linearem Verhältnis mit seiner Steigerung zunimmt.

Beim Einschalten des Stromes nimmt die Durchlässigkeit des Diaphragmas sehr rasch und stark ab. Zum Teil ist dies auf die Veränderung der Viskosität der Flüssigkeit, zum Teil auf die Quellung des Asbests in der entstehenden Lauge zurückzuführen. In Filterdiaphragmazellen aber zur Hauptsache wohl auf den Umstand, daß sich ein Teil der Poren mit Gas erfüllt und blockiert wird. Nach wenigen Stunden wird aber ein ziemlich stationärer Zustand erreicht.

Auch von der Stromdichte wird die Durchlässigkeit eines Asbestdiaphragmas in starkem Maße beeinflußt. Bei Steigerung der Stromdichte von 500 auf 2000 A/qm nimmt sie in Filterdiaphragmazellen in der Regel, und zwar um Beträge, die bis zu rund 30% gehen können, zu — vielleicht, weil die starke Gasentwicklung das Diaphragma etwas von der Elektrode abhebt.

Von großem Einfluß auf die Eigenschaften eines Diaphragmas ist die Auswahl des verwendeten Rohmaterials, insbesondere seiner Faserlänge, wie der Grad seiner Mahlung im Holländer. Kürzer und schwächer gemahlenes Material und solches mit größerer Faserlänge liefert durchlässigere, mechanisch haltbarere Diaphragmen.

Während der Elektrolyse verändert sich die Durchlässigkeit außer durch die erwähnte Alterung noch weiter durch Änderung der Viskosität, durch zunehmende Schwellung, durch chemischen Angriff (z. B. geringe $MgCl_2$-Bildung durch Wirkung des gelösten Chlors), durch Auflagerung von Schlamm (hauptsächlich Erdalkalihydroxyde und Graphitpulver), von Verunreinigungen (Eisenoxyde usw.).

Infolge zunehmender Schwellung verliert Asbestpapier, das dauernd mit Flüssigkeit in Berührung steht, immer mehr an Halt. In der Zelle wird es aber dadurch vor Zerfall geschützt, daß der einseitig wirkende hydrostatische Überdruck des Elektrolyten es an eine flüssigkeitsdurchlässige, formbeständige Kathode preßt.

In der Regel wirkt sich die Verstärkung des Diaphragmas durch Schlamm anfangs günstig aus, weil dadurch fehlerhafte Stellen, kleine Löcher ausgefüllt und ausgeglichen werden. Aus diesem Grunde steigt in den meisten Zellen die Stromausbeute in den ersten Tagen nach Betriebsaufnahme. Später wird das Diaphragma aber immer undurchlässiger und muß schließlich ausgebaut und durch ein neues ersetzt werden.

Die Zeitdauer, durch welche Diaphragmen verwendbar bleiben, hängt deshalb nicht nur von ihrer Qualität, sondern vor allem auch von dem Reinheitsgrad des Elektrolyten, von der erzielten Stromausbeute, der Menge des Anodenabfalls usw. ab.

Man rechnet im allgemeinen mit einer Lebensdauer der Diaphragmen von sechs bis neun Monaten.

An Stelle von Asbestpapier sind seit Einführung der *Siemens-Billiter*-Zelle Diaphragmen aus Faser-Pulver-Gemischen in immer größerem Umfange in Verwendung gekommen.

In horizontal angeordneten Zellen wurden solche (z. B. Asbest-Bariumsulfat-Gemische) auf eine geeignete Unterlage (z. B. auf Asbestgewebe) ausgebreitet und verstrichen. Als die Beschaffung geeigneten Asbestgewebes nach dem ersten Weltkrieg auf Schwierigkeiten stieß und man nur über kurzfaserigen Asbest verfügte, wurde das Asbestgewebe in der Chemischen Fabrik Bitterfeld durch feines Drahtnetz ersetzt und das Fasergemisch durch Saugwirkung auf dem Drahtnetz verankert.

Später wurden solche Diaphragmen auch in anderen Werken verwendet. Zum Beispiel wurde in Wolfen blaue Asbestfaser mit Wasser im Holländer vermahlen, dann unter Zusatz der 20- bis 40fachen Gewichtsmenge Bariumsulfat weiter vermahlen. Etwa 3,5 kg solchen Faser-Pulver-Gemisches wurden je Quadratmeter Fläche auf 0,3 mm starkes Drahtnetz mit 144 Maschen/qcm aufgetragen und durch Vakuum verdichtet. Das fertige Diaphragma war etwa 3 bis 4 mm stark.

Die Verankerung eines Faser-Pulver-Gemisches auf Drahtnetz durch Vakuum hat K. E. STUART dann (1928) zum Zusammenbau von Diaphragma-Kathoden komplizierterer Form verwertet (s. weiter unten *Hooker*-Zelle).

Faser-Pulver-Diaphragmen verhalten sich im Laufe der Elektrolyse in ähnlicher Art wie Asbestpapier, wenn auch ihre Eigenschaften durch das einverleibte Pulver etwas modifiziert werden. Im Laufe der Zeit durchsetzen sie sich mit feinsten Gasblasen und schwellen deshalb stärker an, am stärksten, wenn sie in Horizontalzellen auf der Kathode aufliegen, an der Wasserstoff abgeschieden wird, weit langsamer, wenn sie durch Vakuum wirksam verdichtet worden sind und wenn sie vertikal angeordnet werden.

Gegenwärtig bilden sie das weitaus am meisten verwendete und das haltbarste Diaphragmenmaterial bei der Alkalichlorid-Elektrolyse.

8. Spannungsverbrauch der Chlorzellen mit Eisenkathoden.

Die Spannung, welche in Betrieb stehende Zellen verbrauchen, setzt sich aus einer größeren Anzahl von Einzelwerten zusammen, die fast alle von der Temperatur und der Konzentration beeinflußt werden und zum Teile schwer zu messen oder gar zu berechnen sind.

Von der positiven Stromschiene ausgehend, hat man der Reihe nach:

1. Einen Spannungsverlust durch Übergangswiderstand am Anodenkopf. Derselbe ist bei Inbetriebnahme nahe null, kann aber im Laufe der Zeit erfahrungsgemäß (in ungünstigen Fällen) bis auf ungefähr 0,1 V ansteigen. Es folgt

2. der Spannungsabfall in der Anode und in ihrer Graphit-Zuführung, der (von der Temperatur praktisch unabhängig) mit der Stromdichte in dem Maße ansteigt, in welchem die Anode aufgezehrt wird, und zwar prozentisch umso stärker wächst, von je stärkeren Anoden man ausgeht und je vollständiger man sie aufbraucht. Je nach verwendeter Zellentype geht man in der Regel von Anoden aus, die eine Stärke von 7,5, 5, oder 2 cm aufweisen und arbeitet sie bis auf mindestens 1 cm herunter.

3. Die Spannungsdifferenz an der Berührungsfläche Anode/Anolyt setzt sich aus der anodischen Zersetzungsspannung und der Überspannung zusammen, deren erste wenig, deren zweite rascher mit steigender Temperatur abnimmt. Mit steigender Stromdichte ändert sich die Zersetzungsspannung, entsprechend der Nernstschen Formel, nur soweit, als die höhere Stromdichte eine Verarmung in Anodenumgebung hervorruft, die Überspannung in stärkerem, aber nicht gut bekanntem Maße. Obwohl

4. der Spannungsabfall durch den Elektrolyten im Intervall Anode—Diaphragma lediglich der Überwindung des Ohmschen Widerstandes dient, läßt er sich nicht genau berechnen, weil die Stromverteilung keine ganz gleichförmige ist, weil sie durch die Chlorgasblasen beeinflußt wird und dergleichen mehr. Ceteris paribus ist er der Weglänge im betrachteten Intervall proportional, die aber im Laufe des Betriebes im Maße des Anodenaufbrauchs zu- und mit zunehmender Dicke des Diaphragmas abnimmt. In Diaphragmazellen schwankt diese Weglänge von 2 bis 6 cm. Mit steigender Stromdichte nimmt der Spannungsabfall ferner wegen der gleichzeitig steigenden Temperatur und Leitfähigkeit der Lösung etwas langsamer als linear an.

5. Ähnliches gilt für den Spannungsabfall im Diaphragma, bzw. in seinen von Lösung erfüllten Kapillaren, deren Länge im Laufe

des Betriebes auf das Zehnfache ansteigen kann. Man rechnet mit Spannungsverbrauch von 0,1 bis 1 V.

Das geringe ξ-Potential des Diaphragmas ist meist daneben zu vernachlässigen, nicht aber

6. das Flüssigkeitspotential: saurer Anolyt/alkalischer Katholyt, das an einer schwer zu definierenden Stelle zu überwinden ist. Es folgt

7. der Spannungsabfall im Elektrolyten zwischen Diaphragma und Kathode, welcher auch im Falle direkten Anliegens der Kathode am Diaphragma durch den entwickelten Wasserstoff beeinflußt wird,

8. der Spannungsabfall an der Berührungsfläche Kathode/Katholyt, der sich aus der kathodischen Zersetzungsspannung, die nahezu konstant ist, und der Überspannung des Wasserstoffs, die mit der Stromdichte zu-, mit steigender Temperatur abnimmt, zusammensetzt. Endlich

9. der Spannungsabfall in der Kathode, und

10. der Spannungsverlust durch Übergangswiderstand am Kathodenanschluß, die beide sehr gering sind.

Nahezu unabhängig von den Arbeitsbedingungen innerhalb der normalerweise eingehaltenen Grenzen ist die Zersetzungsspannung, soweit sie umkehrbar ist.

Diese läßt sich, unter Benützung der neuesten thermochemischen Messungen, aus der Wärmetönung der Reaktion:

$$2\,NaCl + 2\,H_2O \rightarrow 2\,NaOH \text{ (in Lösung)} + Cl_2 + H_2$$

nach der Näherungsformel von Thomson zu 2,333 V berechnen, nach der genaueren Gibbs-Helmholtzschen Gleichung aber zu:

$$e = (2{,}333 - 0{,}00053\,T) \text{ Volt.}$$

Bei 50° C nach letzterer Formel gleich 2,16 V, fällt die Zersetzungsspannung, rechnungsmäßig, bei 30° weiterer Temperatursteigerung auf 2,15 V (bei 80° C).

Die *faktische* Zersetzungsspannung ist aber infolge der an beiden Elektroden auftretenden nicht reversiblen Überspannungen merklich höher, und selbst bei erhöhter Temperatur in Zellen mit Graphitanoden und Eisenkathoden mit rund 2,3 V anzusetzen. Sie steigt mit zunehmender Stromdichte bis auf etwa 2,8 V.

Bei den betriebsmäßig hergestellten Stromdichten und Arbeitstemperaturen hält sie sich innerhalb der Grenzen von 2,4 bis 2,8 V.

Für technische Verhältnisse hat man demnach in Diaphragmazellen mit Klemmen-Spannungen zu rechnen, deren unterste Grenze rund 3 V beträgt, während sie bei hohen Stromdichten bis etwa 4,5 V gehen.

9. Die momentane und die mittlere Stromausbeute in Abhängigkeit der Ionen-Beweglichkeiten und der Konzentration.

Auf systematische Messungsreihen gestützt, haben die theoretischen Untersuchungen keinen Zweifel darüber gelassen, daß die Stromausbeuten bei der Chloridzerlegung durch die Wanderungsgeschwindigkeiten der einzelnen dabei in Betracht kommenden Ionenarten bestimmt werden (s. S. 197f.). Diese ändern sich mit der Temperatur, werden aber praktisch von der Konzentration nicht beeinflußt[1].

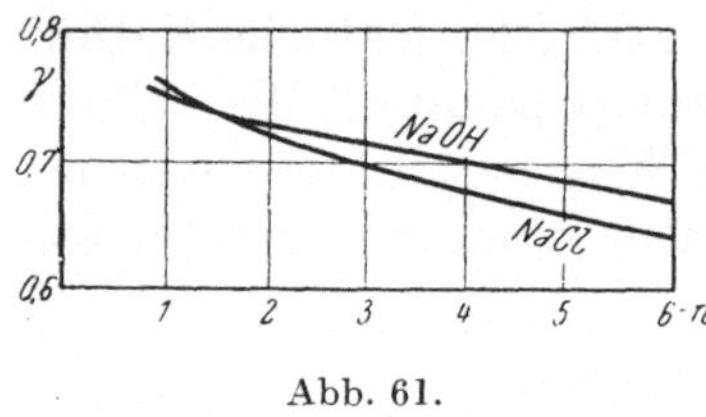

Abb. 61.

Trotzdem ist es sehr schwer, eine allgemeine Formel aufzustellen, welche die jeweils erzielbare maximale Stromausbeute lediglich als Funktion der Anfangskonzentration, der Speiselösung und der Endkonzentration des Katholyten darstellt.

Auf Grund eingehender Studien hat GIORDANI auf folgendem Wege eine Näherungsformel errechnet:

Die jeweilige momentane Stromausbeute ist in Diaphragmazellen mit ruhendem Elektrolyten ohne Nachsättigung durch die Beziehung: Stromausbeute $= SA = 1 - nx$ gegeben, in welcher n die Überführungszahl der OH′-Ionen und x den Anteil darstellt, den die Cl′-Ionen am Stromtransport tragen.

Bezeichnet man mit K_K die Leitfähigkeit des Katholyten, mit K_{Cl} und K_{OH} die Anteile, welche die Cl′-Ionen bzw. OH′-Ionen am Stromtransport nehmen, so berechnet sich:

$$x = \frac{K_{OH}}{K_K} = \frac{K_{OH}}{K_{Cl} + K_{OH}} \quad \text{und}$$

$$SA = 1 - \frac{n}{1 + \frac{K_{Cl}}{K_{OH}}} \tag{1}$$

Da das Aktivitätsverhältnis der OH′- und Cl′-Ionen in Chlorid-Alkaligemischen nach GIORDANI l. c. (s. Abb. 61) praktisch unverändert bleibt[2], kann man $\frac{K_{Cl}}{K_{OH}}$ als Funktionen ihrer Konzentrationen ausdrücken:

$$\frac{K_{Cl}}{K_{OH}} = A\,\frac{C_{Cl}}{C_{OH}} \tag{2}$$

---

[1] FÖRSTER u. JORRE: Z. anorg. Chem. **23** (1900).

[2] GIORDANI u. MARESCA: Gazz. Chim. Italiana **59**, 892 (1929). GIORDANI: Memorie Accademia d'Italia Volume **1**, Chimica: N 6.

Ist C_O die Anfangskonzentration der Speiselösung, C_{Cl} die Konzentration des Chlorids, C_{OH} des Alkalis, so wird:

$$C_{Cl} = C_O - BC_{OH} \tag{3}$$

Die Faktoren A (in 2) und B (in 3) sind Funktionen der Anfangskonzentration und der Temperatur. Durch Substitution von (2) und (3) in (1) erhielt GIORDANI[1] einen Ausdruck folgender Form:

$$SA = \frac{A C_O + (1 - AB - n)\, C_{OH}}{A C_O + (1 - AB)\, C_{OH}} \tag{4}$$

Für gesättigte NaCl-Lösung ist $A \sim 0{,}67$, $B \sim 0{,}50$, $n = 0{,}8$, es wird somit:

$$SA = \frac{A C_O - 0{,}13\, C_{OH}}{A C_O + 0{,}67\, C_{OH}}$$

und wenn man durch AC_O dividiert und $\frac{0{,}13\, C_{OH}}{A C_O}$ vernachlässigt:

$$SA = \frac{1}{1 + \frac{1 - AB}{A C_O} C_{OH}} \tag{5}$$

Dieser Ausdruck hat dieselbe Form wie die von GUYE[2] schon in 1903 auf rein empirischem Wege mit bewundernswertem Spürsinn für die Durchschnittsausbeute aufgestellte Näherungsformel:

$$SA = \frac{1}{1 + a\, C_{OH}} \tag{6}$$

welche für konzentriertere Speiselösungen bei Herstellung relativ verdünnter Laugen Geltung hat.

Die exakte Formel (4) bringt GIORDANI (l. c.) durch Substituierung von:

$$M = \frac{1 - AB - n}{A C_O} \qquad N = \frac{1 - AB}{A C_O}$$

auf die einfachere Form:

$$SA = \frac{1 + M C_{OH}}{1 + N C_{OH}}$$

Stellt $d\, C_{OH}$ die Zunahme der Alkali-Konzentration beim Durchgange der Strommenge $d\,F$ im Volumen V dar, so wird:

$$SA = \frac{V \,.\, d\, C_{OH}}{d\,F}$$

Durch Integration innerhalb der Grenzen $\overline{C_{OH}} = O$ und C_{OH} erhält man für mittlere Stromausbeute den Ausdruck:

$$SA_{mittel} = \frac{V\, C_{OH}}{F}$$

[1] GIORDANI u. MARESCA: Gazz. Chim. Italiana 59, 892 (1929). GIORDANI: Memorie Accademia d'Italia Volume 1, Chimica: N 6.

[2] GUYE: J. chim. phys. 1, 121, 212 (1903).

und durch entsprechende in der Originalabhandlung[1] nachzusehende Transformationen den Ausdruck:

$$SA_{\text{mittel}} = \frac{1}{\frac{M-N}{M^2 C_{OH}} \ln (1 + M C_{OH}) + \frac{N}{M}}$$

der unter den Einschränkungen von (5) in die Formel von GUYE

$$SA_{\text{mittel}} = \frac{1}{1 + \frac{N}{2} C_{OH}}$$

übergeht.

Bei der Elektrolyse mit Filterdiaphragmen wird die Durchschnitts-Stromausbeute der momentanen Stromausbeute gleich. GIORDANI berechnet sie zu:

$$SM = 1 - \frac{n K_{OH}}{K_{Cl} + K_{OH}} - \left(1 - \frac{K_{Cl}}{\Lambda_{OH} C_{OH}}\right)$$

in welcher C_{Cl} zu C_{OH} in der unter (3) gegebenen Beziehung stehen, B aber jetzt einen größeren Zahlenwert annimmt. Λ_{OH} ist eine Funktion der Fluidität des Mittels.

10. Allgemeine Richtlinien für die technische Ausführung.

Die ersten Anlagen wurden mit Gleichstromgeneratoren betrieben, deren Spannungen innerhalb der Grenzen von 60 bis 220 V variierten.

Mit der Schaffung von Überlandzentralen kamen Umformer in Gebrauch, zunächst Einankerumformer mit einem Wirkungsgrad von 90 bis 92%. Sie konnten bis auf niedere Spannungen herab mit hoher Stromstärke beansprucht werden.

Gegenwärtig kommen immer mehr Quecksilberdampfgleichrichter in Gebrauch, welche schon bis zu Stromkapazitäten von 10.000 A erzeugt werden. Ihre Betriebssicherheit läßt nichts zu wünschen übrig, aber sie verbrauchen rund 30 V Spannung. Deshalb kann mit ihnen ein Wirkungsgrad von 94 bis 97% nur dann erzielt werden, wenn man Betriebsspannungen von 500 bis 800 V zur Anwendung bringt.

In Ausbildung begriffen sind Kontaktumformer, die auch bei niedrigeren Spannungen von 250 bis 300 V einen Nutzeffekt von 96 bis 97% aufweisen und denen vielleicht die Zukunft gehört.

Dieser Entwicklungsgang hat zur Folge gehabt, daß die elektrochemischen Fabriken, welche früher vorzugsweise Zellenbatterien aufstellten, die 60, 110, höchstens 220 V aufnahmen, nunmehr die

[1] GIORDANI u. MARESCA: Gazz. Chim. Italiana **59**, 892 (1929). GIORDANI: Memorie Accademia d'Italia Volume 1, Chimica: N 6.

Zahl der in Serie geschalteten Zellen derart vermehren, daß sie mit einer Gesamtspannung von 500 V und selbst darüber betrieben werden.

Die zunehmende Steigerung der Produktion hat weiter dazu geführt, daß Zellen mit höherer Stromkapazität bevorzugt werden, um ihre Zahl zu verringern, die Übersicht und die Bedienung zu vereinfachen.

Die *Griesheim*-Zelle wurde mit 2500 A betrieben. Moderne Diaphragmazellen weisen Stromkapazitäten von 6000 bis 20.000 A, Quecksilberzellen solche bis zu 50.000 A auf.

Da die Betriebsspannung der heutigen Chlorzellen minimal 3,2 V, maximal 5 V beträgt, ist die Zahl der in Serie zu schaltenden Zellen, selbst bei Anwendung hoher Netzspannungen, keine übermäßig große, lange nicht zu vergleichen mit der Zellenzahl, die man bei der Metallraffination in Serie zu schalten hat, bei welcher die Betriebsspannung der Zellen etwa zehnmal kleiner ist.

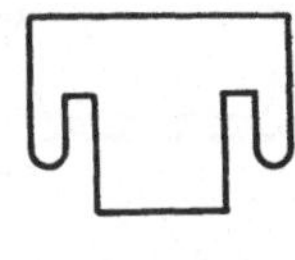

Abb. 62.

Bei höherer Netzspannung und höherer Zellenspannung fallen — prozentisch gerechnet — auch die Spannungsverluste in den Zuleitungen. Um sie auf wirtschaftlicher Höhe zu halten, verwendet man starke, blanke Stromschienen, die man mit 1,5 bis 2,5 A je Quadratmillimeter Kupferquerschnitt mit 0,9 bis 1,4 A je Quadratmillimeter Aluminiumquerschnitt belastet.

Je höher die Gesamtspannung, desto mehr ist auf gute Isolierung der Zellen zu sehen, um Erdschlüsse zu verhüten, desto sorgfältiger auf gute Abdichtung der Zellen zu achten, um Effloreszenzen usw. auszuschließen.

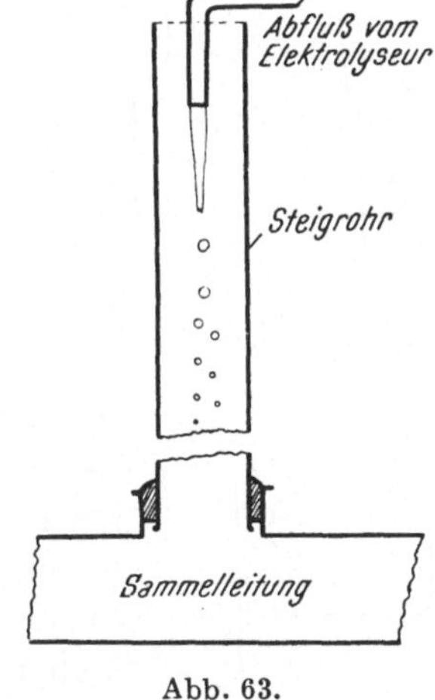

Abb. 63.

Empfehlenswert ist es, die Bäder auf einzelstehenden gemauerten Stützen unter Zwischenschaltung von Glas- oder Porzellanisolatoren ruhen zu lassen. Isolatoren der in Abb. 62 gezeigten Form bieten auch Sicherheit gegen Erdschlüsse, welche abtropfende Flüssigkeiten durch Undichtigkeiten oder bei unvorsichtigen Manipulationen hervorrufen könnten.

Ebenso ist darauf zu achten, daß die abgezogene Lauge keine Erd- oder Nebenschlüsse bildet. Dazu sieht man vor, daß sie in abgerissenem Strahle ausfließt und ordnet die Sammelleitung entsprechend tiefer an (s. Abb. 63), verwendet traubenförmige Abtropfer, Brausen (s. Abb. 87, S. 241) welche den Flüssigkeitsstrahl unterteilen, und dergleichen mehr.

Auch die Salzlösung, mit welcher die Zellen gespeist werden, ist ohne Herstellung von Nebenschlüssen zuzuführen. Dies kann durch Maßnahmen erzielt werden, welche Luftpölster in den Salzleitungen erzeugen. Eine Vorrichtung, welche dazu geeignet ist, hat z. B. GIROUARD[1] angegeben; sie ist in Abb. 64 dargestellt und ihre Wirkungsweise ist ohneweiters erkennbar.

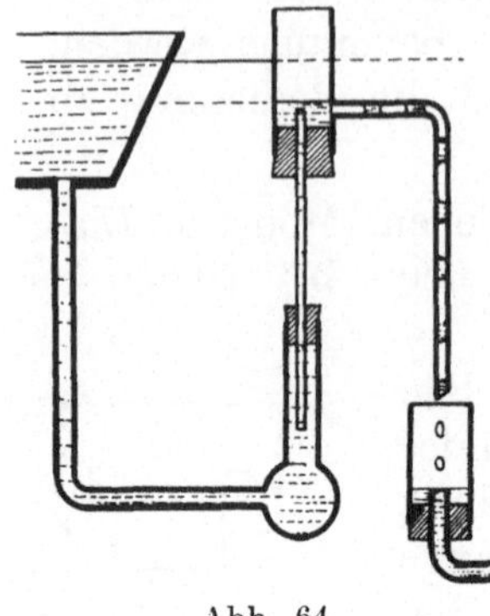

Abb. 64.

Gut ist es auch, die Rohrenden, aus denen die Salzlösung ausfließt, gegen Verdunstung der Lösung zu schützen, etwa dadurch, daß man sie in den Gasraum unter dem Zellendeckel verlegt. Um die Zuflußgeschwindigkeit zu kontrollieren, verwendet man Glasgefäße nach Abb. 65 a, b.

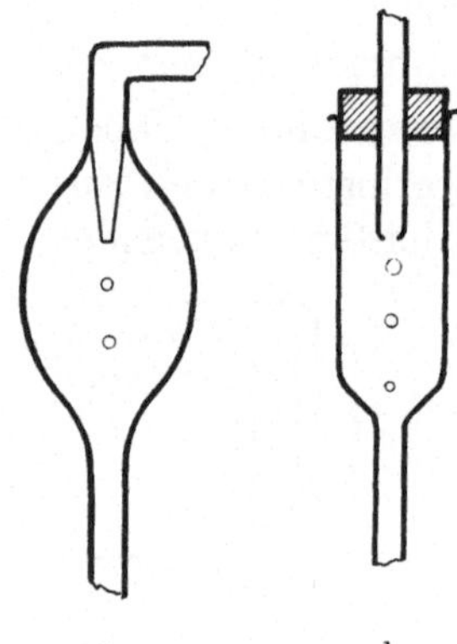

a b
Abb. 65 a, b.

Die Teilung der Speiselösung in gleiche Anteile, welche den Zellen zuzuführen sind, erfolgt eventuell nach einer Anordnung, welche, wie auf Abb. 66 dargestellt, periodisch wirkt. Sie fußt auf dem Prinzip der Heberwirkung und benützt ein Zwischenreservoir, dem die Speiselösung in regelmäßigem Strome zufließt und das mit ebensoviel ganz gleich gestalteten Hebern ausgestattet ist, als Zellen zu speisen sind. Unter jedem dieser Heber befindet sich ein Auffanggefäß. So oft alle Heber mit Lösung vollaufen, was immer gleichzeitig erfolgt, hebern sie alle auf einmal den Inhalt des Zwischenreservoirs in gleichen Strömen ab und führen sie getrennt den Auffanggefäßen zu, von wo sie den Zellen durch einfache Leitung, oder auch abermals durch Heber unterteilt, zugeführt werden[2].

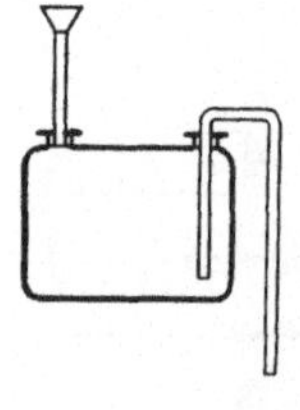

Abb. 66.

Solche Anordnungen werden gern verwendet, wenn es darauf ankommt, die Lösung in kleine Teilströme zu unterteilen, wie dies z. B. beim Glockenverfahren erforderlich war. Je größer die Teilströme sind, desto leichter sind sie durch Hähne oder dergleichen zu regeln.

[1] D. R. P. 109 248.
[2] D. R. P. 275 616.

Eine selbsttätige Unterteilung kann auch mit Hilfe eines motorisch angetriebenen Verteilrohres, bzw. eines Segner-Rades, erzielt werden, durch welches man die Salzlösung leitet und aus dem sie sich in einen Kreisring ergießt, welcher durch Zwischenwände in gleich große Kammern abgeteilt ist[1] (s. Abb. 67).

Zur Kontrolle der Flüssigkeits- und auch der Gasströme dienen zweckmäßigerweise Rotameter.

Nephelometer mit Signalvorrichtungen, die in Tätigkeit kommen, sobald eine sonst kaum wahrnehmbare Trübung der Lösung auftritt, sind besonders beim Betriebe von Quecksilberzellen von großem Nutzen.

Registrierapparate, welche die Stromintensität, die Geschwindigkeit der Gas- und Flüssigkeitsströme fortlaufend aufschreiben, auch die Zusammensetzung der Gase, die Dichte der Lösungen usw., werden in sehr großen Betrieben meistens verwendet.

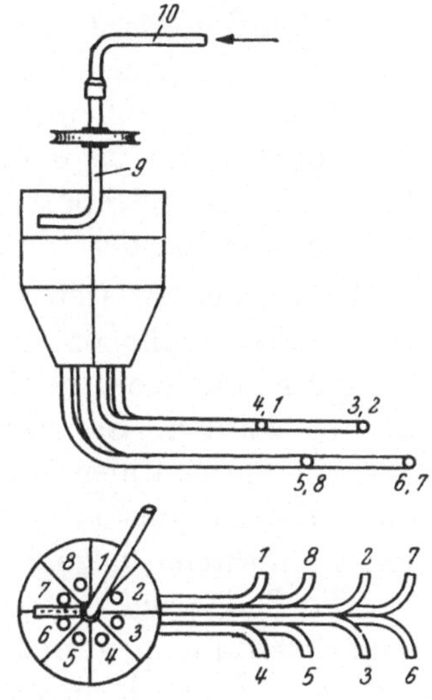

Abb. 67. Vorrichtung zur Teilung der Speiselösung in gleiche Teilströme[1].

Die Rohre *1* bis *8* tragen die Nummern der Kammersektoren *1* bis *8*, welchen sie als Abführung dienen. Die Speiselösung fließt bei *10* den Kammersektoren von oben durch Rohr *9* zu, welches um seine vertikale Achse rotiert und so die Kammersektoren gleichmäßig speist.

Die Rohrleitungen wurden im Laufe der Zeit aus verschiedenen Materialen hergestellt, für Chlor wurde lange fast ausschließlich Steinzeug verwendet. Nun man aber über so haltbare Kunststoffe, wie Polyvinylchlorid usw., verfügt, verwendet man mit Vorliebe Eisenrohre mit Schutzüberzügen.

In Räumen, in welchen die Verunreinigung der Atmosphäre durch Chlor — besonders beim unvermeidlichen Öffnen der Zellen — nicht absolut ausgeschlossen werden kann, vermeidet man nach Möglichkeit die Verwendung von Schraubenkontakten, an welchen sich zu leicht Übergangswiderstände ausbilden.

Die Atmosphäre hält man dadurch rein, daß man das Chlor mit geringem Minderdruck aus den Zellen abzieht und auch die Kathodenräume bedeckt hält, um Laugentröpfchen und Nebel zurückzuhalten.

B. Zellentypen für die Herstellung von Chlor und Alkali.

Nach ihrer Bauart und ihrer Betriebsweise lassen sich die verschiedenen Zellenkonstruktionen in drei Gruppen teilen:

[1] D. R. P. 252 606 (Billiter).

1. Zellen, in denen die Elektrolyse im ruhenden Elektrolyten vorgenommen wird.

2. Solche, in denen der Elektrolyt während der Elektrolyse gegen die Kathode hin bewegt wird.

3. Solche, welche mit Quecksilberkathoden ausgerüstet sind.

Zellen der ersten Gattung stehen gegenwärtig nicht mehr in Verwendung. In ihnen wurde die Elektrolyse mit Hilfe haltbarer Diaphragmen von hohem Diffusionswiderstand durchgeführt, sie lieferte aber nur verdünntere Laugen mit Stromausbeuten von weniger als 90%. Ihr Hauptrepräsentant war die *Griesheim-Elektron*-Zelle, die bis zur Jahrhundertwende führend geblieben ist.

Zellen der zweiten Gattung sind bis vor kurzem allgemein vorherrschend geblieben, sie sind aber im letzten Jahrzehnt auf dem europäischen Kontinent großenteils durch Quecksilberzellen verdrängt worden. Sie werden in mannigfaltigen Formen in vertikaler oder in horizontaler Anordnung mit Filterdiaphragmen oder auch ohne Diaphragma ausgeführt und liefern 3- bis 3,5-normale Laugen mit mindestens 90%iger Stromausbeute.

Die Zellen der dritten Gattung, die Quecksilberzellen, gewinnen, zunächst auf dem europäischen Kontinent, immer größere Verbreitung, seitdem sie soweit verbessert worden sind, daß es gelingt, die Elektrolyse in ihnen mit Spannungen durchzuführen, welche sich um etwa 4,3 V halten, und dabei Stromdichten von 20 bis 40 A/qdm herzustellen. Ihr Vorzug besteht darin, hochkonzentrierte und reinere Laugen zu liefern. Ursprünglich wurden diese in den Zellen selbst gebildet. Später ging man dazu über, verdünntes Alkalimetallamalgam in ihnen als Zwischenprodukt herzustellen und dieses getrennt in einer „Pile" mit Wasser umzusetzen. Lange wurden sie ausschließlich horizontal angeordnet. Neuerdings werden aber auch vertikal angeordnete Zellen gebaut, in welchen die Kathoden durch starres Metall gebildet sind, das sich mit Quecksilber überzieht.

1. Diaphragmazellen mit ruhendem Elektrolyten.

Die Zelle Griesheim-Elektron.

Die erste Zelle, mit der es gelang, die elektrolytische Alkalichloridzerlegung betriebsmäßig auf wirtschaftliche Art durchzuführen, war die *Griesheim-Elektron*-Zelle. Ihr Erfolg beruhte auf der Verwendung eines Diaphragmas aus porösem Zement, welches sich als chlor- und als alkalibeständig erwies, sowie der einfachen und sinngemäßen Bauart der Zelle.

Die enorme Bedeutung, welche die Einführung dieser, freilich längst veralteten Zelle nicht nur für die Industrie des Chlors und der Alkalien, sondern ganz allgemein für die Ausbildung elektrochemischer Arbeitsmethoden gewonnen hat, verlangt eine kurze Würdigung an dieser Stelle.

Die erste Anlage kam in Griesheim 1890 in Betrieb. Es war dies zunächst eine halbindustrielle Anlage, welche mit 200 HP betrieben wurde. Sie wurde nach kurzer Zeit verdoppelt, dann auf 2200 HP vergrößert. Gleichzeitig wurde in Bitterfeld eine ebensolche Anlage von 3000 HP gebaut, viele weitere Fabriken wurden dann in kurzen Zeitabständen in Deutschland und in anderen Staaten installiert.

Die von BRÄUER angegebenen Zementdiaphragmen wurden nach einem Patent von Matthes & Weber[1] durch Anrühren von 1000 Teilen Portland-Zement mit 720 Teilen Kochsalzlösung von 24° Bé und Zugabe von 320 Teilen Salzsäure von 20° Bé unter fortgesetztem Rühren bereitet. Die dabei gewonnene dickflüssige Masse wurde in Formen gegossen, worin sie verblieb, bis sie fest erstarrt war, dann wurde sie herausgehoben und etwa sechs Wochen lang an der Luft belassen. Nach dieser Zeit hatte der Zement gut abgebunden, die Zementplatten konnten nun wie die Gläser einer Laterne in ein Gestell aus Winkeleisen eingesetzt und darin eingedichtet werden. Die so gebildeten Diaphragmakästen wurden dann noch etwa einen Monat lang gewässert, um das in Kriställchen abgeschiedene Kochsalz unter Rücklassung feinster Poren daraus zu lösen.

Die Kästen, die normalerweise sechs Diaphragmaplatten trugen, wurden durch Zementeisendeckel verschlossen, durch welche die Schäfte der Anoden, ein Abzugsrohr für das Chlorgas und ein unten perforierter Fülltopf aus Steinzeug geführt waren (Abb. 68, S. 220).

Jede Anodenzelle faßte sechs Anoden von 60 cm Höhe, 30 cm Breite und 6 bis 8 cm Dicke, welche in geringem Abstand von den Diaphragmenplatten eingesetzt waren. Zu ihrer Herstellung wurde Retortenkohle mit stark backender Steinkohle in Kugelmühlen vermahlen, dann mittels Teerzusatzes zu einem steifen Teig angemacht, welcher in eiserne Formen gepreßt und dann langsam auf 1300° erhitzt wurde. So vorgebrannt wurden die Kohlen durch mehrere Tage im Vakuum nochmals mit heißem Teer imprägniert, abermals gebrannt und vor ihrer Verwendung wieder mit Teer getränkt.

Die Lebensdauer dieser Anoden erreichte anfangs nur drei bis vier, später sechs, schließlich zwölf Monate. Bei so starkem Anodenaufbrauch erhielt man ein Anodengas, welches bis zu 12% CO_2 einschloß. Seine Verunreinigung erschwerte die Bereitung hochwertigen Chlorkalks, des einzigen, anfangs in großen Mengen hergestellten Chlorierungsproduktes. Sie gelang erst, als man das Anodengas erst über Chlorkalk leitete, welches die Kohlensäure unter Freisetzung

[1] D. R. P. 34 888 (1886).

von Chlor zum größten Teil bindet, ehe man das Gas in die eigentlichen Chlorkalkkammern leitete.

Späterhin wurden Magnetitanoden an Stelle der Kunstkohlen verwendet.

Der in der Mitte jeden Diaphragmenkastens eingesetzte Siebtopf diente zur Aufnahme festen Salzes, das zweimal täglich nachgefüllt wurde, während man seine Auflösung dabei durch Rühren beförderte und verdampftes Wasser ergänzte.

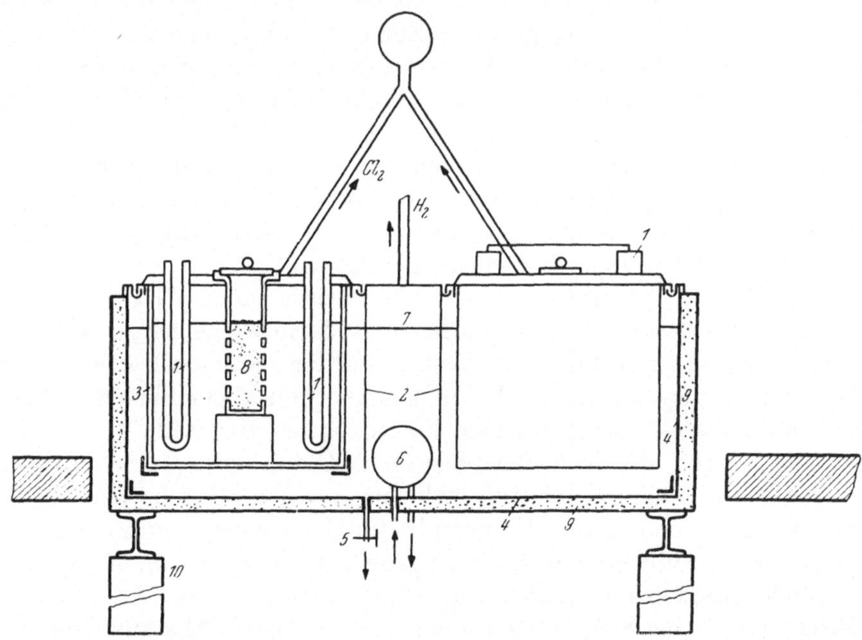

Abb. 68. Zelle *Griesheim-Elektron*. *1* Magnetitanoden, *2* Kathodenbleche, *3* Diaphragmakästen, *4* Außenwanne, *5* Laugeableitung, *6* Heizrohr, *7* Lösungsniveau, *8* Salztopf, *9* Wärmeisolation, *10* Betonträger.

Die Zellengehäuse bestanden aus starken, genieteten und versteiften Eisenblechen von 4,8 m Länge, 3,8 m Breite und 1 m Tiefe. Jedes derselben nahm zwölf Diaphragmenkästen auf, die in zwei Reihen zu sechs eingesetzt wurden, wie es die Abb. 68 veranschaulicht. Das Zellengehäuse diente selbst als Kathode und war mit Eisenplatten verbunden, welche zwischen die einzelnen Diaphragmenkästen zu stehen kamen und ebenfalls als Kathoden dienten. Weitere Kathodenbleche waren an den Seiten der Diaphragmenkästen vorgesehen, welche der Mitte zugekehrt waren.

Nach dem Einsetzen der Diaphragmenkästen (die etwa zwei Jahre lang verwendbar blieben) wurden die Zellen mit Chlorkaliumlösung gefüllt, mittels Abdampf durch ein Heizrohr angeheizt und unter Strom gestellt. Bei 90 bis 95° Badtemperatur, deren Aufrechthaltung durch Wärmeisolation erleichtert wurde, nahmen sie bei 3,5 bis 3,7 V Spannung 2500 A/qm auf, was einer Anodenstromdichte von rund 200 A/qm entsprach. Als die Anoden aus Kunstkohle durch solche aus Magnetit ersetzt wurden, mußte man mit etwas höherer Betriebsspannung rechnen (4 bis 4,2 V).

Der Betrieb wurde diskontinuierlich geführt: Wenn die KOH-Konzentration in der Kathodenlauge auf 60 bis 70 g/l gestiegen war, wurde das betreffende Bad ausgeschaltet, geleert und nach frischer Füllung wieder in Betrieb genommen. Die abgezogene Lauge enthielt rund 200 g unzersetztes KCl und etwas Chlorat.

Um den Betrieb gleichmäßig weiterführen zu können, während diese Manipulation vorgenommen wurde, waren in jeder Reihe von 28 in Betrieb gehaltenen Bädern vier bis fünf Reservebäder aufgestellt, die turnusweise eingeschaltet wurden.

Die meisten Anlagen umfaßten drei solche Zellenbatterien von 32 bis 33 Zellen, die mit zusammen 2100 HP betrieben wurden. Mit ihrer Bedienung waren 17 Mann bei Tag und Nacht beschäftigt, ferner 2 Mann zum Füllen und Entleeren der Bäder, 5 Mann für die Herstellung der Diaphragmen, für Reparaturen usw., endlich ein Vorarbeiter.

Die Stromausbeuten bewegten sich normalerweise um 80%. Es kam aber vor, daß Anodenkästen undicht oder schadhaft wurden, ohne daß man dies vor dem Leeren der Zellen bemerkte, was Stromverluste herbeiführte.

Die Lebensdauer der Zementdiaphragmen erreichte zwei Jahre, ihr Ohmscher Widerstand war etwa 20 mal größer als derjenige einer gleichstarken Lösungsschicht. Bei den verwendeten Stromdichten verbrauchten sie rund 0,5 V.

Was Haltbarkeit, Betriebssicherheit und Einfachheit der Bedienung betrifft, konnte sich bis zur Jahrhundertwende keine andere der *Griesheim-Elektron*-Zelle an die Seite stellen, die denn auch, wenigstens auf dem europäischen Kontinent, lange Zeit hindurch führend geblieben ist[1].

2. Zellen mit Gegenführung des Elektrolyten.

a) Filterdiaphragma-Zellen vertikaler Bauart.

1. Die von Hargreaves-Bird geschaffene Grundform.

Den Engländern Hargreaves und Bird gebührt das große Verdienst, als erste, schon bald nach 1890, das neue Prinzip: den Elektrolyten während des Stromdurchganges in stetem Fluß in Richtung

[1] Eine eingehende Beschreibung der eingehaltenen Arbeitsweise ist im Bande 43 der Engelhard-Monographien über angewandte Elektrochemie veröffentlicht worden.

zur Kathode zu halten, in betriebsfähigen Zellen zur Anwendung gebracht zu haben.

Gute Filterdiaphragmen aus reinem Asbest, wie sie gegenwärtig überall zur Verfügung stehen, kannte man damals noch nicht. Hargreaves und Bird stellten sich aber poröse Platten aus einem Gemisch von Asbest mit Zement und Kreide her, welche nachträglich

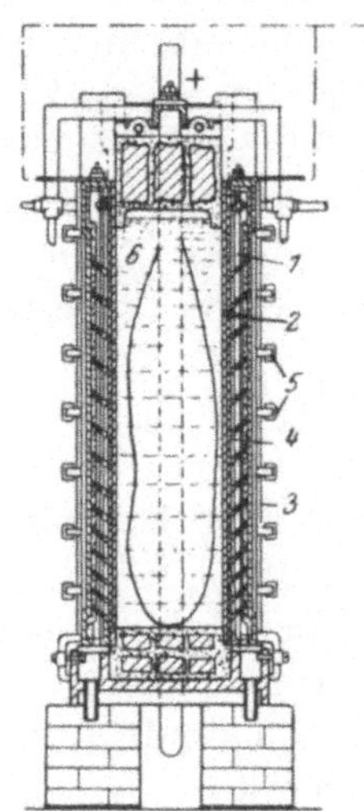

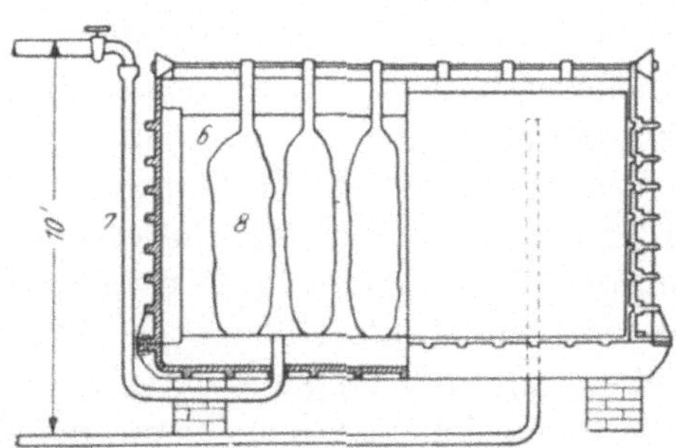

Abb. 69. *Hargreaves-Bird*-Zelle.

1 „leerer" Kathodenraum, *2* Diaphragma, *3* äußere Eisendeckel mit Schraubenbügeln *5*, *4* durchlässige Kathoden, *6* Elektrolyt, *7* Elektrolytzuleitung, *8* Anoden.

mit Wasserglas imprägniert wurden. Sie waren etwa 4 mm stark und ihr Durchlässigkeitsgrad so beschränkt, daß man den Zellen größere Höhenausdehnung erteilen mußte, um einen hydrostatischen Druck herzustellen, der — im Mittel genommen — genug Lösung durch das Diaphragma trieb.

Die Bauart ihrer Zellen ist von mehreren Konstrukteuren bis auf den heutigen Tag im wesentlichen unverändert beibehalten worden. Sie charakterisiert sich dadurch, daß ein schmaler (damals 30 bis 36 cm weiter) langgestreckter (3 m) U-förmiger Rahmen aus Beton (damals 1,6 m hoch) an seinen beiden Seiten durch Diaphragmen (von je 4 bis 5 qm Fläche) geschlossen wurde. Dadurch wird ein parallelepipedischer sackförmiger Innenraum gebildet, der zur Aufnahme des Elektrolyten und der Anoden dient. Diese werden von oben eingehängt und sind in einem Deckel eingedichtet, welcher den Anoden-, bzw. den Gasraum oben abschließt.

Von außen wurden flache eiserne Kästen an den U-förmigen Betonrahmen dicht angepreßt, deren Innenfläche durch flachgewalzte Eisen- oder Kupferdrahtnetze gebildet wurde. Diese lehnten sich an die Diaphragmen, stützten dieselben und wurden selbst durch schief nach außen gegen die Eisenhülle abfallende Streben versteift, was bei der ansehnlichen Höhenausdehnung zweckmäßig war (s. Abb. 69 und 70).

In diese Kästen wurde kein Elektrolyt eingeführt, sie blieben „leer“. Einen eigentlichen Kathodenraum gab es nicht. Die Kathoden wurden bloß durch die Lösungsanteile benetzt, welche durch die Diaphragmen drangen; deshalb war die Benetzung in deren Oberteilen viel spärlicher als unten.

Die „Leerhaltung“ der Kathodenkammern war wohl dort notwendig, um hinreichenden hydrostatischen Überdruck im sackförmigen Innenraum herzustellen. Zum Teil wurde diese Anordnung auch gewählt, weil man damals — und noch viele Jahre später — der unrichtigen Ansicht war, daß sich die Stromausbeute dadurch verbessern läßt, daß man die gebildete Lauge möglichst schnell aus dem Bereich der Strombahnen entfernt. Diese Maßnahme, welche die Bildung von Übergangswiderständen an der Kathode erleichtert und die Strombahnen dort einengt, ist aber nur dann von Vorteil, wenn die Diaphragmen zu geringen Diffusionswiderstand oder zu grobe Poren aufweisen.

Um die Chloridkonzentration im Anodenraume hoch zu halten, wurde die Salzlösung im langsamen Strom durch denselben geführt, und zwar leitete man sie an einem Ende der Zelle nahe dem Boden ein, an der entgegengesetzten Seite oben aus.

Die englische Anlage stand auf einem Salzlager, das sich in 50 m Tiefe mit einer Mächtigkeit von 40 m hinzog. Aus diesem praktisch unerschöpflichen Lager wurde Sole mittels Druckluft in Röhren gepumpt und ohne besondere Reinigung der Elektrolyse direkt zugeführt. Sie war klar, aber durch Kalzium-, Magnesium- und Eisenverbindungen verunreinigt.

In den Kathodenraum wurde Kohlensäure und Dampf eingeblasen, der die Badlösung auf 75 bis 85° aufheizte. Die Kathodenlauge floß dann mit einem Durchschnittsgehalt von 15% Na_2CO_3 (äquivalent mit 7,5% NaOH) ab. Soda wurde daraus in einem einzigen Kristallisationsprozeß abgeschieden und durch Zentrifugieren und Nachwaschen von der Mutterlauge getrennt. Sie enthielt etwa 3% Verunreinigungen, die aus NaCl, Na_2SO_4 und Na_2SO_3 bestanden, letztere stammte aus dem SO_2-Gehalt der eingeblasenen Kohlensäure.

Auf die Gesamtdiaphragmenfläche von 9,25 qm ließ man einen Strom von 2600 A wirken, stellte also etwas höhere Stromdichten als in der *Griesheim-Elektron*-Zelle bei einer Betriebsspannung von 3,6 V her und erzielte Stromausbeuten von rund 90%.

Nach HARRISON[1] wurden in Piedmont bei 31tägigem Betriebe mit 16 Zellen folgende Resultate erzielt:

Tabelle 38.

Gesamtspannung	56,92 V
Zellenspannung	3,56 V
Stromstärke	2600 Ampere
Gesamtkraftverbrauch	270 elektr. HP
davon für Elektrolyse	198,5 elektr. HP
Stromausbeute	90%
Energieausbeute	51,9%
In 31 Tagen erzeugt:	
NaOH	120,9 lbs
Chlorgas	81,511 lbs
Kalkverbrauch	247,758 lbs
Koksverbrauch	31,000 lbs
Betriebsstunden	743,6
Stillstand	0,4 Stunden

Diese damals erstaunliche Leistung dürfte mit neuen Bädern erzielt worden sein und die Grenze des mit den Zellen Erreichbaren darstellen. Mit den Betriebsergebnissen der *Griesheim-Elektron*-Zelle verglichen, bedeuteten sie einen bemerkenswerten Fortschritt.

2. Ausbildung und Abänderungen dieser Zellen-Type.

Als bald darauf neue, bessere Materiale aufkamen, vor allem künstlicher Graphit für die Elektroden und Asbestpapier für die Diaphragmen, war es naheliegend, die Zellen durch Einbau dieser neuen Materiale zu verbessern.

Überraschenderweise haben die Erfinder dieser ingeniösen Zelle dies nicht getan, sondern haben es anderen überlassen, die kleinen, an und für sich unwesentlichen, aber für den klaglosen und wirtschaftlichen Betrieb unerläßlichen Vervollkommnungen auszuführen, dank welcher sich diese Zellentype in so vielen Betrieben eingeführt hat.

a) Die Allen-Moore-Zelle. Am bekanntesten ist die Ausführungsform, welche ihr ALLEN und MOORE gegeben haben. Sie verwendeten Graphit als Anodenmaterial, Asbestpapier für die Diaphragmen und verbanden die Kathode mit der Außenkammer derart durch einen beide umschließenden Rahmen, daß sie sich mit diesem zusammen von der Zelle abheben oder dicht an dieselbe unter Zwischenlage von Dichtungsmaterial anpressen lassen, wodurch

[1] Eng. Min. Journal **83**, 137.

das Öffnen und Schließen der Zelle erleichtert und beschleunigt wurde.

Die viel größere Durchlässigkeit der Asbestdiaphragmen führte

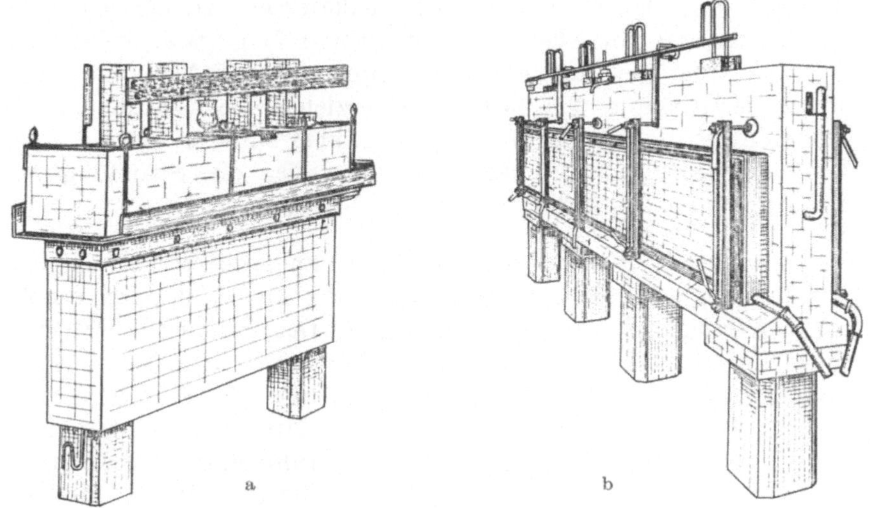

Abb. 70 a, b. *Allen-Moore*-Zelle.

Abb. 71. *Allen-Moore*-Zelle, geöffnet.

sie dazu, die Zellen viel niedriger zu bauen, wodurch der Unterschied des hydrostatischen Druckes zwischen dem oberen und dem unteren

Teil der Zelle verringert, der Elektrolytdurchlauf über die Diaphragmafläche gleichmäßiger verteilt wird.

Wie HARGREAVES und BIRD heizten sie die Zellen anfangs durch Einblasen von Dampf in die Kathodenkammer. In der geheizten Zelle, welche das Aussehen der Abb. 70 und 71 gewann, ließen sich bei 3,6 V Anfangsspannung Stromdichten von 450 A/qm herstellen und Stromausbeuten von 90 bis 92% erzielen. Je nach dem Reinheitsgrade der Lösung hielten die zirka 5 cm starken Anoden 4 bis 18 Monate. Im Laufe von acht Wochen stieg die Spannung auf 4,2 V, dann allmählich bis auf 5 V.

Später wurde der Betrieb durch wirkungsvollere Vorreinigung der Salzlösung verbessert, die Haltbarkeit der Anoden dadurch erhöht und das Ansteigen der Spannung verzögert. Dem Beispiel TOWNSENDS folgend (s. S. 232f.) wurden die Zellen aus einem vierseitigen, kompakten Zementrahmen aufgebaut, dessen offene Seitenflächen durch die Diaphragmenrahmen geschlossen wurden (s. Abb. 71); die Heizung durch Dampf unterblieb.

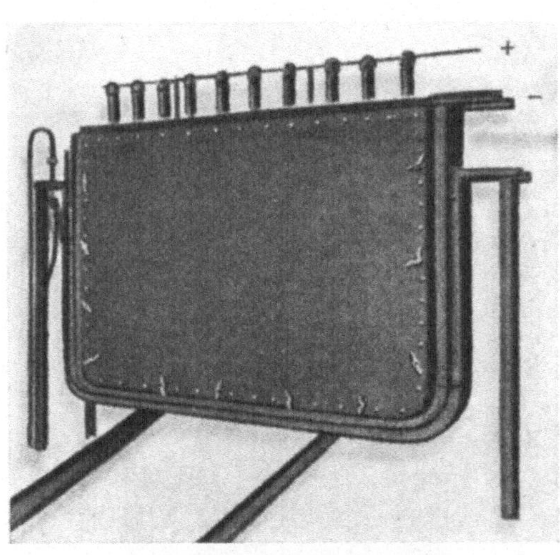

Abb. 72. *De-Nora*-Zelle.

β) Die De-Nora-Zelle. Ganz ähnlich konstruiert ist die *De-Nora*-Zelle (s. Abb. 72, 73), die sich aber dadurch unterscheidet, daß sie aufgehängt wird, statt auf dem Boden aufzuruhen, und daß sie einen etwas anderen Rahmenbau aufweist.

Die Stromkapazität dieser Zellen ist relativ gering, sie reicht kaum an die Hälfte derjenigen, welche die ursprünglichen *Hargreaves-Bird*-Zellen aufwiesen. Soweit sie heute noch in Verwendung stehen, werden sie mit 1200, höchstens 1500 A betrieben.

Die Anfangsspannung beträgt zwar meist nur 3,3 V, sie steigt aber im Laufe des Betriebes auf 3,8 bis 4 V. Die Durchschnittskonzentration der erzeugten Lauge hält sich auf ungefähr 110 g NaOH/l, die Stromausbeute im Mittel auf 92%.

Abb. 73. *De-Nora*-Zellen.

γ) Die Nelson-Zelle. Etwas stärker weicht die Konstruktion Nelsons von derjenigen der *Hargreaves-Bird*-Zelle dadurch ab, daß die Kathode sackförmig ausgebildet ist. Statt also von einem

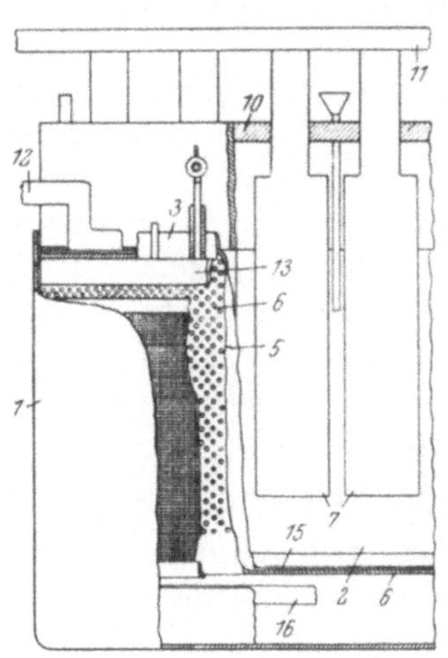

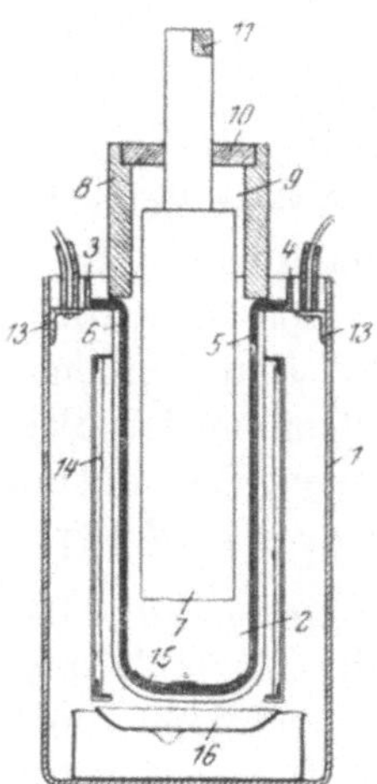

Abb. 74. *Nelson*-Zelle.

1 Außengefäß, *2* Anolyt, *3, 4* Winkeleisen, *5* Diaphragma, *6* perforierte Kathode, *7* Anode, *8* Haube, *9* Chlorraum, *10* Deckel, *11* Metall-Anschlußstück und Stromschienen, *12* Kathodenzuführung, *13* Winkeleisen, *14* Schutzschirm, *15* Diaphragma-Verstärkung, *16* Sammel-Tasse.

festen Rahmen auszugehen, an welchen die Kathoden seitlich angepreßt werden, benützt NELSON (Abb. 74) eine trogförmig ausgebildete Kathode, welche mit dem Blechgehäuse der Zelle starr verbunden ist.

Die Kathode ist durch Winkeleisen *3*, *4*, *13* befestigt und mit dem Blechgefäß *1* verbunden, sie wird innen mit Asbestpapier *5* in zwei oder mehreren Lagen ausgekleidet. Als Anoden werden — etwas wohlfeilere — Rundstäbe aus Graphit verwendet, die vom abschließenden Zellendeckel *10*, auf dem Dom *8* aufruhend, in den Elektrolyten tauchen. Sie werden durch eine gemeinsame Stromschiene mit Strom gespeist, deren Querschnitt der Länge nach abnimmt (Abb. 75).

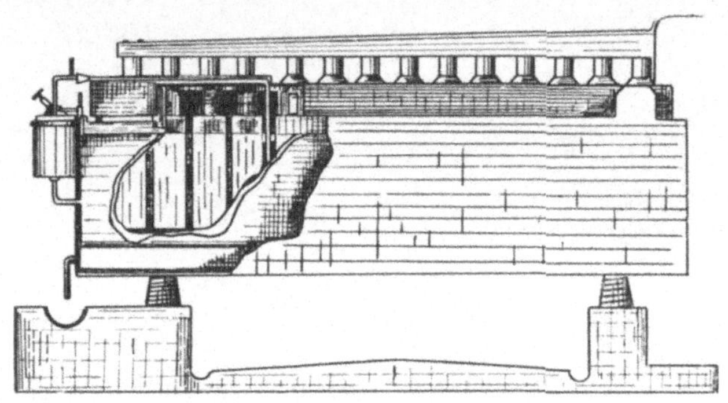

Abb. 75. *Nelson*-Zelle.

Drahtnetze *14* sollten zum Auffangen verspritzter Laugetröpfchen dienen und dieselben gesammelt in den Teller *16* abtropfen lassen.

In der *Nelson*-Zelle kann Wasserstoff an den Kathodenenden in den Anodenraum dringen, wenn deren Abdichtung gegen die Stirnwände defekt wird. Dies kann leicht geschehen, wenn der saure Anolyt den Zement angreift und zermürbt.

Ganz allgemein ist dies ein Umstand, der auch die Lebensdauer der U-förmigen Zementumfassung der Anodenkammern in Zellen vom *Hargreaves-Bird*-Typus verringert.

δ) Die Krebs-Zelle. KREBS hat die *Nelson*-Zelle verbessert, indem er die Kathode als selbständig geschlossenen Kasten ausbildet. Dies schließt die Störung durch Leckwerden aus und erleichtert die Demontierung der Zelle.

Die Kathodenbleche wurden in neuartiger Weise perforiert und profiliert, das Diaphragma wird anders eingelegt. Während NELSON nämlich (wie es auch ALLEN-MOORE taten) eine doppelte Lage von Asbestpapier verwendet, welche die ganze Fläche deckt, legt KREBS Asbestpapierlagen so übereinander, daß die Dicke der Auflage nach unten zunimmt, um so der Zunahme des hydrostatischen Druckes in den tieferen Zonen Rechnung zu tragen. Er bringt auch vorzugsweise eine Zellenanordnung nach Abb. 76 zur Ausführung, in welcher die Kathode doppelt U-förmig gestaltet ist, sodaß zwei Reihen von Anoden in einer Zwillingszelle untergebracht werden. Die Stromkapazität der Zellen kann dadurch auf 4000 bis 6000 A gesteigert werden. Das Einlegen der Diaphragmen ist dann allerdings schwieriger zu bewerkstelligen, sie halten etwa sechs bis acht Monate lang stand, wenn man sehr reine Salzlösung verwendet. Die Anode 7 aus getränktem ACHESON-Graphit kann 18 Monate lang benützt werden. Sie wird aus Platten hergestellt und erhält ihre Stromzuführung durch einen oben angesetzten Rundstab aus Graphit, der unten in einen Stumpfkegel ausläuft. Die Verbindung erfolgt durch Eintreiben dieses Stumpfkegels unter Druck in eine formgleiche Höhlung, welche im Oberteil der Graphitplatte vorgesehen ist.

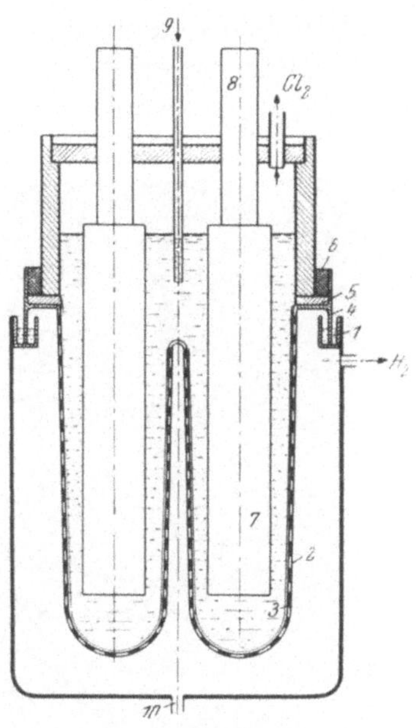

Abb. 76. *Krebs*-Zelle[1].
1 Flüssigkeits-Verschluß, *2* perforierte Kathode, *3* Diaphragma, *4* Winkeleisen-Träger, *5* Isolatorplatte, *6* Dichtungsmaterial, *7* Anoden, *8* Anodenzuführungen, *9* Speiserohr, *10* Ableitungsrohr.

Die Maßnahme, Graphitanoden mit Paraffin, Fischöl oder dergleichen mehr zu tränken (s. S. 185), wird allgemein angewendet, um die Lebensdauer der Anoden zu erhöhen. Sie erschwert nicht nur das Eindringen der Salzlösung in die Poren, sondern setzt bei der chemischen Einwirkung des Chlors auf das Imprägnierungsmittel etwas Salzsäure in Freiheit. Die dadurch bewirkte schwache Ansäuerung der Anodenumgebung ermöglicht es, die Zelle mit schwach alkalischer Lösung zu speisen, die durch ungeschützte Eisenrohre geleitet werden kann.

Die Speisung wird durch einen Schwimmer geregelt, einer hohlen Glaskugel, welche in einem mit dem Elektrolyseur kommunizierenden Nebengefäß untergebracht ist. Steigt das Niveau im Zelleninneren auf seinen Höchststand, so hebt sich der Schwimmer und quetscht einen Gummischlauch zusammen, durch welchen die Speiselösung in die Zelle geführt wird, entlastet denselben wieder, wenn das Niveau im Innern sinkt.

[1] F. Pat. 627 965, 630 799.

Die Zelle wird bei etwa 60° betrieben und verbraucht bei dieser Temperatur zu Beginn der Arbeitsperiode 3,5 V. Die Anfangskonzentration der Laugen beträgt bloß 85 bis 90 g NaOH/l, sie steigt im Laufe der Betriebsperiode in dem Maße an, in welchem die Diaphragmen undurchlässiger werden und erreicht schließlich am Ende der Betriebsperiode die Konzentration von 135 g NaOH/l. Die Stromausbeute schwankt zwischen 91 und 95%.

Abb. 77. Anlage mit *Krebs*-Zellen.

ε) *Die Gibbs-Zelle.* Während alle bisher beschriebenen Chlorzellen mit flachen, rechteckigen Kathoden und Diaphragmen versehen waren, wählte GIBBS die Zylinderform für dieselben und erteilte seinen Zellen kreisrunden Querschnitt.

Die Abdichtung wird dadurch vereinfacht und erleichtert, die Wärmeverluste werden eingeschränkt, die Konstruktion sehr verbilligt.

Ein Nachteil dieser Zellenform ist nur darin zu erblicken, daß sie sich bloß in kleinen Dimensionen ausführen läßt. Diesen Nachteil hat VORCE dadurch verringert, daß er eine zweite Diaphragmakathode konzentrisch zu der ersten anordnet. In den ringförmigen Raum zwischen diesen beiden Diaphragmakathoden wird der Elektrolyt gefüllt und nimmt die Anoden auf, die beiderseitig wirken, während sie in der *Gibbs*-Zelle nur auf einer Seite den Kathoden gegenüberstehen.

Die zylindrischen Zellenkörper werden durch einen glockenförmigen Deckel aus Asbestzementguß, welcher in eisernen Formen unter Druck hergestellt wird, verschlossen. Die Anoden *1* (s. Abb. 78), die Speiseleitung *6* und die Chlorableitung *5* sind durch diese geführt.

Jede Zelle wird mit 24 stabförmigen Anoden von 2 × 2 Zoll (zirka 5 × 5 cm) Querschnitt und 36 Zoll (zirka 90 cm) Länge ausgerüstet. Die Zellenkörper sind 42 Zoll (zirka 1 m) hoch und haben 26 Zoll (zirka 65 cm) Durchmesser. Die Kathodentöpfe, die in dieselben eingesetzt werden, haben etwas kleineren Durchmesser und sind 38 Zoll (zirka 95 cm) hoch. Ihr Boden ist aus Eternit, ihre Zylinderflächen sind aus Drahtnetz oder perforiertem Stahlblech hergestellt, um ihren unteren Rand läuft außen ein elastisches Stahlband.

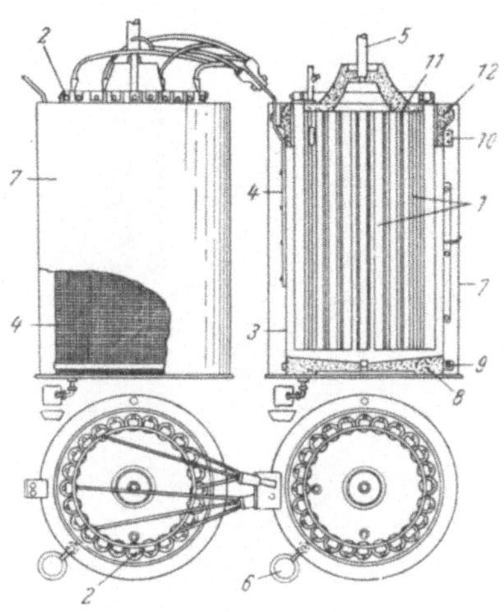

Abb. 78. *Gibbs*-Zelle. *1* stabförmige Anoden, *2* deren im Zement-Dom eingedichtete Köpfe, *3* Diaphragma, *4* Kathoden und deren Zuführung, *5* Chlorableitung, *6* Laugenabfluß, *7* zylindrisches Außengefäß, *8* Eternit-Boden, *9* und *10* Schellen zum Anklemmen der Kathode mit dem zwischenliegenden Diaphragma, *11* Zement-Dom, *12* Verstärkungsrand.

Zum Einsetzen der Diaphragmen wird Asbestpapier aus langfaserigem Asbest um eine hölzerne Trommel in doppelter Lage gerollt, dann nach Entspannen des Stahlbandes mit der Trommel in die zylindrische Drahtnetzkathode eingeführt, worauf man die Trommel wieder herauszieht. Man schiebt nun die innen mit Asbestpapier belegte Kathode über den Eternitboden, spannt das Stahlband, welches außen um ihren unteren Rand läuft, und klemmt dadurch den unteren Rand des Diaphragmas fest und dicht zwischen Kathode und Eternitboden.

In die Zelle wird gesättigte, vorgewärmte Kochsalzlösung durch eine mit Schwimmervorrichtung versehene Leitung eingeleitet. Der Schwimmer hält das Niveau in der Zelle konstant, indem er den Zufluß schließt, sobald dieses Niveau erreicht ist.

Die Deckel werden mit Wasserverschluß aufgesetzt.

Die Elektrolyse wird bei Durchschnittsspannungen von 3,6 V ausgeführt (3,3 V zu Beginn, 3,8 V am Ende einer Betriebsperiode). Die Diaphragmen halten sechs Monate, die Graphitanoden ein Jahr. Die Stromkapazität der Zellen beträgt bei dieser Spannung und bei 60 bis 65° C rund 1000 A. Pro Quadratmeter Bodenfläche werden täglich 60 kg Chlor entwickelt.

Die Lauge fließt mit 100 bis 120 g NaOH/l ab, die Stromausbeute erreicht im Durchschnitt 92%.

Der Anodenverbrauch beträgt etwa 8 kg Graphit per Tonne erzeugten Chlors.

Bei 250 V Netzspannung werden $2 \times 35 = 70$ Zellen in Serie geschaltet. In der Anlage in West-Vaco (South Charlestone) sind z. B. 32 derartige Serien zu 70 Zellen, also 2240 Zellen auf einem Raume von 205×160 Fuß (rund 3520 qm) aufgestellt worden, so daß rund 14,7 Quadratfuß (zirka 1,6 qm) auf jede Zelle entfallen.

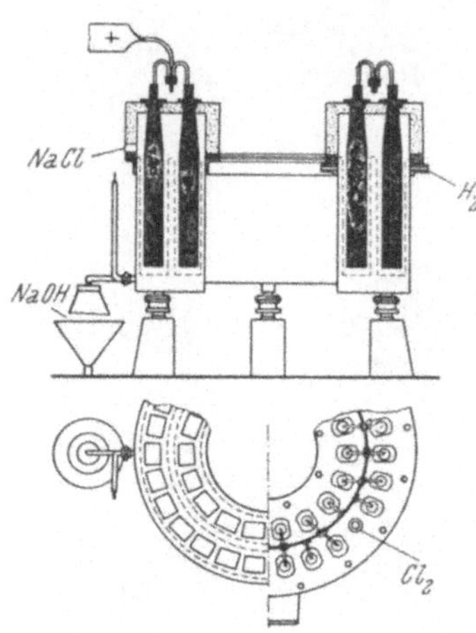

Abb. 79. *Pomilio*-Zelle.

15 Mann sind (in drei Schichten zu 5 Mann) ständig damit beschäftigt, schadhaft gewordene Diaphragmen auszuwechseln. Der Austausch erfolgt auf die angegebene Art so schnell, daß in jeder Schicht 35 Zellen, pro Tag also 105 Zellen, mit neuen Diaphragmen beschickt werden. Ein Mann entmantelt und wäscht die schadhaft gewordenen Zellen aus, während zwei Mann die alten Diaphragmen entfernen und durch neue ersetzen, zwei andere die Zellen auseinandernehmen und zusammensetzen.

Die Ampere-Kapazität der nach Vorce[1] mit zwei konzentrischen Diaphragmakathoden ausgerüsteten Zellen ist um rund 50% größer, immer also noch sehr gering.

Eine größere Steigerung der Ampere-Kapazität erzielt U. Pomilio durch die in Abb. 79 dargestellte Konstruktion, welche in der „*Cellulose Argentina Pomilio*“ zur Ausführung gelangt ist. Sie ist sinnreich im einzelnen gut angelegt, läßt die Verwendung von Anoden rechteckigen Querschnitts zu und nimmt eine Mittelstellung zwischen der *Gibbs*- und der *Krebs*-Zelle ein.

Andere unwesentliche Änderungen der Zellenkonstruktion haben Wheeler und Tucker-Windecker vorgenommen.

ζ) *Die Townsend-Zelle.* Als erster dürfte Townsend[2] davon abgekommen sein, die Kathodenräume „leer“ zu halten, um die Differenz des hydrostatischen Überdrucks auf das Diaphragma gleichmäßiger zu verteilen und die Zelle höher bauen zu können. Allerdings geschah dies vor allem in der Absicht, die Trennung des kathodisch gebildeten Alkalis von der Elektrode zu beschleunigen, was, wie S. 223 bemerkt, an sich zwecklos ist. Dazu füllte er die Kathodenräume mit Petroleum (Kerosene), welches die

[1] U. S. A. Pat. 2 078 517.
[2] U. S. A. Pat. 779 383 u. 779 384.

Wasserstoffblasen in Bewegung halten, die Lauge von den Kathoden fortspülen sollte.

Seine Zelle (Abb. 80) war der *Hargreaves-Bird*-Zelle sehr ähnlich, im einzelnen aber besser durchgebildet.

Ein fester Betonkörper *1* (Abb. 80) umschloß in Form eines ⊔ den Anodenraum an drei Seiten. Das Diaphragma *4* wurde von außen mittels perforierten Eisenblechplatten *3*, welche die Kathoden bildeten und die mit dem flachen Blechkasten *5* ein zusammenhängendes Ganzes bildeten, dicht daran gepreßt. Der so gebildete sackförmige Innenraum *6* wurde mit Salzlösung beschickt, die kastenförmigen Kathodenräume mit Mineralöl *7*. Von den Deckeln, welche den Chlorraum abdichteten, reichten mächtige Anodenzuführungen aus Graphit *2* herab, deren Seitenflächen mit Graphitplatten belegt waren.

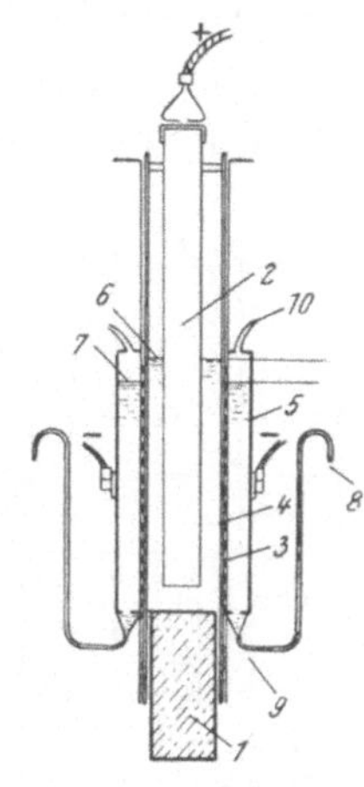

Abb. 80. *Townsend*-Zelle. *1* Betonrahmen, *2* Anode, *3* perforierte Kathode, *4* *Baekeland*-Diaphragma, *5* dicht an den Betonrahmen angepreßte Metallkörper, welche die Kathodenräume abschließen und zugleich der Stromzuführung zur Kathode dienen, *6* Anolyt, *7* Kerosenfüllung der Außenräume, *8* Ableitung der Lauge unter dem Kerosen, *10* Wasserstoff-Ableitung.

Die Zelle wurde an einer Seite mit Kochsalzlösung von 1,2 spezifischen Gewichts gespeist, die auf der entgegengesetzten Seite mit 1,18 spezifischen Gewichts in heißem, chlorgesättigtem Zustand abgezogen und außerhalb der Zelle nachgesättigt, dann den Zellen wieder zugeführt wurde.

Die durch die Filterdiaphragmen tretende Lösung sammelte sich unter der leichteren Ölschicht bei *9* und floß durch *8* ab.

Die Zelle erheischte die Verwendung dünner, relativ durchlässiger Diaphragmen. BAEKELAND, welcher die Anlage durch einige Jahre leitete, verwendete dazu Asbestgewebe als Träger, auf die er ein Gemisch von Eisenoxyd (z. B. Venezianerrot) mit Asbestpulver und kolloidalem Eisenhydroxyd als Bindemittel auftrug[1]. Sie hielten aber bloß einen Monat lang stand.

Die Verwendung von Mineralöl barg ein gewisses Gefahrenmoment in sich. In der Tat brannte die Anlage, die 1906 in Betrieb gesetzt wurde, 1910 ab, sie wurde aber wieder aufgebaut und vergrößert.

Bei Betriebsspannungen von etwas über 4,6 V ließen sich in diesen Zellen Stromdichten von 1000 bis 1200 A/qm herstellen und etwa 15%ige Laugen mit mindestens 93% Stromausbeute gewinnen.

Zur Aufrechthaltung hoher Stromdichten suchten LYSTER und KENNETH STUART[2] den Anolyten ständig dadurch beinahe gesättigt

[1] U. S. A. Pat. 844 314 (1906).

[2] U. S. A. Pat. 1 388 474 (1921).

zu halten, daß sie ihm automatisch nahezu ebensoviel festes Salz in feinverteilter suspendierter Form zuführten, als beim Durchgang der Lösung durch die Zelle verbraucht wurde. Dies scheint aber, so sinnreich diese Maßnahme anmutet, zu häufigen Verstopfungen geführt zu haben.

Die Anlage, welche ursprünglich von der Development and Funding Co. betrieben wurde, ging später in die Hände der Hooker Electrochemical Co. über, welche nach Ausbildung einer von KENNETH STUART erfundenen neuen Herstellungsmethode von Diaphragmen (1925—1929) und einer neuen Zellenkonstruktion (1929—1930) die *Hooker*-Zelle dort 1934 zuerst in den Großbetrieb eingeführt hat.

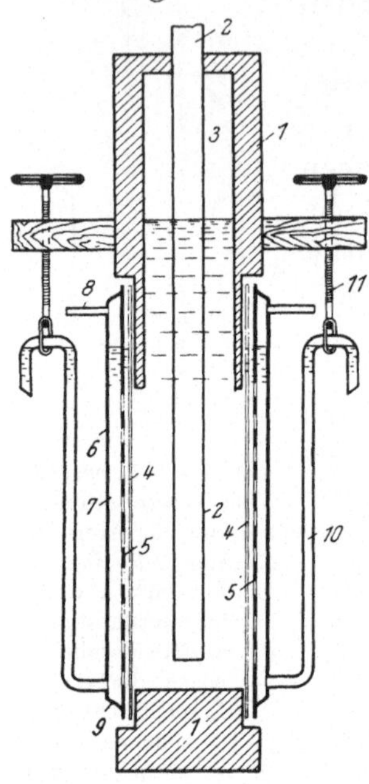

Abb. 81. *Giordani-Pomilio-Zelle.* *1* Betonrahmen, *2* Anoden, *3* Chlor-Raum, *4* Diaphragmen, *5* durchbrochene Kathoden, *6* angepreßte Blechkammern, *7* Kathodenräume, bzw. Katholyt, *8* Wasserstoff-Ableitung, *9* Ansätze der schwenkbaren Lauge-Ableitungsrohre *10*, deren Stellung durch *11* fixiert wird.

η) *Die Giordani-Pomilio-Zelle.* Daß es durchaus nicht schädlich, ja ratsam ist, den Kathodenraum in Filterdiaphragmazellen mit Elektrolyt gefüllt zu halten, scheint F. GIORDANI zuerst erkannt und in der *Giordani-Pomilio*-Zelle bewußt zur Anwendung gebracht zu haben.

Die Bauart seiner Zelle wird durch Abb. 81 versinnlicht, in welcher *4* das Diaphragma, *5* die Kathode, *6* den flachen Kathodenkasten, *7* den mit Katholyt bis zu gewisser Höhe erfüllten Raum, *2* die Anoden, *10* (zur Höheneinstellung durch *11* einstellbare) Knierohre bezeichnen, aus welchen die Lauge abgelassen wird.

3 bezeichnet den Raum, in welchem sich das Chlor ansammelt, *8* die Ableitung für den Wasserstoff.

Als Diaphragma wird Asbestpapier verwendet, im Maße, in welchem dieses durch Anlagerung von Erdalkalihydroxyd, Graphitpulver usw. undurchlässiger wird, senkt man das Niveau in *7* durch entsprechende Drehung der Knierohre *10*, um den Durchlauf ungefähr konstant zu halten und damit die Laugekonzentration der abfließenden Lauge zu regeln.

Mit steigender Laugekonzentration nimmt die Stromausbeute in folgendem Maße ab:

Tabelle 39.

g NaOH/l	Stromausbeute in %
104,4	96,3
109,3	93,6
118,8	93,3
129,3	93,5
139,5	93,4
158,9	92,1

Abb. 82. Anlage mit *Giordani-Pomilio*-Zellen.

Innerhalb der Konzentrationsgrenzen 110 bis 140 g NaOH/l ist die Stromausbeute demnach annähernd konstant.

Die Zelle wird vorzugsweise für Stromkapazitäten von 3000 A ausgeführt und mit Durchschnittsspannungen von 4 V und mittleren Stromdichten von 625 A/qm bei 60 bis 70° betrieben.

ϑ) *Die Monthey-Zelle.* Eine Zelle, in welcher kein hydrostatischer Überdruck, sondern eine Saugwirkung auf der einen Seite des Diaphragmas hergestellt wird, um den Elektrolyten durch das Filterdiaphragma treten zu lassen, ist von der Ciba in ihrer *Monthey*-Zelle zur Ausführung gebracht worden.

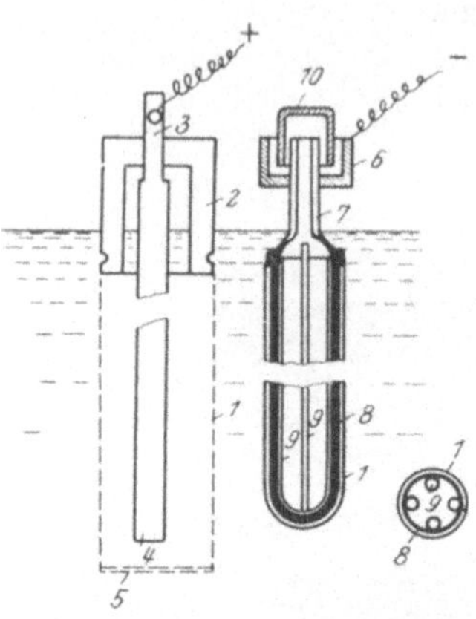

Abb. 83. *Ciba*-Zelle mit Förder-Kathode. *1* Diaphragma, *2* Haube des Chlorgasraums, *3* Anodenzuführung, *4* Anode, *5* unterer Abschluß, *6* Sammelrinne für Lauge, *7* Überlaufrohr, *8* Drahtnetz, *9* Kathodendrähte, *10* Sammelhaube für Wasserstoff.

In derselben werden sowohl die Anoden *4* (Abb. 83) wie die Kathoden *8*, *9* von Diaphragmen *1*, *1* eingeschlossen.

Die Kathoden bestehen aus einem Bündel von 4 Stück 5 mm starken Drähten *9*, an welche oben ein mit trichterförmigem Ansatzstück versehenes enges Eisenrohr *7* angeschweißt ist.

Das Drahtbündel wird von einem röhrenförmigen Drahtnetz *8* eingeschlossen, mit welchem es in Kontakt steht und das dem Kathodendiaphragma *1* aus Asbestgewebe als Auflagefläche dient.

In diesem röhrenförmigen, unten geschlossenen Kathodenelement von etwa 25 mm Durchmesser und 90 cm Höhe, dessen Inneres mit Elektrolyt erfüllt ist, entsteht unter der Stromwirkung Alkalilauge, die mit Wasserstoffblasen durchsetzt ist und als schaumige Masse in die Eisenröhre *7* aufsteigt, aus dieser in die gußeiserne Rinne *6* übertritt, in welcher sich Gas und Flüssigkeit trennen. Letztere wird aus *6* abgeleitet.

Das in diesen „Förder-Kathoden“ aufsteigende Gas übt, wie in einer Mammutpumpe, eine Saugwirkung aus, welche sich über die Diaphragmafläche gleichmäßig verteilt und deren Stärke im Verhältnis zu der jeweils hergestellten Stromstärke steht.

Eine Zelle für Normalbelastung von 7000 A enthält 14 Reihen von Förderelektroden, 15 Reihen von Anoden und bedeckt rund 5,5 qm Bodenfläche. Die Betriebsspannung wird in den Grenzen von 3,3 bis 4,5 V gehalten. Die erzeugte Lauge enthält 110 bis 130 g NaOH/l (bzw. 150 bis 170 g KOH/l), die Stromausbeute soll etwa 90% betragen.

ι) Die Hooker-Zelle. Ob von rechteckiger oder von zylindrischer Form, sind alle bisher beschriebenen Zellen an einfache Kathodenformen gebunden, weil sich nur an solche auswechselbare Diaphragmen aus Asbestpapier oder Asbestgewebe leicht anlegen lassen.

Eine schon in Bitterfeld angewandte (s. S. 209), von K. STUART verbesserte Art, die Kathode mit Diaphragmen zu belegen, ermöglicht es, auch Kathoden von komplizierten, vielfach unterteilten Formen zu verwenden, die Konstruktionsmöglichkeiten zu erweitern, den Diaphragmaersatz zu vereinfachen[1]. Sie besteht darin, Drahtnetz-

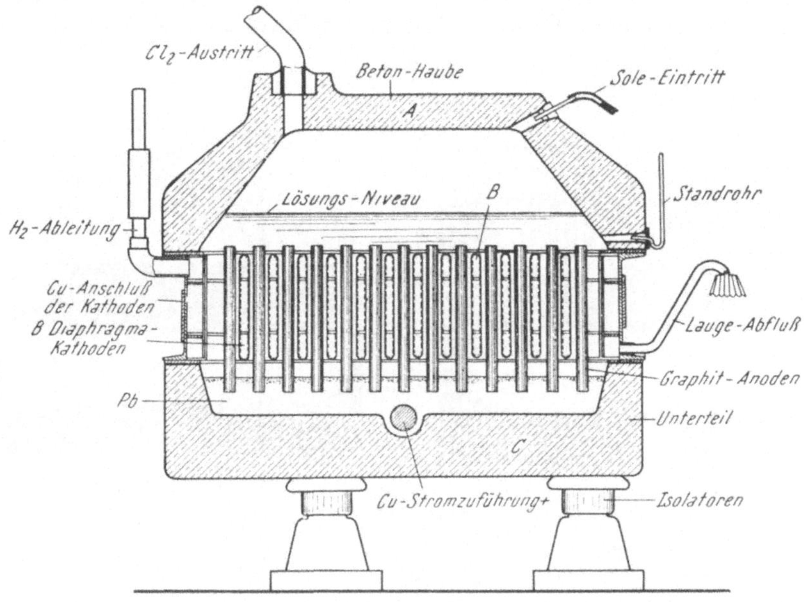

Abb. 84. Schema der *Hooker*-Zelle.

Kathoden, welche die Form von Hohlkörpern aufweisen, in eine Aufschlämmung von Asbestfasern zu tauchen und sie durch Herstellung von Minderdruck in denselben als Nutschen zu benützen, auf deren Außenseite sich ein Pelz aus Asbestfasern in poröser und geschlossener Schicht bildet.

Die Möglichkeit, vielfach unterteilte, zu einem zusammenhängenden Ganzen vereinte Kathoden nach dieser Methode alle auf einmal mit Diaphragmen zu überziehen, hat STUART, LYSTER und MURRAY dazu geführt, in der *Hooker*-Zelle eine originelle, sinnreiche, zugleich handliche Type zu schaffen[2].

[1] U. S. A. Pat. 1 855 497, 1 862 244, 1 865 152 (1928).

[2] U. S. A. Pat. 1 862 245 (1930), 1 866 065, 2 183 299, 2 173 986, 2 208 778, 2 359 239, 2 381 369, 2 414 741, 2 409 912, 2 447 547; cf. auch STUART, LYSTER u. MURRAY: Chem. Met. Eng. 45, 354 (1938).

Die Zelle wird aus drei übereinanderliegenden Teilen zusammengestellt:

einem Unterteil, welcher die Anoden trägt (Abb. 85a),

einen Mittelteil, in welchen die Kathoden eingebaut sind (Abb. 86).

einem Oberteil, der als Gassammelhaube dient (*A*, Abb. 84).

Die im Unterteil fixierten Anoden haben die Form rechteckiger Platten von $^5/_4$ Zoll (zirka 32 mm) Stärke aus ACHESON-Graphit, die hochkant gestellt und mit ihrem unteren Ende in Blei eingebettet sind, durch das sie elektrisch miteinander und mit der Stromzuleitung verbunden sind. Eine Schicht widerstandsfähigen Isoliermittels trennt das Blei vom Elektrolyten und schützt es vor Angriff.

Abb. 85 a.

Abb. 85 b.

In dem Mittelteil reichen die darin eingebauten taschenförmigen Kathoden von den Seiten bis nahe zur Mitte (s. Abb. 85b) in gegenseitigen Abständen, die so bemessen sind, daß die aus dem Unterteil aufragenden Anoden beim Aufsetzen des Mittelteils in die Mitte zweier aufeinander folgender Diaphragmakathoden in richtiger Entfernung zu stehen kommen (Abb. 85a und b). Diese taschenförmigen Diaphragmakathoden stehen mit Räumen in Verbindung, in welche die durchsickernde Lösung gelangt, um durch ein gemeinsames Abflußrohr abgeleitet zu werden.

Der haubenförmige Oberteil trägt die Chlorableitung und das Speiserohr für die Salzlösung.

Die Abdichtung der einzelnen, massiv und schwer gehaltenen Teile, die breite Auflageflächen aufweisen, bereitet keine Schwierigkeit, ebensowenig ihre Trennung voneinander durch Abheben der zwei oberen, die nach längeren Betriebsperioden zur Erneuerung der

Diaphragmen und der Anoden vorzunehmen ist. Die Lebensdauer der Anoden ist dreimal so groß wie die Verwendungsdauer der Diaphragmen. Das Dichterwerden derselben läßt sich an der Niveausteigerung des Elektrolyten durch einen Blick auf das Standrohr sowie durch die Spannungssteigerung der Zelle erkennen.

Die *Hooker*-Zellen werden in zwei Größen hergestellt. Die kleinere ist für Normalbelastung von 7500 A gebaut, kann aber mit Strömen von 5000 bis 10.000 A belastet werden (Type S). Sie enthält 90 Anoden von rund 16 cm Breite und 45 cm Höhe (6,25″ × 18″). Bei der Normalbelastung arbeitet man mit anodischen Stromdichten von 640 A/qm (bzw. 430 A/qm bei der schwächsten, 860 A/qm bei der stärksten Belastung).

Die größere Type (S-3) ist für eine Normalbelastung von 20.000 A gebaut und wird in Anlagen aufgestellt, deren Tagesproduktion mehr als 75 t Chlor beträgt. Sie ist mit 128 Anoden gleicher Breite, aber von 60 cm (24″) Höhe ausgerüstet (entsprechend $D_{an} = 640$ A/qm).

Die Zellen werden vorzugsweise mit heißer, nahezu gesättigter Kochsalzlösung gespeist (65 bis 70° C, 318 g NaCl/l), die Temperaturen und Spannungen, welche die Zellen im Dauerbetriebe annehmen, sind nach Angabe der Firma für verschiedene Belastungen dann die folgenden:

Tabelle 40.

	Type S			Type S-3
Strombelastung	5.000	7.500	10.000	20.000
Volt	3,2	3,48	3,72	3,65
Temperatur der ausfließenden Lauge ° C	80	89	94	95
g NaOH/l	135	138	138	138
$NaClO_3$ im NaOH	0,25	0,1	0,1	0,1
Stromausbeute %	94	95,5	96	96
kWh-Verbrauch/t Cl	2310	2480	2640	2600
Anodenlebensdauer, Tage	500	460	390	390
Diaphragmenlebensdauer	167	153	130	130

Die Konstruktion der Zelle bringt auf engem Raum verhältnismäßig große Elektrodenflächen zur Wirkung. Zur Herstellung einer Tagestonne Chlor werden bei Normalbelastung (640 D_{an}/qm) von der kleineren Type rund 35, von der größeren 16 qm Bodenfläche beansprucht.

Die kubische Form, in welcher man die Zellen ausführt (s. Abb. 87), ermöglicht solche Raumersparnis und verringert die Wärmeverluste.

Normalerweise werden die Diaphragmen während der Lebensdauer der Anoden zweimal erneuert. Dies erfolgt in eigenen Räumen, in welche die Mittelteile der Zelle nach Abheben der oberen Haube durch Laufkräne befördert werden. Nach Eintauchen dieser Teile in die Asbestfasersuspension wird durch die sonst dem Wasserstoffabzug dienende Öffnung Minderdruck innerhalb der Kathoden hergestellt. Die Anwendung von Minderdruck zur Herstellung des Diaphragmas gleicht automatisch dessen Durchlässigkeit von Ort zu Ort aus.

Abb. 86.

Nach Beendigung der Operation weist der herausgehobene Mittelteil den Anblick der Abb. 86 auf.

Die Speiselösung wird bei 60° mit NaCl gesättigt, dann auf 75° erhitzt, ehe man sie den Zellen zuführt. Der Salzverbrauch je 1000 NaOH beträgt 1850 NaCl. 52% des Salzgehaltes der Lösung (324 g NaCl/l) werden beim Durchgang durch die Zellen umgesetzt.

Der Dampfverbrauch zur Verdampfung im Triple-Effect[1] wird zu 0,483 lb Dampf/lb verdampftes Wasser, im Double-Effect zu 0,705 lb Dampf/lb verdampftes Wasser angegeben. Double-Effect findet nur in kleineren Anlagen bis zu einer Produktion von 50 tato Anwendung.

[1] DEANE O. HUBBARD: Chem. Eng. Progress 435, Sept. 1950.

Abb. 87. Anlage mit *Hooker*-Zellen. (Photo: Hooker Co.)

In der Regel werden nicht mehr als 200 Zellen in Serie geschaltet. Ihre Lebensdauer soll etwa 15 Jahre erreichen.

Die Anlagekosten sollen sich — exklusive der Verdampf- und der Chlorverflüssigungs-Anlage, der Einrichtungen für Herstellung und Reinigung der Lösungen, aber einschließlich Gebäude — je nach Größe der gewählten Stromdichte und je nachdem, ob die S- oder die S-3-Zelle zur Aufstellung gelangt, innerhalb der Grenzen von 12.500 bis 17.000 USA-Dollars je tato Chlor stellen.

Nach den Berechnungen beträgt die Verzinsung der Anlage:

beim Preise der kWh	0,7 ct	0,5 ct	0,3 ct
Verzinsung:	12%	28%	40%

bei großer (200 tato) Produktion. Die maximale mit Type S zu erzielende Verzinsung wird mit 28% angegeben. Bei Type S-3 steigt die Verzinsung von 32 bis 34% auf 34 bis 36%, wenn die Produktion von 100 auf 200 tato erhöht wird.

b) Zellen mit horizontaler Anordnung.

Zellen, in welchen die Diaphragmen und die wirksamen Elektrodenflächen horizontal angeordnet sind, bedecken ceteris paribus größere Bodenflächen, weisen also größeren Raumbedarf auf als solche mit vertikaler Anordnung. Ihr Betrieb ist aber leichter zu führen, erfordert weniger Bedienung, verlängert die Dauer der einzelnen Arbeitsperioden und dergleichen mehr.

Führt man in Horizontalzellen die Anoden durch den Deckel ein, so lassen sich die Elektrodenabstände leicht nach Maßgabe des Anodenverbrauchs regeln, was gleichmäßige Betriebsweise zuläßt, in vertikal angeordneten Zellen aber undurchführbar ist.

In Vertikalzellen trennt das Filterdiaphragma eine stark alkalische von einer schwach sauren Lösung, die beide durch aufsteigende Gasblasen durchmischt werden. Wo die Trennungsfläche sauer/alkalisch zu stehen kommt, hängt von der jeweiligen Durchtrittsgeschwindigkeit des Anolyten, von der Dicke des Schlammbelages usw. ab. Dringt die saure Schicht in das Diaphragma, so verkürzt dies seine Lebensdauer, weil die verwendeten Asbestpapiere gegen Säure nicht beständig sind. Dringt umgekehrt Alkali in den Anodenraum, so hat man mit Ausbeuteverlusten und schnellerem Angriff der Kohleanoden zu rechnen.

In horizontalen Zellen schichtet sich der spezifisch schwerere Katholyt unter dem sauren Anolyten. Wird ein Filterdiaphragma dabei verwendet, so steht es allseitig mit alkalischer Lösung in Berührung. Seine Lebensdauer ist deshalb ungleich höher.

α) Die Siemens-Billiter-Zelle. Unter den horizontalen Diaphragmazellen hat einzig und allein die *Siemens-Billiter*-Zelle dauernde Anwendung gefunden, die allerdings so bedeutend war, daß sie von 1910 bis gegen 1940 auf dem europäischen Kontinent den Vorrang einnahm, welchen vor ihr die *Griesheim-Elektron*-Zelle besaß.

Ihre Konstruktion wird durch die Abb. 88 verdeutlicht.

Die Kathode aus Drahtnetz, perforiertem Blech und dergleichen ist an die Eisenwanne *1* angeschweißt, mit der sie ein zusammen-

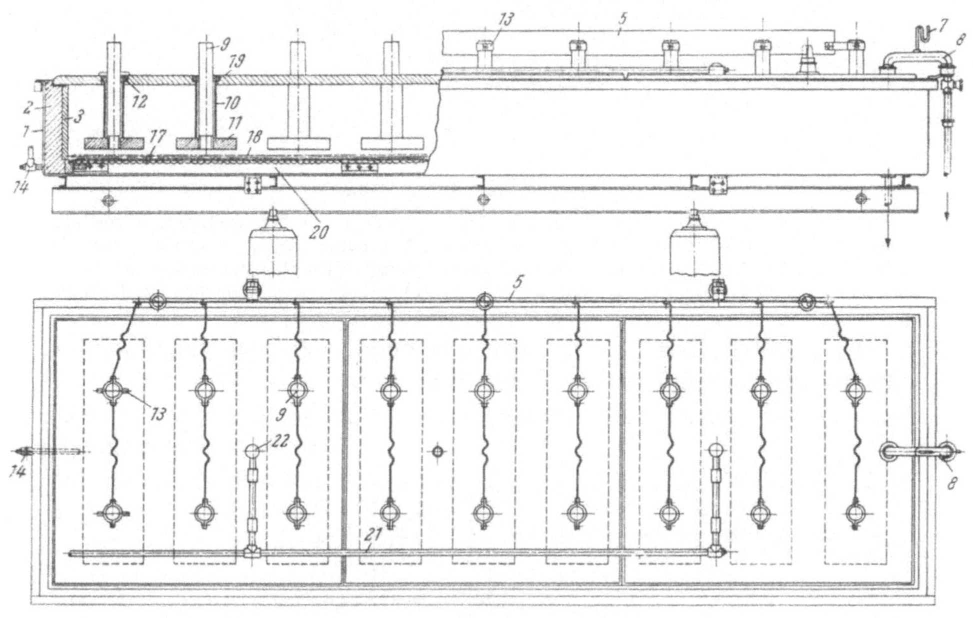

Abb. 88. *Siemens-Billiter*-Zelle.

1 Blechwanne, *2* Betonauskleidung, *3* Verkachelung, *5* positive Stromschiene, *7* Manometer, *8* Chlorabzug, *9* Graphit-Rundkohlen, *10* Steinzeugrohrstück, *11* Graphitanodenplatten, *12* Dichtung, *13* Kupferschellen, *14* Wasserstoffauslaß, *19* Deckel, *20* Raum für Wasserstoff unter dem Diaphragma, *21* Zuleitungsrohr, *22* Eintrittstelle der Sole.

hängendes Bauelement bildet. Auf die Kathode wird das Asbestgewebe *17* gelegt und an den Rändern gegen das Kachel- oder Betonfutter der Zellenwände gut abgedichtet. Sodann wird die mit Salzlösung verdünnte Diaphragmamasse *18* aufgetragen, glatt gestrichen, während schwacher Minderdruck in der darunter befindlichen Kammer hergestellt wird. Dann bedeckt man das Diaphragma vorsichtig mit Salzlösung.

Endlich werden mittels Laufkatze die Zellendeckel aufgesetzt, in denen die Anodenzuführungen eingedichtet sind, welche die horizontalen Graphitplatten *11* tragen. Die eventuell verwendete

Gegendruckvorrichtung, welche den Gasdruck in dem unter dem Diaphragma liegenden kastenförmigen Raum regelt, in dem sich Wasserstoff sammelt, wird eingestellt, und der Strom eingeschaltet.

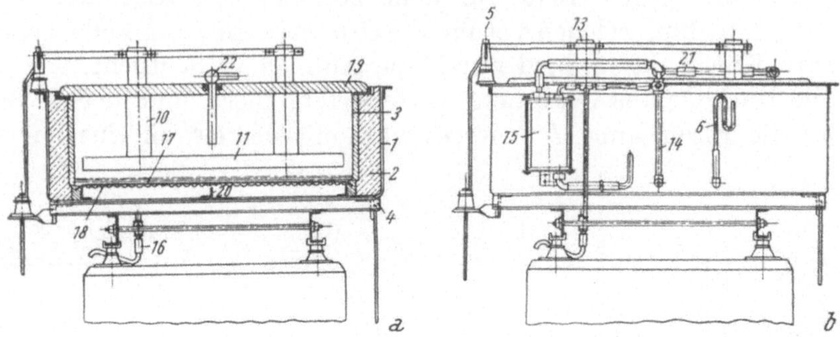

Abb. 89. *Siemens-Billiter*-Zelle.

1 Blechwanne, *2* Auskleidung, *3* Kacheln-Futter, *4* negative Stromschiene, *5* positive Stromschiene, *6* Druckanzeiger, *10* Steinzeugrohr, *11* Anodenplatten, *13* Anodenanschluß, *14* Wasserstoffableitung, *15* Druckregler, *16* Laugenabfluß, *17* Diaphragmamasse, *18* Kathodendrahtnetz, *19* Deckel, *20* Kathodenstützen, *21* Zuleitungsrohr, *22* Eintrittstelle der Sole.

Die Diaphragmamasse besteht aus einem Gemisch von Bariumsulfatpulver mit Asbestfasern, die ihm Form und Halt verleihen[1]. Seine Durchlässigkeit ist der Dicke der aufgetragenen Schicht umgekehrt proportional. Sie wird je nach der Spannung, bzw. der Stromdichte bemessen, mit welcher die Zelle betrieben werden soll. Durch Herstellung eines Gegendrucks unterhalb des Diaphragmas läßt sich die Geschwindigkeit, mit welcher die Lösung durch dasselbe tritt, verringern. Dadurch wird es nicht nur möglich, die Dicke des Pulverdiaphragmas und damit seinen Ohmschen Widerstand zu verringern, sondern auch die Durchflußgeschwindigkeit durch Verringerung des Gegendruckes in dem Maße zu regeln, in welchem das Diaphragma nach längerer Betriebsperiode undurchlässiger wird.

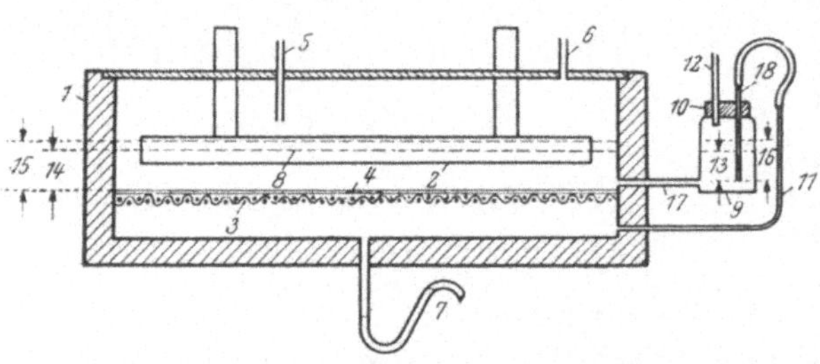

Abb. 90. *Siemens-Billiter*-Gegendruck-Zelle.

1 Zellengefäß, *2* Anode, *3* Drahtnetzkathode, *4* Diaphragmaschicht, *5* Speiselösungszufuhr, *6* Chlorableitung, *7* Laugeableitung, *8* Niveauhöhen des Elektrolyten, *9* Niveauregelung in der Sperrflüssigkeit, *10* Verschluß, *11* Verbindungsrohr zur Regelung des Gasdrucks unter der Kathode, *12* offenes Rohr, *13*, *14* bzw. *15*, *16* entsprechender Niveaustand in Zelle und Druckgefäß, *17*, *18* Verbindungsrohre.

[1] D. R. P. 191 234.

Bei gleichmäßigem Zufluß der Speiselösung bleibt zwar die in der Zeiteinheit durchfließende Flüssigkeitsmenge konstant, weil sich mit sinkender Durchlässigkeit des Diaphragmas im Anodenraum von selbst ein höheres Flüssigkeitsniveau, also entsprechend höherer hydrostatischer Druck einstellt, eine Verringerung des Gegendrucks ermöglicht aber eine Verlängerung der Betriebsperioden.

Bei Verwendung gut vorgereinigter Salzlösung, die keine nennenswerten Mengen von Erdalkalihydroxyden absetzt, bleibt die Durchlässigkeit des Diaphragmas über einen großen Zeitraum fast unverändert und sinkt nur ganz langsam infolge Durchsetzung durch äußerst feine Gasblasen, welche das Diaphragma anschwellen lassen, ohne in den Anodenraum zu gelangen.

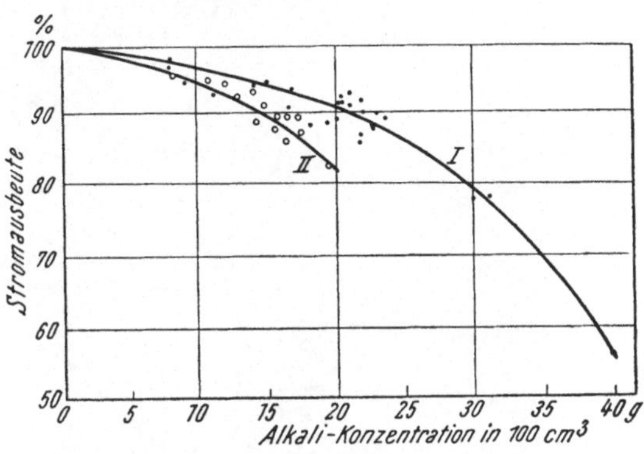

Abb. 91. Stromausbeuten in *Siemens-Billiter*-Zellen, *I* in NaCl-, *II* in KCl-Lösung.

Normalerweise stellt man Kathodenlaugen mit rund 130 g NaOH/l her. Schon im Jahre 1910 wurden bei einem Probebetrieb, der dazu diente, einer Interessentengruppe durch einen Monat an Zellen, welche schon vorher zwei Monate lang in Betrieb gehalten worden waren, die garantierten Leistungsziffern nachzuweisen, folgende, kommissionell mit geeichten Instrumenten ermittelte Daten gefunden:

Mittlere Strombelastung	2001,6 A
Mittlere Stromausbeute.	94,7%
Mittlere Badspannung	3,66 V
Mittlere Laugenkonzentration	130,2 NaOH/l
Mittlerer CO_2-Gehalt im luftfreien Chlor	1,17%.

Die Spannung war im Laufe des Betriebsmonates gestiegen, weil ungereinigte kalziumhältige Salzlösung verwendet worden war. Aus der während der Betriebszeit gemessenen Abnahme der Kohlenstärke berechnete sich die jährliche Abnützung der Graphitplatten zu rund 20 mm.

Die Abb. 91 stellt die Änderung der Stromausbeute bei Herstellung verschiedener NaOH- (Kurve *II*), bzw. KOH-Konzentrationen (Kurve *I*) graphisch dar.

In einigen der mehr als 50 zählenden größeren Anlagen, welche mit dieser Zelle installiert und betrieben worden sind, wurden gewisse Änderungen vorgenommen. So ließ man z. B. im Werk Gerst-

Abb. 92. Anlage mit *Siemens-Billiter*-Zellen.

hofen einen Teil des Anolyten durch eine Zweigleitung zirkulieren, um ihn nach Austreibung des gelösten Chlors mit NaCl nachzusättigen und die NaCl-Konzentration in Anodenumgebung dadurch etwas höher zu halten. Auf diese Weise ließ sich die Ätznatronkonzentration der Lauge unter sonst gleichbleibenden Arbeitsbedingungen von 13% auf 14% erhöhen.

In anderen Werken hat man als Anoden einfache Graphit-Rundstäbe verwendet, deren Einstandskosten geringere sind. Diese führt man durch die Seitenwände ein, wo ihre Eindichtung freilich weniger leicht auf sichere Art zu bewerkstelligen ist.

Gleichfalls seitlich eingeführt wurden hohle, stabförmige Magnetit-Anoden, die aber nur ausnahmsweise (z. B. während des ersten Weltkrieges, als Graphit schwer zu beschaffen war) Verwendung fanden, da sie höhere Spannung beanspruchen.

In Bitterfeld, dann in Wolfen, wurde das Kathodendrahtnetz nicht mit Asbestgewebe, sondern mit einem feinen Drahtnetz bedeckt, auf welchem das Faser-Pulver-Gemisch ausgebreitet, dann mittels Vakuum verdichtet wurde (s. S. 209).

Die Wacker-Werke Burghausen verwendeten hingegen gummierte Asbestgewebe-Diaphragmen.

Die meistverbreiteten Zellen haben Kathodenflächen von 10 qm und werden gewöhnlich mit Stromdichten von 600 bis zu 1200 A/qm betrieben. Um die Stromdichte noch weiter steigern zu können, sind in der Anlage in Rheinfelden gewellte Kathoden und Diaphragmen statt der ebenen in Anwendung gekommen. Durch zickzack-förmige Führung läßt sich die Oberfläche bei gleich großer Bodenbedeckung vergrößern, und zwar verdoppeln, wenn die Neigungswinkel 60° betragen, im Verhältnis $\sqrt{2} : 2$ vergrößern, wenn diese Winkel 90° messen.

Durch diese Änderung wurde die Stromdichte bei 3,4 V Anfangsspannung auf rund 1500 A/qm gesteigert. Bei 4,1 V mittlerer Spannung stieg die Stromkapazität der Zellen auf 15.000 A.

β) Horizontale Zellen ohne Diaphragmen. Der Gedanke, die Elektrolyse bei horizontaler Anordnung ohne Zuhilfenahme von Diaphragmen auszuführen, ist oftmals aufgegriffen, aber nur vom *Aussiger Verein* in seinem bekannten „Glockenverfahren" technisch verwirklicht worden, dessen Ausführungsform durch die Abb. 93 bis 95 verdeutlicht wird.

Um die ruhige Schichtung des alkalihältigen, spezifisch schwereren Teiles des Elektrolyten unter dem Anolyten zu ermöglichen und diese Schichtung nicht durch aufsteigende Wasserstoffblasen zu stören, sind die Kathoden seitlich von den Anoden in Räumen angeordnet, in welchen das Kathodengas aufsteigen kann, ohne andere Teile des Elektrolyten zu beunruhigen.

Konstruktiv wurde dies auf einfache Art dadurch gelöst, daß man langgestreckte, horizontal wirkende Graphitanoden *2* mit vertikaler Zuführung in rechteckige, entsprechend enge und lange, unten offene Zementkästen *8* einige Zentimeter hoch über deren unterem Rand anordnete, wie es die Abb. 93 und 94 anzeigen.

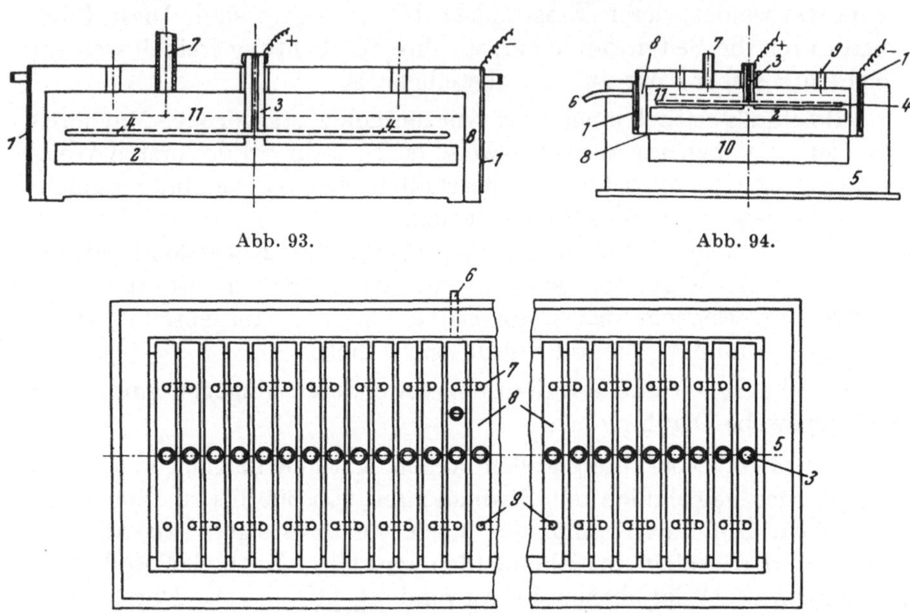

Abb. 93. Abb. 94.

Abb. 95.

Abb. 93 bis 95. Aussiger Glockenzelle. *1* Blechumkleidung der Glocken *8*, zugleich Kathoden, *2* Anoden, *3* Anodenzuführungen, *4* Speiserohre für Salzlösung, *5* äußere Betonwanne, *6* Laugenabfluß, *7* Chlorableitung, *8* Betonglocken, *9* Öffnungen zur Aufnahme der Verbindungsrohre von einem Chlorraum zum anderen, *10* Elektrolyt, *11* Elektrolyt-Niveau.

Eine größere Anzahl, z. B. 25 solcher „Glocken“ wurden in einem gemeinsamen Trog *5* nebeneinander gelagert, in welchem die Stirnseiten der „Glocken“ auf innen vorspringenden Stufen des Troges *8* ruhten (Abb. 95).

Als Kathoden dienten Eisenblechmäntel *1*, mit denen die Zementglocken außen versehen waren und die bis nahe an den unteren Rand derselben reichten. Der an ihnen entwickelte Wasserstoff konnte in den engen Zwischenräumen zwischen den aufeinanderfolgenden Glocken ungehindert aufsteigen.

Die Salzlösung wurde oberhalb der Anoden eingeführt und durch ein verkehrt T-förmiges Rohr *4*, das mehrere Öffnungen trug, in der Zelle verteilt. Die Lauge floß bei *6* ab.

Die Vorteile des Glockenverfahrens liegen in der einfachen Bauart der Zellen, ihrer Betriebssicherheit und ihrem geringen Anspruch an Wartung, die noch dadurch vereinfacht wird, daß sich alle Schlämme zu Boden setzen können, ohne weiter zu stören.

Seine Nachteile liegen darin, daß es nur in kleinen Einheiten ausgeführt und mit verhältnismäßig niederen Stromdichten betrieben werden kann.

Eine Spannungsersparnis wird durch Fortfall des Diaphragmas nicht erzielt; denn die Einschnürung der Stromlinien unter dem unteren Glockenrand und die Verlängerung der Strombahnen erhöhen den inneren Widerstand der Zellen mindestens in demselben Maße wie ein Diaphragma.

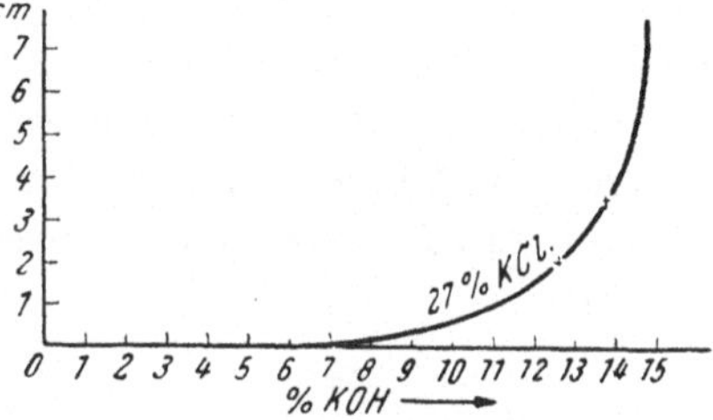

Abb. 96. Stromausbeute in Glockenzellen.

Die Stromausbeuten sind unter vergleichbaren Umständen etwas geringere als in guten Diaphragmazellen.

G. Adolph[1] und O. Steiner[2] haben die Vorgänge, die sich bei dieser Art der Elektrolyse abspielen, im Laboratorium untersucht. Ersterer hat unter anderem geprüft, wie weit sich die Lage der neutralen Zonen mit steigender Konzentration der erzeugten Lauge der Anode nähert, und dies graphisch in Abb. 96 zum Ausdruck gebracht. Dieser entsprechend würde die Stromausbeute erst bei Herstellung von 15%iger Kalilauge rasch sinken.

In Aussig und in mehreren andern Anlagen in Europa erzeugte man nach dem Glockenverfahren bis zum Jahre 1935 — dem Zeitpunkte, in welchem diese Zellen durch andere ersetzt wurden — 14%ige Laugen mit 85% Stromausbeute, bei Anfangsspannungen von 3,7 V, die im Laufe der Zeit auf 4 V stiegen.

Tröge von 2,5 bis 3 m Länge und 1,25 m Breite enthielten 25 Glocken und wurden mit 500 A gespeist. Die Anodenstromdichte betrug 400 A/qm, auf die ganze Zellenfläche gerechnet 200 A/qm.

Wesentlich für den Erfolg des Verfahrens war die einfache, gleichmäßige Verteilung der Speiselösung auf so viele nebeneinander betriebene kleine Glockenzellen, die nur je 20 A Strom aufnahmen. Sie wurde von Kunze mittels einer Anordnung gelöst, die in ihrem Wesen jener gleicht, welche auf S. 216 dargestellt worden ist.

Jede Glocke wurde durch ein kleines Gefäß in Art des unteren Teils der Abb. 66 gespeist. Bei jedem Trog wurden diese — z. B. 25 an

[1] Z. Elektrochem. **7**, 581; **10**, 449.
[2] ib. **10**, 317.

der Zahl — etwas erhöht aufgestellt. Sie waren alle miteinander durch ein verhältnismäßig weites Rohr verbunden (das auf Abb. 66 nicht dargestellt ist), sodaß sich in ihnen immer gleich hohes Niveau herstellte. Die Salzlösung wurde ihnen aus einem Gefäß in Art des oberen Teils der Abb. 66 in gleichmäßigem Strome zugeführt, der sich leicht regeln ließ, weil er dem Gesamtverbrauch der 25 Glocken entsprach, also relativ groß war.

Die Lösung stieg in allen 25 kleinen Gefäßen gleichzeitig und gleichmäßig auf und diese entleerten sich periodisch alle auf einmal durch Heberwirkung in die ihnen zugehörigen Glocken.

γ) *Zellen mit Gasschirmen.* Die im Glockenverfahren gewählte Anordnung der Kathode an der Außenseite der Glocken ist notwendig mit einer starken Einschnürung der Stromlinien am unteren Glockenrand verbunden, durch welche die Betriebsspannung erhöht wird.

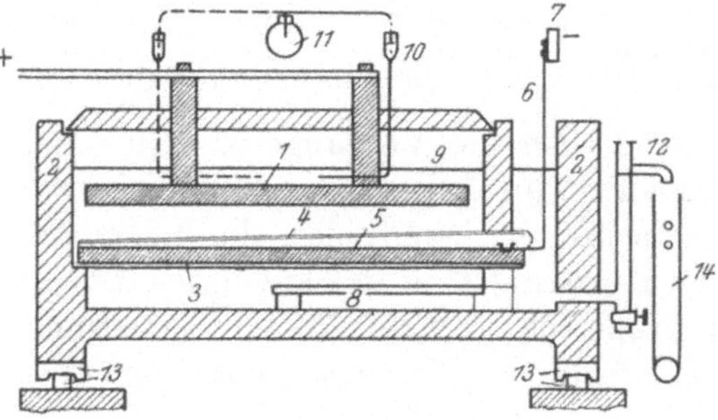

Abb. 97. *Billiter-Leykam*-Zelle.
1 Anoden, *2* Außengefäß, *3* Kathoden, *4* Asbestgewebeschlauch, *5* keilförmige Eternitrippe, *6* bis *7* negative Stromzuführung, *8* Glasplatte, *9* Chlorraum, *10* Speiserohre, *11* Zuführung der Speiselösung, *12* Laugenabfluß, *13* Isolatoren, *14* Sammelleitung für Lauge.

Durch Anordnung streifenförmiger Kathoden direkt unter den Anoden und Ableitung des an ihnen entwickelten Wasserstoffs durch dachförmige, stromdurchlässige Rinnen, die ihn unmittelbar über den Kathoden abfangen und seitlich ableiten, kann man nicht bloß den Spannungsverbrauch verringern, sondern auch gleichzeitig an Stelle einzelner, eng gehaltener, Einheiten solche beliebig großen Querschnittes herstellen[1].

Dies ist der Gedankengang, der dem Bau der sogenannten *Billiter-Leykam*-Zelle zugrunde lag, in welcher die Kathoden innerhalb eines an beiden Enden offenen Schlauchs aus Asbestgewebe eingeschlossen und in einigen Zentimetern Abstand gerade unter den Anoden gelagert wurden. Die Oberseite des Schlauches stieg nach einer Seite an und führte den Wasserstoff in eine enge Seitenkammer, aus der er entwich. Hierdurch wurde der Elektrolyt gleichzeitig innerhalb des Schlauches erneuert und in Zirkulation gehalten.

[1] Eine ähnlich angeordnete Zelle, in der streifenförmige Kathoden mit stromundurchlässigen Rinnen überdacht waren, hatte JOHANNS bereits früher konstruiert. Die Verwendung nichtleitender Gasschirme ließ aber keine Spannungsersparnis zu.

Ohne durch die bloß als Gasschirme wirkenden Asbestschläuche durchzutreten, gelangt das Alkali in die Seitenkammer und wird aus dieser abgezogen.

Zweck war es, damit eine Zellentype zu bauen, die von nichtsachverständigen Selbstkonsumenten verwendet, mit ebensowenig Wartung wie die Glockenzelle auf kleinerem Raum untergebracht und mit höheren Stromdichten betrieben werden konnte.

Diesem Zwecke entsprach sie vollkommen. Sie wurde später von PESTALOZZA mit bloßer Abänderung unwesentlicher Details kopiert.

3. Das Quecksilber-Verfahren.

a) Allgemeines.

Zeitlich liegen die Anfänge des Quecksilber-Verfahrens fast ebensoweit zurück wie diejenigen der Diaphragmazellen:

1886 wurden die ersten, lange haltbaren Diaphragmen hergestellt,

1892 wurden die ersten *Griesheim-Elektron*-Zellen in Betrieb gesetzt,

1892 entnahmen — unabhängig voneinander — CASTNER und KELLNER ihre Patente auf die Quecksilberzelle, die

1895 zur Errichtung einer Anlage in Niagara Falls, dann in Runcorn (England) und Jemeppes (Belgien) führten.

Von da ab nahm die Entwicklung der Diaphragmazellen einen raschen, diejenige der Quecksilberzellen aber einen langsamen Verlauf. Die weitaus größte Zahl neuer Anlagen wurden mit Diaphragmazellen ausgerüstet, die allgemein bevorzugt wurden, so sehr, daß man selbst noch im Jahre 1914 die Quecksilberzellen einer Anlage in Gersthofen durch Diaphragmazellen ersetzte.

Etwa 50 Jahre hindurch wurden Diaphragmazellen bevorzugt.

Die höheren Anforderungen, welche die Kunstseiden-Industrie an den Reinheitsgrad der Lauge, insbesondere an die Abwesenheit von Chlorid stellte, lenkte zuerst wieder größeres Interesse den Quecksilberzellen zu. Trotz ihrer damals höheren Betriebs- und Installationskosten wurden wieder Quecksilberzellen in Dienst gestellt, die nach und nach verbessert worden sind.

So entstanden immer häufiger neue Quecksilberanlagen, obgleich der einsetzende Konkurrenzkampf die Diaphragmenanlagen dazu führte, ihre Laugen vollständiger zu reinigen, vor allem ihren Chloridgehalt durch neue Reinigungsprozesse bis auf ganz geringe Werte zu verringern. Erst seit etwa 15 Jahren begann man aber — besonders auf dem europäischen Kontinent — den Quecksilberzellen ganz entschieden und sprunghaft den Vorrang zu geben.

Dies könnte befremden, zumal da keine neue, eindrucksvolle Erfindung die Veranlassung dazu gegeben hat.

Die Erklärung liegt in folgenden Hauptmomenten:

1. Die zum Betriebe von Quecksilberzellen anzuwendende Minimalspannung ist eine höhere. Da die Elektrolyse mit ungefähr gleich hoher Stromausbeute vor sich geht, verbraucht sie entsprechend mehr elektrische Energie.

2. Der Betrieb von Quecksilberzellen ist ein viel heiklerer, er ist an das reibungslose Zusammenwirken verschiedener Teile der Einrichtungen gebunden und daran, daß zwei entgegenlaufende Prozesse: die Amalgambildung und die Amalgamumsetzung, fortlaufend miteinander Schritt halten müssen.

Zu seiner erfolgreichen Anwendung setzt er einen viel höheren Stand der Technik, eine viel schärfere Betriebskontrolle voraus, zu welchen man erst nach umfangreichen Vorarbeiten vieler Jahre, im Besitz zahlreicher Spezialerfahrungen und nach besserer Ausbildung des Personals gelangt ist.

3. Betriebsstörungen sind beim Quecksilberverfahren ganz ungleich ernsterer Natur.

4. Vor ihrer Wiederverwendung in Quecksilberzellen muß hingegen (s. weiter unten) die verarmte Kochsalzlösung, ehe man sie aufsättigt, weitgehend entchlort werden, was ziemlich umständlich ist. Die Diaphragmazellen erheischen keine so weitgehende Entchlorung und erleichtern damit den Vorgang der Nachsättigung.

5. Allgemeiner konnten sich die Quecksilberzellen erst einführen, als es nicht nur gelang, ihren Mehrverbrauch an elektrischer Energie dadurch zu verringern, daß man die Elektroden einander auf wenige Millimeter näherte, sondern auch durch ökonomischere Erzeugung der Dampfkraft dahin kam, den Einstandspreis der Kilowattstunde wesentlich (bei der I. G. z. B. auf 1,2 Pfennig) zu senken.

6. Seitdem man über verläßlich haltbare Diaphragmen verfügt, führt ein fehlerhafter oder mangelhafter Betrieb von Diaphragmazellen zwar zur Herabsetzung der Stromausbeute, er verringert die Lebensdauer der Graphitanoden, erschwert infolge größerer Kohlensäurebeimengung zum Chlor dessen Verflüssigung, er verursacht aber sonst keine besonderen Schäden.

Nicht so beim Quecksilberverfahren, in dessen Anodenräumen bei jeder leichten Störung der Elektrolyse Chlorknallgas in größeren Mengen entsteht, das in der Zelle selbst leichte, bei der Verflüssigung aber sehr schwere Explosionen hervorrufen kann.

Explosionen in den Zellen selbst, die, selbst wenn diese große Dimensionen aufweisen, stets nur kleine Gasmengen enthalten, sind ungefährlich und werden meist nur von einem schwachen dumpfen Knall begleitet. Es ist dem Verfasser kein Fall bekannt, in welchem die Bedienungsmannschaft körperlichen Schaden davongetragen hätte. Sie reichen aber trotzdem dazu hin, die Zelle gründlich zu ruinieren, vor allem Graphitanoden durch Bruch unbrauchbar zu machen.

Ihre Veranlassung bildet immer ein zu hoher Wasserstoffgehalt des Chlors, zu welchem es durch Rückzerfall von Alkalimetallamalgam in der Zelle kommt. Die Ursachen, die zu einem solchen führen, können aber mannigfaltiger, nicht immer leicht erkennbarer Art sein, sowohl Mängeln des Zellenbaus, des verwendeten Materials, der Amalgamzersetzer, als Fehlern in der Betriebsweise zuzuschreiben sein.

Betriebssicher und wirtschaftlicher sind die Quecksilberzellen erst geworden, als man diese Ursachen erkannt und es gelernt hat, sie auch bei Annäherung der Elektroden auf wenige (zirka 5) Millimeter durch Verbesserung der Bau- und Betriebsweise sicher genug auszuschließen. Dies hat aber viele Jahre in Anspruch genommen.

Noch immer ist der Energieverbrauch der Quecksilberzellen um etwa 25% höher als derjenige guter Diaphragmazellen. Dafür liefern die heutigen Quecksilberzellen aber unmittelbar mindestens 50%ige chloridfreie und auch sonst reinere Lauge, während die Laugen von Diaphragmazellen nur etwa ein Viertel dieser Konzentration aufweisen und erst durch Verdampfung auf 50%iges Produkt eingeengt werden müssen. Dazu sind rund 4 t Dampf je Tonne NaOH, ferner etwas Kraft, rund 150 cbm Wasser und Löhne aufzuwenden, wobei die Möglichkeit abermaliger Verunreinigung (z. B. durch Fe) nicht auszuschließen ist.

Bei gleicher Ökonomie ist aber in großen Anlagen dem Quecksilberverfahren der Vorrang einzuräumen, weil es nicht nur reinere Lauge, sondern auch im Natriumamalgam ein Zwischenprodukt liefert, das noch für andere Verwendungszwecke als die Ätzalkaliherstellung mit Vorteil dienen kann.

Seit Jahren wird z. B., wie nebenbei bemerkt sei, daran gearbeitet, dieses Zwischenprodukt als Ausgangsmaterial für die Bereitung metallischen Natriums heranzuziehen. Ein entscheidendes Resultat liegt allerdings nach dieser Richtung noch nicht vor, weil es Schwierigkeiten bereitet, das Natrium quecksilberfrei daraus zu isolieren. Die Besprechung dieses Problems gehört in das Gebiet der Schmelzflußelektrolyse, fällt also aus dem Rahmen des vorliegenden Bandes heraus.

Gegenwärtig wird das von der Elektrolyse kommende verdünnte Natriumamalgam u. a. bereits zur Herstellung von Natriumsulfid und -hydrosulfit, von Alkoholaten und anderen organischen Produkten usw. verwendet.

In manchen Fällen ist es rationell, Quecksilber- und Diaphragmazellen nebeneinander zu betreiben. Die ersteren benötigen hoch gereinigtes Kochsalz als Ausgangsprodukt, das von letzteren bei der Verdampfung ihrer kochsalzhältigen Laugen in besonders geeigneter Form ausfällt.

b) Charakteristik der Chloridelektrolyse mit Quecksilberkathoden.

Flüssige Metalle haben die Besonderheit, stets das Potential ihres unedelsten Bestandteils und nur dieses anzunehmen, solange sie reine homogene und glatte Oberfläche aufweisen[1]. Es bilden sich unter diesen Voraussetzungen an ihnen keine Lokalelemente. Durch den Übergang in Amalgam wird der negative Charakter eines Metalls wesentlich abgeschwächt. Beim Natrium, welches gierig Amalgame in mehreren stöchiometrischen Verhältnissen liefert[2], beträgt die Verschiebung des Potentials nicht weniger denn 0,85 V.

Dieser Eigenschaft und dem Umstand, daß sich Wasserstoff an Quecksilber erst bei Überwindung einer hohen Überspannung kathodisch abscheiden läßt, ist es zu verdanken, daß sich so unedle Metalle wie die Alkalimetalle an Quecksilberkathoden überhaupt und unter günstigen Arbeitsbedingungen mit Stromausbeuten abscheiden lassen, welche den theoretischen nahekommen.

Das Potential des Natriumamalgams gegen 1-n. Chlornatriumlösung liegt bei 1,81 V, dasjenige des Kaliumamalgams gegen 1-n. Chlorkaliumlösung bei 1,83 V[3].

Die Überspannung des Wasserstoffs erreicht an Quecksilberkathoden mit steigender Stromdichte rasch den Wert von 1,3 V. In 1-n. Ätzalkalilösung tritt dann Wasserstoff erst bei — 2,1 V Spannung (gegen zirka — 1,1 V an Eisenkathoden) auf.

Dieser hohen Überspannung des Wasserstoffs ist es auch zuzuschreiben, daß sich verdünntes Alkalimetallamalgam nur sehr langsam mit Wasser, bzw. mit neutralen oder alkalischen Salzlösungen, umsetzt. Dadurch wird es einerseits überhaupt möglich, mit Alkalimetallamalgam zu hantieren, ohne daß es merklich zerfällt, andererseits wird aber der Entzug des Alkalimetalls aus dem Amalgam wesentlich erschwert.

Sehr verdünntes Natriumamalgam ist leichtflüssig und im Aussehen von reinem Quecksilber nicht zu unterscheiden. Mit zunehmendem Natriumgehalt wird es aber bei 0,7% Na schon ziemlich schwerflüssig, bei 1% dickflüssig, bei 1,5 bis 2% sogar fest.

---

[1] cf. Hohn, H.: Österr. Chemiker Ztg. **49**, 15, 60, 103 (1948).

[2] $NaHg_4$, $NaHg_2$, NaHg, Na_3Hg_2, Na_3Hg. Bei der Elektrolyse bildet sich wahrscheinlich $NaHg_4$, das sich in Hg löst.

[3] Le Blanc: Z. physik. Chem. **5**, 473 (1890); Haber u. Sack: Z. Elektrochem. **8**, 245; Reuter: ib. 801 (1902).

Die Elektrolyse nimmt nur dann einen glatten Verlauf, wenn das gebildete Amalgam leichtflüssig bleibt. Man muß also das Quecksilber schnell genug durch die Zelle fließen lassen, um die Natriumkonzentration in seiner Oberfläche unter einem kritischen Grenzwert zu halten.

Nun verweilt das erzeugte Amalgam infolge seines geringeren spezifischen Gewichts zum größeren Teil in den der Oberfläche zunächst gelegenen Schichten. Die Natriumkonzentration der obersten Schicht ist deshalb größer als die Durchschnittskonzentration. In welchem Maße größer, ist freilich noch nicht genau festgestellt worden, es wird dies wohl auch von der Schichtdicke des flüssigen Metalls und der Art seiner Bewegung bestimmt. Man schätzt aber den, unter normalen Arbeitsbedingungen, erreichten Gehalt an Natrium in der obersten Schicht auf rund 0,2% und hat praktisch festgestellt, daß man die Durchschnittskonzentration allerhöchstens auf 0,3% steigen lassen darf, soll die Stromausbeute hoch genug gehalten werden können. Ganz ohne Wasserstoffentwicklung geht auch unter günstigen Bedingungen die Bildung des Alkaliamalgams nicht vor sich, wie denn auch die Beständigkeit des verdünnten Amalgams zwar eine hohe, aber doch eine begrenzte ist.

Gefördert wird die Wasserstoffentwicklung mit zunehmendem Alkalimetallgehalt und mit steigender Temperatur, ganz besonders aber durch jede Verunreinigung, durch jedes Inhomogenwerden der Oberfläche, wie eben durch alle Momente, welche die Überspannung des Wasserstoffs herabsetzen, und solche, welche die Ausbildung von Lokalelementen zur Folge haben.

Inhomogen wird die Oberfläche schon, wenn der Natriumgehalt über das praktisch zulässige Maß steigt, weil sich dann örtlich amalgamreichere Stellen bilden, die glanzlos, selbst rauh aussehen und an denen sich Wasserstoff abscheidet. Sie führen außerdem zur Bildung von Quecksilbermull.

Von den Anoden stammendes Graphitpulver, das auf die Metalloberfläche fällt und von dieser fortgeführt wird, bildet Lokalelemente.

Ganz besonders schädlich erweisen sich aber Verunreinigungen durch die weiter unten aufgeführten Elektrolysegifte.

Schädlich wirkt auch jede Trübung des Elektrolyten, jeder Stoff (z. B. auch Kochsalz), der sich in festem Zustand auf der Oberfläche des Quecksilbers absetzt.

Solange die Wasserstoffabscheidung, welche diese Schädlinge hervorrufen, so geringfügig bleibt, daß das Anodengas nicht mehr als 2% Wasserstoff enthält, ist dies unbedenklich. Eine weitere Zunahme mahnt aber zur Vorsicht, weil sie nicht nur einen Rückgang der Stromausbeute und eine Beschleunigung des Anodenangriffs anzeigt, sondern sich der Grenze nähert, bei welcher das Gasgemisch, besonders im Laufe nachfolgender Kompression, Explosionen hervorrufen kann.

Eine unwillkommene Besonderheit des Quecksilberverfahrens besteht auch darin, daß sich kleine Quecksilbermengen sowohl dem abziehenden Wasserstoff wie der Lauge beimengen. Die Quecksilberverluste, die sie hervorrufen, sind zwar gering, sie zwingen aber infolge der Giftigkeit der Quecksilberdämpfe dazu, wirksame Vorsichtsmaßnahmen zu ergreifen.

Die Gefahr von Quecksilbervergiftungen der Belegschaft liegt bis zu gewissem Grade immer vor, sie läßt sich aber durch wirksame Gegenmaßnahmen bekämpfen und auf ein erträgliches Maß herabsetzen. Trotzdem hat sie in einigen Staaten, z. B. in USA, die Ausbreitung des Quecksilberverfahrens lange gehemmt.

Überraschenderweise liefert die Elektrolyse von Chlorkaliumlösungen in Quecksilberzellen etwas — nämlich um etwa 2% — geringere Stromausbeuten als die Kochsalzelektrolyse, während sie umgekehrt in Zellen, welche mit sehr beständigen Diaphragmen ausgerüstet sind (der *Griesheim-Elektron-* und der *Siemens-Billiter-*Zelle), merklich höhere Stromausbeuten erzielen läßt (s. Abb. 91, S. 245). Gleichfalls schwerer als die Kochsalzelektrolyse (hier aber nur infolge des Angriffs ihrer Diaphragmen) ist die Chlorkaliumelektrolyse in vertikalen Filter-Diaphragmazellen durchzuführen.

Die anodischen Stromverluste bleiben bei der Elektrolyse in Quecksilberzellen gering. Sie werden durch die Vorgänge verursacht, welche S. 173 ff. erörtert worden sind, und lassen sich durch Aufrechthaltung hoher Chloridkonzentrationen und höherer Temperatur nieder halten.

c) *Elektrolyse-Gifte.*

Frühzeitig schon ist die schädliche Wirkung beobachtet worden, welche selbst ganz geringfügige Zusätze von Metallen hier ausüben, die sich, wie Nickel und Eisen, schwer amalgamieren lassen. Sie wird der Verringerung der Überspannung zugeschrieben, welche die Amalgamzersetzung erleichtert und erhebliche Mengen Wasserstoff in der Zelle auftreten läßt.

Ebenso ist es bald erkannt worden, daß die schädliche Wirkung eines Metalls durch ein anderes Metall gesteigert werden kann, ja daß Paare von Metallen wirksam sind, die einzeln genommen keine Wirkung ausüben.

So wird nach WALKER[1] die zersetzende Wirkung des Eisens sowohl durch Kalzium wie durch Magnesium gesteigert, obwohl

[1] Electrochemical Industry 1, 471 (1903).

diese Erdalkalimetalle unedler sind als Natrium und sich auch schwerer kathodisch abscheiden lassen.

Die Erkenntnis, daß Vanadium, Chrom, Molybdän, anscheinend auch Tantal, ganz ungleich gefährlichere Elektrolyse-Gifte bilden, ist aber erst jüngeren Datums.

Die Wirkung des Vanadiums dürfte zuerst Mitte der dreißiger Jahre in den Farbwerken Hoechst entdeckt worden sein, als eine Reihe von Explosionen in Quecksilberzellen auftraten, die darauf zurückzuführen waren, daß der Wasserstoffgehalt des Chlors — auf damals unerklärliche Weise — in den betreffenden Zellen auf 20%, ja auf 30% gestiegen war.

Es ergab sich, daß dies einer Verunreinigung durch Vanadium zur Last zu legen war, welches aus den Anoden in den Elektrolyten gelangt war und sich darin sukzessive angereichert hatte.

Sehr ernste Betriebsstörungen, welche 1949 in zwei schwedischen Anlagen auftraten, konnten auf dieselbe Art erklärt werden. Sonderbarerweise blieben sie aber in zwei anderen schwedischen, in dänischen und norwegischen Fabriken aus, welche Graphitanoden derselben Sorte bezogen hatten.

Von verschiedenen Seiten wurden Laboratoriumsversuche zur weiteren Klärung unternommen. Sie lieferten beachtenswerte, wenn auch nicht ganz bindende Resultate, weil sie unter Bedingungen ausgeführt wurden, welche mehr oder minder stark von denen abweichen, die betriebsmäßig eingehalten werden.

So führten Walker und Paterson[1] ihre Versuche zwar in Quecksilberzellen aus, die mit Platinanoden ausgerüstet waren, sie ließen aber weder das flüssige Metall noch die Lösung zirkulieren.

Sie bestätigten die Angaben Walkers und fanden weiter, daß selbst Nickel und Kobalt in Konzentrationen von 1 mg/l unschädlich bleiben, die Stromausbeute aber bei einer Konzentration von 50 mg/l auf 65% sinken lassen.

Ein Patent der Mathieson Alcali Co.[2] gibt an, daß unter den technisch üblichen Arbeitsbedingungen:

bis zu 0,1 mg/l Fe
bis zu 6 mg/l Mg
ferner selbst 1,5 bis 3,6 g Ca/l

harmlos bleiben.

Wenn sie aber auch nicht zu den eigentlichen Elektrolyse-Giften gezählt werden, erweisen sich größere Verunreinigungen durch Kalzium, Barium und Magnesium, auch Eisen, noch dadurch

[1] Trans. Amer. Electrochem. Soc. 3, 185 (1903).
[2] Anmelder Taylor u. Gardiner: A. Pat. 2248137 (1941).

als schädlich, daß sie — besonders bei Anwendung hoher Stromdichten — zur Bildung schwer flüssigen Amalgams, der sogenannten „Amalgam-Butter", führen, Stockungen und Verstopfungen verursachen, oder die Amalgam-Zersetzung in der Pile stören können.

Als maximal zulässig werden gewöhnlich

1 bis 1,5 g/l $Ca^{\cdot\cdot}$
0,1 g/l $Mg^{\cdot\cdot}$
0,001 g/l $Fe^{\cdot\cdot}$

angesehen.

Die meisten bekanntgegebenen Untersuchungen wurden leider nicht in elektrolytischen Zellen ausgeführt, sondern durch Beobachtung des Verhaltens von Natriumamalgam beim Schütteln mit verschiedenen Lösungen.

Angel und seine Mitarbeiter[1] führten derartige Versuche mit 0,14%igem Natriumamalgam und Kochsalzlösungen (330 g/l NaCl) aus, die mit konzentrierter Natriumazetatlösung gepuffert waren. Ihre Hauptergebnisse sind in Tab. 41 zusammengestellt.

Tabelle 41.

Fe, Ca, Mg, Ba	bis zu Konz. 25 mg/l	harmlos
Zn, Al	bis zu Konz. 5 mg/l	harmlos
Cu	bei Abwesenheit anderer Metalle	harmlos
Ni, W, Mn	bis zu Konz. 2,5 mg/l	harmlos
V, Mo, Cr	bei Konz. 2,5 mg/l	stark zersetzend
Ta	(Ti nimmt eine Mittelstellung zwischen V und Ta ein)	stark zersetzend

Magnesium — nicht aber Ca oder Ba — erhöht nach diesen Autoren die, an sich geringe, Zersetzungswirkung des Eisens.

Die zersetzende Wirkung des Chroms steigert sich noch mit steigendem pH oder bei Gegenwart von Metallen, die das pH erhöhen.

Die Giftwirkung des Vanadiums wird durch Eisen vervielfacht, nicht aber durch Nickel, Mangan oder Molybdän.

Die *Koninklijke Nederlandsche Zuitindustrie* hat sich die Reinigung der Kochsalzlösungen mittels kolloidaler Kieselsäure schützen lassen und gibt an, die Stromausbeute in Quecksilberzellen durch diese Maßnahme wesentlich erhöht zu haben[2].

[1] Angel, G. u. T. Lundén: J. Electrochem. Soc. **49**, 435 (1952); Angel, G. u. R. Brännland: ib. **49**, 442 (1952); Angel, G., T. Lundén u. R. Brännland: ib. **50**, 39 (1953).

[2] Holländ. Pat. 68706 (1951).

Angel und Lundén haben (l. c.) die Richtigkeit dieser Angabe vollauf bestätigt. Bei ihren Versuchen wurde die Giftwirkung des Vanadiums aufgehoben, wenn man der Lösung 10mal soviel Natriumsilikat zusetzte, als sie Vanadium, oder 40mal soviel Silikat, als sie Molybdän enthielt.

Eine analoge, nach ihrer Ansicht sogar etwas stärkere Schutzwirkung übt das Stannation aus.

Entgiftend ist auch ein Pyrophosphatzusatz, dessen Wirkung aber nicht anhält, weil sich hydrolytisch aus ihm Orthophosphat bildet, welches keinen Schutz gibt.

Unter den Anionen erweisen sich nach denselben Autoren Sulfationen bis zu 8 g/l, Brom, Jod und ClO_3' in Konzentrationen von 0,1 g/l als unwirksam. Nitrationen befördern aber die Zersetzung des Amalgams.

d) Methodik der Elektrolyse in Quecksilberzellen.

Das Um und Auf des Quecksilberverfahrens besteht darin, die Zellen derart zu bauen und den Betrieb derart zu führen, daß die zwei entgegenlaufenden Prozesse: Bildung des Alkaliamalgams und Umsetzung desselben mittels Wasser, ständig miteinander Schritt halten. Da die Zersetzung des Amalgams von selbst nur äußerst langsam vor sich geht — gerade darauf beruht ja die Möglichkeit, es überhaupt kathodisch herzustellen —, muß man entsprechende Mittel anwenden, sie zu beschleunigen.

Castner und Kellner, welchen die erste Ausbildung der Quecksilberzellen zu verdanken ist, erzielten dies auf etwas verschiedene Art.

Castner beschleunigte die Amalgamumsetzung durch anodische Polarisation. Er stellte dieselbe dadurch her, daß er das Quecksilber als bipolare Zwischenelektrode ausbildete, welche in der einen Kammer als Kathode, in der anderen als Anode wirkte. Das Quecksilber wurde dazu auf den Zellenboden ausgebreitet, die Zelle durch eine Vertikalwand, deren untere Kante in die Quecksilberschicht tauchte, in zwei Abteile unterteilt. In deren einem wurde die Anode, in deren anderem die Kathode knapp über dem Quecksilber angeordnet (s. Abb. 98). Das Quecksilber selbst war an keinen Pol geschlossen.

Die Zirkulation des Quecksilbers wurde in sinnreicher Weise dadurch in der Zelle selbst hervorgerufen, daß diese auf einer Seite auf einer rotierenden exzentrischen Welle aufruhte (s. Abb. 98 rechts). Dadurch wurde dieses Zellenende abwechselnd gehoben, dann gesenkt, das Quecksilber dadurch veranlaßt, nach der einen, dann nach der anderen Seite herabzufließen.

Als Anodenmaterial wurde Graphit, als Kathodenmaterial Eisen verwendet. Man hatte deshalb nur mit derselben Zersetzungsspannung zu rechnen wie bei der Elektrolyse in Diaphragmazellen; denn die kathodische Mehrspannung auf der Kathodenseite des Quecksilbers wurde durch den Spannungsgewinn auf ihrer Anodenseite wettgemacht, der aus dem elektromotorischen Verhalten der Amalgamanode geschöpft wird.

Da dieselbe Strommenge beide Teile der Quecksilberschicht durchfloß, hätte auf der einen Seite ebensoviel Natrium in Hydroxyd umgesetzt werden sollen, als auf der andern Seite kathodisch aufgenommen wurde.

In Wirklichkeit war dies aber nicht der Fall, weil die Amalgamumsetzung mit höherer Stromausbeute vor sich geht als die Amalgambildung. Der Elektrolysestrom fand deshalb in der Kathodenkammer weniger Alkalimetall vor, als er brauchte, griff das Quecksilber unter Oxydbildung an und verursachte dadurch ernste Störungen.

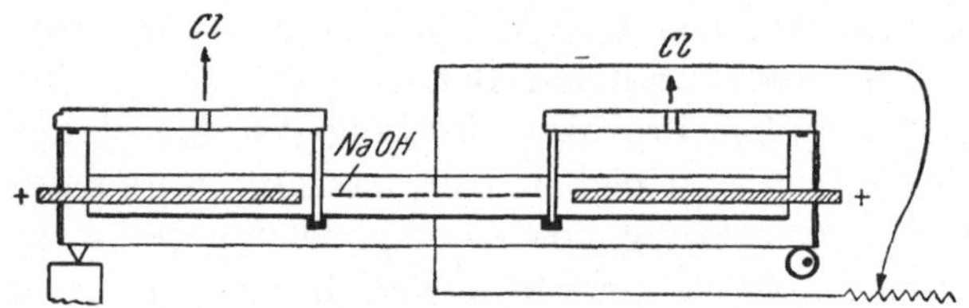

Abb. 98. Schema der *Castner*-Zelle.

Castner wußte sich dadurch zu helfen, daß er durch einen Nebenschluß zwischen Eisenkathode und Amalgamschicht ungefähr 10% des Stromes abzweigte, also nur 90% desselben auf Amalgamzersetzung verwandte (s. Abb. 98). Es gelang zwar mit diesem Kunstgriff, die Oxydation des Quecksilbers zu verhüten, aber nun blieb Amalgam im Quecksilber zurück und reicherte sich darin solange an, bis die Stromausbeute auch in der Anodenkammer auf 90% sank.

Äußerlich in ähnlicher, dem Wesen nach aber in recht verschiedener Weise, hat Kellner das Problem zunächst dadurch zu lösen versucht, daß er die Quecksilberschicht an den negativen Pol schloß. Gleich Castner unterteilte er die Zellen durch vertikale, bis in die Quecksilberschicht, nicht aber bis an den Boden reichende Zwischenwände in Elektrolyse- und in Laugekammern. In letzteren ordnete er wieder knapp über dem Amalgam eine Eisenelektrode an und stellte eine elektrische Verbindung zwischen beiden her. Dadurch wurde in der Laugekammer ein galvanisches Element:

Natriumamalgam / Natronlauge / Eisen

gebildet, wie es auch bei Castner der Fall war. Kellner hoffte dieses zur Stromlieferung verwenden und dadurch an Betriebsspannung sparen zu können.

Als sich dies als untunlich erwies, tat KELLNER den entscheidenden Schritt: er brachte (s. Abb. 99) das Eisen in direkte Berührung mit dem Amalgam, stellte also zur Beschleunigung der Amalgamzersetzung ein Lokalelement in der Laugekammer her.

Dadurch verzichtete er zwar auf den Vorteil, die Elektrolyse bei gleich niederer Spannung durchzuführen wie bei der Verwendung von Eisenkathoden, dafür blieben Störungen durch Oxydation aus und die Amalgamumsetzung ging regelmäßiger und sicherer vor sich, was von ungleich größerer Bedeutung ist.

Der Nachteil, jetzt eine höhere Zersetzungsspannung in Kauf nehmen zu müssen, ist weniger schwerwiegend, als es bei oberflächlicher Betrachtung aussehen mag. Er wird zum Teile dadurch wettgemacht, daß sich gleichzeitig der innere Widerstand der Zelle erniedrigen läßt, weil der elektrische Strom nur mehr an einer statt an zwei Stellen den Elektrolyten durchsetzen muß. (Der entsprechende Spannungsverbrauch beträgt für 5 mm Schichtdicke der Kochsalzlösung unter normalen Stromdichten rund 0,26 V, der einer 30%igen Lauge etwa 0,12 V.) Zum anderen Teile hat die raschere Umsetzung durch Wirkung von Lokalelementen eine Temperatursteigerung zur Folge, welche die Herstellung konzentrierterer Laugen ermöglicht.

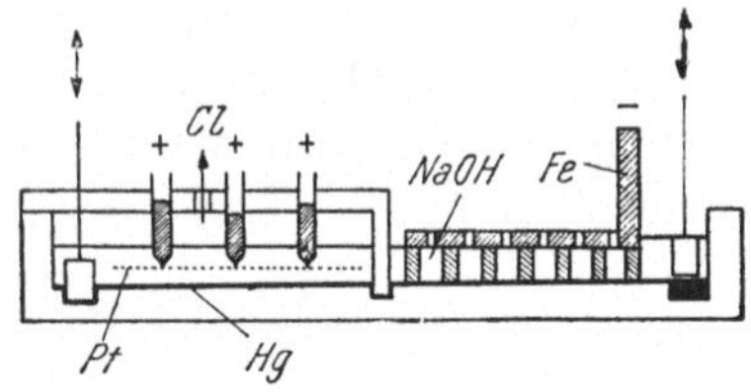

Abb. 99. Schema der *Kellner*-Zelle.

Die KELLNERsche Schaltung ist aus diesen Gründen ganz allgemein übernommen worden.

In der Anlage der Solvay-Werke in Jemeppes (Belgien) gingen BRICHAUX und WILSING noch einen Schritt weiter, indem sie die Zersetzungskammer des Amalgams auch räumlich von der Elektrolysekammer trennten, beide voneinander also ganz unabhängig machten. Diese konstruktive Neuerung führte zum Bau großer, mehrere Meter langer Zellen, die aus zwei parallel und knapp nebeneinander aufgestellten rechteckigen Kästen bestanden, die beide in ihrer Längsrichtung schwach, aber nach entgegengesetzten Richtungen geneigt waren. Das Quecksilber floß in dem ersten, etwas breiter gehaltenen, der Elektrolyse dienenden Kasten, der Neigung folgend die ganze Länge hinab, von da durch eine Verbindungsrinne in den danebenliegenden, etwas engeren Kasten, die „Pile", die es nun wieder der ganzen Länge nach, aber in entgegengesetzter Richtung durchströmte, um von dort durch eine Hebevorrichtung wieder in den Elektrolysekasten zurückgeführt zu werden. Vom Elektrolyseraum wurden zwei kleine Kammern an beiden Enden (deren eine für den Einlauf des Quecksilbers, die andere für die Aufnahme des Amalgams bestimmt war) durch Zwischenwände dicht abgeteilt, deren Unterkante in das flüssige Metall und nicht ganz bis an den Boden einer vertieften Rinne reichte.

Diese Konstruktionsweise ist für den Bau großer Zellen richtunggebend geblieben, wenn sie auch im Detail im Laufe der Jahre eine Reihe kleinerer Veränderungen erfuhr.

Aufgerauhte Eisenplatten dienten in der Pile zur Bildung der Lokalelemente. Da sie sich nach und nach amalgamierten und dann unwirksam wurden, mußte man sie periodisch ausglühen, um das Quecksilber auszutreiben. Später ersetzte man sie durch Graphit und neuerdings durch Graphit, der mittels Eisenchloridlösung aktiviert worden ist. Graphit wird auch oft in Verbindung mit Eisen- oder Stahlteilen in der Pile verwendet (s. Abschnitt Pile).

e) Bauweise der Zellen mit horizontaler Anordnung.

Betriebsmäßig wurde das Quecksilberverfahren zuerst in *Castner*-Schaukelzellen mit KELLNERscher Schaltung und Lokalelementen ausgeübt. Die Zellenkörper wurden zuerst aus Beton, später auch aus Schiefer hergestellt. Sie waren durch zwei Zwischenwände in drei Kammern abgeteilt, deren äußere die Elektrolyseräume bildeten, während die Lokalelemente in der Mittelkammer untergebracht waren.

Als Anoden dienten in den *Castner*-Zellen Graphitstäbe von etwa ovalem Querschnitt, sie wurden durch die Seitenwände der Zelle eingeführt und darin abgedichtet, was damals nicht ganz leicht zu bewerkstelligen war.

Die Zellen hatten bescheidene Größe: 1,5 bis 2 m Länge, 1 m Breite und nur 0,25 m Höhe und waren für Stromaufnahme von 900 bis 1500 A bestimmt. In der amerikanischen Anlage vergrößerte man später ihre Höhenausdehnung, um die Anoden in den Zellendeckeln zu befestigen, wo sie wesentlich leichter und bequemer einzudichten waren.

KELLNER verwendete vorzugsweise Anoden aus Platindrahtnetz, deren Einstandspreis damals noch relativ nieder war. Um die Zellen in größeren Dimensionen ausführen zu können, stellte er feststehende, seitlich mit Klinker-, unten mit Granitplatten ausgelegte Betonkörper her und trieb das Quecksilber mittels Druckluft oder durch auf- und niedergehende Stempel abwechselnd von einer Seite zur anderen. Diese Zellen wurden mit 5 bis 5,5 V Spannung betrieben und lieferten rund 35%ige Lauge mit etwa 95% Stromausbeute.

Von anderen Konstruktionen, welche verschiedene Erfinder — rund 60 an der Zahl — vorgeschlagen haben, sind nur wenige und diese nur in geringem Umfange ausgeführt worden, z. B.:

die Zelle Sörensens, welche nur unwesentliche Abänderungen aufweist, aber anscheinend die erste war, in welcher Graphit an Stelle von Eisen zur Bildung von Lokalelementen verwendet worden ist;

die Zelle Whitings, in welcher das Quecksilber nicht kontinuierlich, sondern in kurzen Zeitperioden von etwa 2 Minuten abgelassen wurde;

die rotierende Zelle kreisförmiger Bauart von Rhodin, die nur durch kürzere Zeit in Verwendung blieb, endlich

die Zelle Wildermanns, in der zur Raumersparnis das Quecksilber in einer größeren Anzahl übereinander gestapelter ringförmiger Hartgummirinnen angeordnet und durch Rührer in Bewegung gehalten wurde. Als Anoden dienten vertikal herabgeführte Stäbe oder Blöcke, die Stromdichte war deshalb über die Horizontalflächen der ringförmigen Kathoden ungleichmäßig verteilt. Die mittlere Entfernung von Anode zu Kathode mußte relativ groß bemessen werden, was sich als unökonomisch erwies.

Hier näher auf die Besonderheiten dieser verschiedenen Zellen einzugehen, erübrig sich, da sie alle in der Fachliteratur beschrieben worden sind und heute nur noch historisches Interesse beanspruchen.

In neuerer Zeit kommt ausschließlich die Bauart der Zellen zur Ausführung, deren Grundzüge schon kurz nach 1900 in der Anlage der Solvay-Werke in Jemeppes von Brichaux und Wilsing angegeben und praktisch verwirklicht worden sind. Um ihre weitere Ausbildung haben sich erst der *Aussiger Verein*, dann die I. G. (vorwiegend in den Farbwerken Hoechst und Leverkusen) verdient gemacht.

Auch diese großen Zellen wurden zuerst mit Betonfutter ausgestattet, das in Blechkästen eingestampft wurde. Beton bleibt aber immer porös und nimmt deshalb Quecksilber auf. Auch wenn man ein Kachelfutter anwendet, dringt Quecksilber durch die Stoßfugen der Kacheln in die Betonauskleidung ein, aus welcher auch geringe Verunreinigungen (z. B. Cu- und Mg-Verbindungen, SiO_2 usw.) in die Salzlösungen gelangen.

Gegenwärtig schützt man die Innenwände der Zellen durchwegs durch Hartgummiüberzug und gewinnt dadurch den Vorteil, die Zellenkörper aus Stahl herstellen zu können.

Die besten Überzüge liefert vulkanisierter Naturgummi, aus welchem man Überzüge herstellen kann, die eine Lebensdauer von 5 Jahren besitzen. Aus Buna hergestellte Auskleidungen halten hingegen höchstens 2 Jahre lang. Neuerdings wird „Igelit“, eine Komposition von Buna 85 mit 35% Polyvinylchlorid, erprobt, die fast ebenso haltbar sein soll wie die aus Naturgummi bereiteten Auskleidungen.

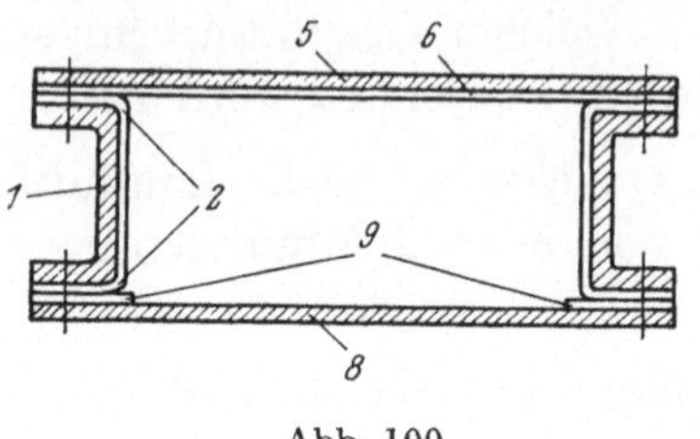

Abb. 100.

Vor Aufbringen der 6 bis 10 mm starken Gummimasse werden die sorgfältig gereinigten Stahlflächen mit einer geeigneten Gummilösung bestrichen, die man trocknen läßt.

Die Vulkanisierung wird in Kammern vorgenommen, die groß genug sind, die ganze Zelle aufzunehmen. Zur Heizung dient dabei

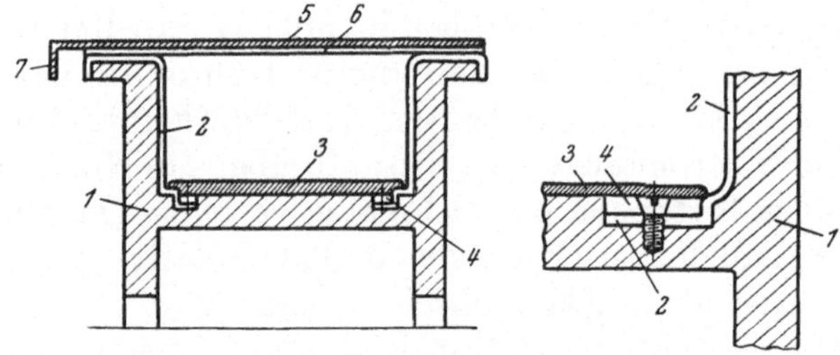

Abb. 101 a, b.

Abb. 100 und 101. Schema der Bauart von Quecksilberzellen. *1* Stahl, *2* Hartgummi, *3* Quecksilber, *4* Druckleiste, *5* Stahlblech, *6* Hartgummiüberzug, *7* positiver Stromanschluß, *8* Stahlboden, *9* Weichgummi.

Dampf, oder, wie neuerdings vorgezogen wird, Heißluft, die man bei 120° unter 3 Atmosphären Druck über Nacht einwirken läßt.

Der Zellenkörper selbst wird aus Stahlteilen einfacher Form zusammengesetzt. Zwei Grundformen haben die weiteste Verbreitung gefunden:

1. Eine als „Rahmenzelle“ bezeichnete Bauart, bei welcher ein aus U-Eisen gebildeter rechteckiger, den eigentlichen Zellenraum einfassender Rahmen unter Zwischenlage von Weichgummidichtung auf eine starke ebene Grundplatte aus Stahl aufgesetzt wird (Abb. 100).

2. Eine solche, bei welcher Boden und Längswände aus einem einzigen Stück bestehen, zu dessen Bildung am besten ein entsprechend starker I-Träger verwendet wird (Abb. 101) und an den Stirnteile (z. B. aus hartgummiertem Guß-Stahl) angesetzt werden.

Bei ersterer Konstruktion ist die Abdichtung leichter auszuführen, ihre Lebensdauer ist aber begrenzt.

In Zellen der zweiten Ausführungsart hat es lange Zeit hindurch sehr erhebliche Schwierigkeiten bereitet, einen Übergang des Schutzüberzuges der Seitenwände zu der blank bleibenden metallischen Bodenfläche der Zelle herzustellen, der absolut festhielt, ohne Amalgam und mit diesem etwas Elektrolyt zwischen Belag und Metall eindringen zu lassen. Geschah letzteres, so trat nach einiger Zeit Wasserstoff zwischen Stahlwand und Gummibelag auf, hob denselben ab oder beschädigte ihn.

Als zuverlässig erwies sich schließlich die auf der Detailzeichnung 101b dargestellte Befestigungsart: Der Schutzüberzug reicht bis unter den äußeren Rand der Quecksilberschicht in eine Versenkung und wird daselbst unter Zwischenlage von Weichgummi mittels einer flachen Metall-Leiste festgehalten, die durch Schrauben angepreßt wird, welche im Zellenboden in Gewinde greifen. Während des Betriebes bleibt die Metall-Leiste von Quecksilber bedeckt.

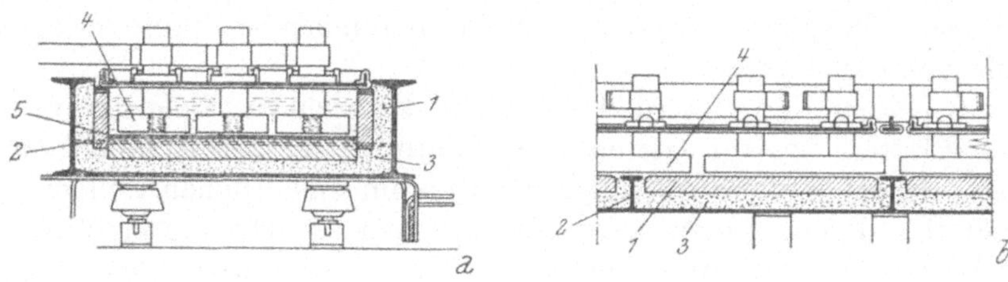

Abb. 102. *De-Nora*-Quecksilberzelle.

1 Steinplatten (Syenit), *2* negative Stromzuführung zum Quecksilber, *3* Betonbett, *4* Anoden, *5* Quecksilberkathode (letztere auf Abb. 102 b zur Vereinfachung nicht eingezeichnet).

Ehe man dieses Detail durchkonstruiert hatte, stieß man so häufig auf Mängel, daß ernstlich in Betracht gezogen wurde, Stahlzellen ohne Gummifutter zu benützen. So wurde in den Wacker-Werken (Burghausen) eine Zelle ausgebildet, in welcher die Anoden in eine Steinzeugglocke eingebaut waren, deren unterer Rand unter Zwischenlage von Dichtungsmitteln fest an den Zellenboden gepreßt wurde.

In „Rahmenzellen“ wird manchmal die Bodenplatte mit Aussparung einer oder mehrerer Reihen, etwa kreisförmiger, Kontaktflächen ganz mit Gummi überzogen.

Die Firma De Nora stellt im Gegensatze hierzu Zellen her, deren Innenwände und Böden aus großen Steinplatten bestehen. Sie verwendet hierzu kieselsäurearmen Syenit, ein Mineral, das sich als chemisch widerstandsfähig erwiesen hat, sich gut glätten läßt und kein Quecksilber aufnimmt.

Der Zellenkörper wird (s. Abb. 102) von einer Stahlwanne eingefaßt, deren Seitenteile etwa 15 cm hoch sind und die für Zellen von 12.000 bis 15.000 A Stromaufnahme rund 625 cm lang und 1 m breit gehalten wird. Auf den Boden dieser Wanne werden Querleisten *2* aus Stahl in regelmäßigen Abständen aufgeschweißt. Die Steinplatten werden in einem Betonbett zwischen diese Querleisten eingesetzt und überragen dieselben um 20 mm. Dadurch wird erzielt, daß die Querleisten, welche den elektrischen Kontakt zur Quecksilberkathode herstellen, stets mit einer 20 mm hohen Quecksilberschicht bedeckt bleiben, selbst dann, wenn — z. B. infolge Versagens der Pumpe — eine Störung der Quecksilber-Zirkulation eintritt.

Die Haltbarkeit der Zellen hängt von der Güte der Abdichtung der Fugen zwischen den Steinplatten ab.

In Zellen, deren Boden aus Stahl besteht (der meist eine Stärke von 50 mm aufweist), ist letzterer vor jeweiliger Inbetriebnahme nachzubearbeiten und sorgfältigst zu glätten (Toleranz höchstens 1 mm). Vor endgültiger Inbetriebnahme wird letzteres meist wiederholt[1], dann wird die Metalloberfläche mit Säure (am besten mit 40%iger Phosphorsäure) gereinigt, wobei notfalls Stahlbürsten zu Hilfe genommen werden.

An beiden Enden wird der Verschluß durch vertikale isolierende Quer-Platten besorgt, deren Unterkante in die Quecksilberschicht reicht. Dadurch werden Endkammern vom eigentlichen Zellenraum abgeteilt, deren Innenwände vollkommen durch Gummiüberzug geschützt sind. In die eine der Endkammern wird das Quecksilber eingeleitet, die andere dient der Aufnahme und Ableitung des Amalgams. An letztere schließt sich zweckmäßigerweise eine weitere enge Kammer an, in welcher das Amalgam, welches von da zur Pile fließt, mit Wasser bedeckt bleibt. Diese dient dazu, Verunreinigungen, wie Graphitstaub oder auch Kochsalzkristalle, die auf der Oberfläche schwimmen, zeitweise abzuspülen oder abzuschöpfen.

In Jemeppes waren die Zellen mit Platinbandanoden ausgerüstet, zwischen denen man auf die Oberfläche des Quecksilbers sehen konnte. Die Zellen wurden mit Spiegelglasplatten bedeckt, in welche die Anodenzuführungen in Glasrohr einmontiert waren. In den Anfängen des Quecksilberverfahrens war es nützlich, ständig zu kontrollieren, ob die Oberfläche des fließenden Metalls glatt und rein blieb. Die Verwendung durchsichtiger Deckel war aber nicht ganz ungefährlich, weil die Belichtung das Gas in der Zelle entzünden konnte, wenn es zuviel Wasserstoff enthielt. Später wurden die Zellen mit undurchsichtigem Material bedeckt.

Bei der späteren Durchbildung und dem Bau großer Einheiten deckte die I. G. ihre Zellen erst durch mehrere einzelne Steinzeugdeckel ab, von denen einer oder der andere sich bei eventuellen Explosionen leicht lüftete (s. Abb. 103).

---

[1] Manchmal wird dies schon dadurch absolut notwendig gemacht, daß sich der Zellenkörper beim Vulkanisieren schwach verzieht.

Als Explosionen aber nur noch sehr selten auftraten, ging die I. G. dazu über, auch die Zellendeckel aus Stahl herzustellen, und zwar aus einem einzigen Stück, das an der Unterseite durch Gummiüberzug geschützt wird. Dies erleichterte und verbesserte die Abdichtung der Gaskammer und vereinfachte den Stromanschluß der Anoden; denn nun wurde der Deckel, von der Zelle elektrisch isoliert, an den positiven Pol geschlossen. Kurze Kabel verbinden die Anodenköpfe mit dem Deckel.

Die Stahldeckel *2* werden (s. Abb. 104) durch Schraubenbolzen *11* und Muttern an den angeflanschten oberen Rand der Zelle unter Zwischenlage von Dichtungsmitteln *12* befestigt. Zur besseren Isolation sind die Schraubenbolzen in Isolatoren gehüllt.

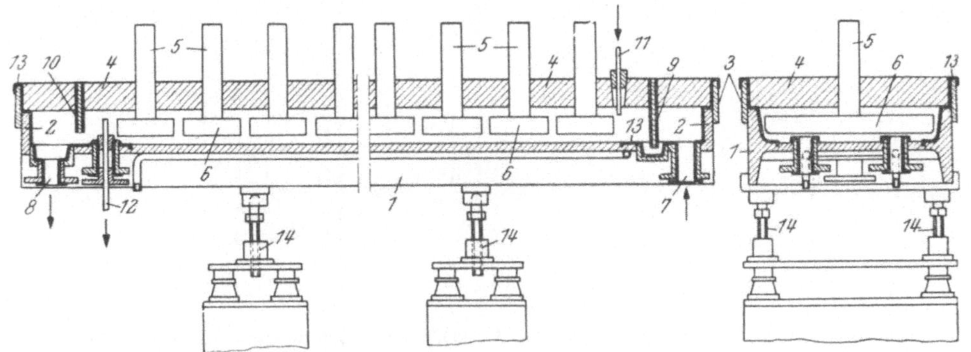

Abb. 103. Ältere I. G.-Quecksilberzelle.
1 Profileisen mit eingeschweißten Stirnwänden, *2*, *3* umschließender Flacheisenrahmen, *4* Deckelsteine, *5*, *6* Anoden, *7* Hg-Einlauf, *8* Hg-Ablauf, *9* und *10* Scheidewände zur Bildung von Hg-Abschluß, *11* Sole-Einlauf, *12* Überlaufrohr, *13* isolierender Überzug, *14* einstellbare Träger.

Da sich diese groß dimensionierten Deckelplatten manchmal verzogen, wurden sie entweder durch aufgeschweißte oder aufgenietete Winkeleisen versteift, oder, wie Abb. 104 darstellt, mit einem herabgezogenen Rande versehen, der sie viel formbeständiger macht.

Zur Aufnahme der Anodenzuführungen sind die Deckel gelocht und mit kurzen, angeschweißten Stutzen *13* versehen, in welche die zylinderförmigen Graphitzuführungen *6* der Anoden *7* eingedichtet werden.

Für die Anodenplatten *7* stellen die Ausmaße: 18 cm Breite, 68 bis 75 cm Länge bei 5 bis 6 cm Dicke verbreitete Normaldimensionen vor. Man versieht sie meist mit einer einzigen rundstabförmigen Graphitzuführung von 7 bis 8 cm Durchmesser, deren Ende in Mitte der Platte verschraubt wird. Diese haben 32 bis 36 cm Länge.

Zur besseren Kontaktgebung und um den Spannungsverlust in der Graphitzuführung zu ermäßigen, wird ihr in vielen Fabriken ein Kupferleiter einverleibt, dessen unteres Ende nur noch ungefähr 7 bis 8 cm von der Graphitplatte absteht.

Dazu wird — wie auf Abb. 104 angezeigt — die Rundkohle mit einer zentralen, entsprechend tief herabreichenden Bohrung *8* versehen, in welche ein Kupferleiter eingeführt, dann mit einer Legierung *9* aus 66% Zinn mit 34% Blei umgossen wird. Ein Kabelstück *10* verbindet den Leiter mit dem Zellendeckel *2*. Bei solcher Kontaktgebung beträgt der Spannungsverlust am Kontakt in einer neuen Elektrode etwa 0,03 V bei 150 A Stromdurchgang.

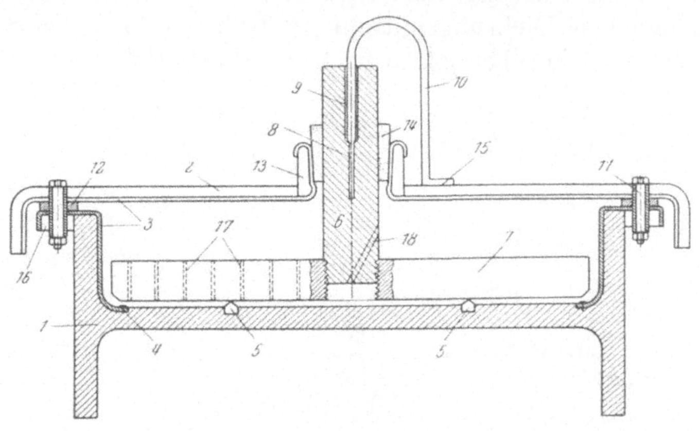

Abb. 104. Neuere I. G.-Zelle. *1* I-Eisen, *2* Deckel, *3* Hartgummi-Überzug, *4* Druckleiste, *5* Distanzkörper aus Hartgummi, *6* Anodenzuführung (Rundkohlen), *7* Anodenplatten (Graphit), *8* Bohrung in der Rundkohle, *9* Kupferleiter und Zinnlegierung, *10* Verbindungskabel, *11* Bolzen, *12* Isolierende Dichtung, *13* Angeflanschtes Rohrstück, *14* Dichtung, *15* Kabelschuh, *16* Isolierte Schraubenmutter, *17*, *18* Bohrungen für aufsteigendes Chlor.

Andere Konstrukteure ziehen es vor, den Kontakt lediglich mittels Kupferschellen herzustellen, die sich den Rundkohlen gut anschmiegen. Diese Kupferschellen werden wenige Zentimeter oberhalb des Zellendeckels anmontiert. Ragen die Rundkohlen entsprechend hoch darüber, so kann man beim Erneuern der Elektroden diesen Oberteil als Stromzuführung zu den Graphitplatten wiederverwenden.

Das Entweichen des Chlors zu erleichtern und die Bildung großer stromabschirmender Gasblasen an der Unterseite der Anodenplatte zu verhindern, sind die Anodenplatten entweder mit längs- oder querlaufenden Kerben an ihrer Unterseite, bzw. mit vertikalen, etwa 5 mm weiten Bohrungen *17* (s. Abb. 104, linke Hälfte) versehen. Auch in dem Unterteil des Rundstabes mag, wie skizziert ist, eine Gasabführung *18* vorgesehen sein.

Diese nachträgliche Bearbeitung der Graphit-Elektroden weist den Übelstand auf, die widerstandsfähigste äußere Schicht des Graphits stellenweise zu entfernen. Sie kann aber um so weniger entbehrt werden, je höhere Stromdichten man anwendet und je kleinere Elektrodenabstände man herstellt; denn die rasche Entfernung der Chlorblasen ist nicht nur geboten, um den inneren Widerstand der Zelle nicht ansteigen zu lassen, sie hat noch ganz besonders die Aufgabe zu erfüllen, das Chlor von der Kathode in Abstand zu halten, mit der es sonst in Reaktion treten würde. Vorteilhaft wirkt hingegen die damit verbundene Vergrößerung der Anodenoberfläche.

Bei der Montage kann die Herstellung richtiger, gleichmäßiger Elektrodenabstände auf verschiedene Art erfolgen.

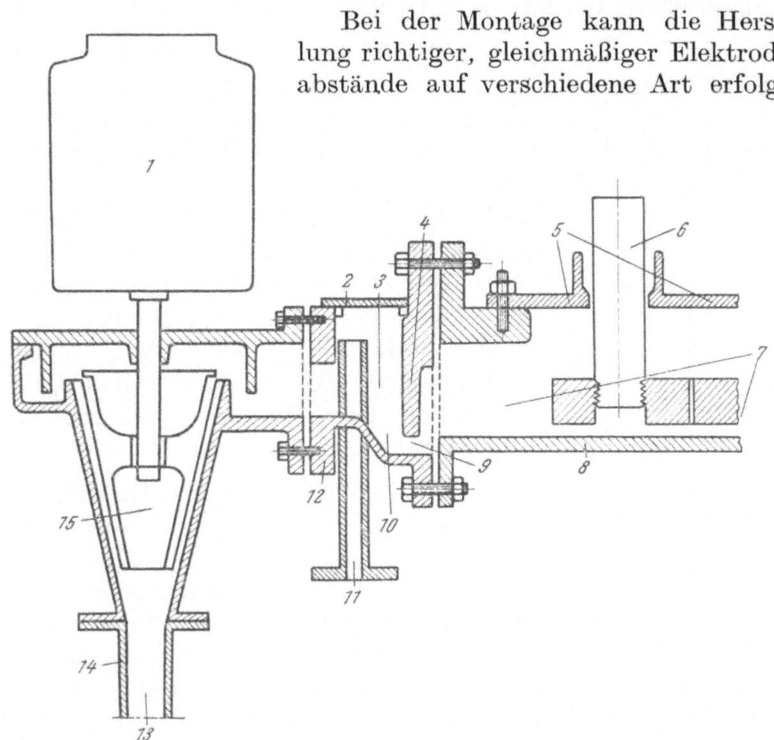

Abb. 105a. Hg-Zelle, Einlaufseite. *1* Motor, *2* abnehmbarer Deckel, *3* Spülkammer, *4* Abschlußwand, *5* Zellendeckel, *6* Rundkohlenzuführung zur Anode, *7* Teil des Elektrolyse-Raumes, *8* Zellenboden, *9* Spalt, durch welchen Hg eintritt, *10* Quecksilberverschluß, *11* Entlüftungsrohr und Wasserableitung in die Pile, *12* Zwischenkammer, *13* Hg-Zufluß aus der Pile, *14* Verbindungsrohr zur Pile, *15* Pumpe.

Nimmt man neue Anoden in Verwendung, so kann man z. B. derart verfahren, daß man die Anoden erst lose im Deckel befestigt und auf dem Zellenboden Distanzkörper (von etwa 8 bis 9 mm Höhe) verteilt, dann dem Deckel dadurch richtige Höhenlage erteilt, daß man ihn unter Zwischenschaltung von Distanzstücken, welche die Dicke des später einzuführenden Dichtungsmaterials besitzen, auf dem oberen Rand der Zelle aufruhen läßt. Man bringt nun alle Anoden mit den unter ihnen ruhenden Distanzstücken in Berührung, fixiert sie gut in ihren Stutzen und hebt den Deckel mit den Anoden wieder ab, um die Zelle mit Quecksilber und mit Salzlösung zu beschicken usw.

Die Höhenausdehnung des Gasraums in den Zellen wird, einerseits um kürzere Zuführungen verwenden zu können, besonders aber um etwaige Explosionen auf kleineres Gasvolumen zu beschränken und dadurch zu mildern, möglichst klein gehalten, etwa 4 cm hoch.

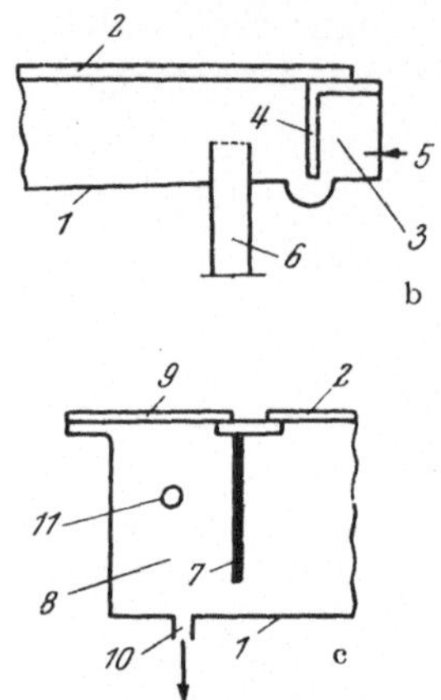

Abb. 105 b. Einlauf-, c Auslaufseite der Pile.

1 geneigter Boden der Pile, *2* abnehmbarer Deckel, *3* Eintrittsabteil, *4* Zwischenplatte, *5* Amalgameintritt, *6* Überlaufrohr, *7* Zwischenplatte für Quecksilberverschluß, *8* Hg-Austrittsabteil, *9* abnehmbarer Deckel, *10* biegsames Verbindungsrohr zum Steigrohr des Hg, *11* Öffnung.

Wie der Elektrodenabstand nach Maßgabe des Anodenaufbrauchs während des Betriebes nachreguliert werden kann, wird weiter unten erörtert. An dieser Stelle ist aber eine konstruktive Maßnahme kurz zu beschreiben, welche dazu dient, eine solche Korrektur automatisch vor sich gehen zu lassen. Dies soll dadurch erzielt werden, daß die Anoden ständig auf Distanzstücken aufruhen und in ihren Stutzen derart mit plastischem Material eingedichtet sind, daß sie, nach Maßgabe ihrer Aufzehrung der Schwerkraft folgend, selbsttätig nachrutschen können.

Die Verwendung von Distanzkörpern, welche vom strömenden Quecksilber umflossen werden, birgt die Gefahr in sich, daß das Quecksilber, wie bei einem Brückenpfeiler, in Lee Trichter bildet, was dazu führt, daß Eisen bloßgelegt wird. Sind die Distanzkörper zu breit bemessen, so schirmen sie außerdem die auf ihnen aufruhenden Flächenelemente der Anode ab, diese unterliegen geringerem Verschleiß als die freiliegenden Teile und hemmen das Nachgleiten. Aus diesen Gründen hat die Verwendung solcher Distanzstücke vielfach Mißerfolg gehabt.

Mit Erfolg lassen sich aber anscheinend Distanzkörper aus Hartgummi verwenden, die in Längsrichtung der Zelle in deren Boden eingelassen sind und oben in eine Schneide auslaufen, wie dies durch 5 auf Abb. 104 skizziert ist. Solche stehen probeweise in Verwendung und sollen sich bewähren.

Die Zellen werden von Isolatoren getragen, deren Höhe man reguliert, die richtige Neigung des Zellenbodens in Längsrichtung und die genau horizontale Lage des Zellenbodens in Querrichtung herzustellen. Die Neigung ist sehr gering, sie beträgt bei 7 m langen Zellen 14 bis 25 mm, allgemein 2‰ bis 4‰ der Länge.

Abb. 106. Quecksilberzellen, Bauart *Krebs*. (Photo: Krebs & Co.)

Die Salzlösung wird am oberen Zellenende mit einer Konzentration von 310 g NaCl/l und pH 4 bis 5,5 durch ein weites, gummiertes Stahlrohr eingeführt, das durch den Zellenboden tritt und so montiert ist, daß es sich im Bedarfsfall abnehmen läßt. Aus diesem ergießt sich die Salzlösung, deren Niveau auf etwa 12 bis 13 cm über dem Zellenboden gehalten wird, und läuft in gleicher Richtung wie das Quecksilber.

Das aus der Pile durch Motorpumpe hochgezogene Quecksilber fließt in die am Zellenende angesetzte Zwischenkammer, wo es von Wasser bedeckt gehalten wird und den Quecksilberverschluß bildet, dann unter die nicht bis an den Boden reichende Abschlußwand und durch den Eintrittsspalt in den Elektrolyseraum (s. Abb. 105 a).

Die Zwischenkammer ist mit abnehmbarem Deckel versehen. Von unten ragen zwei Rohre in dieselbe, eines für die Wasserzufuhr, das andere zur Entlüftung.

Salzlösung und Quecksilber fließen also in gleicher Richtung und nicht etwa im Gegenstrom durch den Elektrolyseraum. Dies ist angezeigt, weil jede Beunruhigung der Quecksilberoberfläche eine Rückzersetzung des Amalgams begünstigt und weil Gegenstromführung nur dann von besonderem Wert ist, wo große Konzentrationsverschiebungen in Frage kommen. Dies ist aber hier nicht der Fall; denn die Amalgamkonzentration ist auch am Ausgangsende sehr niedrig und die Salzlösung wird so schnell durch die Zelle geführt, daß ihre Konzentration bloß um etwa 12 bis 15% sinkt.

Am unteren Ende der Zelle ist ein Überlaufrohr einmontiert, durch welches Elektrolyt und Chlorgas gemeinsam abgezogen werden. Es ist gummiert, durch den Zellenboden geführt und reicht mit seinem oberen Ende bis zum Niveau der Salzlösung.

Das Amalgam tritt hingegen durch einen Spalt, der unterhalb der Abschlußplatte freibleibt, in eine 25 bis 30 mm tiefe Versenkung und von da in die angesetzte Endkammer, in der es den Quecksilberverschluß bildet. Die Endkammer ist quer zur Längsrichtung der Zelle gerichtet und führt das Amalgam über ein Wehr, das die Kammer abteilt und weiter durch ein Rohrstück zu der Pile. Das erste Abteil der Endkammer ist mit einem Entlüfter ausgestattet, im zweiten Abteil, dessen Deckel abhebbar ist, wird die Quecksilberoberfläche zeitweise mit Wasser gewaschen und von Graphitpartikeln usw., die auf dem flüssigen Metall schwimmen, gereinigt. Diese Endkammer ist, besonders an den Stellen, wo sie mit Amalgam in Berührung steht, mit stärker gehaltenem Gummiüberzug versehen.

In den älteren *Solvay*-Zellen wurde das Quecksilber mittels Schöpfrädern, später archimedischen Schrauben, bzw. Förderschnecken in Zirkulation gehalten. Jetzt werden fast überall einzeln mit Elektromotor angetriebene Zentrifugalpumpen verwendet.

Abb. 107. Anlage mit Quecksilberzellen, Bauart *Krebs*. (Photo: Krebs & Co.)

Ununterbrochene, gleichmäßige Förderung bildet beim Quecksilberverfahren geradezu eine Lebensfrage. Nur die allerverläßlichsten Vorrichtungen sind dazu gut genug. Jede Unregelmäßigkeit oder Störung des Ganges muß sich sofort auf eine nicht zu übersehende Art bemerkbar machen; denn schon eine Unterbrechung von bloß 2 Minuten zwingt dazu, die betreffende Zelle gleich außer Betrieb zu nehmen. Jede Quecksilberpumpe ist deshalb mit einer zuverlässig funktionierenden Warnvorrichtung ausgestattet, einem Signallicht, einer Alarmglocke oder dergleichen. Ferner ist jede Zelle mit einem leicht zu betätigenden Ausschalter versehen, welcher schnelles Stromausschalten, bzw. Überbrückung ermöglicht.

f) Die Laugezelle oder Pile.

Die Umsetzung des Amalgams mit Wasser wird in den meisten Fällen in einem rinnenförmigen, durch Deckel abgeschlossenen Gefäß von rechteckigem, allenfalls von kreisförmigem, Querschnitt vor-

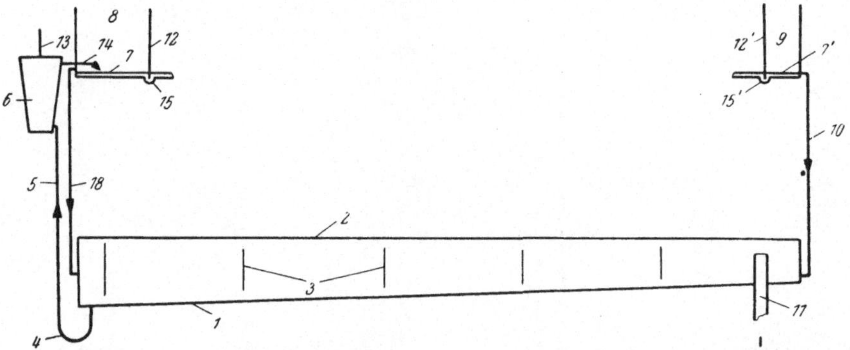

Abb. 108 a. Schema der Pile. *1* Boden, *2* Deckel, *3* Zwischenwände, *4*, *5* biegsames Stahlrohr, *6* Pumpe, *7*, *7'*, *7''*, *7'''* flüssige Metallschicht, *8* Vorkammer, *9* Endkammer der Elektrolysezelle, *10* Rohr zur Pile, *11* Überlaufrohr, *12*, *12'*, *12''*, *12'''* Stirnwände mit Hg-Verschluß, *13* Antriebswelle der Pumpe, *14* Hg-Austrittsrohr aus der Pumpe, *15*, *15'*, *16* Hg-Abschlüsse, *17* Deckel, *18* Wasser-Zulauf, *19* Öffnung.

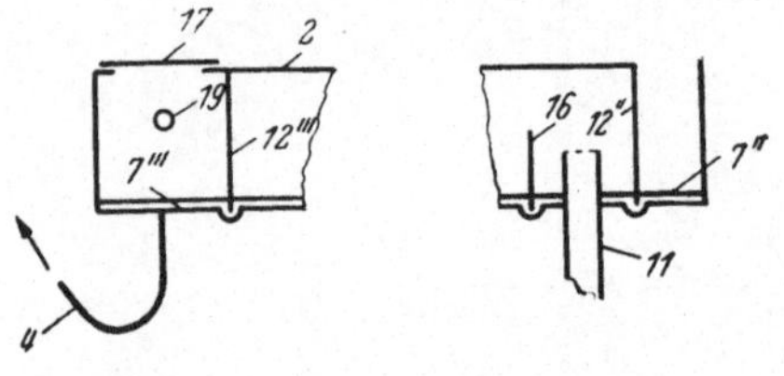

Abb. 108 b und c. Enden der Pile.

genommen, das mit „Pile“ bezeichnet wird und eine, von der Elektrolysezelle wenig verschiedene Länge aufweist, seltener in einem senkrecht angeordneten kürzeren Gefäß größeren Durchmessers, dem „Turm“.

Der Boden *1* der rinnenförmigen Pilen (s. Abb. 108) ist in entgegengesetzter Richtung und stärker geneigt als derjenige der Elektrolysezelle; destilliertes oder entsalztes Wasser wird in erforderlicher Menge dem Amalgam entgegengeführt.

Aus dem Elektrolyseur gelangt das Amalgam in ein durch eine nicht ganz bis auf den Boden reichende Zwischenwand *12'* getrenntes Abteil *9*, in welchem es höheres Niveau annimmt, der Lauge im Inneren der Pile die Waage hält und ihren Ausfluß hindert. Am anderen Ende der Pile wird ein analoger Verschluß durch das Metall gebildet, dem der Hauptteil seines Natriumgehaltes entzogen worden ist. In dieses Endabteil fließt reines Wasser von oben ein, während das Quecksilber aus einer Bodenöffnung durch ein biegsames Stahlrohr *4*, *5* zur Pumpe *6* fließt, die es dem Elektrolyseur bei *14* wieder zuführt, in dem er Bodenschicht *7* bildet.

Zwischen diesen beiden Endabteilen wird der Boden mit Graphitkörpern beschickt, die dessen ganze Länge einnehmen und zur Bildung der Lokalelemente dienen. Diese Graphitkörper sind durch längsgerichtete Einschnitte *5* an ihrer Unterseite kammförmig ausgebildet, wie es Abb. 109 andeutet, und mit Bohrungen *6* versehen, welche den bei der Umsetzung gebildeten Wasserstoff nach oben entweichen lassen. Sie werden oft zur besseren Fixierung durch, ebenfalls gelochte, Stahlplatten *7* beschwert.

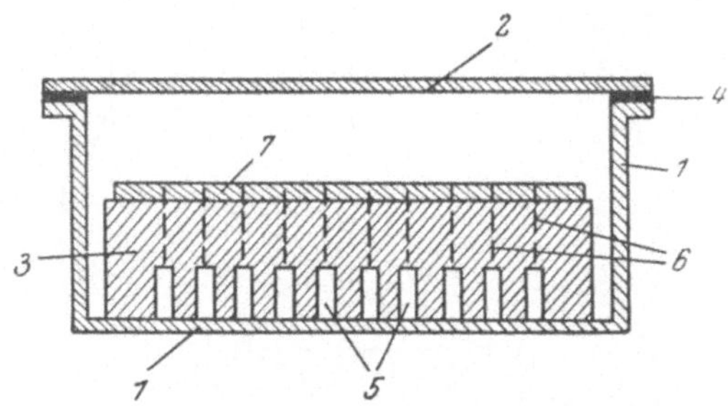

Abb. 109. Querschnitt einer eckigen Pile. *1* Außengefäß, *2* Deckel, *3* Graphit (Kontaktkörper), *4* Dichtung, *5* Ausschnitte, *6* Bohrungen für Wasserstoff, *7* Beschwerungsplatte (gelocht).

Das Amalgam fließt der Neigung des Bodens folgend durch die im Graphit ausgesparten Hohlräume in steter Berührung mit demselben, während ihm die entstehende Lauge entgegenströmt. Letztere wird aus dem, auf Abb. 108 c skizzierten Abteil durch ein über das Quecksilberniveau ragendes Überlaufrohr *11* zusammen mit dem Wasserstoff abgeführt.

An ihrem Oberrand ist die Rinne mit einem angeschweißten umlaufenden Flansch versehen, an den ein Deckel *2* durch Schraubenbolzen angepreßt wird. Die Abdichtung zwischen Flansch und Deckel erfolgt mittels Weichgummi. Teile des Deckels lassen sich abheben, wenn es (was nur selten der Fall ist) notwendig erscheint, das Innere der Pile zugänglich zu machen. Ihrer Länge nach wird die Pile gewöhnlich noch durch vertikale Zwischenwände *3* (Abb. 108) abgeteilt, die nur einen Teil ihrer Höhe einnehmen und Wirbel oder mäanderförmigen Gang der Flüssigkeit hervorrufen sollen.

Die Graphitblöcke, welche als Kontaktkörper dienen, sind etwa 6 cm, ihre Einschnitte 3 bis 3,5 cm hoch, ungefähr 25 cm lang und haben dieselbe Breite (18 cm) wie die Anodenplatten. Sie werden vor ihrer Verwendung in der Pile dadurch aktiviert, daß man sie im Vakuum (750 mm Hg) mit einer Lösung imprägniert, die 5 bis 6 g $FeCl_3 \cdot 6\,H_2O$/l gelöst enthält, dann bei 300° trocknet (oder bei gewöhnlichem Druck 2 bis 3 Tage lang in 10 bis 15%iger Eisenchloridlösung beläßt, gut auswäscht, dann bei 100° trocknet). Am besten geeignet erweist sich poröserer künstlicher Graphit von niedrigerem spezifischem Gewicht (1,5 bis 1,6) zur Herstellung dieser Kontaktkörper.

Den empfindlichsten Teil der Pile bilden Schweißnähte, weil diese vom Amalgam angegriffen werden. Es hat sich aber ergeben, daß ein Zusatz von etwas Aluminium zum Stahl (der zu seiner Desoxydation dient) den Angriff sehr verzögert. Gußeisen läßt sich in analoger Weise durch Zusatz von 3 bis 5% Nickel verbessern.

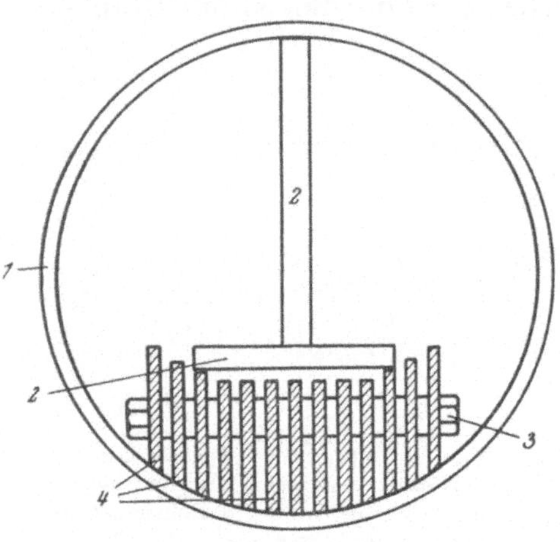

Abb. 110. Querschnitt einer rohrförmigen Pile. *1* Außenrohr, *2* Beschwerungskörper, *3* Stahlbolzen mit Stahlringen (als Distanzkörper), *4* Graphitplatten.

In der Mehrzahl der Fälle dienen die Pilen zur Herstellung 50%iger Lauge, ihre Seitenwände brauchen dann keinen Schutzüberzug zu tragen. Dies wird aber erforderlich, wenn Lauge höherer Konzentration, etwa 70 %ige, bereitet werden soll.

Zur Herstellung so hoch konzentrierter Lauge scheinen sich Pilen kreisförmigen Querschnitts besser zu eignen, weil ihre Bildung höhere Temperatur beansprucht und weil sich zylinderförmige Körper besser gegen Wärmeverluste schützen lassen als rechteckige, die größere Außenflächen darbieten. Die Kontaktkörper werden dann besser aus Graphitplatten *4* gebildet, welche etwa in Art der Abb. 110 durch Stahlbolzen *3* unter Zwischenschaltung von Stahlringen zusammengehalten werden, und die Pile wird außen mit Wärmeisolatoren (z. B. mit Glasflies in Blechmänteln) umgeben.

Die zur Bildung hochkonzentrierter Laugen erforderliche Temperatur von 105 bis 110° läßt sich, ohne Außenheizung, in wärmeisolierter zylindrischer Pile nur dann auf ihrer Höhe halten, wenn der Pile Amalgam mit einer Mindesttemperatur von 75° zugeführt wird. Diese Bedingung wird aber nur dann erfüllt, wenn die Elektrolyse mit Stromdichten von mindestens 25 A/qdm ausgeführt wird.

Beim Verlassen der Pile soll die Natriumkonzentration des flüssigen Metalls allerhöchstens 0,05%, womöglich nur 0,01% betragen. Diese Bedingung ist bei Herstellung 70%iger Lauge schwerer zu erfüllen. Leicht kommt es da auch zu Verstopfungen durch Amalgam oder Ätzalkali, die durch Dampfeinleiten oder dergleichen behoben werden müssen.

Aus 70%igen Laugen, die schon oberhalb 60° C erstarren und deshalb in dampfgeheizten Leitungen fortzuführen sind, läßt sich zwar unmittelbar festes, plättchen- oder flockenförmiges Produkt herstellen, die Betriebsweise der Pile wird aber erschwert und erfordert größere Aufmerksamkeit.

Der glatte Betrieb der Elektrolyse hängt vor allem auch von der sicheren Funktion der Pilen ab. Arbeiten diese nicht zuverläßlich, wird der Natriumgehalt der Amalgams in ihnen nicht auf das unbedingt erforderliche Mindestmaß verringert, so ruft dies schwere Störungen hervor.

Solche Störungen können auch auftreten, wenn die Kontaktkörper ihre Wirksamkeit, und sei es nur teilweise, einbüßen. Unwirksam werden diese durch Verschmutzung, oder wenn sich Niederschläge, oder gar Krusten von Erdalkalimetallverbindungen auf ihnen absetzen. Letzterer tritt z. B. ein, wenn man Wasser verwendet, das nicht gut destilliert oder nicht vollkommen genug mit Basenaustauschern entsalzt worden ist.

Geht man von Rohwasser aus, welches durch organische oder kolloidale Stoffe verunreinigt ist, dann ist es angezeigt, diese vor der Behandlung mit dem Basenaustauscher mittels Aluminiumsulfat oder Eisenchlorid auszufällen.

Auch aus ungenügend gereinigter Salzlösung kann Erdalkalimetall ins Amalgam gelangen und sich auf die Kontaktkörper in der Pile als Hydroxyd absetzen.

Sind die Kontaktkörper in der Pile zu unwirksam geworden, dann hat man die Pile sofort zu öffnen, um sie zugänglich zu machen, und mit Säure zu reinigen. Bei sorgfältiger Betriebsführung treten derartige Anstände aber fast niemals auf und die Pilen brauchen höchstens so oft gereinigt zu werden wie die Elektrolysezellen. In vielen Fabriken stehen sie mehrere Jahre hindurch in ununterbrochener Verwendung, ohne daß es nötig gewesen wäre, sie zu öffnen.

Der in der Pile gebildete Wasserstoff wird unter schwachem Druck gehalten. Jede Undichtigkeit führt deshalb zu Gasverlusten. Da dieser Wasserstoff mit Quecksilberdampf beladen ist, muß die Abdichtung der Pile auch aus sanitären Gründen verläßlich sein.

Neben langgestreckten Pilen, durch welche das Amalgam in horizontaler Richtung geführt wird, kommen auch Zersetzer-„Türme“

in Verwendung, durch welche das Amalgam von oben herab über Graphit-Füllkörper im Gegenstrom zur Lauge fließt[1].

Die Wirkungsweise solcher vertikal gebauter, meist zylindrisch gehaltener sogenannter „*Türme*" ist im Wesen ganz analog. Zum Unterschied von den horizontal gebauten Pilen werden aber die Türme meist nicht mit geometrisch regelmäßig geformten, sondern mit stückförmigen (1 cm bis walnußgroßen) Kontaktkörpern beschickt. Von unten wird die erforderliche Menge reinen Wassers mit dem Spülwasser aus den Endkammern der Elektrolyse-Zellen eingeleitet, während das Amalgam, gewöhnlich von oben zugeführt, über die Graphitteile herabrieselt. Es zerteilt sich dabei in kleine Tropfen, wobei die Berührungsstellen: Amalgam/Graphit/Lauge, an denen der Umsatz vor sich geht, vermehrt, die Reaktion dadurch so sehr beschleunigt wird, daß sie sich in etwa 15 Sekunden vollzieht.

Wenn der Turm entsprechend groß dimensioniert ist, z. B. für eine 12.000 bis 15.000 A-Zelle etwa 2 m hoch bei 0,5 m Durchmesser gehalten wird, läßt sich der Natriumgehalt des Amalgams bis auf 0,001% verringern. Für weniger weitgehenden und doch hinreichenden Natriumentzug reicht ein Turm von etwa 0,5 m Höhe von gleichem Durchmesser aus.

Die Anhänger der horizontalen Pile heben hervor, daß dieselbe besser zugänglich ist, sich zur Not ohne Betriebsunterbrechung öffnen läßt und leichter zu reinigen ist. Die zum Teile sehr eifrigen Verfechter der Turmanordnung weisen auf die Platzersparnis, die Möglichkeit, die Reaktion intensiver zu gestalten, die geringere Menge rückgehaltenen Quecksilbers, und daraufhin, daß der Wasserstoff beim Aufstieg durch die Lauge gewaschen wird und deshalb weniger Quecksilberdampf mit sich führt.

Sowohl bei der einen als der anderen Anordnung kann man die Amalgamzersetzung in zwei Stufen vornehmen und dazu gegebenenfalls den Laugezersetzer unterteilen, bei der Turmanordnung beispielsweise zwei kleinere Türme übereinander aufstellen. Dies empfiehlt sich z. B., wenn man hoch konzentrierte Lauge von 70 bis 73% NaOH-Gehalt herstellen will.

Man bereitet dann vorteilhafterweise im ersten Zersetzer Lauge üblicher Stärke ohne äußere Erhitzung, treibt im anderen ihren NaOH-Gehalt mittels Amalgam, das aus der Zelle kommt, unter äußerer Erhitzung hoch.

Die Fa. De Nora wählt dazu die auf Abb. 111 schematisch dargestellte Anordnung: Das Amalgam wird aus der Zelle in den unteren Turm eingeleitet, der mit Dampfmantel ausgestattet ist und dem Lauge aus dem oberen Turm an seiner Unterseite zugeleitet wird.

[1] D. R. P. 598 314 der I. G., Erfinder H. Gorke (1932).

Nach Durchsatz des unteren Turmes wird das verarmte Amalgam in den oberen Turm oben eingeführt, von dem es, nach Bildung etwa 50%iger Lauge, von Natrium praktisch befreit, der Elektrolysezelle wieder zugeführt wird.

Einen Nachteil bildet der höhere Kraftverbrauch (etwa 2 kW), welchen die Notwendigkeit, das Quecksilber in Türmen auf höheres Niveau zu heben, verursacht, ferner der Umstand, daß die Lauge darin meist dunkel gefärbt wird und durch Filterkerzen aus gefrittetem Nickel oder Graphit filtriert werden muß.

Lauge und Wasserstoff, die gemeinsam aus der Pile abgezogen werden, gelangen zunächst in einen *Separator*, der beide voneinander trennt und kleine mitgeführte Quecksilbermengen sammelt. Dieser stellt ein Gefäß vor, welches durch eine, oberhalb des Bodens endende, Wand abgeteilt ist und dessen Unterteil spitz zuläuft, um einen Quecksilberfänger zu bilden.

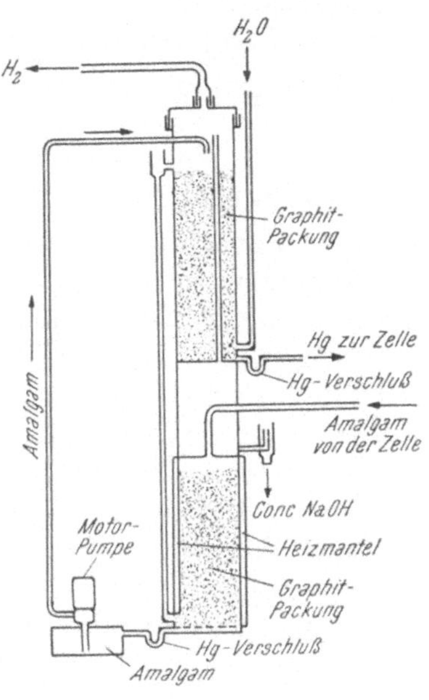

Abb. 111. Pile nach *De Nora*.

Abb. 112. Batterie von *De-Nora*-Zellen, im Hintergrund hohe, turmartige Pilen.

Das Gas-Flüssigkeit-Gemisch wird auf der einen Seite oben eingeführt, die von Gas befreite Lauge auf der anderen Seite unten abgezogen. Die Oberteile beider Hälften kommunizieren. Dies gestattet es, den Wasserstoff auf derselben Seite wie die Lauge, aber oben abzuziehen.

Die mitgeführten Quecksilberteilchen sammeln sich im Fänger und werden zeitweise gesammelt.

g) Die Betriebsführung horizontaler Quecksilberzellen.

Die Inbetriebsetzung großer Quecksilberzellen erheischt viel Umsicht. Zunächst ist die Bodenfläche der geleerten Zelle — bei Betriebsunterbrechungen wird das Quecksilber der Zelle gewöhnlich zur Gänze in die Pile abgeleitet und dort belassen — genau zu besichtigen und, wenn erforderlich, mit verdünnter Säure zu reinigen. Dazu bedeckt man die ganze Oberfläche mit der Säure und läßt diese einige Stunden lang einwirken, beschleunigt die Entfernung von Rostteilen mittels Drahtbürsten und streift schließlich in Richtung des tieferen Endes mit Gummiabstreifern ab. Dann wird mit kaltem Wasser wiederholt nachgewaschen. Etwa verbleibende rauhere Stellen der Oberfläche sind mit feinem Schmirgelpapier zu glätten und abermals zu reinigen. Ist dies geschehen, so kann das Quecksilber eingelassen werden, welches den Boden normalerweise in 3 bis 4 mm dicker Schicht bedeckt. Dazu sind je Quadratmeter Kathodenoberfläche rund 140 bis 160 kg Hg aufzuwenden.

Zu wenig Quecksilber anzuwenden, birgt die Gefahr in sich, daß da und dort Eisen freigelegt wird, zu große Quecksilbermengen führen aber leicht dazu, daß die Pumpe stößt.

Sobald das Quecksilber in Zirkulation gehalten wird, geben sich Unebenheiten des Bodens dadurch zu erkennen, daß Kräuselungen oder kleine Wirbel auf der Quecksilberoberfläche auftreten. Wenn nötig, ist das Quecksilber dann abermals abzulassen, um die Fehler zu beheben.

Ob das Quecksilber rein genug ist, kann der Geübte nach dessen Aussehen beurteilen. Erforderlichenfalls ist es durch Säure zu reinigen.

Sieht alles zufriedenstellend aus, dann wird das Wasser aus der Zelle abgehebert, der Zellendeckel auf die Zelle gesetzt und in richtiger Höhenlage — was mit Hilfe von Distanzblöcken gesichert wird — abgedichtet, endlich wird heiße Kochsalzlösung eingelassen, während das Quecksilber in Zirkulation gehalten wird.

Die mit heißer konzentrierter Salzlösung gefüllte Zelle wird zunächst nur mit etwa 30% der normalen Amperezahl belastet und der Chlor- und Wasserstoffgehalt des bei geringem Minderdruck (10 bis 15 mm Wassersäule) abziehenden Gases von Zeit zu Zeit bestimmt. Erst wenn der Chlorgehalt auf mindestens 85% gestiegen ist und der Wasserstoffgehalt allerhöchstens 3% beträgt, kann die Strombelastung, und zwar nur ganz allmählich, in dem Maße gesteigert werden, in welchem der Wasserstoffgehalt des Gases abnimmt.

Bei 30 A/qdm Stromdichte und 70° Elektrolyttemperatur stellt sich unter Normalbedingungen bei Verwendung neuer Anoden eine Zellenspannung von 4,4 bis 4,6 V her. Wenn die Spannung auf 4,9 bis 5 V gestiegen ist — was etwa nach 9 Wochen des Betriebes mit neuen Anoden der Fall ist —, sind die Anoden nachzustellen. Je länger diese in Verwendung stehen, desto kürzer werden die Zeiträume, innerhalb welcher diese Regulierung zu erfolgen hat.

Zieht man in Betracht, daß die Anoden normalerweise nur 4 bis 5 mm von der Quecksilberoberfläche abstehen und daß Kurzschlüsse durch Berührung des Quecksilbers sehr böse Folgen haben, so leuchtet es ein, daß diese Regulierung eine heikle Operation vorstellt, die exakt und mit Vorsicht vorgenommen werden muß. Um sicher zu sein, daß sie nicht nur das richtige Maß trifft, sondern auch, daß die Parallelität der Graphitplatte zur Quecksilberoberfläche gewahrt bleibt, wird die Verschiebung meist mittels Mikrometerschraube bewerkstelligt, während die Rundkohle in einer Führung gleitet. Wesentlich ist es auch, daß die Anode jeweils gut fixiert und gegen unerwünschte Verschiebung gesichert bleibt.

Der richtige Abstand wird mit Hilfe eines empfindlichen Voltmeters ermittelt.

Die Betriebsüberwachung der Zellen besteht vor allem in ständiger Kontrolle folgender Faktoren:

der Konzentration und Zuflußgeschwindigkeit (am bequemsten mittels Rotameter) der zugeleiteten Kochsalzlösung, welche vollkommen klar (Verwendung eines Turbidometers) sein und einen Gehalt von 310 g NaCl/l aufweisen soll, sowie ihrer Temperatur, die auf etwa 50° gehalten wird;

ebenso der Konzentration der abfließenden Salzlösung, die ungefähr 260 g/l betragen, aber niemals viel tiefer (höchstens auf 250 g/l) sinken soll;

des Natriumgehaltes sowohl des abfließenden Amalgams als ganz besonders auch des zurückgeleiteten Quecksilbers. Diese Bestimmung sollte mindestens einmal im Tage ausgeführt werden. Man entnimmt dazu eine kleine Probe, behandelt sie mit Säure und mißt das Volumen des entwickelten Wasserstoffs. Je 20 g Amalgam entspricht 1 ccm abgeschiedenen Wasserstoffs rund 0,01% Na;

der Zellenspannung, welche mindestens einmal wöchentlich mit empfindlichem Voltmeter ausgeführt werden sollte. Sie trägt dazu bei, den Gang der Elektrolyse zu verfolgen, Unregelmäßigkeiten desselben frühzeitig anzuzeigen;

des Chlor- und Wasserstoffgehaltes des Gases, das aus der Zelle abzieht, mittels Explosionsbürette.

Ursachen zu hohen Wasserstoffgehaltes können durch zu hohen Natriumgehalt des abfließenden, bzw. des zurückgeführten flüssigen Metalls, Verunreinigung seiner Oberfläche (z. B. durch schwimmende Partikeln), stellenweise Bloßlegung von Eisenflächen im Inneren der Zelle, Schadhaftwerden ihres Gummiüberzuges verursacht sein und sind sofort zu ermitteln.

Größere Anlagen verfügen über Apparate, welche den Wasserstoffgehalt des Chlors in der Sammelleitung alle 2 Stunden automatisch anzeigen, registrieren und eine Alarmvorrichtung betätigen (z. B. eine Alarmglocke ertönen lassen), wenn der Wasserstoffgehalt eine Grenze — zweckmäßigerweise 2% — übersteigt. Als zufriedenstellend wird ein Gehalt von 1% angesehen. Bei sorgfältiger Betriebsführung läßt er sich noch tiefer halten (etwa 0,5%).

Des weiteren ist die Temperatur der Badlösung öfters abzulesen. Es ist angezeigt, dieselbe durch Regelung der Temperatur der Speiselösung nicht wesentlich über 70° steigen zu lassen.

Ist die Badlösung zu heiß, dann setzen sich nämlich leicht Kochsalzkristalle oberhalb des Flüssigkeitsniveaus an Anodenteile an. Fallen diese auf die Quecksilberoberfläche herab, dann bilden sie Inseln auf derselben, welche Amalgamzerfall herbeiführen und die Wasserstoffentwicklung befördern. Bei Temperaturen von mehr als 70° C wird auch die Ebonitauskleidung der Zelle merklich stärker angegriffen, der Amalgamzerfall in der Zelle befördert.

Zeitweise Spülung des Amalgams in der Endkammer vor Eintritt in die Pile sowie fortlaufende Spülung in der Endkammer der Pile vor der Rückbeförderung in die Zelle bilden eine wichtige Vorsichtsmaßnahme, die schädliche Wirkung dieser schwimmenden Kristalle zu beseitigen oder wenigstens einzuschränken.

Da der Abstand der Anoden von dem Quecksilberniveau nur wenige Millimeter beträgt, kann es leicht geschehen, daß beide da oder dort miteinander in Berührung treten. Dies verursacht nicht nur Stromverluste, es wird der ruhige Lauf der gleichfalls nur 3 bis 4 mm dicken Schicht flüssigen Metalls so sehr gestört, daß stellenweise Eisenflächen bloßgelegt werden, was die Wasserstoffentwicklung in gefährlichem Maße steigert.

Die rasche Entdeckung und Behebung solcher Kurzschlüsse bildet einen wichtigen Teil der Betriebsüberwachung. Sie geben sich durch ungewöhnliche Erhitzung der Elektrodenköpfe zu erkennen, die (besonders an imprägnierten Kohlezuführungen) durch Rauchentwicklung und Anlaufen der Metallteile (z. B. der Schellen) sichtbar wird.

Das Gas sollte aus der Zelle mit geringem Minderdruck abgezogen werden (10 bis 15 mm Wassersäule). Bei stärkerem wird leicht Luft durch Undichtigkeiten eingesaugt, welche die Verflüssigung erschwert bei geringerem gelangt Chlor in die Raumatmosphäre.

Bedacht ist darauf zu nehmen, daß die Salzlösung kein Erdalkalimetall enthält, weil dieses nicht nur die Wasserstoffbildung befördert, sondern auch die Kontaktkörper in der Pile verschmutzen und weniger wirksam machen, auch die Bildung von Amalgambutter verursachen kann.

Deshalb darf bei der Reinigung des Salzes kein überschüssiges Bariumkarbonat angewendet werden, sondern lieber etwas Sulfat (freilich höchstens 2 bis 3% davon) darin belassen werden, das in so geringer Menge den Anodenangriff nicht merklich beschleunigt. Manche (z. B. die *Mathieson Alkali* Works) sehen deshalb überhaupt davon ab, Bariumsulfat bei der Salzreinigung zu verwenden.

Die Bestimmung des Natriumgehaltes des Amalgams und des aus der Pile rückgeleiteten Quecksilbers dient auch zur Kontrolle der Wirkungsweise der letzteren. Zeigt sie unvollständigen Amalgamumsatz an, so ist die Pile zu öffnen, um die Kontaktkörper zugänglich zu machen und sie mit Säure zu reinigen.

In der Endkammer 7′ (Abb. 108), aus welcher das Amalgam zur Pile fließt, sammelt sich Graphitstaub an und ist täglich — etwa mittels Netzschöpfer — zu entfernen. Er wird gesammelt, um zeitweise zurückgehaltenes Quecksilber daraus durch Destillation rückzugewinnen.

h) Reinigung des Wasserstoffs.

Der Wasserstoff, der von den Pilen oder Zersetzertürmen geliefert wird, ist auch nach Durchgang durch den Separator mit Quecksilberdampf beladen, und zwar um so stärker, je höhere Temperatur er aufweist. Ihn von demselben zu befreien, wird er zunächst durch ein mit wasserdurchflossenen Rohren ausgestattetes Kühlsystem geleitet, in welchem seine Temperatur (von etwa 70°) auf 40° und sein Quecksilbergehalt (von zirka 80) auf etwa 30 mg/cbm sinkt.

Anschließend wird das Gas durch Trockentürme geführt, die mit Raschig-Ringen oder Berl-Sätteln beschickt sind, über welche man Schwefelsäure herabrieseln läßt. Diese Türme können aus 15%igem Ferrosilizium bestehen.

Wird der Wasserstoff nicht verwendet, so kann man ihn von hier durch den Kamin abziehen lassen, andernfalls muß er noch weiter gereinigt werden. Dies erfolgt entweder durch Behandlung mit Chemikalien, mit welchen sich der Quecksilbergehalt auf

10 mg/cbm verringern, oder durch Tiefkühlung, die ihn praktisch auf Null bringen läßt.

Nach ersterer Methode bläst man das Gas durch ausgekleidete Stahltürme, in deren erstem man ihm soviel chlorhältige Salzlösung aus den Zellen entgegenführt, daß auf jeden Kubikmeter Wasserstoff mindestens 1 g Chlor entfällt[1].

In einem zweiten, halb mit RASCHIG-Ringen, oder mit BERL-Sätteln beschickten Turm wird das Gas weiter durch zerstäubtes Wasser (Mindestaufwand 1 cbm Wasser auf 100 cbm Gas) gewaschen.

Dem aus diesem Turm entweichenden Gas wird schließlich etwas Schwefeldioxyd beigemischt, bevor man es durch einen letzten kleinen Turm über Aktivkohlegranalien leitet.

Beim Tiefkühlverfahren wird das etwa 30 mgHg/cbm führende mäßig warme Gas durch Baumwollfilter getrieben, die zwischen perforierten Blechen in Trommeln von etwa 2 m Durchmesser zusammengepreßt sind. Dann wird mittels Ammoniak-Kältemaschine auf — 50° gekühlt, wobei sein Quecksilbergehalt auf 0,05 mg/cbm sinkt.

Noch höheren Reinheitsgrad kann man durch anschließende Absorption mit Aktivkohle erzielen, welche den Gehalt von 0,05 auf 0,001 mg/cbm und selbst darunter reduziert.

Betreffs Bestimmung des Quecksilbers s. Abschnitt d, S. 299.

i) Quecksilberzellen von vertikaler Anordnung.

Bei Verwendung eines flüssigen Kathodenmetalls schien die horizontale Anordnung von vornherein gegeben zu sein, wie man bei der Verwendung poröser Diaphragmen zuerst nur daran dachte, diese vertikal einzumontieren.

Der ziemlich große Raumbedarf, den horizontale Zellen, selbst bei Anwendung hoher Stromdichte, beanspruchen und der noch durch die Pile erhöht wird, die den Raumbedarf (in der ursprünglichen Ausführungsform der *Solvay*-Zelle) ungefähr verdoppelte, hat von Anfang an das Bestreben nicht ruhen lassen, auch in Quecksilberzellen die Elektroden vertikal wirken zu lassen.

Maßnahmen, das Quecksilber in schraubenförmigen Rinnen an der Innenfläche eines Zylinders herablaufen zu lassen, wie es KELLNER vorschlug, oder es in übereinander gestapelten horizontalen Rinnen unterzubringen, wie WILDERMANN es tat, ermöglichten es zwar, betriebsfähige Zellen von geringerem Raumbedarf zu bauen, doch nur bei gleichzeitiger Vergrößerung des Elektrodenabstandes von

[1] Man verwendet dazu schon teilweise entchlorte Zellenlösung, die nach Durchgang durch den Turm wieder zur Salzreinigung zurückgeführt wird. Bei dieser wird der größte Teil des Quecksilbers, das sie aufgenommen hat, wieder ausgefällt, der Rest gelangt während der Elektrolyse in die Quecksilberkathoden.

5 auf 20 bis 30 mm. Der geringe Vorteil der Raumersparnis konnte nur durch den viel gewichtigeren Nachteil der Erhöhung des inneren Widerstandes der Zellen erkauft werden und durch den Verzicht auf ihre einfache Bauart.

Versuche, das Quecksilber über vertikale, metallisch leitende Flächen herabrieseln zu lassen, wie sie erst von Rink und in jüngerer Zeit noch von der I. G. aufgenommen wurden, stießen auf die erhebliche Schwierigkeit, das flüssige Metall über die ganze Fläche gleichmäßig zu verteilen und dieselbe lückenlos zu bedecken.

Obgleich sich verdünntes Amalgam im Gegensatz zu reinem Quecksilber verhältnismäßig leicht über blanke Metalloberflächen verteilt, war es schwer zu verhindern, daß stellenweise Grundmetall freigelegt werde.

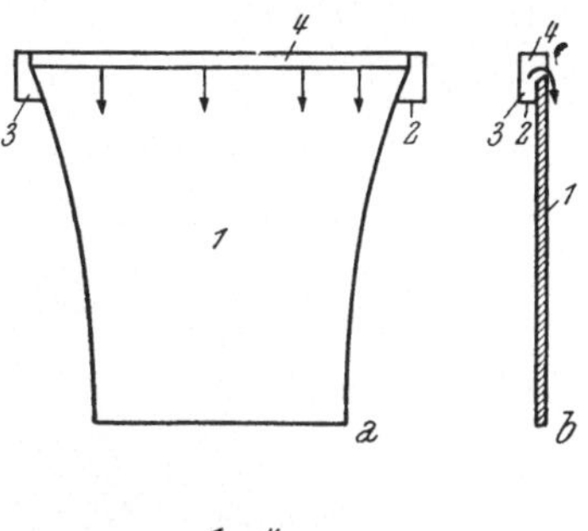

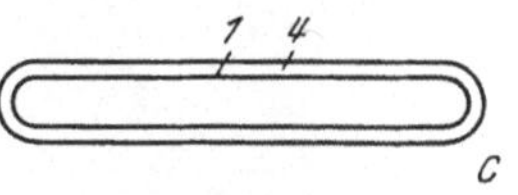

Abb. 113 a bis c.
I. G. berieselte Hg-Kathode.

Vor allem geschah dies an den Kanten, von denen sich das Quecksilber, bzw. das verdünnte Amalgam um so weiter zurückzog, je tiefer es herabfloß.

Diese Schwierigkeit zu überwinden stellte die I. G. Kathoden nach Art der Abb. 113 a bis c her, welche nirgends scharfe Kanten aufweisen.

1 bezeichnet die Kathode, sie wird oben von einer Rinne *2* eingefaßt, in welche Quecksilber *4* durch *3* eingeleitet wird. Dieses fließt, wie der Pfeil anzeigt, über die Oberkante der Kathode, die als Überlauf wirkt, und bildet auf ihrer Außenfläche eine herabgleitende Haut, deren Zusammenhang dadurch erleichtert wird, daß sich die Kathodenform von oben nach unten verjüngt.

Ebenso gute Resultate erzielte man ohne Verjüngung, wenn man das flüssige Metall über Zylinderflächen herabfließen ließ, also über die Außen- oder Innenflächen von Rohren, wie dies in der S. 148 beschriebenen *Messner*-Zelle geschah, in welcher die Sulfat-Elektrolyse vorgenommen wurde.

Im einen wie im anderen Falle ließen sich aber hohe Stromausbeuten nur erzielen, wenn man ein Diaphragma zwischen Anode und Kathode einbaute, so unerwünscht dies war.

Schon Rink, der lange nicht so kleine Elektrodenabstände herstellte, hatte sich gezwungen gesehen, Diaphragmen zu verwenden und damit einen markanten Vorteil der Quecksilberzellen preiszugeben.

Durch den Einbau eines solchen Diaphragmas wird zwar ein Gefahrenmoment ausgeschaltet; denn nunmehr ist es leicht, Chlor vom Wasserstoff, der beim Ausbeuterückgang an der Kathode auftritt, fernzuhalten; doch wird dies durch einen Spannungmehrverbrauch der Zelle erkauft, der entscheidend sein kann.

In der Tat scheint diese unwillkommene Maßnahme in allen Fällen unvermeidlich zu sein, in welchen ein aggressives Produkt, wie Chlor oder Säure, in ganz geringem Abstande von einer bewegten Quecksilberkathode verbleibt. Man vermutet, daß die Reibung, die das herabfließende Metall an der festen Unterlage erfährt, Wirbel entstehen läßt, die immer neue Metallteile an die Oberfläche führen und die Einwirkung des Anodenproduktes auf schon gebildetes Amalgam befördern, seine Zerteilung in Tropfen begünstigen.

Abb. 114 a. *Honsberg*-Zelle (30.000 A) von der Antriebsseite gesehen. (Photo: B. A. S. F.)

Bei anodischer Chlorentwicklung in horizontalen Quecksilberzellen führt der starke Auftrieb das schädliche Gas schnell aus Kathodennähe, vorausgesetzt, daß es ungehindert abziehen kann[1]. Nicht so aber bei vertikaler Anordnung.

Chlor ist dabei aggressiver als SO_4. In einem 1,2 m hohen Rohr von rund 1 m Durchmesser zeigte das Amalgam bei der Chloridelektrolyse starke Neigung, sich von der Kathode abzulösen, bzw. Tropfen zu bilden, während dies bei der Sulfatelektrolyse in 1,8 m hohen Rohren von allerdings nur 20 cm Durchmesser nicht der Fall ist (s. S. 150).

[1] Stockungen im Chlorabzug dürften auch in Horizontalzellen Störungen hervorrufen; daher die Notwendigkeit, die Anoden einzukerben.

Günstiger verhalten sich in dieser Hinsicht dünne Filme von Amalgam, die auf dem festen Grundmetall gut haften. Sie können dann mit letzterem zusammen bewegt werden, ohne daß sie sich auf diesem stark verschieben, also ohne beunruhigt zu werden.

Tatsächlich gelingt es, mit solchen Elektroden die Chloridelektrolyse ohne Heranziehung eines Diaphragmas mit hohen Stromausbeuten durchzuführen.

Von diesem Gedankengang ausgehend, hat HONSBERG in der Badischen Anilin- und Sodafabrik eine Zelle mit vertikal wirkenden amalgamierten Elektroden durchgebildet, in welcher sehr kleine

Abb. 114 b. Mit *Honsberg*-Zellen installierte Anlage der Badischen Anilin- und Sodafabrik. (Photo: B. A. S. F.)

Elektrodenabstände (bis zu 5 mm herab) hergestellt werden konnten. Die Fabrik Rheinfelden erprobte gleichfalls diese Zellen.

Vier Reihen von je 30 Zellen sind dort in der Fabrik der I. G. Ende 1940 fertiggestellt und mit 24.000 bis 30.000 A belastet worden. Sie stellen die Anlage vor, welche über die längsten Betriebserfahrungen mit dieser Zellentype verfügt.

In der *Honsberg*-Zelle werden die Kathoden durch eine Anzahl kreisförmiger Scheiben von etwa 180 cm Durchmesser gebildet, welche in Abständen voneinander auf einer gemeinsamen, mit 6 bis 8 Touren in der Minute rotierenden horizontalen Achse aufmontiert sind. Höhere Tourenzahlen lassen sich bei diesem Elektrodendurchmesser nicht anwenden, weil dann Amalgam von der Scheibe abgeschleudert wird. Deshalb lassen sich auch Scheiben noch größeren Durchmessers kaum verwenden, weil man dann mit zu niederen Tourenzahlen arbeiten müßte, bei welchen das Amalgam zuviel Natrium aufnehmen würde.

Mit ihrem Unterteil tauchen die Kreisscheiben in Quecksilber, bzw. in verdünntes Amalgam und überziehen sich beim Durchgang durch dasselbe mit einer dünnen Schicht flüssigen Metalls. Mit ihrem Oberteil ragen sie in den darüber befindlichen Elektrolyten und stehen Graphitplatten gegenüber, welche in dem Zwischenraum, den sie freilassen, angeordnet sind. Beim Vorbeistreichen an diesen Anoden nehmen sie Natrium auf und geben es im Unterteil ständig ab. Das in Fluß gehaltene Amalgam reichert sich dabei allmählich an und wird mit einer Natriumkonzentration von ungefähr 0,2% abgezogen. Verdrängungskörper, welche darin vorgesehen sind, füllen den größten Teil des Zwischenraumes zwischen den eintauchenden Kreissegmenten aus, um den Quecksilberaufwand zu verringern.

Eine Anordnung dieser Art wurde schon im Jahre 1902 von REED, dann abermals 1940 von HARVEY N. GILBERT in den Vereinigten Staaten zum Patente angemeldet[1]. Letzterer hat den mindest erforderlichen Alkalimetallgehalt des Amalgams ermittelt, den das Amalgam aufweisen muß, um verschiedene Kathodenmetalle gut zu benetzen und lückenlos zu bedecken. Er gibt denselben (l. c.) wie folgt an:

Tabelle 42.

Grundmetall	Mindestgehalt in Gew.-%	
	an Na	an K
Monel	0,01	0,1
Nichtrostender Cr-Stahl	0,05	0,15
SAE 10—10 C-Stahl	0,01	0,05
Nickel	0,01	0,02

Die Stopfbüchsen, in welchen die rotierende Welle gelagert ist, ruhten ursprünglich in Niveauhöhe des Quecksilbers. Dies führte zu Unzuträglichkeiten. MESSINGER verbesserte dies dadurch, daß er das Quecksilberniveau senkte, der Achse einen Durchmesser von 60 cm erteilte und diese oberhalb des Quecksilberniveaus lagerte[2] (s. Abb. 114 c, d). Der wirksame Teil der Kathoden erlangte dadurch die

[1] U. S. A. Pat. 2234967, übertragen an die Du Pont de Nemours Ges. In dieser umfangreichen Patentschrift beschreiben die Patentansprüche — vermutlich auf Grund des Patentes REEDS — nur nebensächliche Details der Anordnung.

[2] Schweiz. Pat. 231705 (1942) der I. G.

Form eines Kreisringes, die Welle die Form einer Trommel. Die Gesamtfläche der durch das Amalgam streichenden Kreissegmente wird verkleinert, die elektrolytisch wirkende Kathodenfläche prozentisch vergrößert.

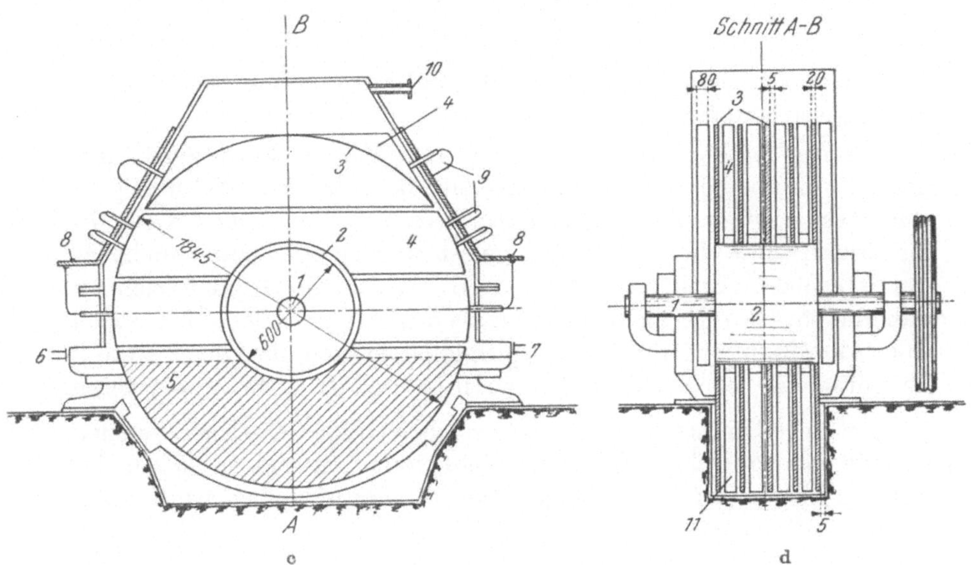

Abb. 114 c, d. *Honsberg*-Zelle.

1 rotierende Achse, *2* isolierender innerer Kreis, *3* als Kathode wirkende Kreis-, bzw. Kreisringscheibe, *4* Anoden, *5* Quecksilber, bzw. Amalgam, *6* Quecksilberzulauf, *7* Amalgamablauf, *8* Haube, *9* Anodenzuführungen, *10* Chlorableitung, *11* Füllkörper.

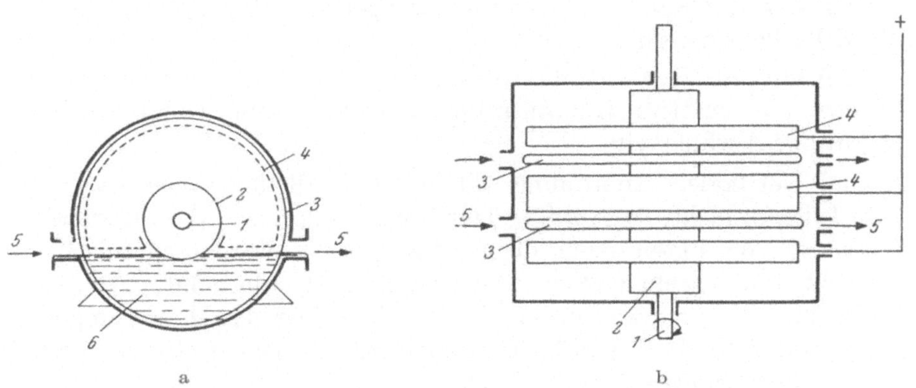

Abb. 115 a, b. „Trommel"-Zelle.

1 rotierende Achse, *2* isolierender Zentralteil, *3* Kathodenscheiben, *4* Anoden, *5*—*5* Quecksilberzu-, bzw. Amalgamableitungen, *6* Quecksilber, bzw. Amalgam.

Eine Zelle mit fünf derartigen Scheiben nimmt 24.000 A auf und kann noch höher belastet werden, sie wird mit 1300 kg (also mit etwas mehr als 50 kg Hg/kA) beschickt und hat einen Bodenraumbedarf von 25 qm/t Cl.

Das entwickelte Chlor soll nach den bekanntgewordenen Angaben nur:

$$1{,}5\% \ CO_2 \text{ und}$$
$$1{,}5 \text{ bis } 2{,}5\% \ H_2$$

enthalten, was darauf schließen läßt, daß die Zelle mit hoher Stromausbeute arbeitet.

Die Anoden sind aus Teilstücken ungewohnter Form zusammengesetzt, um eine Kreissegmentfläche darzubieten. Schwierigkeit dürfte es bereiten, sie nach Maßgabe ihres Aufbrauches den Kathoden zu nähern. Wie dieses Problem gelöst worden ist, wurde nicht bekanntgegeben. Auch steht es noch dahin, ob die Anoden sich annähernd soweit aufbrauchen lassen, als dies in den Zellen mit horizontaler Anordnung möglich ist. Ursprünglich wurden die Anodenreste in Diaphragmazellen eingebaut, um sie in denselben weiter aufzuzehren.

Kreisscheibenförmige Kathoden solcher Größe derart herzustellen, daß sie sich im elektrischen Feld nicht verziehen und verbiegen, bot anfangs konstruktive Schwierigkeiten, die aber behoben worden sein sollen.

In den Zellen horizontaler Bauart reichert sich das Quecksilber auf seinem Wege durch die Zelle allmählich an Alkalimetall an, verläßt die Zelle dort, wo das Amalgam am reichsten geworden ist und bleibt von da ab weiterer Stromwirkung entzogen. Die Konzentration der Kochsalzlösung nimmt hingegen auf ihrem Wege durch die Zelle kontinuierlich ab.

Die mittlere Konzentration des Amalgams ist in der Zelle somit kleiner, die mittlere Konzentration der Salzlösung somit größer als an der Ausflußstelle.

Bei vertikaler Anordnung dürfte der Alkalimetallgehalt der Quecksilberschicht, trotz seiner Durchmischung durch die rotierende Kathode, von unten nach oben zunehmen, weil sein spezifisches Gewicht mit zunehmendem Alkalimetallgehalt abnimmt. An der Stelle, an welcher die Kreisscheibe aus dem flüss'gen Metall emporsteigt und sich mit diesem bedeckt, steht es mit dem reichsten Amalgam in Berührung.

Die Kochsalzlösung weist ihrerseits in der Zelle ungefähr dieselbe Konzentration auf wie an ihrer Abflußstelle.

An den kathodisch wirkenden Flächen ist somit die mittlere Amalgam-Konzentration etwas größer, die mittlere Konzentration der Salzlösung ungefähr dieselbe wie beim Ausfluß.

Demzufolge lassen sich gleich starke Amalgam-Konzentrationen in vertikalen Zellen nur mit etwas geringerer Stromausbeute herstellen als in Zellen horizontaler Bauart.

Die Amalgamzersetzung wird in angeschlossenen Zersetzertürmen vorgenommen, aus denen das weitgehend verarmte Amalgam der Elektrolysezelle unten wieder zufließt (s. Abb. 114).

Obwohl es durchaus möglich wäre, die Kathodenscheiben auf andere Weise als durch eine rotierende Zentralwelle anzutreiben, welche durch die Zellenwände geführt ist, ist diese Bauart beibehalten worden. Dies läßt darauf schließen, daß die Abdichtung der rotierenden Welle zur Zufriedenheit gelöst worden ist.

Seit einer Reihe von Jahren steht diese Zellentype für die Chloralkali-Elektrolyse bei der Badischen Anilin- und Sodafabrik und auch in einer größeren Anlage in den Chemischen Werken Hüls dauernd in Betrieb. Ob sie für diesen Verwendungszweck weitere Ausbreitung finden wird, steht, zur Zeit, noch offen. Ihre Vorteile würden im wesentlich geringeren Raumbedarf und vor allem darin bestehen, daß es möglich sein dürfte, sie für größere Ampere-Kapazitäten zu bauen als die Zelle von horizontaler Anordnung, nämlich für Aufnahme von etwa 100.000 A und darüber.

Erfolgreiche Anwendung verspricht diese Zellentype in der Amalgam-Metallurgie zu finden, die aber noch nicht betriebsmäßig angewendet wird.

C. Hilfsverfahren.

a) Herstellung und Reinigung der Speise-Lösungen.

Ein sehr wichtiges Glied der Fabrikation bildet die fortlaufende Reinigung und Klärung der verwendeten Salzlösungen.

Rohes Kochsalz enthält neben etwas Unlöslichem in der Regel Sulfate und Chloride, Kalzium-, Magnesiumsalz usw. Die SO_4-Ionen beschleunigen und verstärken den Anodenangriff. Aus den Kalzium- und Magnesiumsalzen entstehen schwerlösliche Hydrate, welche sich auf Filterdiaphragmen absetzen und deren Durchlässigkeit in unliebsamer Weise verringern. In Quecksilberzellen rufen sie ernstere Störungen durch Herabsetzung der Überspannung des Wasserstoffs hervor und vermindern die Wirksamkeit des Graphits in der Pile durch Absetzen eines Belages. Ebenso schädigend erweisen sich Trübungen.

Bei der Elektrolyse wird sowohl in Filterdiaphragma- wie in Quecksilberzellen nur ein Teil des zugeführten Chlorids umgesetzt, und zwar in Diaphragmazellen $^1/_3$ bis $^1/_2$, in Quecksilberzellen nur $^1/_6$ derselben.

Beim Arbeiten in Diaphragmazellen bleibt das unzersetzte Salz in der abfließenden Lauge gelöst, aus der man es vom Ätzalkali trennen und in fester Form wiedergewinnen muß.

In Quecksilberzellen durchsetzt die Lösung den Elektrolyseraum und verläßt denselben chloridärmer, aber mit Chlor gesättigt. Sie ist von diesem zu befreien und wieder auf ursprüngliche Zusammensetzung anzureichern.

Die Behandlungsweise ist in beiden Fällen deshalb in mancher Hinsicht verschieden. Sie stimmt aber darin überein, daß die mit Kondenswasser oder entsalztem Wasser in ausgekachelten Betonbottichen hergestellte Rohsalzlösung — wenn nötig durch Absetzen oder Filtration geklärt — mit der berechneten Menge Bariumkarbonat, Soda und Ätznatron zur Fällung von Bariumsulfat, Kalziumkarbonat und Magnesiumhydroxyd versetzt wird und in Filtern — z. B. in Druckfiltern Kellyscher Bauart — vom Niederschlag getrennt wird.

Ist sie dazu bestimmt, in Diaphragmazellen geleitet zu werden, so wird die Fällung fast immer auf einmal durchgeführt. Handelt es sich aber um die Elektrolyse in Quecksilberzellen, dann wird die Fällung der Verunreinigungen in zwei Stufen vorgenommen, weil die vollständige Ausfällung, besonders des Magnesiums, und die Bildung eines Niederschlages, welcher bei der Filtration restlos zurückgehalten wird, längere Zeit beansprucht. Da Quecksilberzellen schon gegen minimale Verunreinigungen der Sole und gegen feine Trübungen ungleich empfindlicher sind, verwendet man bei ihrem Betrieb mit Vorteil Nephelometer mit Signalvorrichtung, welche jede feine Trübung der Sole auf ihrem Wege zu den Zellen anzeigen.

Beim Eindampfen der kochsalzhältigen Lauge der Diaphragmazellen, die neben 120 bis 140 g NaOH bis zu 200 g NaCl im Liter enthalten, fällt letzteres bis auf einen kleinen Rest aus (bei der Herstellung 50%iger Dicklauge bis auf 2% NaCl von der NaOH-Menge).

Das Kochsalz wird in Nutschen von der Dicklauge getrennt, dann zunächst mit kochsalzhältiger Lauge, die aus den Zellen kommt, gewaschen (bzw. zu einem Brei angemacht), zentrifugiert und mit reinem Wasser nachgewaschen. Die Waschwässer gelangen zur Verdampfung, das rückbleibende feste Salz zeichnet sich durch besonders hohen Reinheitsgrad aus. Die letzten Spuren des etwa noch zurückgehaltenen NaOH (zirka 0,2% NaOH) kann man mittels Salzsäure neutralisieren. Dort, wo Quecksilberzellen neben Diaphragmazellen betrieben werden, benützt man dieses Salz mit Vorliebe zur Nachsättigung der Sole. An manchen Orten kann es als Reinprodukt zu höheren Preisen abgesetzt werden. Verwendet man es zur Herstellung neuer Lösung für Diaphragmazellen, so dient sein geringer Ätznatrongehalt bei der Anreicherung von Rohsalzlösung zur Fällung von Magnesiumhydroxyd. Wenn es aber für sich allein wiedergelöst wird, neutralisiert man mit Salzsäure.

Etwas umständlicher ist die Nachsättigung des verarmten Anolyten der Quecksilberzellen, weil er zunächst vom Chlor befreit werden muß.

Diese Entchlorung ist nicht allein notwendig, um die Abgabe von Chlor an die Raumatmosphäre zu verhindern (die dann korrodierend wirken und das Arbeiten mit Atemschutz erforderlich machen würde), sondern ganz besonders auch, um den Hypochloritgehalt, welcher die Reinigung der Sole von Eisen und von Erdalkalien unvollständig bleiben ließe, zu zerstören.

Zur Entchlorung wird gewöhnlich soviel 30%ige Salzsäure zugesetzt, daß eine 100 ccm Probe 2 bis 3 ccm 0,1-n. NaOH (mit Phenolphthalein-Indikator) verbraucht.

Um den Chlorgehalt von 0,3 bis 0,4 g/l auf 0,1 g/l herabzudrücken, ist noch Vakuum (400 mm Hg) anzuwenden, mittels Durchblasen von Luft läßt er sich weiter auf 0,01 g/l erniedrigen.

Die letzten Spuren von Chlor lassen sich mittels Absorptionskohle, SO_2 oder $NaHSO_3$ entfernen. Die Anwendung des letzteren Reagens ist aber mit Vorsicht vorzunehmen, weil ein Überschuß desselben aus dem Chlorat nach:

$$NaClO_3 + 3\ NaHSO_3 \rightarrow NaCl + 3\ NaHSO_4$$

Sulfat in die Lösung einführt.

Nach Angabe des B. I. O. S.-Berichtes Nr. 846 werden zur Reinigung eines Salzes mit:

NaCl	98%
SO_4''	0,3—1%
$Mg^{\cdot\cdot}$	0,05—0,1%
$Ca^{\cdot\cdot}$	0,2%

an Chemikalien:

1,8	kg	Kochsalz
30	kg	$BaCO_3$
9	kg	30%ige Salzsäure
1,5	kg	Na_2SO_3
12	kg	NaOH

je Tonne erzeugten Chlors verbraucht.

Man rechnet im allgemeinen mit einem Salzverbrauch von 1,85 t je Tonne erzeugten Chlors und mit 5% Salzverlust beim Reinigungsprozess.

In der Quecksilberzellenanlage in Gendorf wird[1] beispielsweise die von den Zellen kommende verarmte Kochsalzlösung tangential durch Bottiche mit Gummiauskleidung unter stetem Zusatz 30%iger Salzsäure kontinuierlich mit solcher Geschwindigkeit durchgeführt, daß sie etwa 15 Minuten lang darin verweilt. Dann wird sie in einen Raum gesaugt, in welchem Minderdruck (400 mm Hg) aufrecht erhalten wird. Sie zerstäubt beim Eintritt und gibt Chlor ab. Man führt sie dann durch einen leeren, gummierten, oder einen Steinzeugturm, in welchem weiter Chlor durch einen Luftstrom ausgeblasen wird, und setzt schließlich etwas NaOH und $NaHSO_3$ zu, um die letzten Chlorspuren zu entfernen. Die entchlorte Sole wird in ausgekachelte Nachsättigungsbottiche gepumpt, in welchen sie mit Salz versetzt und eine halbe bis eine Stunde lang mit diesem unter Zusatz der berechneten Mengen Bariumkarbonat, Soda und Ätznatron verrührt wird. Dann läßt man ungefähr eine Stunde lang absitzen und filtriert in einer Filterpresse, deren Rahmen aus Holz, deren Filter aus Polyvinylchlorid-Gewebe bestehen, führt die Lösung in Vorratsbottiche und filtriert sie nochmals vor dem Einleiten in die Zellen.

Die so behandelte Lösung enthält

NaCl rund 310 g/l bei 60°		Na_2CO_3 rund	2—3 g/l
Na_2SO_4 rund	2 g/l	NaOH	0,02 g/l

Je Kiloampere sind den Quecksilberzellen in der Stunde rund 30 l/h, den Diaphragmazellen rund 12 l/h gereinigter Sole zuzuführen.

Die Zusammensetzung der in Rheinfelden den Quecksilber,- bzw. den *Siemens-Billiter*-Zellen zugeführten Speisesalzlösungen ist[1]:

Tabelle 43.

	Hg-Zellen	*Siemens-Billiter*-Zellen
NaOH	0,1 g/l	0,06 g/l
Na_2CO_3	0,23	0,23
NaCl	306	311
Na_2SO_4	1,32	6
BaO	0,006	0,004
CaO	0,022	0,036
MgO	0,0002	0
Na_2SiO_3	0,016	18,4
Al_2O_3	0,0006	0,4
pH	rund 8	

Zur Reinigung von Chlorkalium, das nur mehr in verhältnismäßig geringen Mengen der Elektrolyse in Chlorzellen unterworfen wird — die deutsche KOH-Produktion erreicht bloß etwa 50.000 t im

[1] F. I. A. T.-Bericht Nr. 431.

Jahr —, wird das durch NaCl, K_2SO_4, $MgCl_2$ usw. verunreinigte Rohsalz zunächst durch Decken mit Wasser und Abnutschen auf einen KCl-Gehalt von rund 99% gebracht, dann in Wasser, bzw. in umlaufender KCl-Lösung gelöst, worauf die Fällung der restlichen Verunreinigungen auf dieselbe Art vorgenommen wird wie bei der Reinigung von Kochsalzlösungen.

b) *Die Dicklaugen und ihr Reinheitsgrad.*

Aus der Pile der Quecksilberzellen gewinnt man unmittelbar eine Lauge, deren Ätznatrongehalt rund 50% beträgt. Ihre Zusammensetzung ist nach folgenden typischen Analysen[1]:

Tabelle 44.

	Gendorf	Hoechst	Ludwigshafen	Burghausen
NaOH	49,7%	50%	50,3%	49,0%
Na_2CO_3	0,26	0,2	0,036	0,31
NaCl	0,022	0,1	0,032	0
Fe_2O_3	0,0003	0,0005	0,0008	0,001
Al_2O_3		0,003	0,0004	0,007
$NaClO_3$			0,026	0,004
SO_3				0,26
Na_2SO_4	0,0079	0,006	0,035	
SiO_2			0,0013	0,16
CaO				0,0013
MgO.......				0,0007
BaO.......				0,001
$Na_2S_2O_3$....		0,008		
Hg		1 Milligramm/l		0,0006
Ni.........		Spur		

Die Spuren von Hg in der Lauge führen manchmal (z. B. beim Beizen von Metallen, die gegen Hg anfällig sind) zu Anständen.

Die Laugen der Diaphragmazellen sind Hg-frei, enthalten aber nur 120 bis 140 g NaOH/l. In Burghausen erhielt man z. B. aus *Siemens-Billiter*-Zellen Laugen mit 124 g NaOH/l, 175 g NaCl/l, 0,09 g Na_2CO_3/l, 7,2 g Na_2SO_4/l und daraus nach Verdampfung und Schmelzung festes Produkt mit[1]:

NaOH	96,8 %	MgO	0,0018%
Na_2CO_3	1,2 %	NaCl	2,0 %
Fe_2O_3	0,0043%	SiO_2	0,021 %
CaO	0,006 %	BaO	0,003 %.

Für manche Verwendungszwecke ist dieser Kochsalzgehalt zu hoch. So kann man z. B. bei der Kunstseideherstellung nur Laugen verwenden, die höchstens 1% NaCl (auf NaOH gerechnet) enthalten.

[1] F. I. A. T.-Bericht Nr. 431.

In Rheinfelden wird ein Teil der in Verdampfern (mit einem Dampfverbrauch von 4000 kg/1000 kg NaOH) hergestellten 50%igen Lauge, die (nach Abtrennung ausgefallenen Kochsalzes in der Nutsche) zirka 20 kg NaCl je 1000 kg NaOH zurückhält, folgendem Reinigungsprozeß unterworfen:

Die 50%ige Lauge wird durch Wasserzusatz auf 37,5% verdünnt und auf 5° C[1] abgekühlt. Es scheidet sich dabei NaOH · 7 HO_2 in Kristallen ab, die gesammelt, abgeschleudert und mit etwas kaltem Wasser nachgewaschen werden. Ihr NaCl-Gehalt wird dadurch auf weniger als 1% verringert. Noch reineres NaOH erhält man, wenn man das Heptahydrat schmilzt und etwas einengt, wobei abermals etwas Kochsalz ausfällt. Man erhält dann ein Produkt mit höchstens 0,8% NaCl.

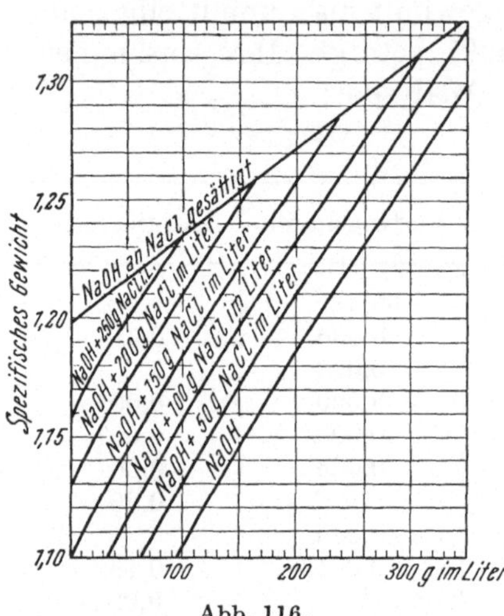

Abb. 116.
Spez. Gewicht kochsalzhältiger Laugen.

Eine andere, gleichfalls technisch angewandte Methode, den Kochsalzgehalt der Laugen zu verringern, bildet das sogenannte „Tripelsalzverfahren"[2]. Es besteht darin, der 50%igen Lauge soviel Na_2SO_4 zuzusetzen, daß sich das Tripelsalz: NaCl · Na_2SO_4 · NaOH bildet und absetzt.

Welchem von beiden Verfahren der Vorzug zu geben ist, steht noch offen.

Den Chloratgehalt der Laugen kann man beseitigen, indem man die Laugen vor ihrer Eindampfung kathodisch reduziert. Man führt sie dazu an den Eisenkathoden einer mit Lauge beschickten Zelle vorbei, welche durch ein Asbestgewebe in einen Anoden- und einen Kathodenraum abgeteilt ist. Als Anoden lassen sich Nickel- oder Eisenbleche verwenden[3].

In den Pilen der Quecksilberzellen und bei der Verdampfung chloridhältiger Laugen der anderen Zellen stellt man gewöhnlich

[1] Nach Angabe des F. I. A. T.-Berichtes wird die Temperatur mittels Ammoniak bloß auf 14° gesenkt.

[2] D. R. P. 623 876.

[3] In den Vereinigten Staaten sollen der Kochsalz- und der Chloratgehalt 50%iger Laugen dadurch verringert werden, daß man die Lauge durch eine Kolonne rieseln läßt, welche mit 50%iger wässeriger Ammoniaklösung beschickt ist.

50%ige Lauge her (das ist rund 19-normale Lauge mit rund 760 g NaOH/l).

Noch höhere Konzentrationen, bei welchen das Produkt bei Raumtemperatur fest wird, erhält man durch weitere Erhitzung, meist mit direkter Feuerung, vorzugsweise bei Anwendung von Vakuum.

c) Herstellung festen Produktes.

Bis zu 70% Ätzkaligehalt kann man Laugen zur Not noch in Verdampfern, die mit Nickelrohren ausgestattet sind, konzentrieren, wenn man die Zirkulation der Lauge durch mechanische Mittel belebt. Bei Verwendung von Quecksilberzellen läßt sich diese Konzentration bei Temperatursteigerung über 100° in der Pile selbst erreichen.

Darüber hinausgehende Konzentrationen lassen sich aber nur erzielen, wenn man die Dicklaugen in Schmelzkesseln direkter Feuerung aussetzt.

Gegenwärtig wird nur ein kleiner Teil der Laugen auf festes Produkt (z. B. in Blättchenform) verarbeitet, die Hauptmenge aber als 50%iges Produkt abgegeben.

Abb. 117. Schmelzpfanne.

Ätznatron wurde zuerst in gußeisernen Kesseln von halbkugeliger Form, jetzt meist in solchen mit Nickelzusatz, oder aus Nickelstahl, geschmolzen, Ätzkali in Nickelkesseln. Erstere sind für Chargen von 10 bis 12 Tonnen gebaut, letztere werden in kleineren Dimensionen ausgeführt.

Die Wandstärke läßt man meist von oben nach unten etwas zunehmen, wie es Abb. 117 anzeigt.

Die Einmauerung hat derart zu erfolgen, daß die einzelnen Teile des Kessels möglichst gleichförmig erhitzt werden. Meist teilt man die Flamme beim Eintritt in zwei Teile, die sich an der entgegengesetzten Seite wieder vereinen.

Gut eingemauerte Kessel lassen sich etwa hundertmal verwenden, werden aber bei Gegenwart von Chlorat schneller angegriffen. Es ist deshalb empfehlenswert, dieses durch Reduktionsmittel oder durch kathodische Behandlung der Lauge vorher zu zerstören.

Man verwendet gewöhnlich die Kessel in Sätzen zu drei, deren einer zur Vorwärmung durch abziehende Feuergase verwendet wird, und beschickt sie mit heißer Lauge mindestens so hoch, als sie von Feuergasen umspült werden. Während des Einengens läßt man Dicklauge nachfließen.

Es hat sich als vorteilhaft erwiesen, die Erhitzung mittels Ölbrennern vorzunehmen.

Die Betriebsweise ist dadurch sehr vereinfacht worden, daß man den Betrieb kontinuierlich gestaltet hat, während er früher partienweise vorgenommen wurde. Ganz besonders ist aber die Lebensdauer der Schmelzkessel dadurch erhöht worden, daß man die Entwässerung unter Anwendung verminderten Druckes vornimmt, etwa bei 350 mm Hg-Säule und mit einer Endtemperatur von 440°.

Dadurch ließ sich die Lebensdauer der Kessel von 100 auf 250 Chargen erhöhen.

Abb. 118 zeigt eine derartige, von der Fa. Krebs & Co. ausgeführte Anlage, in welcher in 24 Stunden aus 40%iger NaOH-Lauge 6,5 t 98%igen Produktes hergestellt werden.

Abb. 118. Vakuum-Schmelzanlage. (Photo: Krebs & Co.)

Das aggressiver wirkende KOH wird in Nickelkesseln entwässert. Die Kesselwände werden dabei sehr geschont und das Produkt von färbenden Verunreinigungen leichter befreit, wenn man nach SINDING-LARSENS Vorschlag[1] die Schmelzung unter Stromdurchgang vornimmt, eine Platinanode dazu zentral oben einführt, die Kesselwand als Kathode schaltet und einen Strom durchleitet, den man von 30 A gradatim auf 300 bis 400 A steigen läßt (s. Abb. 119).

Durch diese Maßregel schont man nicht nur die Kessel vor dem Angriff des Alkalis und entfärbt die Schmelze durch an-

[1] D. R. P. 82 876.

odische Oxydation, die feinen aufsteigenden Gasblasen verhüten auch Siedeverzüge und beruhigen die Schmelze. Diese Arbeitsweise wird meines Wissens nur beim Schmelzen von Ätzkali befolgt, sie hat sich dabei (in Griesheim-Betrieben) gut bewährt.

Beim Schmelzen färbt sich das Alkali durch Verunreinigungen mancher Art dunkel. Zur Entfärbung fügt man ihm etwas Salpeter oder Schwefelblumen zu (letzterer Zusatz verunreinigt aber das Material).

Ist die Entwässerung beendigt, so schließt man den Fuchs durch den Schieber, läßt die Schmelze zur Klärung stehen und gießt sie dann mittels Schöpflöffeln und Blechrinnen in Blechtrommeln. Die Schmelze muß beim Ausgießen völlig farblos und wasserhell erscheinen. Infolge des Schwindens beim Erstarren lassen sich die Trommeln nur dann ohne Hohlräume füllen, wenn der Inhalt in mehreren Partien eingegossen wird.

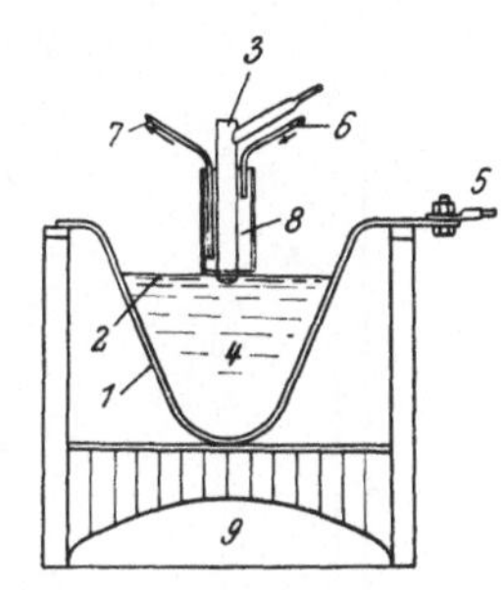

Abb. 119. Schmelzkessel für KOH. 1 Nickelkessel, 2 Schmelzniveau, 3 Platinanode, 4 Schmelze, 5 negative Stromzuführung, 6 Kühlwasserzufuhr, 7 Kühlwasser-Ableitung, 8 Kühlwasser, 9 Feuergasraum.

Sobald die Schmelze beim Auslöffeln des unteren Kesselinhaltes trüb oder gefärbt erscheint, füllt man sie nicht mehr in die Trommeln weil sie dann ein mißfarbiges Produkt von geringerem Preis liefern würde, sondern leitet sie in einen Kessel, in dem der Schmelzprozeß bereits vorgeschritten ist, um den Trübungen erneute Gelegenheit zu bieten, sich abzusetzen. Der letzte, meist ganz dunkle Bodensatz, der viel Eisenoxyd und Ferrit enthält, daneben eventuell auch Aluminat, Aluminiumsilikat usw., das in konzentriertem Ätzalkali schwerer löslich ist, wird gesondert gesammelt und nach dem Erstarren mit Kondenswasser ausgelaugt und dekantiert. Die Lauge wird in die Fabrikation zurückgeführt. Die Eisenverbindungen lassen sich meist als Farbe verwerten.

Die Blechtrommeln werden aus dünnerem Eisenblech durch sehr vervollkommnete Maschinen meist in der Fabrik hergestellt. Bevorzugt werden dabei meist Trommeln ohne Nieten, die bloß durch Falze gedichtet sind.

d) *Gasanalytisches.*

α) Bestimmung von Cl, CO_2 und H_2 im Anodengas. Eine volumetrische Bestimmung des CO_2- und des H_2-Gehaltes des Anodengases gibt rasch darüber Auskunft, mit welcher Stromausbeute eine Chlorzelle jeweils arbeitet.

Nach OFFERHAUS bestimmt man[1] CO_2 im Chlor, indem man zwei Büretten mit dem Probegas füllt, in der einen zur Chlorbestimmung mittels Jodkaliumlösung absorbiert, in der anderen $CO_2 + Cl_2$ durch 0,2-n. NaOH-Lösung bestimmt. CO_2 ergibt sich aus der Differenz, H_2 kann im Gasrest durch Explosion nach Einsaugen von Luft ermittelt werden.

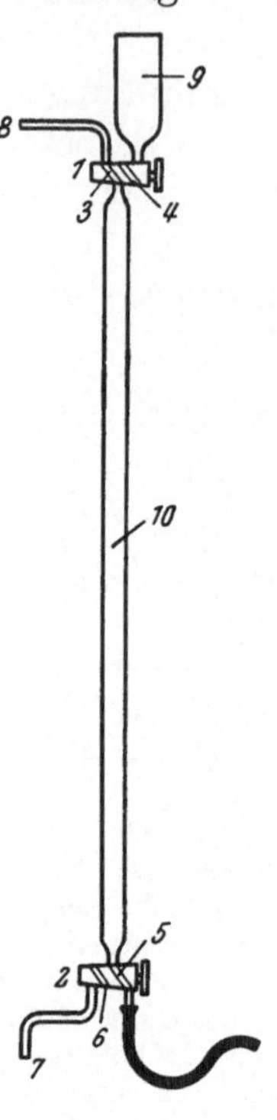

Abb. 120.
Bürette zur Bestimmung von Cl, CO_2, H und O. *1* Hahn mit Bohrungen *3* (Verbindung *10* mit *8*) und *4* (Verbindung *9* mit *10*), *2* Hahn mit Bohrungen *5* (Verbindung *10* mit Hg-Niveaurohr durch Schlauch) und *6* (Verbindung *10* mit Ablaßrohr *7*), *8* Rohr zum Einsaugen des zu prüfenden Gases, *9* Trichter zur Aufnahme der Reagenzlösungen, *10* graduiertes Meßrohr.

Die Verwendung von Quecksilber für die Absorption des Chlors ist in der Literatur zuerst von FERCHLAND erwähnt worden[2]. Sie bietet die Gewähr dafür, daß kein CO_2 gleichzeitig mit dem Chlor absorbiert wird, wie es nach der Methode OFFERHAUS fast unvermeidlich ist, die deshalb etwas zu niedere Werte für CO_2 ergibt.

Bei der Absorption des Chlors in einer trockenen Bürette durch Quecksilber bildet sich aber an den Glaswänden ein Belag, welcher die Volumablesung sehr erschwert, eine exakte Ablesung sogar in der Regel unmöglich macht. Etwas leichter wird sie, wenn man an Stelle des Quecksilbers verdünntes Amalgam, z. B. Zinkamalgam, verwendet.

Am bequemsten ist es aber wohl[3], eine Bürette von der in Abb. 120 gezeigten Form zu verwenden, durch die man Anodengas streichen läßt, indem man es durch *8* und *7* leitet, während Schlauch, Niveaurohr und Bohrung *5* mit Quecksilber gefüllt sind.

Nach Drehung beider Hähne um 90° stellt man Atmosphärendruck mittels des Niveaurohres durch Bohrung *5* her und liest den Stand ab. Dann absorbiert man das Chlor nach Öffnen von *5* mittels Quecksilbers, bis dieses konstantes Niveau aufweist, stellt ganz geringen Minderdruck her und saugt etwa 1 ccm Jodkalilösung aus *9* durch *4* ein, schüttelt ein wenig zur Reinigung der Glaswand über dem Quecksilber und kann nunmehr das Flüssigkeitsniveau genau ablesen. Im Restgas bestimmt man CO_2 mittels etwas aus *9* zugelassener Lauge, dann H_2 auf bekannte Art.

[1] Z. anorg. Chem. **16**, 1033.
[2] Z. Elektrochem. **13**, 114 (1907).
[3] Nach einer im Laboratorium des Verfassers ausgearbeiteten Methode.

Hohn hat[1] die Methode dadurch ganz wesentlich verbessert, daß er an Stelle reinen Quecksilbers 2%iges, leicht flüssiges Zinkamalgam verwendet, welches sich durch Auflösung von Zink in Quecksilber, z. B. bei 80°, leicht herstellen läßt. Dieses Amalgam absorbiert Chlorgas gieriger als reines Quecksilber und bietet den besonderen Vorteil, die Wandung der Bürette rein und durchsichtig zu lassen, wenn die Absorption bei Gegenwart kleiner Wassermengen vor sich geht (etwa 1 ccm, keinesfalls mehr als 2 ccm, wenn CO_2 im Gasrest bestimmt werden soll).

Bei der Prüfung konzentrierteren Chlorgases geht dessen Absorption rasch vor sich, ein Schütteln der Bürette ist dann überflüssig.

Sobald der Meniscus in der Bürette nach vollzogener Chlorabsorption seinen Stand nicht mehr ändert, wird im Gasrest CO_2 durch Absorption mittels etwas 50%iger Kali- oder Natronlauge bestimmt.

In Berührung mit Luft würde Zinkamalgam verschlacken. Man verhütet dies dadurch, daß man es mit einer dünnen Schicht 0,1 bis 1-normaler Salz- oder Schwefelsäure bedeckt hält. Schon verwendetes Zinkamalgam kann mit Zink nachgesättigt und wiederverwendet werden.

Diese Bestimmungsmethode ist sehr exakt und bequem auszuführen.

Leicht auszuführen, aber weniger exakt ist auch die Bestimmung von Chlor neben Kohlensäure mittels konzentrierterer Jodkaliumlösung. Die Chlorabsorption erfolgt fast augenblicklich unter Dunkelfärbung, auf die sofort anschließend die Kohlensäurebestimmung ausgeführt wird, wobei sich die Flüssigkeit beim Zufließenlassen von starker Lauge wieder entfärbt.

β) Bestimmung des Quecksilbers in Luft oder Wasserstoff. Zur Bestimmung des Quecksilbergehaltes wird ein entsprechendes Gasquantum (200 l bei 100, 1000 l bei 10 mg Hg/cbm) in langsamem Strome (etwa 3 bis 4 l/Minute) durch Glaswolle in einem Kühlbad aus flüssiger Luft filtriert. Das von der Glaswolle zurückgehaltene Metall wird in konzentriertem HCl gelöst und auf kolorimetrischem Wege mittels arseniger Säure bei Gegenwart von Zinnchlorür durch Vergleich mit Standardlösung bestimmt.

D. Kostenvergleich des Betriebes von Diaphragma- und von Quecksilberzellen.

Die Verschiedenheit der Kosten beim Betriebe von Diaphragmen-, bzw. von Quecksilberzellen wird dadurch bedingt, daß erstere

[1] Z. angew. Chem. 54, 307 (1941).

weniger elektrische Energie, hingegen aber Dampf zur Herstellung 50%iger Lauge verbrauchen, so daß an Orten, wo die Kraft teurer ist und billiger Dampf zur Verfügung steht, bessere Voraussetzungen für die Verwendung von Diaphragma-, im Gegenfalle bessere Bedingungen für die Verwendung von Quecksilberzellen gegeben sind.

Die bedeutenden Verbesserungen der Quecksilberzellen in den letzten zwei Dezennien haben ihren Mehrverbrauch an elektrischer Energie wesentlich verringert, er beträgt gegenwärtig nur noch rund 25% des Energieverbrauches guter Diaphragmazellen.

Die Gesamtanlagekosten sind wenig verschieden geworden, da der höhere Preis der Quecksilberzellen durch Ersparnis der Verdampfanlage ausgeglichen wird, seitdem es gelingt, in der Pile verkaufsfähiges 50%iges Produkt herzustellen.

Bei sehr vervollkommneter Kraftwirtschaft, wie sie z. B. in den deutschen Fabriken erreicht worden ist, wo man z. B. bei der I. G. mit Kraftpreisen von 1,2 Pfennig für die Kilowattstunde rechnet, erweisen sich Quecksilberzellen als wirtschaftlicher.

Für die in diesen großen reichsdeutschen Betrieben gültigen Verhältnisse verdanken wir K. WINNACKER und W. MÜLLER, also maßgebenden Fachleuten, die an der Quelle stehen, vergleichende Zahlenangaben, die sich auf den Betrieb von *Siemens-Billiter-* und von Quecksilberzellen in Ausführung der I. G. beziehen. Diese Zahlen sind in Tab. 45 wiedergegeben, sie dürften an Verläßlichkeit kaum zu überbieten sein.

Tabelle 45. *Kostenvergleich nach K. Winnacker und W. Müller*[1].

	Mehrkosten je Tonne Chlor in RM	
	Diaphragmazelle	Hg-Zelle
Elektrolyse-Strom 800 kWh à 1,2 Rpf.		9,60
Hg-Amortisation und Hg-Verbrauch		4,20
Eindampfkosten 4,6 t Dampf à 3,50	16,10	
Eindampfkosten 70 kWh à 1,2 Rpf.	–,84	
Eindampfkosten 130 cbm Wasser à 2 Rpf...	2,60	
Reinigung der Lauge 0,5 t Dampf à 3,50 ..	1,75	
Reinigung der Lauge 110 kWh à 1,2 Rpf..	1,32	
Reinigung der Lauge 50 cbm Wasser à 2 Rpf.	1,00	
Mehrkosten je Tonne Chlor ..	23,61	13,80

[1] Chemische Technologie, herausgegeben von K. WINNACKER und E. WEINGARTNER, München 1950, Band I, 461.

In Betracht gezogen wurde die Herstellung reiner (bzw. gereinigter) 50%iger Lauge.

Der Berechnung wurde ein Energieverbrauch von:

3700 kWh je Tonne Chlor beim Diaphragmaverfahren
4500 kWh je Tonne Chlor beim Quecksilberverfahren

zugrunde gelegt.

Unter den bei der I. G. vorliegenden Verhältnissen errechnen sich darnach für das Quecksilberverfahren je Tonne Chlor um rund 10 RM geringere Kosten, bloß um rund 6 RM geringere, wenn geringer Chloridgehalt der Lauge zulässig ist.

Dieselbe Berechnungsweise würde aber für das Diaphragma- und das Quecksilberverfahren gleich hohe Kosten ergeben, wenn

a) 2,5 statt 1,2 Rpf. je kWh ins Kalkül zu ziehen ist, oder wenn

b) mit einem Energieverbrauch von 2600 kWh statt 3700 kWh beim Diaphragmaverfahren zu rechnen wäre[1].

Umgekehrt würden die Betriebskosten für das Diaphragmaverfahren um rund 10 RM je Tonne Chlor geringer sein als beim Quecksilberverfahren, wenn die Bedingungen a) und b) gleichzeitig erfüllt werden (bzw. um 14 RM ohne die letzte Entchlorung der Lauge).

Dort, wo es auf besondere Reinheit der Natronlauge ankommt, wird das Quecksilberverfahren einen Vorsprung auch bei etwas höheren Betriebskosten bewahren. Wo es hingegen auf einfachere, risikolosere Betriebsführung mit weniger geschultem Personal ankommt, wird das Diaphragmaverfahren sich behaupten können.

In ihrer gegenwärtigen Form scheinen die Diaphragmaverfahren noch nicht die höchste Entwicklungsstufe erreicht zu haben, die sie erlangen können. Neue Fortschritte können das Verhältnis beider Verfahren zueinander noch verschieben.

Zum Vergleich sei in folgender Tabelle eine (auf Reichsmark umgerechnete) Berechnung, die von amerikanischer Seite herrührt, aufgeführt, welche den dort herrschenden Durchschnittsverhältnissen angepaßt ist (z. B. einen Kraftpreis von 0,5 cts = 2,15 Rpf. für die Kilowattstunde zugrunde legt).

---

[1] Den Energieverbrauch in Diaphragmazellen so tief herabzusetzen, liegt durchaus im Bereiche der Möglichkeit, ohne etwas wesentlich Neues anzuwenden. Neuerungen, die in Erprobung stehen, werden — wenn sie sich bewähren und durchsetzen — den Energieverbrauch sogar unter 2000 kWh/t Chlor herabdrücken; cf. BILLITER: Ö. Pat. Anm. A 5771-52.

Tabelle 46[1]. *Unkosten je Tonne Chlor in einer für 50 tato Cl gebauten Anlage.*

	Diaphragmazellen RM	Quecksilberzellen RM
Kochsalz	21,26	21,26
Graphit	3,7	3,87
Hg	—	0,73
Na_2CO_3	0,39	—
HCl	0,126	2,24
NaOH	0,043	0,69
Dampf (à RM 4,7/1000 kg)	10,234	1,075
Elektrische Energie à 2,15 Rpf/kWh	30,66	36,72
Wasser	1,8	0,86
Löhne (à RM 7,525)	13,33	4,27
Reparaturen	10,54	12,6
Generalspesen, 3% Versicherung, 6% Amortisation	36,29	43,—
Berechnete Gesamtspesen	132,9	141,6

E. Die Weiterbehandlung und die Verflüssigung des Anodengases.

Die gegenwärtig industriell verwendeten Zellen arbeiten mit Stromausbeuten, die voneinander wenig verschieden sind. Demgemäß sind auch die Unterschiede in der Zusammensetzung der Anodengase, die ihnen entströmen, geringfügig, nur daß sich in Diaphragmazellen wasserstofffreies, in Quecksilberzellen wasserstoffhältiges Chlorgas bildet.

Bei einem 6% übersteigenden Wasserstoffgehalt wird Chlor explosiv, ein Gehalt von 4% bildet bei seiner Kompression die Gefahrengrenze, ein Gehalt bis zu 3% wird als unbedenklich angesehen und ist bei Fernhaltung größerer Verunreinigung der Badlösungen durch Vd, Cr und Mg und bei sachgemäßer Führung der Elektrolyse leicht zu unterschreiten.

Die überaus große Zahl der neuen Chlorprodukte, deren Fabrikation im Laufe der Entwicklung seiner elektrolytischen Herstellung aufgenommen worden ist, bringt es mit sich, daß seine Nachbehandlung je nach seinem Verwendungszweck verschieden ist.

Für die Herstellung von flüssigen Bleichlösungen als Hauptprodukt, wie sie z. B. Papier- und Textilfabriken im eigenen Betrieb vornehmen, verdünnt man das Chlor, das aus den Zellen kommt, mit Luft vor seiner Absorption durch $Ca(OH)_2$ oder NaOH. In

[1] Ungenannter Autor, Chem. Engng. News, 369 (1951).

anderen Fällen hat man auch seinen Feuchtigkeitsgehalt zu regeln und das Gas zu kühlen, sofern es nicht in entsprechend langen Leitungen aus Blei, Steinzeug oder Zement von selbst genug Wärme abgibt (s. weiter unten).

Für die Herstellung einer großen Zahl von Chlorprodukten im eigenen Betrieb läßt sich Chlor ohne weiteres in dem Zustand verwenden, in welchem es den Zellen entströmt, aber in vielen Betrieben, welche ihr Chlor selbst weiter verarbeiten, wird oft flüssiges Chlor als Zwischenprodukt hergestellt.

In flüssiger Form gelangen große Mengen elementaren Chlors in Stahlflaschen, -kesseln und -kesselwagen bis zu 50 t Inhalt zum Verkauf.

In Flaschen beträgt das Taragewicht des Chlors etwa 50% des Bruttogewichtes. Da die geleerten Stahlbomben an die Fabrik zurückgeschickt werden müssen, sind die Transportkosten für totes Gewicht ungefähr so hoch wie beim Versand von Chlorkalk mit 35 bis 36% aktiven Chlors.

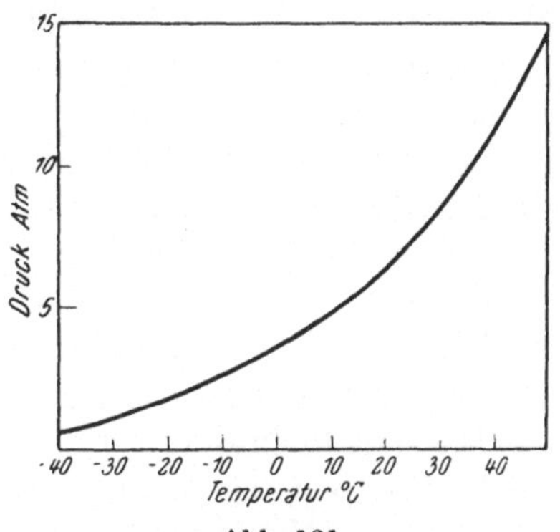

Abb. 121.
Dampfdruck von Chlor.

Chlor schmilzt bei —101,5° und siedet unter Atmosphärendruck bei —33,6°. Flüssiges Chlor hat bei dieser Temperatur eine Dichte von 1,557. Die kritische Temperatur ist 146°, der kritische Druck 83,9 Atm. 1 kg Chlor nimmt bei Atmosphärendruck rund 300 l ein.

Der Dampfdruck des flüssigen Chlors im Temperaturintervall von + 40 bis —40° ist in Abb. 121 graphisch dargestellt. 96%iges Chlor hat eine jeweils um etwa 25% geringere Dampftension als reines Chlor.

Die Verflüssigung wird entweder unter Anwendung höheren Druckes bei mäßiger Temperatur oder unter Tiefkühlung bei nur geringem Überdruck durchgeführt.

Die Ansichten darüber, welcher von beiden Methoden der Vorzug zu geben ist, gehen auseinander, was annehmen läßt, daß sich beide Methoden ungefähr die Waage halten.

In beiden Fällen wird das mit 50 bis 75° aus den Zellen abgezogene Gas in Kühlern, die früher vorwiegend aus Steinzeug bestanden, in jüngerer Zeit immer häufiger aus Eisen, das durch Kunststoffüberzug geschützt ist, durch umlaufendes Wasser abgekühlt.

Seine Zusammensetzung schwankt innerhalb der Grenzen:

Cl_2	92—98%
CO_2	1—3%
CO	bis zu 0,5%
$N_2 + O_2$	1—3%
H_2	0—4%

Entstammt es Zellen, die mit sehr hoher Stromdichte betrieben werden, dann führt es Kochsalznebel mit sich. Diese werden in einem Rieselturm durch Wasser niedergeschlagen, dann meistens noch durch Filtration durch Kies- oder besser durch Glaswollefilter zurückgehalten. Dies hat auch dann zu geschehen, wenn das Chlor zur Herstellung von Salzsäure verwendet wird, weil sich sonst die Düsen der Brenner verstopfen.

Elektrolytchlor ist niemals vollkommen rein. Es enthält neben Wasserdampf (bei 75° bis zu 40 g Wasserdampf/l) immer etwas Kohlensäure (bei Verwendung von Graphitanoden), Luft und eventuell Wasserstoff. Diese reichern sich bei seiner Verflüssigung an; deshalb läßt es sich niemals verflüssigen, ohne daß ein Gasrest übrig bleibt, (und zwar je nach dem Grade der Verunreinigung und der Art, in welcher die Verflüssigung vorgenommen wird, 10 bis 20% des Rohgases). Dieser Rest, das „Abchlor", dessen Chlorgehalt oft nur 30% beträgt, muß anderen Verwendungszwecken zugeführt oder unschädlich gemacht werden.

Da sich in ihm die inerten Gase, also auch Wasserstoff, angereichert haben, ist seine Hantierung darnach zu richten.

Stärkere Verunreinigungen des Elektrolytchlors durch Kohlensäure, wie sie zu Beginn der Entwicklung der elektrolytischen Chlorindustrie, z. B. in den *Griesheim-Elektron*-Zellen, auftraten, die ein Gas mit 12 bis 15% CO_2 entwickelten, können durch Überleiten des Gases über festen Chlorkalk großenteils beseitigt werden. Der Chlorkalk nimmt Kohlensäure unter Karbonatbildung und Freisetzung von Chlor auf; doch lassen sich kleine Kohlensäuremengen auf diesem Wege nicht quantitativ daraus entfernen.

Versuche, den Wasserstoff im Roh- oder im Abchlor durch Belichtung, Wärmewirkung oder durch Überleiten über Katalysatoren in HCl überzuführen, sind zwar vielfach aufgenommen worden, sie haben aber zu keinem Verfahren geführt, das allgemeinere Anwendung gefunden hätte.

Kleine Mengen Abchlor werden meistens in hohen Kaminen abgezogen, größere werden zur Herstellung von Salzsäure, von Bleichmitteln, allenfalls von Chloratlösungen verwendet. Zur Chloratherstellung wird das Abchlor in Kalkmilch geleitet. Es bildet sich Chlorkalzium, Kalziumchlorat und etwas Kalziumkarbonat, das ausfällt. Wenn die Lösung eine Konzentration von 10% $CaClO_3$ und 40% $CaCl_2$ angenommen hat, wird sie auf etwa 10° abgekühlt, wobei ein großer Teil des Chlorkalziums in Form seines Hydrates $CaCl_2 \cdot 6\,H_2O$ ausfällt. Die Mutterlauge wird filtriert und als Unkrautvertilgungsmittel (hauptsächlich an Bahnen) verkauft, sie enthält rund 30% $CaClO_3$ neben 15 bis 20% $CaCl_2$.

Bevor es der Verflüssigung zugeführt wird, muß das Chlorgas scharf getrocknet werden. Dies erfolgt mittels Schwefelsäure in

Abb. 122. Chlortrockner. (Photo: Krebs & Co.)

Absorptionstürmen. Das Gas streicht hintereinander durch zwei bis drei Türme, in welchen ihm Schwefelsäure entgegengeführt wird. Die Türme sind ausgekachelt oder sie bestehen aus Steinzeug oder gummiertem Eisen. Die Schwefelsäure wird mit 96% Säuregehalt aufgegeben und durch Ferrosiliziumpumpen in Zirkulation gehalten, manche lassen ihren Säuregehalt nur auf 90%, andere bis auf 70% sinken, ehe sie sie anderweitig verwenden.

Abb. 122 zeigt eine Chlortrocknungsanlage, die von der Fa. Krebs & Co. für die Behandlung von 10 t Chlor im Tag ausgeführt worden ist. Die Trocknung erfolgt hintereinander in drei Turbo-

Trocknern mit Motorantrieb, welche der Zerstäubung der konzentrierten Schwefelsäure dienen. Gas und Schwefelsäure werden im Gegenstrom zueinander geführt, letztere fließt ab und wird bei Erreichung eines bestimmten Verdünnungsgrades durch frische Säure ersetzt.

Wird die Verflüssigung des getrockneten Gases unter Anwendung höheren Druckes vorgenommen, so wird seine Temperatur vor Einführung in die Kompressoren (z. B. durch Einspritzen etwas flüssigen Chlors) nur auf 0 bis 5° C gesenkt.

Die Kompression wird in mehreren, meist in drei Stufen, etwa zuerst auf 1,7 bis 2, dann 6 bis 8, endlich etwa 12 Atm. vorgenommen. Die Kompressionswärme wird mit Kühlwasser, bzw. tiefgekühlter Salzlösung abgeführt.

Fabriken, welche großen Selbstverbrauch an Chlorgas haben und nur einen Teil desselben verflüssigen, komprimieren oft nur auf etwa 6 Atm. Der Teil, der bei diesem Drucke in Flüssigkeit übergeht, wird in die Vorratsgefäße abgefüllt, der gasförmig verbleibende Teil, der meist einen Gehalt von 85 bis 90% Chlor aufweist, wird unter diesem Drucke in die betreffenden Chlorierungsanlagen geleitet.

Die Verdichtung des Chlors wird am häufigsten in Kolbenkompressoren vorgenommen, die lange Zeit hindurch überhaupt die einzigen waren, welche in Betracht gezogen worden sind. Bei Umschaltung auf eine einzige Stufe können diese auch zur Beförderung des Gases dienen.

Zu dieser Beförderung, dann auch bei der Verflüssigung unter starker Kühlung, bei welcher man nur mit verhältnismäßig kleinem Enddruck zu rechnen hat, kommen immer mehr Rotationskompressoren neben Kolbenpumpen in Verwendung. Wenn sie nur zur Fortführung des Chlorgases dienen, gebührt ihnen der Vorzug.

Der Chlortransport gegen einen Gegendruck von 2 bis 3 Atm verbraucht etwa 40 kWh je Tonne Chlor.

Für die Kompression bis zu 12 Atm sind je Tonne flüssigen Chlors 80 bis 100 kWh aufzuwenden.

Die Dichtung wurde ursprünglich mit Asbestschnur und Graphit vorgenommen, seit langem aber ausschließlich mittels Schwefelsäure, die zugleich die Rolle des „Schmiermittels“ übernimmt.

Neuerdings bemüht man sich aber auch, Gaskompressoren herzustellen, die ohne jede Schmierung arbeiten und die bloß mit „Labyrinthdichtungen“ ausgestattet sind. In diesen berührt der Kolben die Zylinderwandung nicht mehr, er gleitet vielmehr in etwa 0,1 mm Abstand an ihr vorbei, vermag also vollkommen trocken zu arbeiten,

Abb. 123. Chlorkompressoren älterer Bauart.

Abb. 124. Chlorkompressoren neuerer Bauart.

wobei eine Reibung nur an einer Gasschicht ausgeübt, also auf ein Minimum reduziert wird.

Die Labyrinthdichtung wird dadurch zuwege gebracht, daß sich dem Gasstrom im äußerst engen Spaltraum zwischen Kolben und Zylinderwand eine größere Zahl von Drosselstellen entgegenstellen, die zwar keinen absolut vollständigen, aber doch einen so wirksamen Abschluß bilden, daß die Gasverluste praktisch nicht mehr in die Waagschale fallen. Man versieht dazu den Kolben — beispielsweise auf 300 mm Länge — mit Schraubengängen von Dreieckprofil mit kleiner Teilung, z. B. Schraubengängen von 1 bis 2 mm Breite, 4 mm Tiefe, deren der Zylinderwand zugekehrte Kämme etwa 0,2 mm breit gehalten sind.

Um den Bau solcher Kompressoren hat sich die Fa. Sulzer in Winterthur besonders verdient gemacht. Die prägnanten Merkmale ihrer Ausführung bilden verhältnismäßig stark gehaltene, doppelt geführte Kolbenstangen, mit welchen die leicht gebauten Kolben schwingungsfrei und so genau zentrisch durch den Zylinder geführt werden, daß sie trotz minimalen Abstandes (der Größenordnung von 0,1 mm) mit demselben niemals in Berührung treten. Besondere Formgebung des wassergekühlten Zylinders sorgt dafür, daß sich derselbe nicht verzieht.

Derartige Kompressoren stehen z. B. für die Sauerstoffkompression schon durch Jahre in Verwendung. Sie weisen u. a. den bei diesem Gase wichtigen Vorzug auf, jede Verunreinigung und die Annahme eines Geruchs auszuschließen. Es ist aber auch bereits der praktische Beweis dafür erbracht worden, daß solche Kompressoren für die Verflüssigung des Chlors verwendbar sind, wenn sie auch auf diesem Felde noch nicht durch die Feuerprobe des Dauerbetriebes gegangen sind.

Hier hat es sich erwiesen, daß es nicht nur auf die Wahl des richtigen Materials ankommt, sondern auch darauf, durch Begrenzung des Stufenverhältnisses und Wahl einer entsprechend hohen Stufenzahl dafür zu sorgen, daß die Gesamttemperatur an keiner Stelle über 75 bis 80° steigt. Diese Bedingung hat sich aber auch dann leicht erfüllen lassen, wenn bloß Wasserkühlung bei entsprechend hohem Druck angewendet wurde. Mit 3 Druckstufen wurden Drucke von 12 bis 15 atü erreicht, wobei höhere Kolbengeschwindigkeiten zulässig sind und 5% des Energieaufwands, der sonst auf Kolbenreibung entfällt, erspart werden kann.

Die großen deutschen Fabriken bevorzugen die Verflüssigung durch starke Kompression. Der Umstand, daß sie einen großen Teil des Chlors in komprimierter Form in ihre Betriebsstätten leiten, in welchen es zur Herstellung von Chlorierungsprodukten verwendet wird, dürfte dabei eine Rolle spielen.

Mit Tiefkühlung wird die Verflüssigung bei etwa —50° C und unter ganz wenig erhöhtem Druck vorgenommen. Das Gefahrenmoment ist bei Anwendung von Tiefkühlung zweifellos weit geringer.

Abb. 125. Sammelgefäß für Chlor mit Wägevorrichtung. (Photo: Krebs & Co.)

Einige Explosionen, die bei Herstellung flüssigen Chlors anfangs aufgetreten sind, besonders die verheerende Explosion Ende der zwanziger Jahre in St. Auban, die viele Menschenopfer gefordert hat, veranlaßte die Einführung einer Reihe von Vorsichtsmaßnahmen.

Die Fabrik der Badischen Anilin- und Sodafabrik in Ludwigshafen lagert ihre Vorratsgefäße für flüssiges Chlor in einem durch 4 m starke Betonwände eingeschlossenen Raum, welcher mit einem hohen Schornstein in Verbindung steht, in den Gas durch einen Ventilator getrieben werden kann. Als sich in den dreißiger Jahren eine Explosion darin ereignete, bei welcher etwa 60 t Chlor austraten, konnte das Gas durch den Kamin abgeleitet werden, ohne daß jemand zu Schaden kam.

Die großen Sammelgefäße hängen in modernen Fabriken von einer Armatur gebogener Metallrohre herab und ruhen auf einem Lager auf, das je nach Stärke der Belastung nachgibt und seine Verschiebung auf eine Ablesevorrichtung überträgt. Durch diese im Prinzip so einfache, praktisch sehr exakt ausgeführte Vorrichtung gelingt es, das Gewicht des jeweils im Kessel enthaltenen Chlor jederzeit mit einer Genauigkeit von 1‰ (!) abzulesen (Abb. 125).

Das flüssige Chlor weist einen Reinheitsgrad von rund 99% auf. Es enthält, seitdem man nur Graphitanoden verwendet, stets etwas Kohlensäure. Ist ein höherer Reinheitsgrad erforderlich, dann wird es in Kolonnen einer Rektifikation unterworfen.

F. Die Herstellung von Chlorprodukten.

1. Die Fabrikation des Chlorkalks.

a) Der Kammerprozeß.

Einstens das Haupt-, ja fast das einzige Chlorprodukt, das in großem Maßstabe hergestellt wurde, ist heute die Bedeutung des Chlorkalks hinter der des flüssigen Chlors und der organischen Chlorierungsprodukte weit zurückgetreten.

Bis zur Aufnahme der industriellen Herstellung des Chlors auf elektrolytischem Wege wurde es nur nach dem Deacon-Weldon-Verfahren gewonnen und blieb ein Monopol der englischen chemischen Industrie. Noch im Jahre 1909 wurde ungefähr ebensoviel Chlorkalk aus rein chemisch wie aus elektrolytisch gewonnenem Chlor hergestellt. Später erst trat die Elektrolyse ganz in den Vordergrund und führte zu einer starken Ausbreitung der Chlorkalkfabrikation.

Während aber immer steigende Mengen Chlor verflüssigt, dann zur Herstellung organischer Produkte verwendet wurden, ist der Umfang der Chlorkalkfabrikation seit 1920 ungefähr stationär geblieben.

Die Fabrikation des Chlorkalks umfaßt das Brennen, Löschen und Sieben des Kalks, seine Chlorierung, Fertigstellung und Verpackung.

Als Ausgangsmaterial dient kohlensaurer Kalk mit möglichst wenig Sand, Ton und Magnesia, der nur wenig Eisen und soviel wie gar kein Mangan, Nickel und Kobalt einschließen darf. Guter Kalkstein liefert beim Brennen „fetten" Kalk, der sich unter starker Wärmeentwicklung leicht löscht, dabei bedeutend an Volumen zunimmt, „stark gedeiht" und ein lockeres, schneeweißes Hydrat liefert, das im Aussehen dem Mehl ähnlich kommt und sich mit Wasser zu einem fetten, steifen Teig anrühren läßt. Nicht jeder reine Kalkstein liefert „fetten" Ätzkalk, welcher Chlor rasch und leicht absorbiert, aber alle Kalksteine, welche größere Mengen Ton und Sand enthalten, liefern „mageren" Ätzkalk, der sich schwerer und unvollständiger löschen läßt, dabei ein körniges Hydrat liefert, welches schwerer Chlor aufnimmt und die Bildung von Chlorat begünstigt. Eisenverbindungen färben den Chlorkalk gelb, indem sie in Eisenchlorid übergehen. Magnesia soll die Hygroskopizität des Bleichkalkes erhöhen und seine Haltbarkeit beeinträchtigen, besonders schädlich sind kleine Verunreinigungen durch Nickel und Kobalt, die indessen zu den Seltenheiten gehören. Organische Beimengungen verschwinden beim Brennen und sind daher unschädlich.

Das Brennen des Kalkes erfolgt in größeren Fabriken rationellerweise in kontinuierlich arbeitenden Ring- und Schachtöfen.

Am ökonomischesten arbeiten Ringöfen nach dem Typus des HOFFMANN-Ringofens, wie sie auch in Ziegelbrennereien gegenwärtig stets in ⬭ - Form verwendet werden, sie werden aber nur in größeren Dimensionen (20 bis 70 t Ätzkalk täglich) ausgeführt und finden deshalb trotz ihrer günstigeren Wärmeausnutzung in der Chlorkalkindustrie nicht allgemein Verwendung. Am weitesten verbreitet sind kontinuierlich arbeitende Schachtöfen mit Feuerung.

Solche stehende Schachtöfen mit Feuerung bestehen meistens aus einem schmiedeeisernen Mantelgehäuse, das erst mit einer wärmeisolierenden Schicht (Kieselgur, feine Kohleschlacke, Flugasche usw.), dann mit einer doppelten Lage (je 20 bis 30 cm) Schamottesteinen ausgefüttert ist. Mit Vorliebe baut man Öfen mit drei oder vier Zügen von 6 bis 12 m Höhe. Sie besitzen in Höhe der Feuerbrücke etwa das Doppelte des oberen lichten Durchmessers (1,5 bis 2,5 m) und liefern in mittleren Größen leicht 6 bis 10 t Ätzkalk pro Tag (etwa 1000 bis 2000 H. P. der elektrolytischen Anlage entsprechend).

Zu starkes Brennen, besonders tonreicher Steine, liefert „totgebrannten" Kalk, der zu dicht zusammengesintert ist (reines CaO sintert nicht).

Einen Vorteil der Schachtöfen bildet es, daß man Kalk auch in kleinen Stücken brennen kann, während die Ringöfen nur die Verwendung größerer Stücke gestatten.

Der gargebrannte Kalk soll nur 2% CO_2, keinesfalls aber mehr als 3% CO_2 enthalten.

1 kg $CaCO_3$ erfordert zu seiner Zerlegung in CaO und CO_2 425 Kal.

Zur Gewinnung von 100 kg Ätzkalk wären im Idealfalle bei Ausschluß aller Wärmeverluste rund 10 kg bester Steinkohlen erforderlich. In Ringöfen sind die Wärmeverluste durch abgezogenes Gas und abgezogenen Kalk, Leitung und Strahlung so gering, daß ein Aufwand von 16 bis 20 kg bester Steinkohle genügt. Gute Schachtöfen brauchen 30 bis 32 kg (bei Halbgasfeuerung um etwa 2 kg weniger), intermittierend arbeitende Öfen aber 45 bis 60 kg.

Das Löschen des Kalkes bildet eine wichtige Manipulation, weil ein bestimmter gleichmäßiger Wassergehalt für die Herstellung guten Chlorkalkes entscheidend ist. Das Löschen auf der Tenne, das schwer exakt durchzuführen war, ist deshalb durch die Arbeit in mechanischen Apparaten abgelöst worden, die mit geringerer Staubentwicklung arbeiten, höhere Leistung aufweisen und homogeneres Produkt liefern. Der Kalk wird an einem Ende eines zylinderförmigen liegenden Gefäßes eingetragen, eine zentral darin montierte Rührwelle mit Flügelrädern befördert ihn an das andere Ende, während abgemessene Wassermengen zugeführt werden.

Nach dem Löschen erfolgt das Sieben gewöhnlich in Siebtrommeln mit 30 bis 50 Maschen per Zoll.

Man läßt das gesiebte Material zweckmäßigerweise fünf bis zehn Tage lang lagern, ehe man es chloriert. Nach dieser Zeit hat sich sein Feuchtigkeitsgehalt gleichmäßig verteilt.

Nach den klassischen Untersuchungen von LUNGE und SCHÄPPI[1] ist ein geringer Wassergehalt des $Ca(OH)_2$ (also ein geringer Wasserüberschuß beim Löschen) für die Chlorkalkbildung günstig. Am günstigsten ist es, wenn der Wasserüberschuß bei Verwendung ganz trockenen Chlors 3,5% beträgt, entsprechend weniger bei Verwendung feuchten Chlors, wie folgende Zahlen beweisen (l. c.):

Tabelle 47. *„Trockenes“ $Ca(OH)_2$ enthält 24,33% H_2O.*

H_2O-Gehalt des benutzten Kalkes	Gehalt des Chlorkalkes an aktivem Chlor	H_2O-Gehalt des benutzten Kalkes	Gehalt des Chlorkalkes an aktivem Chlor
6,5	9,06	26,0	40,89
13,6	32,34	*27,8*	*43,13*
17,6	37,38	28,2	40,36
21,6	38,82	30,1	38,78
24,0	40,71	31,8	36,85

DITZ erhielt einen Maximalgehalt von 43,14% Cl durch wiederholten geringen Wasserzusatz während des Chlorierens.

Eine fortlaufende Kontrolle und Regelung des Wassergehaltes

[1] Handbuch der Sodaindustrie, 2. Aufl., Bd. 3, S. 372.

erleichtert den Betrieb der Chlorkalkkammer ganz wesentlich. Zu hoher Wassergehalt führt zur Bildung größerer dichter Klumpen, welche unveränderten Kalk einschließen. Zu geringer Wassergehalt verzögert die Aufnahme von Chlor und die Gegenwart ungelöschter Kalkteilchen verhindert eine vollständige Chlorierung.

Diese wird vorzugsweise in großen Bleikammern vorgenommen, die vorteilhafterweise derart auf Pfeiler gestellt sind, daß unter ihnen ein 2 bis 3 m hoher Raum freibleibt. Die Kühlung wird dadurch begünstigt, das Entleeren erleichtert.

Wie bei der Schwefelsäurefabrikation werden die Bleiwände aus 2 bis 3 mm-Blech autogen zusammengeschweißt und durch Laschen an ein Holzfachwerk befestigt. Sie werden innen mit einem Asphaltanstrich versehen.

Es kommen aber auch Betonkammern in Verwendung, in deren Boden Kühlrohre eingelassen sind. In diesen ist die Temperatur, die am besten zwischen 40 und 50° gehalten wird, schwerer zu regeln.

Die Türen baut man vorteilhaft aus verbleitem Schmiedeeisen oder Holz und dichtet sie entweder durch Aufkleben von Papier oder durch Teertonkitt ab (Eisentüren mit gutem Mennigeanstrich sind auch brauchbar). Große Kammern sind in ihrem Innern mit vertikalen verbleiten Stützen versehen.

Zur Beobachtung der Farbe des Gases sind die Kammern mit Fenstern oder Gucklöchern versehen, die sich auf den Vertikalwänden gegenüberstehen.

Die Kammer wird mit erkaltetem Kalkhydrat beschickt, das man auf dem Boden in 5 bis 10 cm dicker Schicht gleichmäßig ausbreitet und dessen Oberfläche man durch Furchung mit hölzernen Rechen vergrößert.

Das Chlorgas soll ausgekühlt in die Kammern treten, ohne Flüssigkeitstropfen mitzuführen. Das Gas gelangt meist durch weite Tonröhren von den Elektrolyseuren in die Kammern, seine Beförderung dahin wird durch einen Steinzeug- (oder Blei-) Ventilator geregelt. Grundsätzlich führt man es durch die Decken oder wenigstens in deren Nähe an den Schmalseiten in die Kammern. Das schwere Gas fällt zu Boden, wohin es auch die lebhafte Absorption zieht, es durchstreicht die Kammer und tritt am entgegengesetzten Ende wieder aus. Mehrere Kammern, durch welche das Gas nacheinander geführt wird, sind zu einer Batterie vereint.

Äußerst wichtig ist eine bequeme, zweckentsprechende Steuerung des Gases, sowie bequeme Verbindungen der Kammern für den Betrieb. Die einzelnen Kammern haben 100 bis 400 qm Bodenfläche bei 7 bis 12 m Breite und sind 1,8 bis 2 m hoch. Man rechnet mit einer durchschnittlichen Herstellung von 8 bis 10 kg Chlorkalk/24 h je 1 qm Bodenfläche. Die Verbindungen werden durch Steinzeughähne und durch Stutzen, bzw. Verschlußkappen mit doppeltem Wasserverschluß hergestellt.

Große Kammern bleiben meist 60 Stunden in Betrieb. Man arbeitet durchweg mit Mehrkammersystemen und ordnet dazu die Kammern in Gruppen zu vier (selten fünf), von denen stets mindestens drei unter Betrieb gestellt sein sollen, während eine zum Ausräumen fertigen Produktes und zum Beschicken mit frischem Kalkhydrat freisteht. Das Chlorgas wird derart durch die Kammern geführt, daß es stets zuerst in die Kammer dringt, die bereits am längsten in Arbeit steht, und zuletzt über frisches Kalkhydrat geleitet wird. Bei der Absorption sinkt der Gasdruck in den Kammern, Luft wird nachgesaugt, das Chlorgas dringt in die letzten Kammern daher in sehr verdünntem Zustand. Die Kammern müssen stets durch einfache Hahnumstellung, bzw. Umstellen von Verbindungsstücken oder noch besser von Glocken mit Scheidewänden, die über ein System von Verteilungsrohren greifen, in beliebiger Reihenfolge aneinandergereiht werden können. Als Sperrflüssigkeit der Verbindungsstücke und Glocken dient Chlorkalziumlösung. Das Ende der Chlorierung erkennt man daran, daß die abgesperrten Kammern nach 12 Stunden nicht „bleich“ werden, sondern selbst nach dieser Zeit tief grüngelbes Gas enthalten.

Hat man das Ende festgestellt, so zieht man das unabsorbierte Gas in gleicher Reihenfolge durch die Kammern (am besten durch drei) wie frisches Chlorgas, also zuerst über fast gesättigten Chlorkalk, indem man Luft in die fertig gechlorte Kammer nachzieht oder einbläst. Trotzdem verbleibt selbst nach längerer Zeitdauer eine chlorhaltige Atmosphäre (1,5 bis 1%) in der entlüfteten Kammer, welche das Öffnen der Türen und gar das Arbeiten ohne Atemschutz in der Kammer äußerst unangenehm oder unmöglich macht[1]. Um den Chlorgehalt der Kammeratmosphäre schnell zu verringern, hat man deshalb Apparate konstruiert, mit Hilfe derer man Kalkstaub in die entlüftete Kammer von oben streut oder bläst. Verbreitet ist ein fahrbarer Apparat von BROCK und MINTON (Engl. Pat. 7199), den Abb. 126 rechts vorführt. Er wird durch verschließbare Öffnungen, die 10 bis 12 m voneinander abstehen (mehrere sind auf der Abbildung ersichtlich), in die Decke der Kammer eingeführt und

[1] Ein Chlorgehalt von 0,5 g Chlor im Kubikmeter ist bereits lästig, die doppelte Menge (etwa 0,00044 Volumprozent) wirkt schon sehr heftig auf die Atmungsorgane, geringe Spuren fügen der Vegetation schweren Schaden zu. Einatmen von Alkoholdämpfen, Heißluft- und Dampfbäder sind, wenigstens nach meinen Erfahrungen, die besten Mittel gegen Reizungen der Atemorgane durch Chlor.

ruht auf einem ringförmigen Wulst. In seinem trichterförmigen Teil nimmt er Kalkhydratstaub auf, der durch ein Flügelrad mit Zahnradgetriebe (mit nachgezogener Luft vermischt) durch Öffnungen im Unterteil (der sich beim Gebrauch bis zum Wulst im Kammerinnern befindet) in horizontaler Richtung im Kammerraum verteilt wird. Der niederfallende Kalkstaub reinigt die Kammeratmosphäre durch erneute Chlorkalkbildung schnell soweit (2 bis 3 g Chlor im Kubikmeter), daß man ohne erhebliche Belästigung die Türen öffnen und mit Atemschutz in die Kammer dringen kann.

Abb. 126. Decke einer Chlorkalk-Kammer.

Zum Entleeren dienen Bodenöffnungen mit angeschlossenen Holz- und Leder- oder Kautschuktrichtern, die eng um die darunter (meist mittels Rollwagen, die auf Schienen laufen) geschobenen Fässer greifen.

Obzwar die Bildung von Chlorkalk mit Wärmeentwicklung verbunden ist, sind die Ausbeuten nicht bei tiefen Temperaturen am größten; offenbar wird bei denselben die Geschwindigkeit der Chloraufnahme gegen Ende der Chlorierung eine zu geringe. Nach LUNGE und SCHÄPPIS Untersuchungen erhielt man gemäß Tab. 48 zwischen 40 und 50° praktisch die besten Resultate:

Tabelle 48.

Temperatur bei der Einwirkung °C	Aktives Chlor %	Temperatur bei der Einwirkung °C	Aktives Chlor %
— 17[1]	2,3	+ 40	41,18
0	19,88	+ 45	40,50
+ 7	33,24	+ 50	41,52
+ 21	35,50	+ 60	39,40
+ 25	39,50	+ 90	4,26
+ 30	40,10		

[1] Nach DITZ, l. c., sind bei — 10 bis — 20° nur 31,9% erreichbar.

Die Innehaltung der angegebenen Temperaturgrenzen mittels zugeführter Luft usw. ist bei der Chlorkalkfabrikation sehr wichtig. Es empfiehlt sich daher, Bleikammern nicht frei aufzustellen, sondern durch Umbau zu schützen.

Wichtig ist auch die Regelung des Feuchtigkeitsgehaltes des Chlors, das vorteilhafterweise vor dem Einleiten in die Kammern getrocknet wird.

Besonders ist auch Bedacht auf seinen Wasserstoffgehalt zu nehmen. Da sich das Gas entmischt, reichert sich der Wasserstoff lokal in Gaspartien an und kann Explosionen herbeiführen, wenn er stellenweise die Grenzkonzentration von 6% erreicht oder gar überschreitet.

Ein Kohlensäuregehalt von mehr als 2% erschwert die Bildung des Chlorkalks und liefert minderwertiges Produkt. In Griesheim leitete man früher das kohlensäurereiche feuchte Gas bei etwas erhöhter Temperatur über Abfallchlorkalk, um seinen Kohlensäuregehalt zu verringern.

Schädlich sind auch mitgerissene Wassertröpfchen. Sie führen zur Bildung von Knollen, deren dichtere Außenhaut die Chlorierung der eingeschlossenen Masse hemmt.

Für den Chlorkalk ist ein Mindestgehalt von 35% bleichendes Chlor in der Regel zu garantieren. Da geringe Chlorverluste bei der Verpackung unvermeidlich sind, muß der Gehalt in der Kammer mindestens 36% betragen. Schwächeren Chlorkalk bringt man durch Vermischung mit reicheren Partien auf den erforderlichen Durchschnittsgehalt, eine Nachchlorierung zu schwach ausgefallener Chargen ist wegen Gefahr der Chloratbildung weniger ratsam.

Reines $Ca\langle{}^{OCl}_{Cl}$ würde über 35% Chlor enthalten, es gelingt nicht selten, Chlorkalk mit über 40% bleichendem Chlor darzustellen, doch ist die Haltbarkeit dann meist eine geringere.

b) Mechanisch angetriebene, kontinuierlich arbeitende Apparate.

Das unangenehme Arbeiten in den Chlorkalkkammern, das lästige Öffnen der Türen und Umschaufeln haben es von jeher wünschenswert erscheinen lassen, die Manipulationen mittels mechanischer Vorrichtungen auszuführen.

Ansätze dazu reichen bis ins Jahr 1877 zurück (Hargreaves), aber erst Ende der achtziger Jahre gelang es Hasenclever, einen Apparat praktisch auszuführen, der betriebsmäßig (zuerst bei der Rhenania) verwendet werden konnte und der selbst heute noch in mehreren Fabriken verwendet wird.

Er besteht aus vier bis acht übereinanderliegenden Rohren, die zu einem System vereinigt werden. Sie können etwas geneigt sein, um die Beförderung des aufgegebenen Kalkes durch Rührwerke, die auch als Transportschnecken dienen, zu erleichtern.

Der Antrieb der Rührwerke durch Stirnräder *2*, Schraube ohne Ende *1* und Schneckenrad ist aus der Abb. 127 ohne weiteres ersichtlich. Das Schneckenrad sitzt lose auf der Achse des unteren Rührwerkes und wird durch einen Stift *4* mit dem Stirnrad verbunden, wenn das Rührwerk arbeiten soll.

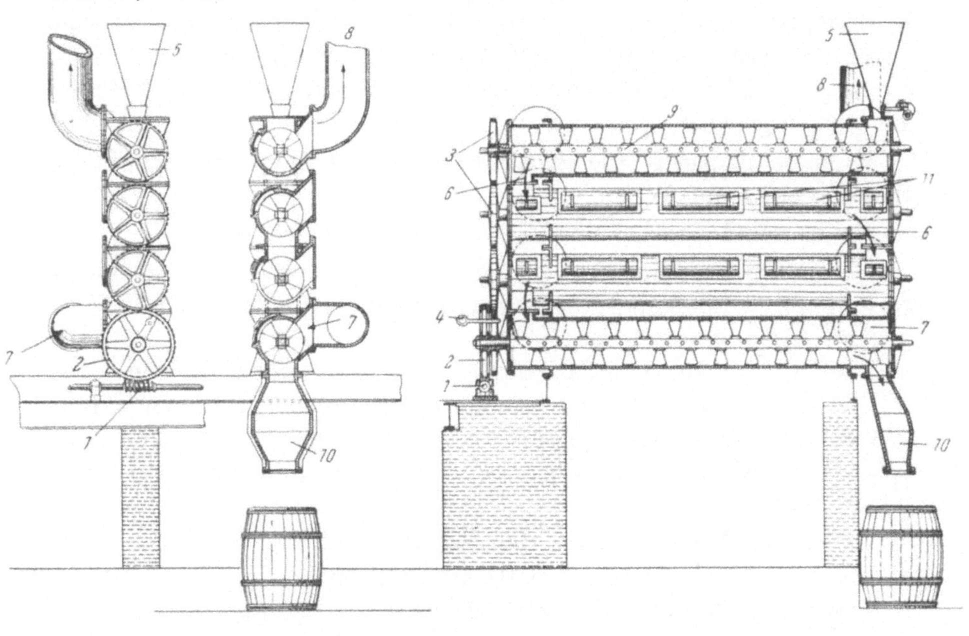

Abb. 127. *Hasenclever*-Apparat.

1 Antriebsschnecke, *2* Zahnrad, *3* Stirnräder, *4* Splint, *5* Aufgabetrichter für Ätzkalk, *6* Richtung der Bewegung des Kalks, *7* Chloreintritt, *8* Gasabzug, *9* rotierende Wellen mit Schaufeln, *10* Abfüllvorrichtung, *11* Schaulöcher mit Deckeln.

Der Kalk wird im Trichter *5* aufgegeben, von den Rührwerken *3* erfaßt, gelangt im Sinne des Pfeiles in das nächste Rohr usw., bis er bei *10* als fertiger Chlorkalk in das untergestellte Faß fällt. Die Chlorgase strömen in umgekehrter Richtung, treten seitlich bei *7* ein, gelangen durch ein Verbindungsstück in das nächst höhere Rohr. Abgas entweicht durch *8*.

Der Trichter *5* ist unten mit einer Art Drosselklappe versehen, welche durch einen, auf einer rotierenden Achse befestigten Daumen geöffnet und geschlossen wird und die Kalkaufgabe regelt.

Die Rohre tragen eingedichtete abnehmbare Fenster oder Deckel *11*, welche das Nachsehen, Reinigen usw. ermöglichen. Zum Antrieb der Rührwerke genügt pro Achse etwa $^1/_4$ PS.

Die gedrängte Bauart erschwert die Wärmeabgabe, eine Überhitzung des Apparates kann deshalb nur vermieden werden, wenn man ihn mit sehr verdünntem, etwa 10 bis 12%igem Chlor betreibt. Zwar ist es versucht worden, ihn auch mit konzentriertem Gas arbeiten zu lassen, indem man ihn nur intermittierend funktionieren ließ; doch kam man davon ab.

A. Rudge hat Apparate gebaut, die von der Hasencleverschen Form dadurch abweichen, daß die Fortbewegung des Gutes nicht durch Schaufelräder, sondern dadurch bewirkt wird, daß der Zylinder mit Neigung gelagert ist und in Rotation gehalten wird[1].

Kleinere Apparate dieser Art hat auch De Nora mit Zylindern aus Asbestzement gebaut[2].

Beide haben beschränkte Anwendung gefunden.

Besonders bei Ausführung in größeren Dimensionen erscheint es vorteilhafter, die Apparate etagenförmig und weniger gedrängt zu bauen.

Dies war schon von Hargreaves vorgeschlagen worden, aber erst 40 Jahre später gelang es dem schwedischen Ingenieur Backmann, einen derartigen Apparat auszuführen, welcher betriebsmäßig befriedigte und der seitdem von der Fa. Krebs & Co. an vielen Orten gebaut wurde.

In seiner Anlage ähnelt die Backmann-Kammer einem Kiesröstofen, sie wird aber in Eisenbeton hergestellt.

Aus einem Bunker wird der gelöschte Kalk durch Beschickvorrichtungen (Abb. 128) zugeführt und dann ähnlich wie beim Röstofen durch eine Welle mit Krählarmen und Schaufeln stufenweise von Etage zu Etage (es sind deren gewöhnlich acht) langsam nach unten befördert, indes das durch einen Exhaustor angesaugte Chlorgas, das unten eingeleitet wird, im Gegenstrom über den Kalk hinwegstreicht. Während der Chlorierung wird in den Kammern ein geringer Minderdruck aufrecht erhalten. Die Abgase werden abgeführt, wobei ihnen Gelegenheit gegeben wird, den mitgeführten Staub in Staubkammern abzusetzen. Die Chlorabsorption ist quantitativ, eine Chlorbelästigung wird durch den Minderdruck vermieden. Welle und Rührarme bestehen aus Eisen und sind durch einen Überzug aus Asphaltkomposition gegen Einwirkung des Chlors in wirksamer Weise geschützt.

---

[1] U. S. A. Pat. 1 330 495 (1920).

[2] Ann. Chim. Appl. **23**, 151. Vgl. auch Nydegger: L'Ind. Chim. April 1923.

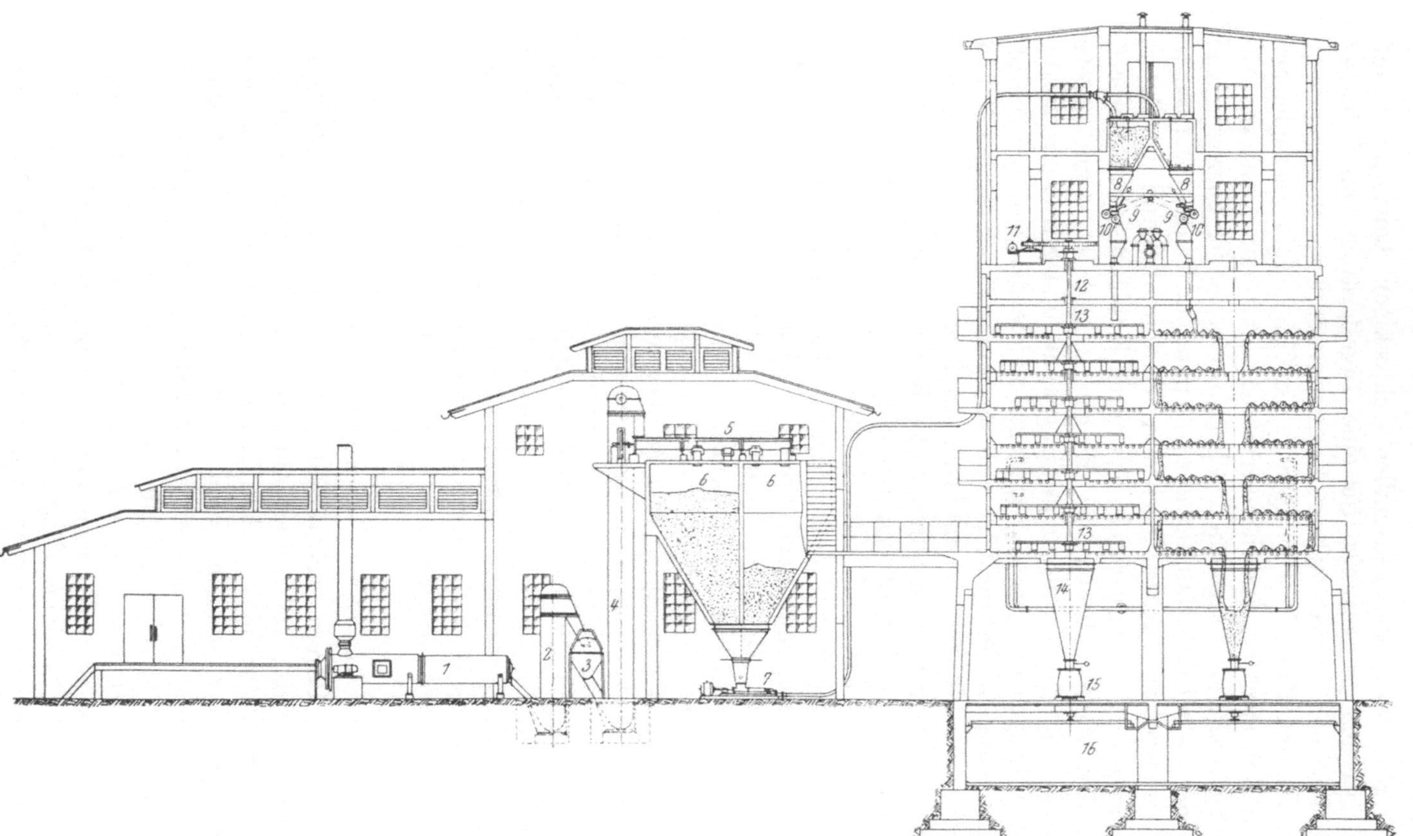

Abb. 128. *Backmann*-Kammer, ausgeführt von Krebs & Co.

1 Kalklöschmaschine, *2* Elevator, *3* Siebmaschine, *4* Elevator, *5* Transportschnecke, *6* Kalksilo, *7* Kalkpumpe mit Motor, *8* Kalkhydratbunker, *9* automatische Waagen, *10* Beschickvorrichtung, *11* Rührwerksantrieb, *12* Staubkammer, *13* Rührwerkskammern, *14* Abfüllbunker, *15* Faßabfüllung, *16* Rüttelvorrichtung.

Die Kammern, die gewöhnlich achteckigen Querschnitt aufweisen, werden vorzugsweise für eine Tagesleistung von 3 bis 4 t Chlorkalk dimensioniert. Mehrere Kammern können leicht zusammengebaut werden. Um Schwankungen in der Chlorzufuhr auszugleichen und die Kammern als Speicher verwenden zu können, sind die Abstände zwischen den Etagen in den Kammern reichlich bemessen, viel reichlicher als bei den Hasenclever-Apparaten. Die Temperatur in den Kammern wird außer durch den Verdünnungsgrad des Chlors noch durch Kühlwasser geregelt, das durch Kühlschlangen zirkuliert, die in den Zwischenböden der Etagen eingegossen sind. Krebs leitet einen Teil der Verdünnungsluft, gekühlt und getrocknet, in die untersten Etagen ein, um das Chlorgas in die darüberliegenden zu treiben und die vom fertigen Chlorkalk mechanisch noch festgehaltenen Chlorreste aus diesem zu entfernen und wieder zurückzuführen. Schaufenster gestatten, das Innere der Kammern bequem zu beobachten. In den unteren Etagen halten die Krählarme und Schaufeln etwa ein Jahr, wenn man ihren Schutzanstrich etwa vierteljährlich erneuert. Der Betonbau ist außerordentlich haltbar, wenn der Schutzanstrich periodisch, mindestens zweimal im Jahr, nachgesehen und ausgebessert wird. Bei guter Kontrolle des Prozesses durch Probeentnahmen, regelmäßige Temperaturablesungen und -regelung kann man den Betrieb vollkommen ruhig und automatisch gestalten.

Eine Temperaturzunahme in den oberen Etagen zeigt an, daß die Kalkzufuhr zu gering ist, umgekehrt sinkt bei zu großer Kalkzufuhr die Temperatur oben unter das richtige Maß und steigt in den unteren Etagen über die praktisch einzuhaltende Grenze. Weitere Anzeichen gibt der durch die Schaufenster leicht zu beobachtende Farbengrad des Gases in den betreffenden Etagen, so daß sich der Bildungsgang des Chlorkalks jederzeit leicht von außen beurteilen läßt. Der Kraftverbrauch der Kammer beträgt etwa 2 PS.

c) Herstellung hochprozentigen haltbaren Produktes.

Beim langen Lagern verliert Chlorkalk (besonders bei zu hohem Wassergehalt) einen Teil seines aktiven Chlors. Dies erfolgt bei mäßiger Temperatur, also in den Ländern mit mildem Klima, nur ganz langsam, aber ziemlich schnell in den Tropen. Bei 45° C sinkt der Gehalt an aktivem Chlor schon innerhalb von 25 Tagen auf die Hälfte und verschwindet innerhalb von zwei Monaten fast vollständig.

Die Fabrik Griesheim-Elektron hat deshalb schon ab 1906 Versuche unternommen, besser lagerfähigen Chlorkalk herzustellen und seinen Gehalt an aktivem Chlor zu erhöhen, um den unnötigen Ballast zu verringern, der gewichtsmäßig nahezu das Doppelte des wirksamen Teils beträgt.

DITZ hatte die Ansicht ausgesprochen[1], daß der Chlorkalk des Handels aus einem Gemenge verschiedener bleichender Stoffe besteht und nicht der einfachen, von ODLING aufgestellten Formel:

$$Ca\begin{matrix}\diagup Cl\\ \diagdown O\,Cl\end{matrix}$$

entspreche. Er stellte sich vor, daß bei der Einwirkung von Chlor auf Kalkhydrat zunächst

$$2\,Ca(OH)_2 + Cl_2 \rightarrow CaO \cdot Ca\begin{matrix}\diagup Cl\\ \diagdown OCl\end{matrix} + 2\,H_2O \qquad (1)$$

entsteht, das bei genügendem Wasserüberschuß einer Hydrolyse nach

$$CaO \cdot Ca\begin{matrix}\diagup Cl\\ \diagdown OCl\end{matrix} + 2\,H_2O \rightarrow Ca(OH)_2 + Ca\begin{matrix}\diagup Cl\\ \diagdown OCl\end{matrix} \cdot H_2O \qquad (2)$$

unterliegt.

Der Chlorkalk des Handels stellt nach seiner Ansicht ein Gemisch der Verbindungen vor, die nach (1), bzw. (2) entstehen.

Die Chemische Fabrik Griesheim-Elektron hat nun Kalziumhypochlorit-Verbindungen mit weit höherem aktivem Chlorgehalt dadurch hergestellt, daß sie das Kalkhydrat, statt in fester, in Form einer wässerigen Aufschlämmung der Chlorierung unterzog. Erreicht die Kalkhydrat-Aufschlämmung beim Chlorieren das spezifische Gewicht 1,15, bei welchem sie 110 bis 120 g aktives Chlor im Liter aufweist, so wird ihr Gehalt an aktivem Chlor durch weiteres Einleiten des Gases kaum vermehrt, es bildet sich vielmehr dabei fast ausschließlich Chlorat und Chlorid. Setzt man aber überschüssigen Kalk zu, so fallen bei fortgesetztem Chloreinleiten schwer lösliche basische Verbindungen aus.

Diese sind kristallinisch, zersetzen sich mit Wasser, können schwer analysenrein hergestellt werden, haben aber die allgemeine Form: $Ca(OCl)_2 \cdot Ca\,(OH)_2$. Sie enthalten also mehr aktives Chlor als der gewöhnliche Chlorkalk.

Durch weiteres Behandeln mit Chlor löst sich die Bindung des $Ca(OCl)_2$ mit dem $Ca(OH)_2$ und letzteres wird weiter in Hypochlorit übergeführt, wodurch sich ein Weg eröffnet, zu neutralem $Ca(OCl)_2$ zu gelangen und dieses durch Chlorkalzium auszufällen.

[1] Z. angew. Chem. **14**, 25, 49, 105 (1901), **15**, 749 (1902); cf. hierzu auch NEUMANN u. Mitarbeiter: Z. angew. Chem. **38**, 193 (1925), Z. Elektrochem. **32**, 18 (1926), **35**, 909 (1939), Z. anorg. Chem. **192**, 179; BUNN, CLARK u. CLIFFORD: Proc. Royal Soc. 1935, 141.

Die I. G. hat diese Versuche jahrelang fortgesetzt und hat je nach der Behandlungsweise und der jeweils gegenwärtigen Wassermenge:

$$2\,CaO \cdot Ca(OCl)_2$$
$$CaO \cdot Ca(OCl)_2$$
$$Ca(OCl)_2$$

als Chlorierungsprodukte erhalten[1].

Es galt nun, letzteres in haltbarer, reiner Form zu erhalten.

Dies gelang erst nach langwierigen, mühsamen Vorarbeiten, durch welche die Materialfragen gelöst, die Schwierigkeit der Filtration, der Trocknung und Formung des äußerst fein verteilten Schlamms überwunden werden mußten. An diesen haben PISTOR, REITZ und SCHULZE besonderen Anteil genommen.

Nach dem Ende des ersten Weltkrieges war man soweit, in Bitterfeld an die Errichtung einer ersten Versuchsanlage schreiten zu können. Aber erst mehr als zehn Jahre später war das Verfahren hinreichend durchgebildet, um in großem Maßstab ausgeführt zu werden.

Die Chlorierung wird bei 30 bis 32° vorgenommen und die Wassermenge so bemessen, daß eine gesättigte Chlorkalziumlösung entsteht, während das Hypochlorit praktisch ungelöst bleibt.

Die Filtration wird mittels hydraulischer Pressen bei sehr hohem Druck vorgenommen. Das Produkt mit 70 bis 73% aktiven Chlors kommt unter dem Namen „*Perchloron*" in kleinkörniger, in Tablettenform usw. in den Handel.

Gleichgerichtete Versuche wurden dann auch von der Fa. Mathieson, der I. C. I., der Soc. del Caffaro u. a. aufgenommen.

Die Fa. Mathieson ging bei ihren ersten Versuchen davon aus, unterchlorige Säure aus Hypochloriten freizumachen, sie in organischen Lösungsmitteln aufzunehmen, zu neutralisieren und durch Destillation abzutrennen. Später schlug sie Wege ein, welche dem eben geschilderten verwandt sind. Sie bringt ein Produkt mit etwa 63% aktivem Chlor unter der Bezeichnung *H. T. H.* auf den Markt.

Gleichfalls unter Zuhilfenahme organischer Lösungsmittel arbeitete die Soc. del Caffaro nach einem von CARUGHI und PAOLINI ausgearbeiteten Verfahren, das darin besteht, in Tetrachlorkohlenstoff suspendiertes Kalkpulver in Drehtrommeln zu chlorieren.

Das Produkt hat viel geringeren Chlorgehalt als das Perchloron, ist aber gut haltbar.

Trotz ihrer ausgezeichneten Eigenschaften können diese Produkte infolge ihrer hohen Herstellungskosten nur bei speziellen Verwendungen

[1] Das erste, grundlegende D. R. P. trägt die Nummer 188 524. Die Zahl der Patente, die später entnommen wurden, ist zu groß, um hier angeführt zu werden.

die Konkurrenz mit 35%igem Chlorkalk oder mit flüssigem Chlor aufnehmen.

Die Mengen, in denen sie produziert werden, sind demgemäß noch gering. Die Weltproduktion dürfte sich der Größenordnung nach auf etwa 25.000 Jahrestonnen halten.

2. Salzsäureherstellung aus Chlor und Wasserstoff.

Umfangreiche Aggregate aus Steinzeugserpentinen, Steinzeugtourils usw., die gewöhnlich im Freien standen, waren für Salzsäurefabriken charakteristisch, als man HCl noch fast ausschließlich durch Erhitzen von Kochsalz mit Schwefelsäure erzeugte. Sie bildeten geradezu ein Wahrzeichen derselben. Als man begann, Salzsäure aus den Elementen herzustellen, wurden sie zunächst übernommen. In moderneren derartigen Betrieben findet man solche aber immer seltener. Sie wurden erst durch Einrichtungen aus Glas und Quarzglas abgelöst, an deren Stelle aber nun allgemein solche aus imprägniertem künstlichem Graphit treten, die von der Chemischen Fabrik Bitterfeld durchgebildet und eingeführt worden sind.

In der Entwicklungsgeschichte der chemischen Technologie stehen Beispiele, in welchen man Fabrikationsweisen umkehrte, zwar nicht mehr vereinzelt da. Trotzdem gehörten ganz durchgreifende Änderungen der Vorbedingungen dazu, dies im Falle der Salzsäureherstellung zu tun; denn von vornherein muß es ganz unlogisch erscheinen, wohlfeilere Salzsäure aus kostbarerem elementarem Chlor herzustellen. Diese Synthese ist in der Tat kaum dazu angetan, Gewinn abzuwerfen. Sie wird denn auch nur dort aufgenommen, wo Eigenbedarf an HCl vorliegt, wo Salzsäure höchsten Reinheitsgrades hergestellt werden soll, bzw. wo Chlor nicht besser zu verwerten ist, und dazu, bei temporärer Überproduktion an Chlor in Fabriken, die über keine Verflüssigungsanlage verfügen, das Gas in lagerfähiges Produkt überzuführen.

Ein Vorteil der benötigten Apparatur besteht darin, daß sie nicht viel Raum einnimmt, nicht besonders kostspielig ist und jederzeit außer Betrieb genommen werden kann.

Da die elektrolytischen Zellen Chlor und Wasserstoff in äquivalenter Menge liefern, verbrennt man das Anodengas am bequemsten mit dem kathodisch auftretenden Wasserstoff. Man muß aber, um chlorfreie Salzsäure zu bereiten, einen 1- bis 2%igen Überschuß von Wasserstoff zur Anwendung bringen, oder, falls solcher nicht verfügbar ist, die entsprechende Menge Methan, Leuchtgas oder Wasserdampf statt seiner einführen.

Die Reaktion zwischen Chlor und Wasserstoff erfolgt mit bekannter Vehemenz und ist deshalb mit Vorsicht einzuleiten. Sie könnte durch

Belichtung oder durch Katalyse in Gang gehalten werden; doch scheint keine solche Herstellungsweise bisher technisch angewendet worden zu sein.

Betriebsmäßig wird Salzsäure aus den Elementen nur wärmetechnisch, bzw. durch Verbrennung in eigens konstruierten Brennern bereitet.

Eine besonders einfache Vorrichtung ist von den Aussiger Chemischen Werken angegeben und verwendet worden[1]. Sie besteht in einem ausgemauerten Schachtofen, durch welchen das Gasgemisch[2] über hellglühenden Koks geleitet wird. Durch die Reaktionswärme — die Bildung von HCl aus H und Cl entwickelt 44 kCal — wird der Koks weiter in Glut gehalten und der Betrieb kann bei sinngemäßer Zuführung von Koks und gleichzeitigem Einleiten der zwei miteinander reagierenden Gase lange Zeit hindurch fortgesetzt werden.

Verbreiteter ist es, die Vereinigung der Elemente Chlor und Wasserstoff zu HCl in Brennern vorzunehmen, welche die zwei Gase wie im Knallgasgebläse erst am Orte der Verbrennung zusammenführen. Man stellt sie aus keramischer Masse, bzw. aus Stahl mit keramischer Umkleidung, bei Abwesenheit von Feuchtigkeit in den Gasen auch aus wassergekühltem Blei her, bevorzugt aber zur Herstellung reinen Produktes solche aus Quarz, die freilich kostspieliger sind.

Zur Verbrennung gelangt ein Chlor-Wasserstoff-Gemisch mit geringem (etwa 5%igem) Überschuß an Wasserstoff. Auf Abwesenheit von Luft, bzw. Sauerstoff ist besonders dort zu achten, wo die Kondensationsvorrichtungen aus Materialien bestehen, die durch feuchtes Gas angegriffen werden, wie dies bei Apparaturen aus Blei der Fall ist.

Angezeigt ist es, die vollständige Verbrennung dadurch zu kontrollieren, daß man ständig eine Probe des Gases durch Methylorangelösung durchperlen läßt. Geringste Spuren unveränderten Chlors geben sich durch Entfärbung der Lösung zu erkennen.

a) *Praktische Ausführung für größere Produktion.*

Große Brenner, mit denen sich bis zu 4 t Chlor im Tage verarbeiten lassen, ordnet man zweckmäßigerweise im Unterteil einer großen Verbrennungskammer an. In Hoechst werden z. B. Verbrennungskammern von 5 m Höhe verwendet, die im unteren Drittel nahezu 1 m, im Oberteil nicht ganz zwei Drittel so großen lichten Durchmesser aufweisen. Solche Brenner sind für beide Gase mit Rückschlag-,

[1] D. R. P. 428 488 (1926).

[2] Chem. Ztg. 1925, S. 922, daselbst wird ein Verfahren beschrieben, bei welchem Salzsäure durch gleichzeitiges Einleiten von Chlor und Wasserdampf hergestellt wird.

die Kammer selbst mit Explosionssicherungen versehen. Letztere lassen Gas austreten, wenn es einen Überdruck von 0,7 Atm aufweist.

Diese Verbrennungskammern bestehen meist aus einem Stahlmantel mit Innenanstrich aus „*Oppanol*“ (Polyisobutylen), auf das ein Futter aus feuerfesten Ziegeln von 12 bis 25 cm Stärke folgt.

Das Chlor wird gewöhnlich unter etwa 2 atü, der Wasserstoff unter einem Druck eingeführt, welcher vom Atmosphärendruck wenig verschieden ist.

In manchen Fabriken (z. B. in Leverkusen und Uerdingen) gelangt an Stelle von reinem Wasserstoff auch Kohlengas zur Verbrennung, dem überhitzter Wasserdampf beigemengt ist. In diesem Falle weist die Flamme keine abgegrenzte Form auf. Der auf 210° vorgeheizte Wasserdampf wird dem Kohlengas unmittelbar vor Eintritt beigemischt. Das Gasgemisch enthält 10% Überschuß an Wasserstoff, 100% Überschuß an Wasserdampf, die für die Reaktionen:

$$CH_4 + 2\,H_2O \rightarrow CO_2 + 4\,H_2$$
$$CO + H_2O \rightarrow CO_2 + H_2$$

erforderlich wären.

Die Gegenwart von Wasserdampf erhöht die Korrosionsgefahr. Es ist deshalb darauf zu sehen, daß die Temperatur der Wände stets an allen Orten über dem Taupunkt gehalten wird. Dazu wird auch bei Betriebsunterbrechung ständig weiter geheizt.

Bei Inbetriebsetzung wird erst die Luft durch Stickstoff verdrängt, dann wird Verbrennungsgas eingeführt und in zugeleiteter Luft entzündet. Man regelt die Zufuhr bis zur Erreichung einer Temperatur von 400 bis 500°, stellt erst den Dampf, dann das Chlor an und schließt den Luftstrom wieder ab.

Im regelmäßigen Betrieb erreicht man Temperaturen von 800 bis 900°. Das Gas verläßt den Ofen mit (trocken gerechnet) 80% HCl bei zirka 600°.

In Ludwigshafen ist um 1930 herum auch eine Anlage für die Herstellung verflüssigten Chlorwasserstoffs gebaut und in Betrieb genommen worden. Wohl die erste ihrer Art. Sie hatte eine Monatsproduktion von etwa 20 t, welche von den Leuna-Werken abgenommen wurde.

Das HCl-Gas wurde in vierstufigen Kompressoren (mit Schwefelsäure als Sperrflüssigkeit) auf etwa 60 atü verdichtet, nachdem es entsprechend gekühlt und gereinigt worden war. Die Reinigung hatte sich auch auf die Absorption von Phosgen mittels Aktivkohle zu erstrecken, weil schon Spuren von Öl zur Bildung dieser giftigen Verunreinigung führten.

Der verflüssigte Chlorwasserstoff wurde in Stahlflaschen, deren Wände und Ventile durch Chlorkautschuk geschützt waren, abgefüllt. Eine Flasche faßte zirka 25 kg flüssiges HCl.

Die Kühlung der heißen, den Öfen entströmenden Gase erfolgt bei Großanlagen meist in Serpentinen mit Luft- oder auch Wasserkühlung.

In manchen Anlagen, z. B. in der Farbenfabrik Hoechst, werden große Mengen HCl in Gasform im eigenen Betrieb verwendet und dazu oft weite Strecken von ihrer Erzeugungsstätte fortgeleitet.

In solchen Fällen hat man das Gas noch zu trocknen und zu filtrieren, um Verstopfungen und Korrosionen zu verhindern.

Die Trocknung erfolgt mittels 92%iger Schwefelsäure in Türmen, welche mit RASCHIG-Ringen beschickt sind, bei einer Strömungsgeschwindigkeit von etwa 25 cm/sec. Diese Türme werden von Stahlmänteln mit Oppanolanstrich eingefaßt und tragen keramisches Futter.

Filtriert wird das Gas zunächst durch Quarzsand, dann durch Schläuche aus Polyvinylchloridgewebe, die zeitweise zu waschen sind, aber unbeschränkte Haltbarkeit aufweisen.

Die Absorption erfolgt mittels Wasser, welches den Innenwänden der Absorptionsrohre entlang herabfließt.

Zur Herstellung reinen Produktes verwendete man lange nur Absorptionsrohre aus Glas oder Quarz, nun aber immer häufiger Vorrichtungen aus Graphit.

In den Graphitkühlern und Graphitabsorptionskammern der Chemischen Fabrik in Bitterfeld erfolgt die Kühlung mittels Kühlelementen, die aus rechteckigen, 10 mm starken Graphitplatten gebildet sind. Aus je zwei solchen mit Rand versehenen Platten werden flache Taschen gebildet, durch deren Hohlraum Kühlwasser geleitet wird. Die Graphitteile werden zunächst in geschmolzenem Wachs von mindestens 80° hohem Schmelzpunkt imprägniert, dann mit einer methylalkoholischen Lösung Sonderharz „H" von Hoechst (ein Phenol-Formaldehyd-Kondensationsprodukt) an den Verbindungsstellen bestrichen, zusammengepreßt und 12 Stunden lang unter Druck gehalten.

Zur Kühlung von 2,5 t HCl in 24 Stunden dient ein Doppelaggregat aus zwei rechteckigen Kammern von 1,65 m Höhe, 1 m Länge und 35 cm Breite (Außenmaße). Jede dieser Kammern ist innen durch 9 horizontale Kühlplatten von zusammen 10 qm Kühlfläche in zehn miteinander kommunizierende Kammern unterteilt. Das Gas wird darin von 480° auf 80° abgekühlt, die Kühlelemente durch Kühlwasser unter 80° gehalten.

Bei der Absorption wird das Gas von unten nach oben, destilliertes (mittels Aktivkohle entöltes) Wasser von oben nach unten geleitet, Kühlwasser strömt von unten nach oben.

b) *Ausführungsform für kleine Produktionsmengen.*

Für Produktionsmengen bis zu 50 kg HCl in 24 Stunden (rund 150 kg konzentrierter wässeriger Salzsäure) wird zur Kondensation der HAUSMANN-Fallfilm-Absorber, dessen Ausführungsform durch die Fa. Krebs & Co. auf Abb. 129 und 130 wiedergegeben ist, mit Vorteil verwendet.

Er besteht aus einem zylinderförmigen Außengefäß *1* aus hartgummiertem Stahl oder aus widerstandsfähigem Kunststoff und einem röhrenförmigen Wärmeaustauscher *2* aus Diabon, welcher durch ein zentral darin untergebrachtes, wasserdurchflossenes Rohrsystem *3* und *4* gekühlt wird.

Das vom Brenner kommende HCl-Gas wird durch seitlich angeordnete Zuführungen von unten nach oben in den Zwischenraum zwischen *1* und *2* eingeleitet, das Lösungswasser zentral von oben. Es sammelt sich in der Krone, welche das Rohr oben abschließt, und fließt, durch Zacken, welche auf ihrer Peripherie ausgespart sind, verteilt, in dünner Schicht dessen Außenoberfläche entlang herab (Abb. 130).

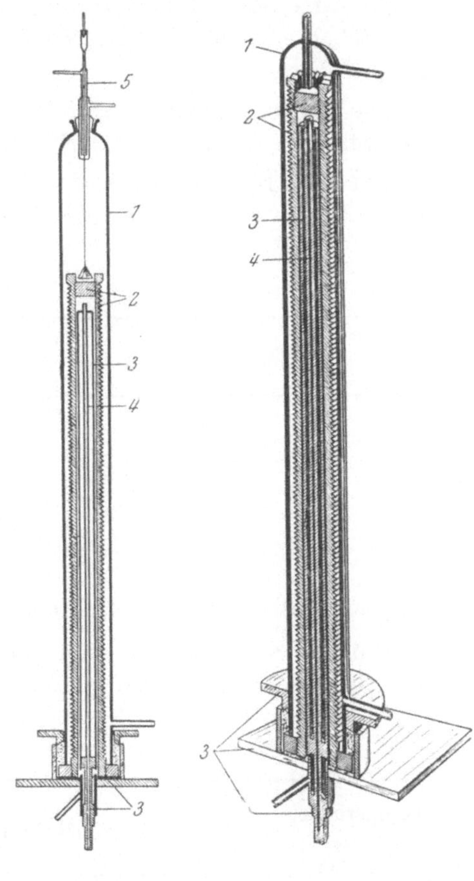

Abb. 129. Abb. 130.
HCl-Apparate.

Da Diabon und Graphit wasserabstoßend sind, werden sie außen mit einem Schraubengang versehen, welcher die Flüssigkeit führt und den zurückzulegenden Weg verlängert.

Für größere Produktionsmengen von 100 bis 500 kg HCl/h werden zwei bis zehn solche Apparate in einem gemeinsamen Außengefäß untergebracht.

Für noch kleinere Leistungen bis zu 20 kg HCl/h kann der Brenner *5*, dessen Flamme nicht bis zum Kühlrohr *2* reichen darf, wie auf Abb. 129 dargestellt, im Oberteil des Apparates selbst eingebaut werden.

Der Brenner ist dann nicht aus bloß zwei, sondern aus drei konzentrischen Rohren zusammenzustellen. Er ist nämlich noch mit einem zentral einmontierten Rohr zu versehen, durch welches das Lösungswasser eingeführt wird. Dieses tritt durch die Flamme und wird weiter durch einen gleichfalls axial angeordneten Quarzfaden in die Mitte der hohlen Krönung des Kühlrohres geführt. Ein Kegel, in welchen er ausläuft, kann zur Verteilung und zu seiner Befestigung dienen.

Die kalte konzentrierte Säure fließt durch eine Ableitung unten ab, während die nicht absorbierten Inertgase oben abziehen.

Bei der Bildung wässeriger Salzsäure von 16 bis 24° Bé (24,78 bis 39,11%) werden folgende Wärmemengen frei:

Tabelle 49.

°Bé	Freigesetzte Wärmemenge/kg HCl
16	427 kCal.
18	415 „
20	402 „
22	389 „
24	375 „

Darnach läßt sich die erforderliche Kühlwassermenge abschätzen.

Welche Säurestärken sich bei verschiedenen Temperaturen bei der Absorption herstellen lassen, veranschaulicht Tab. 50:

Tabelle 50.

Temperatur bei der Absorption °C	Prozentgehalt des Gasgemisches an HCl				
	5%	30%	50%	70%	90%
5	33,8	40,0	41,9	43,2	44,1
10	33,2	39,4	41,3	42,5	43,4
15	32,6	38,7	40,6	41,8	42,7
20	32,0	38,0	39,9	41,1	42,0
30	30,4	36,5	38,4	39,6	40,6
40	29,2	35,1	37,0	38,1	39,0
50	28,0	33,6	35,4	36,5	37,4

3. Die Herstellung von wasserfreien Metallchloriden und von Phosgen.

In steigendem Maße wird elementares Chlor für die Herstellung wasserfreier Metallchloride herangezogen, z. B. von Aluminiumchlorid, welches Verwendung bei der Fabrikation von Farbstoffen, von Äthylbenzol für Buna-Synthese, von Reizstoffen etc. findet und auch in der Mineralölindustrie verwendet wird. Ebenso wird Siliziumchlorid, Zinnchlorür, Titaniumtetrachlorid, Eisenchlorid, Zirkoniumtetrachlorid usw. mittels gasförmigen Chlors bereitet.

a) Die Herstellung von wasserfreiem Aluminiumchlorid.

Als Ausgangsmaterial dient vorwiegend Bauxit oder nach dem Bayer-Verfahren hergestelltes Aluminiumoxyd. Gelegentlich werden auch Aluminiumabfälle in das Chlorid überführt. Die Chlorierung von Ton hat den Gegenstand von Versuchen gebildet, sie dürfte aber kaum noch in größerem Maßstabe ausgeführt werden.

Die Fabrik Ludwigshafen geht vorzugsweise von Bauxit aus, der aus Frankreich oder aus Holländisch-Indien bezogen wird und im Durchschnitt folgende Zusammensetzung aufweist:

Al_2O_3	55	bis	60%
Fe_2O_3	1	bis	3%
TiO_2	1	bis	2%

Für die Herstellung besonders eisenarmen Produktes wird aber Tonerde verwendet.

Der Bauxit wird in Backenbrechern auf Faustgröße vorgebrochen, dann im Schachtofen mit direkter Feuerung bei 900° kalziniert. Die *Kalzinieröfen* weisen eine Gesamthöhe von 6 m auf und bestehen aus einem Stahlblechmantel von 2,1 m Außendurchmesser, welcher innen mit mehreren Lagen feuerfester Ziegel gefüttert ist. In der etwa 3,5 m hohen Hauptreaktionszone hat dieses Futter eine Stärke von 35 bis 40 cm und besteht aus drei Lagen. Über dem Unterteil des Ofens, der sich nach unten auf 60 cm Durchmesser verjüngt und dem Austragen dient, werden die heißen Feuergase durch nahezu tangential gerichtete, im Ziegelfutter vorgesehene Spalten eingeführt.

Oberhalb der Reaktionszone werden die Gase gleichfalls durch Spalten im Futter seitlich abgeführt.

Das kalzinierte Produkt wird, noch heiß, vorzugsweise noch rotglühend, in den Oberteil der Chlorierungsöfen eingetragen.

Die *Chlorierung* wird am besten mit einem Gemisch von Chlor und Phosgen ausgeführt. Dazu leitet man Chlor mit CO durch eine Lage von Birkenholzkohle, welche die Bildung von $COCl_2$ katalytisch beschleunigt, wobei das Gasgemisch eine Temperatur von etwa 400° C annimmt. Der Kohlekatalysator ruht auf einem Rost aus Graphit und füllt einen Raum von 0,75 m Durchmesser und rund 1,5 m Höhe aus. Das Gasgemisch wird unterhalb des Rostes eingeführt, der Reaktionsraum wird von einem etwa 30 cm starken Ziegelfutter eingeschlossen, das außen noch mit etwa 3 cm dicker Schicht Schlackenwolle umgeben ist.

Von da gelangt das Gasgemisch abermals durch nahezu tangential gerichtete Spalten im Ofenfutter in den Unterteil des Chlorierungsofens durch Gaszuführungsrohre von etwa 25 cm Außendurchmesser, welche innen mit zirka 5 cm starkem Futter geschützt sind. In diesem Unterteil sind Flansche vorgesehen, die geöffnet werden können, um Rückstände von Zeit zu Zeit herauszukrählen.

Nach oben setzt sich der Unterteil in einen zylindrischen, etwa 11 m hohen Schacht von 2,2 m Außen-, etwa 1 m lichtem Durchmesser fort, in welchem die Chlorierung vor sich geht, bei welcher sich Temperaturen von 1000 bis 1100° herstellen. Er wird durch eine mit Kühlrippen versehene Stahlhülle von 10 mm Stärke gebildet, die durch feuerfestes Futter aus natürlichem Quarzschiefer und aus Schamottesteinen innen ausgekleidet ist.

Es folgt die Krone, die zum Eintragen des heißen Bauxits und zur Abfuhr des Gases dient.

Öfen dieser Größe dienen zur täglichen Herstellung von 4 t Aluminiumchlorid.

Dient Tonerde statt Bauxit als Ausgangsmaterial, so wird sie erst brikettiert, dann kalziniert und weiter in ähnlicher Weise behandelt wie Bauxit.

Die *Kondensation* erfolgt in einem System von weiten, ungefütterten, luftgekühlten Stahlrohren und Kondensationskammern.

In Ludwigshafen hat das vertikal abwärts laufende erste Kondensationsrohr eine Länge von rund 8 m. Es besteht aus 8 mm starkem Blech und weist oben einen lichten Durchmesser von 1,4 m auf, der sich im Unterteil, mit welchem es auf die Decke einer ersten Kondensationskammer aufgeflanscht ist, auf 0,7 m verjüngt.

Ein zweites, mit einem seiner unteren Enden gleichfalls auf die Decke derselben Kondensationskammer aufgeflanschtes, Kondensationsrohr aus blankem Stahl hat die Form eines verkehrten U mit Schenkellängen von 6,5 m bei 0,7 m lichter Öffnung. Es stellt die Verbindung mit einer zweiten Kondensationskammer her, von der ein ebensolches verkehrt U-förmiges wieder oben angeflanschtes Kondensationsrohr zu einer dritten Kondensationskammer führt.

Jede dieser drei Kondensationskammern hat 1 × 2 m Grundfläche und ist 5 m hoch. Sie haben geneigten Boden, welcher das feste

Produkt zu einer Rinne führt, der es unter Luftabschluß entnommen werden kann.

Von der letzten, der dritten Kondensationskammer führt ein Rohr, welches innen gummiert ist, zu einem Gaswäscher von 8 m Höhe und 2 m innerem Durchmesser, der gleichfalls innen mit Gummi ausgekleidet ist.

Das feste Produkt wird gewöhnlich einmal im Tage gesammelt, währenddessen werden die Kondensationsrohre leicht gehämmert, um Anhaftendes abzulösen.

Die Kondensationsrohre halten mehrere Jahre lang stand. Besondere Ventilationsmaßnahmen werden vorgesehen, um bei den Manipulationen die Belegschaft vor Vergiftung durch Phosgengas zu sichern.

Die Materialausbeute an Chlor soll etwa 80%, an Al_2O_3 etwa 85% betragen.

Das aus Bauxit hergestellte Aluminiumchlorid, Marke „*K*", ist durch 1 bis 3% Fe und 1 bis 2% Titantetrachlorid verunreinigt und enthält geringe Mengen von Siliziumtetrachlorid.

Durch Destillation stellt man daraus das Produkt Marke „*E*" her, welches nur mehr 0,01 bis 0,05% Fe und 0,01 bis 0,05% $TiCl_4$ enthält, sich aber im Preise um nahezu 50% höher stellt.

Das aus Tonerde nach dem Bayer-Verfahren hergestellte Aluminiumchlorid wird mit Marke „*TH*" bezeichnet und enthält 0,01 bis 0,05% Fe. Es ist etwas wohlfeiler als Marke „*E*".

b) Eisenchlorid.

Für die Bildung von Eisenchlorid aus den Elementen hat die Chemische Fabrik Bitterfeld eine eigenartige, sehr sinnreiche Einrichtung ersonnen und durchgebildet, mit welcher sie täglich 2 Tonnen des wasserfreien Produktes herstellt oder wenigstens bis zur Teilung Deutschlands in eine Ost- und eine Westzone hergestellt hat.

Die Anlage besteht aus einer Chlorierungskammer von 0,5 m Durchmesser und 5 m Höhe, die mit tonerdereichen, an Schwermetall armen feuerfesten Ziegeln ausgekleidet ist und an die zwei gleichdimensionierte Sublimationskammern von 1,5 m Durchmesser und 4 m Höhe angeschlossen sind. Die Verbindung wird durch ein, innen mit Ziegeln gleicher Art, ausgekleidetes Rohr von 0,5 m Durchmesser hergestellt, welches 1,5 m unterhalb des oberen Randes der Chlorierungskammer seitlich angesetzt ist und zur ersten Sublimationskammer führt.

Bei Inbetriebsetzung wird die Chlorierungskammer bis zu 1 m unterhalb des Gasabfuhrrohres mit glühendem Eisenschrott beschickt, dann wird das Chlorgas von unten, etwa 20 cm oberhalb des Bodens, eingeführt. Die eigentliche Reaktionszone erstreckt sich auf etwa 1 m vom Boden. Sie ist zum Unterschied von dem sich aufwärts anschließenden Teil nicht ausgefüttert, sondern wird durch Wassermantel gekühlt. Die Konstruktion dieses Teiles gestattet sein Auswechseln im Bedarfsfalle.

Die Sublimationskammern aus Stahl haben innen blanke Metalloberfläche, die sorgfältig gereinigt und geglättet sein muß. Wird diese Vorbedingung erfüllt, dann haftet das Eisenchlorid bei Temperaturen, welche 60° übersteigen, nicht fest an der Innenoberfläche. Um die Temperatur zu regeln, wird der Oberteil der Sublimationskammern außen mit Kühlwasser berieselt, welches in etwa ein Drittel Höhe durch eine Rinne abgeleitet wird.

Die Sublimationskammern sind miteinander durch zwei Rohre verbunden: ein weiter dimensioniertes im Oberteil, ein engeres im Unterteil.

Die besondere Eigenart der Vorrichtung besteht darin, daß die Dämpfe in den Sublimationskammern in ständiger pulsierender Bewegung gehalten werden. Dazu ist an die Böden der Kammern je ein 40 cm weites Abfuhrrohr aus Polyvinylchlorid angesetzt, welches in einen Sack aus Polyvinylchloridgewebe mündet, der auf ein Sammelfaß dicht aufgesetzt ist und dessen Auf- und Abbewegung zuläßt.

Die zwei Sammelfässer ruhen auf Plattformen, welche derart ständig auf- und abbewegt werden, daß sich das eine Faß hebt, während sich das andere senkt. Die Amplitude beträgt 15 cm bei etwa 100maliger Bewegung in der Minute.

Dadurch wird das Ansetzen von Kristallen an die Innenoberfläche erfolgreich verhindert. Die Kristalle fallen frei in die Sammelgefäße herab, wobei die erste Sublimationskammer, welche direkt an die Chlorierungskammer geschlossen ist, größere Kristalle liefert als die zweite Sublimationskammer.

Der Rostgehalt des Eisenschrotts soll ohne Einfluß auf die Qualität des Produktes sein. Das Ausgangsmaterial soll aber in groben Stücken vorliegen, kleinstückiges Gut liefert leicht $FeCl_2$. Die Temperatur wird durch die Stärke des Chlorstromes geregelt, bei zu schnellem Strom steigt sie, bei zu langsamem sinkt sie zu tief.

Die Materialausbeute ist nahezu quantitativ. Gas tritt nur bei Inbetriebsetzung aus, während man die Luft verdrängt.

Eine wichtige Anwendung findet Eisenchlorid, dank seiner starken kolloidfällenden Eigenschaft, für die Reinigung von Abwässern.

c) Siliziumchlorid.

Die Herstellung des Siliziumtetrachlorids geht nur bei Verwendung reinsten Chlors klaglos vor sich. Die geringsten Beimengungen von

Luft, Kohlensäure, Schwefelsäure oder gar von Feuchtigkeit führen zur Bildung von Filmen auf der Oberfläche des Rohmaterials (als welches meist Ferrosilizium dient) und rufen dadurch erhebliche Betriebsstörungen hervor.

Es ist deshalb erforderlich, das Chlor durch Destillation usw. von solchen Verunreinigungen vorerst vollständig zu befreien.

Die Chlorierungsanlage besteht in der Regel aus blankem Stahl und wird mit Ferrosiliziumstücken von Nußgröße beschickt.

Die Chemische Fabrik in Rheinfelden, welche 1 t Siliziumchlorid im Tage erzeugt, geht dabei von höchstprozentigem Ferrosilizium aus, das sie entweder aus Norwegen oder von den Lonza-Werken in Landshut bezieht.

Dieses hat die Zusammensetzung:

Tabelle 51.

	Norwegisches Silicon-Metall	Ferrosilizium Lonza-Werke
Si	96,7 %	95,01 %
Fe	1,4 %	3,55 %
Al	1,35 %	0,67 %
Ca	0,25 %	0,24 %
Mg		0,02 %
Ti		0,3 %

Aus einem vertikalen weiten Zuführungsrohr gelangt das feste Ausgangsmaterial zunächst in ein geneigtes Rohr von 5 m Länge und 40 cm lichtem Durchmesser, das fast der ganzen Länge nach mit Wassermantel gekühlt wird.

Bei der Inbetriebsetzung wird das Ferrosilizium rotglühend aufgegeben, im regelmäßigen Betrieb entfällt die Vorheizung. Eine Transportschnecke befördert das feste Gut vom erhöhten zum tiefergelegenen Ende. Von hier fällt es durch ein kurzes Verbindungsrohr in ein zweites, darunter gelegenes, in verkehrter Richtung geneigtes, gleichfalls mit Wassermantel und mit Transportschnecke ausgerüstetes Reaktionsrohr, welches nahezu dieselbe Länge bei gleichem Durchmesser aufweist.

Dem Verbindungsrohr gegenüber, welches das erste an das zweite Reaktionsrohr schließt, dehnt sich nach unten ein vertikales, 3,5 m langes, 40 cm weites, von einem Dampfmantel umgebenes Sammelrohr, in welches ein Deflektor die Eisenchloriddämpfe lenkt, welche sich darin zu Kristallen kondensieren, die auf den Boden fallen.

Ein drittes, dem ersten paralleles, geneigtes Rohr führt Dampf und feste Rückstände in ein Sammelgefäß, aus welchem die Siliziumchloriddämpfe weiter in Kühlschlangen und Wäscher gelangen, während die festen Rückstände zurückbleiben. Diese werden zeitweise gesammelt und mit Ferrosilizium wieder aufgegeben.

Das rohe Siliziumtetrachlorid wird im Rückflußkühler über Kalkmilch gereinigt, dann destilliert.

Während des Betriebes wird die Temperatur der Kühlflüssigkeit und des Gases an verschiedenen Stellen gemessen, um den Gang ständig zu kontrollieren. Die Temperatur des Kühlwassers darf beim Eintritt 12°, an keiner Stelle aber 25° übersteigen und wird durch Regelung der Geschwindigkeit des Chlorstromes innerhalb der richtigen Grenzen gehalten.

d) Zirkonchlorid.

Zirkontetrachlorid wird vorwiegend als Zwischenprodukt für die Bereitung von Zirkoniumoxychlorid hergestellt, welches bei der Fabrikation wasserdichter Stoffe ausgedehnte Verwendung findet.

Am leichtesten gewinnt man es bei der Chlorierung von Zirkonoxyd, z. B. oxydischer Zirkonerze („Baddeleyit"), wie sie in Brasilien vorkommen, die etwa 78 bis 90% ZrO_2 neben 3 bis 4% SiO_2, 6 bis 7% Fe_2O_3 und etwas TiO_2 enthalten. Diese lassen sich bei zirka 10 mm Korngröße unmittelbar bei 500 bis 600° mittels eines Gemisches gleicher Teile Chlor und Kohlenoxyd in das Tetrachlorid überführen, ohne erst die Bildung von Phosgen aus dem Gasgemisch durch einen Katalysator vorangehen lassen zu müssen.

Kieselsäurereicheres Ausgangsprodukt, wie Zirkonsand, ist wegen seiner geringeren Reaktionswärme schwerer zu chlorieren, erfordert einen Zuschlag von Kohle und die Beimischung von Sauerstoff zum Gasgemisch.

In der Chemischen Fabrik in Leverkusen[1] wurde Zirkonsand von der ungefähren Zusammensetzung:

ZrO_2	60—65%
SiO_2	30%
TiO_2	1—2%
Fe_2O_3	3%

mit 40 bis 50 Gewichts-% Kohlezuschlag und mittels Bindemittel (Teer oder Sulfitablauge) brikettiert. Nach ihrer Kalzinierung bei 800° enthielten diese Briketts etwa 42% ZrO_2. Die Kalzinierung muß langsam erfolgen, um das vollständige Entweichen der flüchtigen Bestandteile aus dem innersten Kern zu sichern, die sonst das Produkt zu sehr verunreinigen. Größere Mengen von Chloriden, die nicht flüchtig sind, deren Schmelzpunkt aber in Nähe der Reaktionstem-

[1] cf. F. I. A. T.-Bericht Nr. 774.

peratur liegt (z. B. $CaCl_2$, NaCl und dergleichen), sind nach Möglichkeit auszuschließen, bzw. durch Auslaugen zu entfernen, weil sie die Bildung von „Ofensäuen“ durch Zusammenbacken im Chlorierungsofen verursachen.

Die Chlorierung der kalzinierten Briketts erfordert höhere Temperatur, nämlich 800 bis 1000° C, als diejenige kieselsäurearmen Zirkonoxyds und sie liefert im gleichen Ofen dabei nur etwa zwei Drittel soviel Chlorid bei geringerer Materialausbeute.

Je Tonne Zirkonoxychlorid mit 43% ZrO_2 sind 1,1 t Zirkonsand von etwa 60% ZrO_2-Gehalt aufzuwenden. Vom angewandten Chlor findet man nur rund 60% im Endprodukt wieder. Ein Teil des Chlors wird vom Bindemittel verbraucht, rund 30% des Chlors aber zur Bildung von Siliziumtetrachlorid, das meist verlorengegeben wird.

Die Chlorierungsöfen haben die Form eines Zylinders, der unten in einen Konus ausläuft. Sie sind mit einem etwa 40 cm starken Futter aus drei Lagen feuerfester Steine innen versehen. Oben werden sie durch eine Haube mit Sandverschluß abgedichtet. Das Chlorgasgemisch wird unten knapp über dem Konus mit soviel Überdruck eingeführt, daß sich im Oberteil des Ofens Atmosphärendruck herstellt. Dieselben Öfen können auch zur Herstellung anderer Chloride, z. B. von $AlCl_3$ dienen.

Zur Herstellung von Zirkonoxychlorid wird soviel $ZrCl_4$ in 20%iger Salzsäure gelöst, daß Kristallisation bei 65° einzutreten beginnt. Man läßt diese Lösung 24 Stunden lang bei 90° absitzen, führt dann die klare Flüssigkeit in mit Gummi ausgekleidete Kristallisationsgefäße, wo man sie unter Bewegung etwa 12 Stunden lang auf 20°C abkühlt. Man zentrifugiert dann durch Vinyonfilter, führt die Mutterlauge zurück und trocknet das feste Produkt in mit Bakelit ausgekleideten Pfannen bei 85°.

e) *Titanchlorid und Zinnchlorür.*

Von anderen, weniger wichtigen Chloriden, welche mittels gasförmigen Chlors hergestellt werden, sind etwa noch Titanchlorid und Zinnchlorür zu erwähnen.

Ersteres wurde fast ausschließlich als Vernebelungsmittel für Kriegszwecke verwendet, letzteres dient hauptsächlich zur Beschwerung von Seide. Es hat Wichtigkeit für die Verwertung des Zinns aus Weißblechabfällen, aus denen man es nach dem bekannten GOLDSCHMIDTschen Verfahren herstellt.

Demgemäß wird es nicht in den Chlorfabriken selbst, sondern in Anlagen erzeugt, welche Weißblechabfälle verarbeiten und dazu flüssiges Chlor käuflich erwerben. Die Besprechung dieses Verfahrens paßt deshalb besser in den Rahmen der Metallurgie.

Während des Krieges wurde Titanchlorid in deutschen Fabriken hergestellt, z. B. in Leverkusen mit einer Tagesproduktion von 2 t. Als Ausgangsmaterial diente Titandioxyd, das in Mengenverhältnissen von:

70 Gew.-% Titandioxyd
30 Gew.-% Ruhrkohle (von 6 bis 8% Aschengehalt)

mit Bindemittel (z. B. Sulfitablauge von 15° Bé) zu Briketts verarbeitet wurde, die erst bei etwa 400° kalziniert, dann im Schachtofen (dessen Unterteil zur besseren Verteilung des Gases und um den Unterteil des Ofens vor zu starker Erhitzung zu schützen, mit Raschig-Ringen beschickt war) chloriert wurden.

Das gasförmige Produkt wurde durch Glaswolle filtriert, welche zwischen perforierten Blechen ausgebreitet war, dann kondensiert und gewaschen.

f) Phosgen.

In der organischen Synthese spielt Phosgen eine wichtige Rolle, z. B. zur Herstellung von Ketonen, von Chlorkohlensäure-Estern und dergleichen mehr. Wegen seiner Giftigkeit und seiner Reizwirkung auf lebende Organismen — ihr verdankt es seine Anwendung als Gaskampfstoff im ersten Weltkriege — ist es nur mit größter Vorsicht zu handhaben.

Phosgen siedet bei 8,2° C und ist deshalb leicht zu verflüssigen und wie Chlor in Stahlflaschen aufzubewahren und zu transportieren. Beimengungen von Inertgasen erschweren seine Verflüssigung.

Zu seiner Herstellung geht man vorzugsweise von Chlor und Kohlenoxyd aus und wendet letzteres in geringem Überschusse an. Am leichtesten erfolgt die Bildung mittels 100%igem Kohlenoxyd, sie ist aber auch mit verdünnterem, etwa 30%igem Kohlenoxyd noch gut durchzuführen, wenn man das Gasgemisch mit geeigneten Katalysatoren bei etwas erhöhter Temperatur in Kontakt bringt.

Man leitet dazu beispielsweise das Gasgemisch durch Rohre, welche mit Aktivkohle beschickt sind, anfangs mit 40° C ein und steigert die Temperatur in dem Maße, in welchem der Kontaktstoff ermüdet, allmählich auf 70° C.

Das Kohlenoxyd kann durch Überleiten von Kohlensäure über glühende Holzkohle oder von Sauerstoff über gut ausgeglühten Koks bereitet werden. Im letzteren Fall ist es in Staubabscheidern von Suspensionen und auch von Öl zu befreien, ehe man es dem Chlor (das am besten Stahlreservoiren, wie sie gang und gäbe sind, entnommen wird) beimengt.

Das bereitete Phosgen wird mit Wasser gewaschen, dann unter Tiefkühlung verflüssigt. Das Abgas wird entweder in hohe Kamine geleitet oder mittels Tetrachlorkohlenstoff gewaschen, um es unschädlich zu machen. Je Tonne Phosgen sind rund 750 kg Chlor und 300 kg Koks aufzuwenden.

4. Die Herstellung von organischen Chlorverbindungen.

Eine seiner bedeutendsten Verwendungen findet das Chlor zur Herstellung von Additions- und von Substitutions-Verbindungen in der organischen Chemie, bei der Erzeugung von Zwischenprodukten in der Farbstoff-Chemie, der Bereitung pharmazeutischer Produkte, der Chlorierung von Benzol und seiner Homologen, der Synthese von Kunststoffen und besonders auch von Lösungsmitteln, die von Azetylen, Methan usw. ausgehen.

Die Chlorierung von Kohlenwasserstoffen für letzteren Zweck, die 1905 ihren Ausgangspunkt in der Herstellung von Chlor-Additions-Produkten des Azetylens nahm, ist so bedeutend geworden, daß im Jahre 1950 allein in den Vereinigten Staaten mehr als eine Million Tonnen chlorierter Kohlenwasserstoffe hergestellt wurden. Mehr als die Hälfte davon waren chlorierte Äthan- und Äthylenverbindungen.

Die Chlorierung von flüssigem Äthylen führt zu Äthylendichlorid, das unter Abgabe von Chlorwasserstoff in Vinylchlorid übergeht. Vinylchlorid läßt sich auch durch Addition von Chlorwasserstoff aus Azetylen herstellen. Auf analoge Art bildet sich Äthylchlorid aus Äthylen, Propylen wird durch Chlorierung und nachfolgende Abspaltung von Chlorwasserstoff in Alkylchlorid übergeführt, das ein Ausgangsprodukt zur Synthese des Glyzerins abgibt usw.

Ungesättigte Kohlenwasserstoffe addieren in flüssigem Zustand, Chlor meist leicht schon bei Raumtemperatur, noch schneller bei Gegenwart geeigneter Katalysatoren.

Die Chlorierung gesättigter Kohlenwasserstoffe durch Substitution von Wasserstoffatomen geht weniger leicht vor sich und verlangt die Aktivierung des Chlors auf photochemischem oder thermischem Wege; beide Methoden werden technisch in sehr großem Maßstabe verwertet.

Dieser knappe Hinweis dient lediglich zur allgemeinen Orientierung, sowie dazu, die große Bedeutung dieses Gebietes hervorzuheben, das heute bereits ein ausgedehntes Kapitel der organisch-technischen Chemie ausfüllt.

II. Die elektrolytische Chlorherstellung aus wässerigen Salzsäurelösungen.

Die Chlorierung organischer Verbindungen, z. B. diejenige von Kohlenwasserstoffen für die Herstellung von Lösungsmitteln, hat so bedeutenden Umfang angenommen, daß die als Nebenprodukt auftretende Salzsäure in viel größeren Mengen abfällt, als man in wässeriger Lösung auf dem Markt absetzen kann.

Die rationellste Art, sie zu verwerten, besteht darin, elementares Chlor aus ihnen rückzugewinnen, das abermals für Chlorierungszwecke verwendet wird.

Dazu kann das Salzsäuregas nach dem Kontaktverfahren mittels Luftsauerstoff oxydiert oder in seiner wässerigen Lösung elektrolytisch zerlegt werden.

Das DEACONsche Kontaktverfahren lieferte mit Kupferchlorid-Katalysatoren bei 400 bis 430° bei 75 bis 80% Umsatz ein Gemisch von Chlor mit Salzsäure, Wasserdampf und Luft, aus welchem die Säure durch Wasser ausgewaschen, der Wassergehalt mittels konzentrierter Schwefelsäure entfernt wurde.

Der Vorteil dieses Verfahrens besteht darin, daß es von Gas ausgeht, etwas Wärme, aber keine elektrische Energie verbraucht, sein Nachteil in der Verdünnung und dem geringen Reinheitsgrad des Gases.

Im Oppauer Werk der I. G. ist ein verbessertes Kontaktverfahren ausgebildet worden, nach welchem der Umsatz in Schmelzgemischen von Eisenchlorid und Kaliumchlorid vorgenommen wird, wobei man Chlorgas mit 90 bis 95% Cl erhält.

Da indessen mehrere andere Werke der I. G. Chlor aus wässeriger Salzsäure auf elektrolytischem Wege zurückgewinnen, ist anzunehmen, daß sich die Elektrolyse, welche reineres Produkt auf glatterem Wege liefert, besser bewährt hat.

In der Tat sind hier sehr günstige Vorbedingungen für die Anwendung der Elektrolyse gegeben. Wenn ihre Kosten zwar nicht wie bei der Alkalichloridzerlegung durch zwei Produkte, sondern allein durch das Chlor getragen werden müssen — vom gleichzeitig entwickelten Wasserstoff, der geringen Wert besitzt, kann man wohl absehen —, so wird dies dadurch ausgeglichen, daß diese Kosten hier geringere sind, weil sich die Elektrolyse mit geringerem Wattstundenaufwand und mit geringerem Anodenverschleiß ausführen läßt.

In rein elektrochemischer Hinsicht liegen die Verhältnisse hier besonders günstig:

Die Leitfähigkeit der Salzsäure ist 3,5- bis 4mal größer als diejenige entsprechender Kochsalzlösungen.

Ihre Zersetzungsspannung liegt um rund 0,8 V tiefer.

OH'-Ionen, welche die elektrolytische Alkalichloridzerlegung erschweren, sind in starken Säurelösungen praktisch nicht vorhanden. Deshalb kann die Elektrolyse ohne störende Nebenreaktionen ausgeführt werden. Als solche kommt höchstens die kathodische Rückreduktion gelösten Chlors zu HCl in Betracht, die aber bei der geringen Löslichkeit des Chlors in konzentrierter Salzsäure gar bei höherer Temperatur nur ganz geringen Umfang annimmt.

Graphitanoden werden in starker Salzsäure, dank der Abwesenheit sauerstoffhältiger Anionen, viel langsamer angegriffen. Ein Teil derselben kann aus Anodenabfällen der Alkalichloridelektrolyse hergestellt werden.

Gut stromdurchlässige Diaphragmen aus Polyvinylchloridgeweben haben sich als äußerst haltbar erwiesen, nach 14 Monaten sahen sie wie neu aus.

In konstruktiver Hinsicht stellt die elektrolytische Salzsäurezerlegung Probleme, welche denen der Sauerstoff- und Wasserstoffherstellung verwandt sind. Wie dort treten beiderseits gasförmige Produkte auf, welche voneinander getrennt aufzufangen sind, wobei man bestrebt sein muß, mit möglichst geringen Elektrodenabständen zu arbeiten. Verschieden sind aber die Baumaterialien, welche in beiden Fällen in Betracht kommen.

Die große Widerstandskraft und Qualität der Kunststoffe, welche in jüngerer Zeit herausgebracht worden sind, hat die Lösung dieser Aufgaben sehr befördert. An Stelle von Steinzeug verwendet man als Gefäßmaterial Havegmasse, Hartgummi, Polyvinylchlorid oder daraus hergestellte Kompositionen, allenfalls künstlichen Graphit.

Anwendbar ist sowohl die monopolare als die bipolare Schaltung der Elektroden in Zellen, welche durch Diaphragmen in Anoden- und in Kathodenkammern abgeteilt sind.

Graphit gibt sowohl für die Anoden als für die Kathoden das bestgeeignete Elektrodenmaterial ab.

Bevorzugt wird die bipolare Anordnung der Elektroden in Filterpressen ähnlichen Zellen, deren Rahmen aus Havegmasse oder Polyvinylchloriden, allenfalls aus Graphit hergestellt sind.

In diesen wird der Flüssigkeitsquerschnitt durch die Graphitplatten, welche Bipolarelektroden bilden, völlig eingenommen. Anodenseitig kann der Zwischenraum zwischen den Graphitplatten und dem Diaphragma mit stückigem oder körnigem Graphit beschickt werden, den man etwa aus Anodenresten der Chloralkalielektrolyse herstellt, aus denen man durch langes Wässern alles Chlorid entfernt hat. In gutem Kontakt mit der kathodisch wirkenden Graphitplatte gehalten, bilden diese Schichten, aus welchem das Chlorgas leicht entweicht, den anodisch wirkenden Teil der bipolar geschalteten Elektroden. Auf der entgegengesetzten, der kathodisch wirkenden Oberfläche der Graphitplatten werden Öffnungen ausgespart, durch welche der Wasserstoff abzieht, etwa Rillen der Art, wie sie SCHMIDT (s. S. 53) verwendet hatte, Kanäle, Bohrungen oder dergleichen.

Vorelektroden sind an Graphitelektroden nicht gut anzubringen.

An ihren Rändern werden die Diaphragmen z. B. mittels Polyvinylchloridlack undurchlässig gemacht und in ähnlicher Weise zwischen die Rahmen dicht eingespannt wie bei der Wasserelektrolyse, die hier in mehrfacher Hinsicht vorbildlich gewesen ist.

Die Gasabzüge, Sammelrohre usw. werden vorzugsweise aus Polyvinylchlorid hergestellt, bzw. aus Rohren, die damit überzogen sind.

Als Elektrolyt dient, einmal um an Spannung zu sparen, dann auch, um dieanodische Sauerstoff- (bzw. Kohlensäure-) Bildung möglichst zu erschweren[1], rationellerweise bestleitende Salzsäure.

Mit zunehmender Konzentration durchschreitet die Salzsäure, wie andere starke Säuren und Alkalien, ein Maximum der Leitfähigkeit. Es wird bei Konzentrationen erreicht, welche sich mit steigender Temperatur etwas gegen höhere Konzentrationen verschieben und die bei Säurestärken von 180 bis 200 g HCl/l liegen.

Die günstigsten Resultate erhält man dann, wenn man die Säure während der Elektrolyse innerhalb dieser, Konzentrationsgrenzen hält oder sich wenigstens von diesen nicht allzuweit entfernt. Man leitet dazu die Säure vorzugsweise unten mit etwa 250 g HCl/l ein und zieht sie oben mit etwa 160 bis 180 g HCl/l ab, um sie außerhalb der Zelle nachzusättigen.

In so konzentrierter Salzsäure ist, besonders bei etwas erhöhter Temperatur, der Partialdruck des HCl so groß, daß sowohl Chlor als Wasserstoff 2 bis 3% Chlorwasserstoff beim Entweichen aus der Zelle mitführen, der sich aber verhältnismäßig leicht aus ihnen mittels Wassers auswaschen läßt. Immerhin entstehen dadurch Materialverluste oder es ist Wärmeenergie aufzuwenden, um wieder konzentrierte Säure aus den Waschwässern herzustellen.

Meist verursachen auch kleine Isolationsfehler Stromverluste in

---

[1] c. f. HABER u. GRINBERG, l. c. S. 174.

der Zelle, so daß man im allgemeinen nur mit 90%iger, allerhöchstens mit 94%iger Stromausbeute rechnen kann.

Bei Stromdichten von 600 bis 1000 A/qm steigt die Zellentemperatur auf 80 bis 90°, während sich die Spannung innerhalb der Grenzen von 2,15 bis 2,4 V halten läßt.

Die Stromdichten sind also niedriger als bei der Wasserelektrolyse, obgleich man besser leitenden Elektrolyt verwendet. Dies ist hauptsächlich auf den größeren elektrischen Widerstand der Elektroden (besonders bei Verwendung körnigen Materials) und der Diaphragmen zurückzuführen. Die Spannung ist ungefähr dieselbe wie bei der Wasser-, aber wesentlich niedriger als bei der Alkalichloridelektrolyse.

Das Chlor weist hohen Reinheitsgrad auf, es enthält:

99,5 bis 99,7% Cl, neben
0,2 bis 0,4% CO_2.

Je Tonne Chlor werden 1800 bis 2000 kWh aufgewendet und 4 kg Graphitanoden verbraucht, wenn man bloß kompakte Graphitplatten als Elektroden verwendet, etwa zweimal soviel, wenn man anodenseitig körniges Abfallmaterial heranzieht.

Die Diaphragmen aus Polyvinylchlorid sind mehrere Jahre lang verwendbar.

III. Die Fabrikation von Chlorsauerstoffverbindungen.

Sämtliche Chlorsauerstoffverbindungen, welche im großen Maßstabe hergestellt werden, können als Produkte der technischen Alkalichloridelektrolyse bezeichnet werden. Die Chlorate und das Natriumhypochlorit, weil sie unmittelbar bei der Elektrolyse entstehen, die anderen, wie Chlorkalk, Chlorite, Perchlorate und gasförmiges Chlordioxyd, weil man bei ihrer Herstellung von Chlor oder von Chlorat ausgeht, welche gegenwärtig soviel wie ausschließlich auf elektrolytischem Wege gewonnen werden.

Unter den Hypochloriten wird das wichtigste, das Kalziumhypochlorit, welches den wirksamen Bestandteil des Chlorkalks bildet, von Chlor ausgehend ausschließlich auf rein chemischem Wege hergestellt. Hingegen ist das Natriumhypochlorit in gelöstem Zustande früher fast nur auf elektrolytischem Wege in den sogenannten „Bleichelektrolyseuren" hergestellt und an Ort und Stelle für Bleichzwecke in der Papier- und Textilindustrie verwendet worden.

Diese Bleichelektrolyseure waren eine Zeitlang sehr verbreitet und beliebt, obgleich sie nicht sehr ökonomisch arbeiteten. Man rühmte den Bleichlösungen, die sie lieferten, nach, daß sie weißeres Produkt unter größerer Schonung der Festigkeit der Faser gewinnen ließen. Seitdem sich die Fabriken aber leicht flüssiges Chlor beschaffen können, ist die Verbreitung der Bleichelektrolyseure und der mit ihnen vorgenommenen sogenannten „elektrischen Bleiche" sehr stark zurückgegangen und sie verlieren mit dem Aufkommen der fabrikmäßigen Herstellung von Chlordioxyd und von Natriumchlorit (s. d.) vollends an Wert und an Bedeutung.

Chlorsauerstoffverbindungen bilden sich, wenn man Chlor auf Alkalien oder Erdalkalien einwirken läßt, bei der Elektrolyse mit festen Kathodenmetallen also, wenn man Anoden- und Kathodenprodukt nicht voneinander getrennt hält, sondern sie gegenseitig aufeinander einwirken läßt. Je nach der Art, wie dies geschieht, lassen sich dabei Hypochlorite oder Chlorate als Hauptprodukte der Elektrolyse gewinnen.

A. Hypochloritbildung.

Hypochlorite entstehen aus Chloriden durch Übergang der Cl'- in ClO'-Ionen, deren Bildung schon durch „Hydrolyse" des

Chlors, d. h. durch Einwirkung desselben auf Wasser, vor sich geht, oder — und dann in viel größerem Umfange — durch Wechselwirkung von Cl'- auf die von starken Alkalien in großen Mengen gelieferten OH'-Ionen. Ihre anodische Bildung folgt dem Schema:

$$Cl' + 2\,OH' + 2\oplus \rightarrow ClO' + H_2O$$

ihre rein chemische Bildung entspricht der Gleichung:

$$Cl_2 + 2\,Na^{\cdot} + 2\,OH' \rightleftharpoons Na^{\cdot} + Cl' + NaOCl + H_2O + \oplus\ \ominus$$

Die unterchlorige Säure zählt zu den sehr schwachen Säuren, ihre Salze unterliegen daher in wässeriger Lösung der Hydrolyse, kleine Zusätze starker Säuren setzen aus ihnen die nur sehr schwach dissoziierte unterchlorige Säure in Freiheit, welche hohes Oxydationspotential aufweist, aber im sauren Mittel unbeständig ist.

Darauf gründet sich ihre Bleichkraft, welche die des Hypochlorits übertrifft. Um stärkere Bleichwirkung zu erzielen, hat man deshalb Hypochloritlösungen schwach anzusäuern, um sie haltbarer zu machen und vor Zersetzung zu schützen, sie schwach alkalisch zu halten.

Wiewohl ClO'-Ionen in geringen Mengen an allen Anoden auftreten, an denen Chlorionen zur Entladung gelangen (s. S. 173f.) scheint die Entladung der Chlorionen der Bildung von ClO'-Ionen voranzugehen. Dafür spricht in augenfälliger Weise ein Versuch, den E. Müller[1] beschreibt: Elektrolysiert man eine Kochsalzlösung in einer Platinschale, welche als Anode dient und von außen durch eine Kältemischung stark gekühlt wird, so scheidet sich an ihrer Innenwand Chlorhydrat als gelbe kristallinische Masse ab.

Es ist also anzunehmen, daß die Hypochloritbildung vorwiegend dort erfolgt, wo gelöstes oder gasförmig verteiltes Chlor mit den gegen die Anode wandernden OH'-Ionen des kathodisch gebildeten Alkalis zusammentrifft.

In unmittelbarer Umgebung der Anode erleichtert die Gegenwart von ClO'-Ionen die Sauerstoffentladung und die Bildung von Chlorat. An der Kathode wird hinwiederum schon gebildetes Hypochlorit teilweise wieder reduziert. Die besten Ausbeuten muß man deshalb erzielen, wenn die Hypochloritbildung im Mittelraum zwischen den Elektroden vor sich geht und wenn das Hypochlorit auch weiterhin nicht mehr mit den Elektroden in direkte Berührung tritt.

Dieser Forderung kann die Technik allerdings nur zum Teile gerecht werden. Deshalb hat man wenigstens die kathodische Reduktion durch membranbildende Zusätze (s. S. 86f.) zu hemmen gesucht, aber damit nur zweifelhaften Erfolg gehabt. Am besten

[1] Z. anorg. Chem. **22**, 33 (1900).

wirkten noch Zusätze von Harzlösungen oder von Türkischrotöl, welche schwerlösliche organische Kalkverbindungen (aus dem Kalkgehalt des verwendeten Wassers) als Film auf die Kathoden absetzen[1].

Im übrigen werden die Stromausbeuten durch:

Steigerung der Stromdichte,
Aufrechthaltung relativ niederer Temperatur,
Anwendung konzentrierterer Chloridlösung

erhöht.

Bei der Berechnung der Wirtschaftlichkeit der Anlage bildet der Verbrauch an elektrischer Energie aber nur einen der in Rechnung zu stellenden größeren Posten, einen anderen stellt der Salzverbrauch vor, der ebenso stark in die Waagschale fällt, weil sich die Salzlösung nur einmal verwenden läßt. Zur Bleiche gelangt nämlich die hergestellte Hypochloritlösung erst nach entsprechender Verdünnung und sie nimmt bei der Bleiche soviel organische Substanzen auf, daß sie, mit Salz wieder nachgesättigt und in die Elektrolyseure zurückgeleitet, nur sehr schlechte Stromausbeuten liefern würde. Somit geht alles unverändert gebliebene Salz verloren und da sich praktisch nur ein verhältnismäßig geringer Teil bei der Hypochloritherstellung mit höherer Stromausbeute umsetzen läßt, ist der Salzverbrauch der Bleichelektrolyseure verhältnismäßig groß.

Bei normalen Kochsalzpreisen, die von Staat zu Staat allerdings infolge des Salzmonopols sehr verschieden sind, arbeitet man im allgemeinen bei mittelhohen Strompreisen am günstigsten, wenn man der Elektrolyse Salzlösungen mit 65 bis 100 g NaCl/l zuführt und die Elektrolyse bei etwa 15° vornimmt, indem man die Temperatursteigerung in den Zellen durch wasserdurchflossene Kühlschlangen hemmt.

Man kann dann rechnen, in guten Bleichelektrolyseuren 1 kg aktives Chlor in Form von Bleichlösungen mit 10 g aktivem Chlor/l bei einem Salzverbrauch von 6 kg Kochsalz und einem Energieverbrauch von rund 6 kWh zu gewinnen.

Zum Vergleich mag daran erinnert werden, daß die getrennte Herstellung der äquivalenten Chlor- und Ätznatronmenge in Diaphragmazellen mit einem Energieaufwand von 3 bis 4 kWh und einem Salzverbrauch von rund 4 kg NaCl durchzuführen ist. Aus diesen zwei Produkten kann man entweder Natriumhypochlorit von viel höherer Konzentration herstellen oder das Chlor zur Bildung von Bleichkalklösung verwenden und das Ätznatron als solches verwerten, eine Arbeitsweise, die von vielen großen Papier- und Zellulosefabriken befolgt wird.

[1] Bichromat färbt das Bleichgut und ist deshalb ungeeignet.

Die getrennte Herstellung von Chlor und Ätznatron ist demnach wesentlich ökonomischer. Doch haben die Bleichelektrolyseure die größere Einfachheit der Arbeit in offenen Zellen für sich, bei welcher nur ein Produkt entsteht, das keiner weiteren Nachbearbeitung bedarf.

Für kleinere Betriebe, bei welchen etwas höhere Betriebskosten mit Rücksicht auf den beschränkten Umfang der Produktion nicht ausschlaggebend sind, kann ihre Verwendung noch immer diskutabel sein.

1. Bleichelektrolyseure.

Von den überaus zahlreichen Zellenkonstruktionen, welche ausgeführt worden sind, haben sich nur die einfachsten bewährt, unter denen diejenigen Haas und Oettels, Kellners (bzw. Siemens & Halske) und Schoops bevorzugt wurden.

Die Bipolarschaltung der Elektroden ist hier von vornherein gegeben. Die Elektroden werden dabei in 5 bis 10 mm Abstand voneinander angeordnet. Da auf jedes Elektrodenpaar 5 bis 6 V Spannungsdifferenz kommt, vereinigte man bei Netzspannungen von 110, bzw. 220 V etwa 20, bzw. 40 Bipolarelektroden in einer Zelle, deren Stromkapazität selten kleiner als 8, selten größer als 50 A war.

Die Salzlösung wurde während der Elektrolyse in Zirkulation gehalten und dabei entweder außerhalb oder innerhalb der Zelle gekühlt.

In den ältesten Bleichelektrolyseuren wurden die Elektroden vertikal angeordnet. Oettel, der als einer der allerersten einen guten Bleichelektrolyseur herausbrachte, ordnete das bipolar geschaltete Elektrodenpaket im Mittelteil einer Steinzeugzelle, quer zu deren Längsrichtung, an, schloß es seitlich ab und ließ es unten nicht bis an den Boden, oben nicht bis ans Flüssigkeitsniveau ragen. In den zwei freibleibenden Seitenräumen wurden wasserdurchflossene Kühlschlangen untergebracht.

Während der Elektrolyse setzten die an den Elektroden aufsteigenden Gasblasen eine durch die Erwärmung verstärkte Aufwärtsbewegung des Elektrolyten in Gang, welcher sich oben seitlich in die Kühlkammern ergoß, aus denen er unten wieder, gekühlt, in den Elektrodenabteil eintrat, denselben abermals von unten nach oben durchsetzte usw. Auf einfachste Art wurde dadurch eine Zirkulation aufrecht gehalten, deren Geschwindigkeit dem jeweiligen Stromdurchgange ungefähr proportional war.

Die Apparate wurden von der Firma Haas & Stahl ausgeführt. Verbreitet war eine Zelle, die bei 110 V Netzspannung 50 A aufnahm. Sie umfaßte 22 Kammern und lieferte in 10 Stunden rund 1 cbm Bleichlösung mit rund 10 g aktivem Chlor/l. Je Kilogramm aktives Chlor wurden 6 bis 6,5 kWh und etwa 15 kg Kochsalz verbraucht.

KELLNER baute einen verwandten Apparat, in welchem aber die Zirkulation durch eine Umlaufpumpe unterhalten wurde.

Während OETTEL von Haus aus Graphitelektroden verwandte, benützte KELLNER Platinelektroden, die auf verschiedene Art aus Drähten zusammengesetzt wurden. Z. B. wurden Elektrodenplatten dadurch hergestellt, daß man 0,1 mm starken Platin-Iridiumdraht in 3 bis 4 mm Abstand von einem zum andern um Spiegelglasplatten wickelte. Solche Elektroden wirkten bei geringem Metallaufwand, in einiger Entfernung voneinander eingesetzt, wie Vollelektroden.

SCHOOP baute als erster Bleichelektrolyseure, in welchen horizontale Elektroden verwendet wurden, die in Rinnen derart einmontiert waren, daß sie durch oder über die Wand, welche zwei benachbarte Rinnen trennte, von einer Rinne in die andere traten. In der einen lagen sie nahe dem Boden, in der benachbarten etwas höher. Der jeweils tiefer liegende Teil wirkte als Anode, der andere kathodisch. Letzterer wurde kleiner dimensioniert als der Anodenteil, um die Reduktion zu erschweren.

Die Lösung wurde durch alle Rinnen ihrer Länge nach im Zick-Zack-Lauf geführt. Dies zu erleichtern, wurden die Rinnen mit leichtem Fall terrassenförmig aneinandergereiht.

SCHOOP garantierte bei Prämienzahlung, daß seine Zellen durch 10 Jahre bei Belastung mit 50 A bei 110 V Netzspannung stündlich 100 l Bleichlösung mit 1 kg aktivem Chlor (= 10 g/l) bei nur 6 kg Salzverbrauch liefern. Dies entsprach einer Stromausbeute von 75%, einem Energieverbrauch von 5,5 kWh und war als eine Spitzenleistung anzusehen.

Der Apparat war mit 30 g Platin ausgerüstet, die kathodische Stromdichte erreichte zirka 3000, die anodische etwa 600 Aqm.

Um das Platingewicht noch zu verringern, baute SCHOOP eine Zelle, in welcher die Rinnen aus Graphit hergestellt waren und als Kathoden dienten, sie wurde „*Bastard*“-Zelle genannt.

KELLNER baute später eine ähnliche Zelle, in welcher geklöppelte Pt-Drahtelektroden verwendet wurden, deren Abstand durch Glaszwischenkörper auf wenige Millimeter festgehalten wurde. Der Anoden- und der Kathodenteil waren gleich groß. Die Zelle wurde, gleich den andern KELLNER-Bleichelektrolyseuren, von Siemens & Halske ausgeführt. Die Temperatur wurde auf 20 bis 21° gehalten, bei Überschreitung derselben infolge mangelhafter Zirkulation ertönte eine Signalglocke. Die Rinnen wurden in einen Zementtrog eingebaut und durch Glasscheidewände voneinander getrennt.

Die Ausbeuten waren ungefähr dieselben wie bei SCHOOP, das Platingewicht um zirka 25% größer.

2. Bleichwirkung.

Da die freie unterchlorige Säure wesentlich rascher bleicht als Hypochlorite, bildet sie in schwach angesäuerter Lösung das eigentliche bleichende Agens.

Die Bleichwirkung besteht in einer Oxydation des Bleichgutes, der freiwerdende Sauerstoff bildet mit demselben, bzw. den färbenden Substanzen Kohlensäure, die sich mit dem Bleichmittel nach:

$$Ca(OCl)_2 + CO_2 + H_2O \rightleftharpoons CaCO_3 + 2\,HClO$$

oder:

$$NaOCl + CO_2 + H_2O = NaHCO_3 + HClO$$

umsetzt. Im ersten Falle entsteht ein schwerer lösliches, im zweiten ein leichtlösliches Karbonat. Das schwerer lösliche schlägt sich auf die Faser und führt zu Inkrustationen, welche die gleichmäßige Bleichung der Faser erschweren, indem sie sie stellenweise abdecken. Da zudem mit der Ausfällung von $CaCO_3$ unterchlorige Säure freigesetzt wird, steigt deren Konzentration besonders an jenen Stellen, die der Inkrustation unmittelbar benachbart sind, diese werden deshalb neben schlechter gebleichten Stellen stärker angegriffen.

Dadurch wird die schonendere und gleichmäßigere Bleichwirkung von Natriumhypochloritlösungen erklärt. Eine Bestätigung findet diese Deutung darin, daß die mit Natriumhypochlorit gebleichte Ware weicheren Griff aufweist.

Die Geschwindigkeit des Bleichens, welche in alkalischer Lösung gering bleibt, steigt in schwach saurer Lösung ungefähr mit dem Quadrate der Konzentration der freien unterchlorigen Säure. Mit derselben steigt aber auch der Verbrauch an Bleichmitteln bei Erzielung gleicher Weiße sowie der Angriff, den das Bleichgut erleidet. Eine Temperaturerhöhung beschleunigt die Bleiche und erhöht den Bleicheffekt bei gleich großem Verbrauch an Bleichmitteln.

B. Die Herstellung von Chloraten.

1. Allgemeines.

Die elektrolytische Chloratindustrie ist von zwei französischen Technikern, H. GALL und MONTLAUR, ins Leben gerufen worden, die, in Anerkennung dieses Verdienstes, von der französischen Akademie durch den KASTNER-BONSALT-Preis ausgezeichnet wurden.

Die ersten Versuche wurden von ihnen 1886 aufgenommen[1], dann errichteten sie 1892 erst eine Anlage in Vallorbe (Schweiz), 1896 eine zweite in St. Michel de Maurienne (Savoyen), die nun rund 60 Jahre in Betrieb stehen.

Die Vorteile der elektrolytischen Herstellungsweise brachten es mit sich, daß die rein chemische Bereitung nach dem LIEBIG-Verfahren immer mehr in den Hintergrund trat, bis Chlorat fast ausschließlich nur mehr auf elektrolytischem Wege hergestellt wurde. Örtliche Überproduktionen an Chlor führten aber dazu, daß einige Betriebe — wenigstens zeitweise — Chlorat wieder mittels Elektrolytchlors, bzw. Abfallchlors, herstellten.

Vor dem Kriege wurde die Weltproduktion an Chloraten auf rund 150.000 t geschätzt, wovon zwei Drittel auf Kalium-, ein Drittel auf Natriumchlorat entfielen.

Die Aufnahme der Fabrikation von Chloriten, die der neuesten Zeit angehört und von Chloraten ausgeht, dürfte der Herstellung des letzteren einen neuen Auftrieb geben.

Die Untersuchung der Vorgänge, welche sich bei der elektrolytischen Chloratbildung abspielen, können durchaus nicht als abgeschlossen angesehen werden. Eine Theorie aufzustellen, welche die Chloratbildung sowohl in saurer, „neutraler", wie in alkalischer Lösung gleich gut darstellt, ist noch nicht gelungen.

Die Bruttoformel:

$$6\,KOH + 3\,Cl_2 \rightarrow KClO_3 + 5\,KCl$$

gibt nur die stöchiometrischen Verhältnisse der in Reaktion tretenden Stoffe an, ohne etwas über den Weg auszusagen, welchen sie nimmt.

Daß schwach alkalische Lösungen von Hypochloriten verhältnismäßig beständig sind, schwach saure sich aber unter Bildung von Chlorat rasch zersetzen, macht es wahrscheinlich, daß die Chloratbildung ihren Weg über unterchlorige Säure nimmt, die auf ihr eigenes Salz nach der Bruttogleichung:

$$HOCl + 2\,KOCl \rightarrow KClO_3 + HCl + KCl \qquad (1)$$

oder

$$2\,HOCl + ClO' \rightarrow ClO_3' + 2\,H^{\cdot} + 2\,Cl' \qquad (2)$$

unter Chloratbildung einwirkt.

Dafür spricht auch der Umstand, daß die Bildung von Chlorat beim Einleiten von Chlor in Alkalien erst lebhaft zu werden beginnt, wenn Chlor in Überschuß auftritt, welches unterchlorige Säure aus erstgebildetem Hypochlorit freisetzt. Bis dahin geht bei gewöhnlicher Temperatur, in Abwesenheit von Katalysatoren, der

[1] F. Pat. 179 413 (1886).

Umsatz kaum über die Bildung unterchlorigsauren Salzes nach der Bruttogleichung:

$$Cl_2 + 2\,KOH \rightarrow KCl + KOCl + H_2O \qquad (3)$$

hinaus, wie schon GAY-LUSSAC gezeigt hat[1].

Ausgedehntere Untersuchungen FÖRSTERS und seiner Mitarbeiter haben ergeben, daß die Hypochloritkonzentration bei der Elektrolyse von „neutraler“ NaCl-Lösung im ersten Stadium ansteigt, dann aber konstant bleibt, während die Chloratbildung regelmäßig vorschreitet. Dies ist sowohl bei Raumtemperatur als bei erhöhter Temperatur der Fall (s. Abb. 131 und 132), nur liegt die Hypochloritkonzentration bei höherer Temperatur tiefer und ihre Konstanz tritt früher ein.

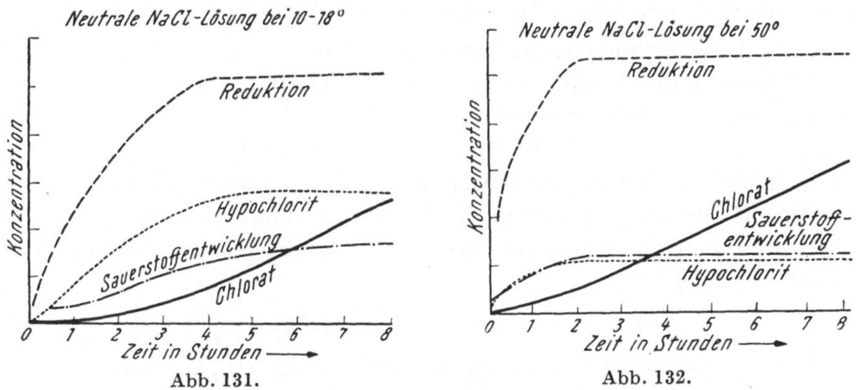

Abb. 131. Abb. 132.

Chloratbildung, Abb. 131 bei Raum-, Abb. 132 bei höherer Temperatur.

Auch die Stromverluste durch Sauerstoffentwicklung und durch kathodische Reduktion tragen dasselbe Gepräge wie die Hypochloritkurve und dies macht es wahrscheinlich, daß Hypochlorit und nicht Chlorat daran teil hat, worauf OETTEL schon hingewiesen hatte.

Ganz analog sind die Verhältnisse in schwach saurer Lösung mit dem Unterschiede, daß dann der gesamte Elektrolyt freie unterchlorige Säure (wenn auch in nur geringer Menge) enthält, während dies im „neutralen“ Elektrolyten nur für die unmittelbare Anodenumgebung gilt, in der sie durch Chlor, bzw. durch die Reaktion:

$$Cl_2 + H_2O \rightleftharpoons HCl + HClO \qquad (4)$$

in Freiheit gesetzt wird.

In stark saurer Lösung tritt die elektrolytische Zerlegung der starken Säuren in den Vordergrund, während die Hypochlorit- und die Chloratbildung zurückgedrängt wird, so daß anodisch bei

[1] Liebigs Ann. 43, 153.

starker Ansäuerung durch HCl fast nur Chlor, bei ebensolcher durch Sauerstoffsäuren fast nur Sauerstoff auftritt.

In schwach saurer Lösung geht die Chloratbildung, allem Anscheine nach, auf demselben Wege vor sich wie bei der rein chemischen Herstellung. Wie nach (1) und (2) bei der Umsetzung der fast undissoziierten unterchlorigen Säure Salzsäure in Freiheit gesetzt wird, welche durch Einwirkung auf unterchlorigsaures Salz die aufgegangene unterchlorige Säure wieder freimacht, erfolgt dies bei der Elektrolyse durch Vorgang (4).

Die Chloratbildung geht nach dieser Annahme nicht an der Anode selbst, sondern im Schoße der Lösung vor sich. Die Elektrolyse bietet aber den praktischen Vorteil, daß sie ständig Chlor und Alkali in den richtigen Mengenverhältnissen nachliefert.

Eine Bestätigung findet diese Annahme in der Tatsache, daß die Bildung von Chlorat bei der Elektrolyse begünstigt wird, wenn man sie bei geringerer Stromkonzentration, d. h. in größerem Elektrolytvolumen ausführt. Z. B. erzielten E. MÜLLER und KOPPE[1] unter sonst gleichen Versuchsbedingungen 93% Stromausbeute, wenn sie die Elektrolyse in einem Elektrolytvolumen von 360 ccm ausführten, nur 87%, wenn sie das Volumen auf 60 ccm verringerten. Während der Umsatz:

$$2\,Cl' + 2\,H^{\cdot} + 2\,ClO' \rightarrow 2\,HClO + 2\,Cl' \qquad (5)$$

unmeßbar schnell vor sich geht, nimmt die ClO_3'-Bildung nach Vorgang (1) oder (2) eben gewisse Zeit in Anspruch.

Ob auch Chlorit gebildet wird, wie man es von vornherein für wahrscheinlich halten möchte und ob dieses Einfluß auf den Reaktionsverlauf nimmt, ist eine offen gebliebene Frage. Man nimmt an, daß Chlorit in saurer Lösung schneller zerfällt, als es entsteht.

Weitaus undurchsichtiger werden die Verhältnisse, wenn man, statt in schwach saurer Lösung zu arbeiten, derselben steigende Mengen Ätzalkalilauge zusetzt. Dadurch wird die Konzentration freier unterchloriger Säure in der Lösung rapid zurückgedrängt, was erwarten ließe, daß die Chloratbildung zurückgehen sollte.

Das gerade Gegenteil ist aber der Fall: die Chloratbildung nimmt mit zunehmender Alkalinität der Lösung rasch zu, bis sie (in zirka 0,4-n. alkalischer Lösung) ein Maximum erreicht, um bei noch weiterem Laugezusatz wieder etwas abzunehmen.

Eine Temperatursteigerung, welche die Hydrolyse des Chlors und die Chloratbildung sonst befördert, begünstigt sie hier nicht nur nicht, sondern verringert sie zugunsten der Hypochloritbildung.

[1] Z. Elektrochem. 17, 421 (1911).

Abb. 133 und 134, welche die Versuchsresultate F. OETTELS wiedergeben, der als erster diese Erscheinungen beschrieben hat, führen dies graphisch vor Augen[1].

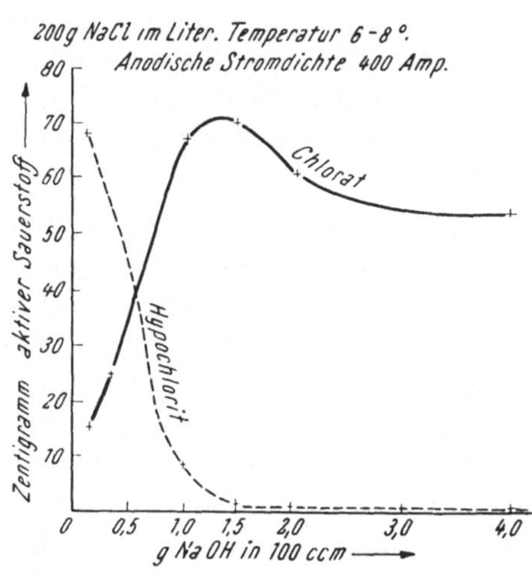

Abb. 133. Chloratbildung in alkalischer Lösung.

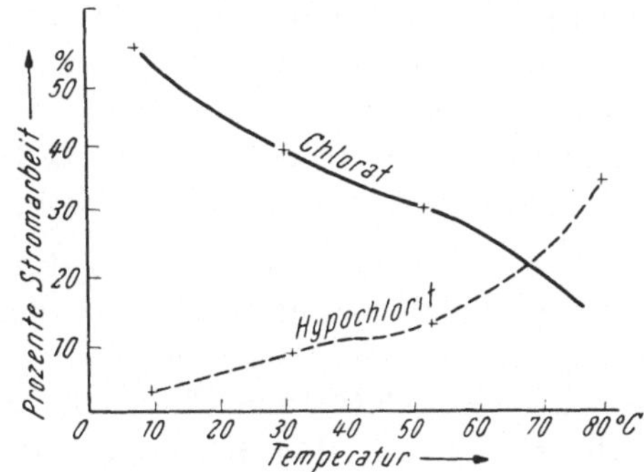

Abb. 134. Verteilung der Stromarbeit auf Hypochlorit und Chlorat.

Zur Deutung dieser Ergebnisse muß man annehmen, daß die Chloratbildung in alkalischer Lösung auf anderem Wege vor sich geht als in schwach saurer Lösung. OETTEL spricht (l. c.) von einer „direkten" elektrolytischen Chloratbildung, die an der Anode selbst vor sich gehe.

Verschiedene Forscher haben verschiedene Bildungsgleichungen für diese Art der Chloratbildung aufgestellt. Nach FOERSTER nimmt man meistens an, daß im stationären Zustand die Gleichgewichte:

$$OH' + Cl \rightleftharpoons Cl' + HOCl \quad (6)$$

$$OH' + HOCl \rightleftharpoons OCl' + H_2O \quad (7)$$

nebeneinander bestehen, daß also bei Erreichung des Gleichgewichtes die HOCl-Konz. in (6) und (7) dieselben sind und daß die ClO'-Ionen nach ihrer anodischen Entladung zu ClO mit Wasser nach:

$$6\,ClO + 3\,H_2O \rightarrow 2\,ClO_3' + 6\,H^{\cdot} + 4\,Cl' + 3\,O \quad (8)$$

Chlorat unter gleichzeitiger Sauerstoffentwicklung bilden.

Aus Gl. (8) würde folgen, daß die Stromausbeute in diesem Fall den Maximalwert von $66^2/_3\%$ nicht überschreiten könnte. Denn die Bildung von 1 ClO' verbraucht nach Gl. (6) und (7) 2 F, seine Entladung abermals 1 F, so daß für 6 ClO insgesamt 18 F erforderlich sind, von denen nach Gl. (8) 6 F auf Sauerstoffabscheidung verlorengehen.

Die auf Abb. 133 dargestellten Versuchsergebnisse OETTELS zeigen aber an, daß er (selbst ohne Verhinderung der Reduktion, welche Ausbeuteverluste herbeigeführt haben dürfte) höhere Aus-

[1] Z. anorg. Chem. **22**, 72 (1899).

beuten als 66,66% erzielt hat, in anderen Versuchen erhielt er sogar 85%.

Nahezu zur selben Zeit wie OETTEL und unabhängig von ihm führte CARLSON gleichfalls die Elektrolyse in alkalischer Lösung aus[1], errichtete 1892 eine Versuchsanlage, 1894 schon eine kleine Fabrik, die Chlorat auf diese Weise betriebsmäßig herstellte, weil sie sich für die damalige Zeit als die einfachste erwies und bessere Ausbeuten lieferte.

Dies änderte sich, als es später gelang, die Ausbeuteverluste bei der Elektrolyse einzuschränken. Schon der fortlaufende Zusatz kleiner Salzsäuremengen während der Elektrolyse führte Besserungen herbei, weil er unterchlorige Säure in Freiheit setzt und die anodische Sauerstoffabscheidung erschwert. Ähnlich wirkten Zusätze von Chlorkalzium und dergleichen: zum Teil, weil bei der kathodischen Ausfällung von Kalziumhydroxyd etwas Säure frei wird, zum Teil aber auch, weil sich Kalziumhydroxyd als dünner Film an die Kathode setzt, welcher die direkte Berührung mit dem Elektrolyten aufhebt und dessen Reduktion dadurch einschränkt.

Aus diesem Grunde dürfte es sich auch erklären, daß die Elektrolyse in Chlorkalziumlösung bessere Stromausbeuten liefert als, ceteris paribus, in Alkalichloridlösungen. Dies hat dazu geführt, zunächst Kalziumchlorat herzustellen und daraus das viel schwerer lösliche Kaliumchlorat durch KCl-Zusatz auszufällen.

Wenn sich dieser Prozeß auf die Dauer als unvorteilhaft erwiesen hat, so liegt dies zum großen Teil daran, daß die nach der Ausfällung des Kaliumsalzes wieder eingestellten Mutterlaugen sich ganz anders verhalten als KCl-freie Chlorkalziumlösungen. Sie scheiden dickere Kalkkrusten auf den Kathoden ab, welche abblättern, und liefern wieder schlechtere Stromausbeuten[2].

LEDERLIN und CORBIN dürften die ersten gewesen sein, welche die vorteilhafte Wirkung des Säurezusatzes erkannt und betriebsmäßig verwertet haben[3]. Sie geben an, daß die Stromausbeute ohne Säurezusatz nach 17 Betriebstagen auf 50% herabging, sich aber durch fortlaufenden kleinen Säurezusatz dauernd auf 90% halten ließ.

Einen entscheidenden Fortschritt brachte die Beobachtung der überraschenden Wirkung kleiner Chromatzusätze, die erst von IMHOFF mitgeteilt[4], dann von E. MÜLLER näher untersucht wurde[5].

---

[1] Schwed. Pat. 3614 (1890).
[2] OETTEL, F.: Z. Elektrochem. 5, 1.
[3] F. Pat. 309 351, D. R. P. 136 678 (1901).
[4] D. R. P. 110 505 (1898).
[5] Z. Elektrochem. 5, 469 (1899), 7, 398 (1900), 8, 909 (1902).

Dieser konnte dartun, daß sich aus schwach saurer, chromathältiger Lösung ein dünner Chromoxydfilm auf die Kathode absetzt, welcher reduktionshemmend wirkt. In stark saurer Lösung tritt diese Wirkung nicht auf, in alkalischer ist sie abgeschwächt, also stets dann, wenn Chromoxyd im Elektrolyten löslich ist. Daneben scheint das Bichromat eine puffernde Wirkung auszuüben, die freilich nur anhält, wenn eine hinreichende Azidität durch fortlaufenden Säurezusatz aufrecht erhalten wird. Sinkt die H·-Ionen-Konzentration, die nach

$$2\,CrO_4'' + 2\,H^{\cdot} \rightleftharpoons H_2O + Cr_2O_7'$$

für die Erhaltung von Cr_2O_7 erforderlich ist, zu tief, dann nimmt die Schutzwirkung ab oder bleibt ganz aus.

Nach Angabe der Deutschen Solvay-Werke[1] sollen Zusätze von Vanadinsalzen noch wirksamer sein, mit der Zeit nicht nachlassen und eine ständige Nachsäuerung nicht erfordern. Sie scheinen aber keine Anwendung in der Technik gefunden zu haben.

Zur Erzielung hoher Stromausbeuten ist es endlich erforderlich, die Chloridkonzentration im Elektrolyten nicht unter ein bestimmtes Maß sinken zu lassen — eine Maßnahme, welche man ohnedies gerne beobachtet, um das Leitvermögen der Badlösung hoch zu halten. Unbeschadet lassen sich aber ein Drittel bis die Hälfte des im Elektrolyten enthaltenen Chlorids in Chlorat ohne Nachsättigung und ohne nennenswerte Ausbeuteverringerung umwandeln.

Zur Elektrolyse gelangen sowohl Natrium- als Kaliumsalzlösungen wie Gemische derselben.

Daß die Chlorate bei genügendem Chloridgehalt in schwach saurer Lösung, welche die Sauerstoffabscheidung durch Rückdrängung der OH'-Ionenkonzentration wirksam erschwert, an der Elektrolyse nicht teilnehmen, erleichtert dieselbe wesentlich.

Von Vorteil ist es auch, daß sich die Löslichkeiten, besonders der Kaliumsalze, mit steigender Temperatur erhöhen. Bei der Kaliumchloridelektrolyse ermöglicht dies die Gewinnung des Kaliumchlorats aus der abfließenden Badlösung durch Auskristallisieren beim Abkühlen ohne Zuhilfenahme künstlicher Kälte und ohne die Lösung vorher durch Verdampfung einzuengen.

Andererseits gestattet die größere Löslichkeit des Natriumchlorats eine weitergehende Anreicherung an Chlorat bei der Elektrolyse. Gemischte Kalium- und Natriumsalzlösungen weisen eine etwas höhere Leitfähigkeit auf; da sie auch wohlfeiler sind, werden sie oft

[1] D. R. P. 174 128.

technisch verwendet. Die betreffenden Bäder können bis zu zwei Dritteln des Chlorids in Form von Natriumsalz enthalten; doch ist es zweckmäßig, die Lösung von Haus aus an Kaliumsalz gesättigt oder nahezu gesättigt zu halten.

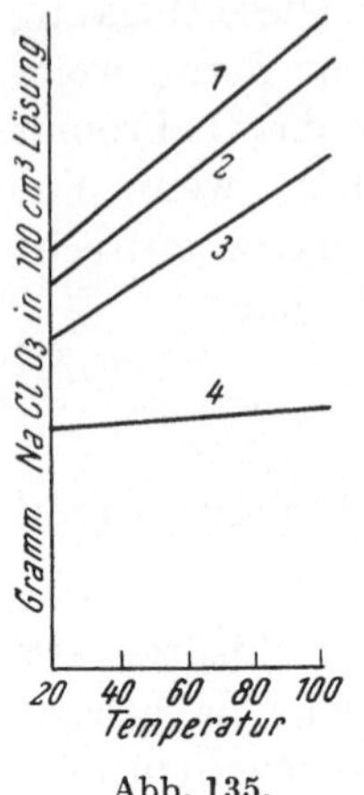

Abb. 135.
1 Wasser, *2* 10%-, *3* 20%-, *4* 32%-NaCl-Lösung.

Eine Nachsättigung an Chlorid auch gegen Schluß der Elektrolyse vorzunehmen, ist nicht vorteilhaft, weil nicht nur die Löslichkeit, sondern auch der Temperaturkoeffizient der Löslichkeit der Alkalichlorate in Lösung ihrer Chloride mit steigender Chloridkonzentration so stark abnimmt, daß es z. B. nicht mehr möglich ist, $NaClO_3$ in chlorid- und chloratgesättigter Lösung umzukristallisieren, wie es Abb. 135 und Tab. 52 (für *2—4*) erkennen lassen[1].

Auch beim Kaliumchlorat kann man Lösungen, die reichliche Mengen Chlorat in Kristallform bei der Abkühlung liefern, nur erhalten, wenn man ihre Chloridkonzentration gegen Ende nieder genug hält.

Tabelle 52. *Raumlöslichkeit von $NaClO_3$ in Kochsalzlösungen.*

Temperatur °C	Gehalt der Kochsalzlösung		
	(2) 10%	*(3)* 20%	*(4)* 32%
	in 100 ccm Lösung sind Gramm $NaClO_3$ löslich		
20	66	57,4	41,8
40	75	65	42
60	83,5	70	42,4
80	92	77	43,3
100	102	87	44

2. Praktische Durchführung.

Eine Vorreinigung des Salzes ist fast immer erforderlich, um es von Sulfatbeimengungen durch Zusatz der berechneten Menge von Bariumkarbonat zu befreien. Schädlich sind Verunreinigungen durch Kaliumbromid, weil sie zur Bildung von Kaliumbromat führen, dessen Zersetzlichkeit den Wert des Produktes herabsetzt. Weiterhin sind die Anforderungen, die man an den Reinheitsgrad der Lösung zu stellen hat, geringere als etwa bei der Alkalichloridzerlegung. Ein kleiner Kalzium- oder Magnesiumsalzgehalt wird von vielen

[1] BILLITER, J.: Monatshefte **41**, H. 4 (1920); Wr. Akad. **129**, H. 4.

als vorteilhaft angesehen. Bei zu großer Anreicherung führt er aber zu Krustenbildungen an den Kathoden und muß deshalb in Grenzen gehalten werden.

Ganz allgemein wird die Elektrolyse jetzt in schwach sauer gehaltener Lösung unter Aufrechthaltung eines Bichromatgehaltes von 2 bis 4 g $K_2Cr_2O_7$/l ausgeführt.

Die schwache Azidität wird entweder durch kontinuierlichen Salzsäurezusatz oder nach einem Vorschlage von SILBERMANN[1] dadurch aufrecht gehalten, daß man eine in Gewebediaphragma eingeschlossene Hilfskathode im Elektrolyseur einbaut und aus diesem Kathodenraum, in welchem Alkali entsteht, ständig etwas Lösung abzieht — eine Maßnahme, die sich im Betrieb gut bewährt hat.

Die Salzsäure ist dem Elektrolyten in verdünnter Form langsam genug zuzusetzen, daß sie keine lästige Chlorentwicklung verursacht. Am besten erfolgt sie vor Einleiten der Lösung in die Zellen. Allerdings nimmt die Azidität während der Elektrolyse ab; dies dadurch unschädlich zu machen, daß man von Haus aus überschüssige Säure zusetzt, ist nicht zu empfehlen, weil diese zum großen Teil wieder elektrolytisch zerlegt wird, aggressiv wirkt usw. Bis zu einem gewissen Grade wirkt der Bichromatzusatz bei Herstellung größeren Stromvolumens regulierend ein, weil sich aus dem während der Elektrolyse gebildeten Chromat in den nicht stromdurchflossenen Teilen der Zelle Bichromat zurückbildet. Die Anordnung nach SILBERMANN beseitigt diese kleinen Schwierigkeiten.

Die passivierende Wirkung des Bichromats schützt die Kathoden, die Zellenwände und die Leitungen vor Angriff. Trotzdem ist es empfehlenswert, letztere aus keramischem Material herzustellen oder sie mit einem Überzug, z. B. aus Kunststoffen, deren es schon eine große Auswahl brauchbarer gibt, zu versehen.

Die Zellengefäße werden gewöhnlich aus Eisenblech oder Gußeisen, selten aus ausgekacheltem Beton hergestellt und durch Kathodenanschluß geschützt.

Als Kathodenmaterial kommt Eisen, Graphit, allenfalls Kupfer in Betracht. Verwendung findet wohl ausschließlich Eisen.

Die Anoden können aus Platin, Elektrographit oder Magnetit bestehen. Das zu Anfang ausschließlich verwendete Platin hat wohl zuerst HASSLINGER durch Graphit ersetzt[2], der seit der zunehmenden Preissteigerung des Platins jetzt vorwiegend, bei der Natriumsalzelektrolyse fast ausschließlich, als Anodenmaterial verwendet wird.

[1] D. R. P. 205 019 (1907).

[2] HASSLINGER: D. R. P. 202 562 (1908). GIBBS hat im U. S. A. Pat. 827 721 allerdings schon 1905 Graphitanoden vorgeschlagen, aber für Diaphragmazellen, in denen Hypochlorit hergestellt werden sollte, das erst außerhalb der Zelle durch Erwärmung in Chlorat übergeführt werden sollte.

Magnetitanoden dürften bei der Chloratelektrolyse zuerst von CARLSON verwendet worden sein. Trotz ihres geringeren Leitvermögens und ihrer Sprödigkeit bewähren sie sich bei der Kaliumsalzelektrolyse, weniger gut aber bei der Natriumchloratherstellung, bei der sie oft rissig werden, wenn man die $NaClO_3$-Konzentration über 200 bis 250 g/l treibt.

Die Haltbarkeit der Graphitelektroden nimmt bei steigender Temperatur rasch ab, sinkt auch mit sinkender Chloridkonzentration, sinkender Stromausbeute und mit steigender Anodenstromdichte. Bei Verwendung von Graphitanoden sieht man sich deshalb veranlaßt, bei gemäßigter Temperatur mit geringerer Stromdichte zu arbeiten, was an sich unerwünscht ist. Durch gute Imprägnierung (s. S. 185) mittels Leinöls oder dergleichen läßt sich die Lebensdauer etwa verdoppeln, vorausgesetzt, daß die Stromdichte nicht über etwa 400 A/qm und die Badtemperatur nicht über etwa 45° getrieben wird. Auch dann bleibt der Anodenverschleiß beträchtlich, gewichtsmäßig etwa 10 kg je Tonne erzeugten $NaClO_3$.

Trotzdem wird die Verwendung von Graphitelektroden immer mehr und mehr bevorzugt, während man von der Verwendung von Magnetitelektroden immer mehr und mehr abkommt, weil die Verluste durch Bruch bei der Natriumchloratherstellung stärker in die Waagschale fallen als die Vorteile, die sie aufweisen. Befördert wird dies noch durch den Umstand, daß Magnetitelektroden immer schwerer im Handel erhältlich sind, weil ihre Erzeugung fast nur noch von den Werken fortgeführt wird, die sie im eigenen Betriebe verwenden.

Bei der Natriumchloratelektrolyse bleibt Platin unstreitig das beste und zuverlässigste Anodenmaterial. Obgleich es wegen seines hohen Preises nur in geringer Stärke zur Anwendung gelangen kann, wodurch die Badspannung etwas erhöht wird, scheint es festzustehen, daß es dank seiner Haltbarkeit und der etwas gesteigerten Stromausbeute bei dieser Elektrolyse in der Amortisation nicht höher zu stehen kommt als Graphit.

3. Zellenformen.

In den Zellen, welche zuerst betriebsmäßig in Gebrauch kamen, wurden die Elektroden vorzugsweise bipolar angeordnet; alle gegenwärtig verwendeten weisen aber monopolare Schaltung der vertikal angeordneten Elektroden auf.

Bei der Bipolarschaltung lassen sich Nebenschlüsse nur dann vermeiden, wenn man die Elektrodenpaare in gesonderte Kammern einschließt, z. B. eine filterpressenartige Zellenkonstruktion wählt, die aber relativ kompliziert und kostspielig ist.

Bei monopolarer Schaltung kann die Bauart der Zellen, besonders wenn man auf den Einbau von Kühlrohren verzichtet — was erwiesenermaßen durchaus möglich ist —, einfacher gehalten werden, und es ist leichter, das Stromvolumen zu vergrößern.

Bei Betriebsaufnahme mißt der Elektrodenabstand gewöhnlich 15 bis 25 mm. Es ist angezeigt, die Anoden doppelseitig wirken zu lassen, sie also zwischen Kathoden anzuordnen, welche oft durch unterteilende Zwischenwände des Zellenkörpers gebildet werden. Verwendet man Graphitanoden, so nimmt nach Maßgabe ihres Verbrauchs der Elektrodenabstand und mit ihm die Zellenspannung im Laufe der Zeit langsam zu. E. A. Allen hat deshalb vorgeschlagen, mehrere Abteile verschiedener Weite in den Zellen vorzusehen, sie von Haus aus mit Anoden abgestufter Stärke zu beschicken und diese periodisch, wenn sie entsprechend dünner geworden sind, herauszuheben und in das nächst engere Abteil einzuhängen[1].

Die Betriebsspannung schwankt, je nach der Natur der verwendeten Anoden, der Temperatur usw., innerhalb der Grenzen 3,5 bis 6,5 V.

Auf dem europäischen Kontinent hält man sie vorzugsweise zwischen 3,5 und 4,5 V. Bei der Elektrolyse von Kaliumchlorid verwendet man meist Magnetitelektroden und arbeitet bei 70° C, bei der Elektrolyse von Natriumchloridlösungen hingegen mit Graphitanoden bei 40 bis 45° C.

Die Badgefäße werden gewöhnlich mit Deckeln aus keramischem Material, Asbestzement oder dergleichen bedeckt gehalten, von denen die Anoden herabhängen.

4. Konstruktionsbeispiele.

Gall und Montlaur verwendeten in ihrer Versuchsanlage in Villers-Saint-Sépulcre noch Diaphragmazellen. Später wurden die Diaphragmen durch Asbestmäntel ersetzt, welche die Kathoden umhüllten, dann ließ man auch diese fort.

a) Die Zelle von Corbin. In der Anlage in Chedde (Haute Savoie), welche längere Zeit hindurch die größte der Welt geblieben ist, kam die von Corbin konstruierte[2] Zelle zur Verwendung, welche mit bipolar geschalteten Platinelektroden ausgerüstet war. Dieselben wurden in Ebonitrahmen eingespannt und standen einander in 12 bis 15 mm Abstand gegenüber. Die Badspannung soll bei 2400 A/qm Stromdichte 5 bis 5,5 V betragen haben, die Elektrolyttemperatur stieg im Betriebe auf 75°.

[1] U. S. A. Pat. 1 351 886 (1920).

[2] F. Pat. 226 257 (1892); 238 612 (1894).

In dieser Anlage gelangte auch zum ersten Male ein Chromatzusatz in schwach saurer Lösung zur Anwendung[1].

β) Die Zelle der National Electric Co. Auch die National Electric Co. brachte noch die Bipolarschaltung in ihren filterpressenartig gebauten Zellen zur Anwendung, die auf Abb. 136 dargestellt sind[2].

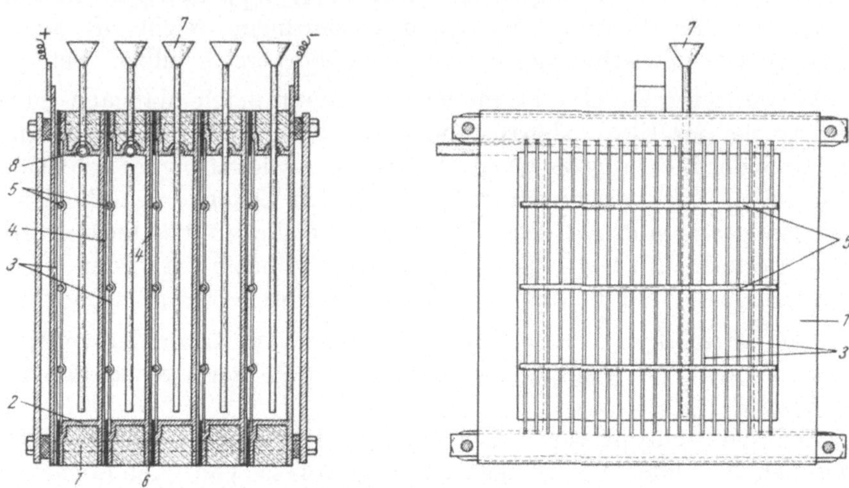

Abb. 136. Zelle der *National Electric Co.*

1 Holzrahmen mit Bleiüberzug, *2* Schutzüberzug, *3* Kupferdrahtkathoden, *4* mit Platinfolie bekleidete Bleiplatten, *5* isolierende Querstäbe, *6* Gummiabdichtung, *7* Lösungszufuhr, *8* Ableitung.

In diesen stellen *1* mit Blei bekleidete Holzrahmen vor, *3* Kupferdrähte, die als Kathode dienten, *4* mit Platin überzogene Bleiplatten, welche die Anoden bildeten, *6* isolierende Distanzkörper aus Gummi, die zugleich die Abdichtung bewirkten, *7* die Speiserohre, *8* die Abflußöffnungen.

Die Zelle wurde mit 4,5 V Spannung bei bloß 3 mm Elektrodenabstand betrieben, sie nahm 1650 A auf. Im Betriebe stieg ihre Temperatur auf 60 bis 70°, während die Lösung mit einer Geschwindigkeit von 28 l/h durchgeleitet wurde.

γ) Die Zelle der United Alcali Co. Die lang und schmal gehaltene Zelle von BARKER und der United Alcali Co. wird durch Abb. 137 versinnlicht.

In diesen stellt *6* das eiserne Zellengefäß vor, das fast vollständig mit dem Elektrolyten erfüllt ist. Die stabförmigen Anoden *1* reichen nicht ganz bis an den Boden. Der untere Teil der Zellen

[1] LEDERLIN: F. Pat. 309 351, D. R. P. 136 678 (1901). CORBIN: Brit. Pat. 17 330, F. Pat. 309 351.

[2] Brit. Pat. 393 (1901).

ist mit Zementauskleidung *7* versehen. Die Kathoden und Kühlschlangen *2* bilden ein zusammenhängendes Ganzes, welches zwischen die Anoden eingehängt ist. Für die Aufnahme von 15.000 A sind die Zellen 5 bis 8 Fuß lang, 2,5 bis 4 Fuß hoch und 8 bis 15 Zoll weit. Die Anoden *1* bestehen aus zylindrischen Graphitstäben, welche mit Paraffin oder dergleichen imprägniert sind. Sie werden durch Hartgummistifte *5* fixiert und ruhen auf Asbestzementträgern auf. In ihrem unteren Teile werden sie durch Distanzstücke von der die Kathode bildenden Zellenwand entfernt gehalten. Der Stromanschluß erfolgt durch eingeschraubte Metallkontakte *3*, Bänder führen

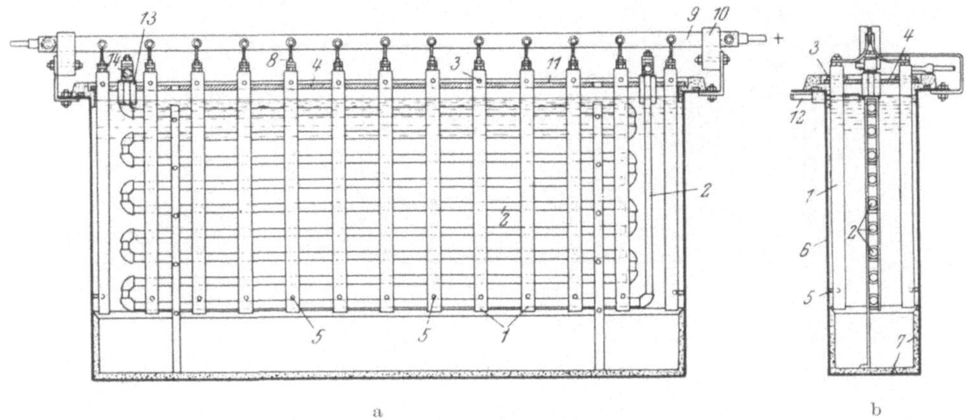

Abb. 137. Chloratzelle *Barkers*.

1 Anoden, *2* Kühlrohre, *3* Hartgummistift, *4* Asbestzementträger, *5* Distanzstücke, *6* Außengefäß, *7* Bekleidung des Bodens, *8* Metallkontakte, *9* Stromschiene, *10* Befestigung derselben, *11* Zellendeckel, *12* Überlaufrohr, *13* Isolation der Kühlschlange, *14* Befestigung derselben.

zu der Stromschiene *9*, die auf hölzernen Pflöcken *10* fixiert ist. Der Elektrolyt fließt durch Steinzeugrohre, welche den Zellendeckel *4* durchsetzen, in die Zelle ein und verläßt dieselbe durch das Überlaufrohr *12*. Die oberen Enden der Kühlschlangen sind durch *13* geschützt und durch *14* fixiert.

Ob diese Befestigungsart der Graphitstäbe vollkommen sicher ist und das Auftreten von Kurzschlüssen beim Herabfallen von Anodenstäben ausschließt, mag dahingestellt bleiben. Auch erscheint es wenig zweckmäßig, gerade den angreifbaren Teil, die Anoden, zarter zu dimensionieren.

δ) *Die Chloratzelle von Angel.* Viel einfacher und zweckentsprechender ist die Konstruktion, welche der bekannte nordische Fachmann Angel seinen Chloratzellen erteilt hat, die in Abb. 138 a und b dargestellt werden. Er benützt in seinen rechteckigen, aus Eisen blech, vorzugsweise verbleitem Eisenblech, hergestellten Zellenbehältern Eisendrahtnetzkathoden *2*, welche an einem Rahmenwerk aus Flacheisen *3* befestigt sind, so daß sämtliche Kathoden gemeinsam aus der Zelle gehoben werden können. Während die von diesen Kathoden eingeschlossenen Graphitanoden *1* parallelepipedische Form haben, divergieren die Kathodendrahtnetze *2* ein wenig nach oben, so daß der Elektrodenabstand oben etwas größer ist als unten. Dies hat sich als zweckmäßig erwiesen, weil die Anoden bei paralleler Anordnung der Elektroden oben, besonders an der Durchtritt-

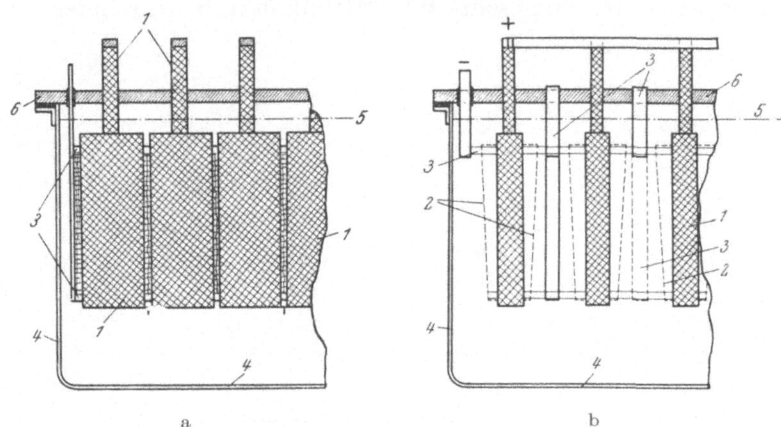

Abb. 138. Chloratzelle *Angels*.
1 Anoden, *2* unterer, engerer, *3* oberer, weiterer Teil der Kathoden, *4* Außengefäße, *5* Lösungsniveau, *6* Zellendeckel.

stelle durch das Badniveau, schneller angegriffen werden als unten (s. Abb. 139). Ihre Abnützung wird eine gleichmäßigere, wenn man die Elektrodenabstände nach oben hin vergrößert. Unterhalb der Elektroden ist ein ziemlich weiter toter Raum vorgesehen, in welchem sich Graphitschlamm, Elektrodenreste usw. ansammeln können. Außerdem wird zwischen den Elektrodengruppen noch ein hinreichend weiter Raum für den Elektrolyten freigelassen, um die Chloratbildung ungestört durch chemischen Umsatz vor sich gehen zu lassen. Die Volumverhältnisse sind so gewählt, daß sich bei kontinuierlichem Durchfluß des Elektrolyten und Aufrechterhaltung anodischer Stromdichten von 300 bis 400 A/qm eine Temperatur von 50° einstellt. Die Graphitanoden halten bei dieser Betriebsweise etwa ein Jahr lang stand.

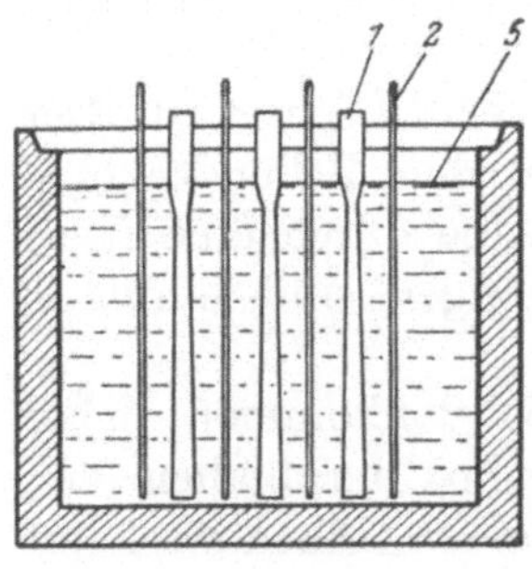

Abb. 139.
Schema des Anodenangriffs.

ε) *Die Zelle des Aussiger Vereines*[1]. Von allen anderen Zellen unterscheidet sich die vom Verein in Patenten beschriebene Konstruktion dadurch, daß die Elektroden auf oder knapp über dem Zellenboden gelagert sind und nur den untersten Teil der Zelle erfüllen.

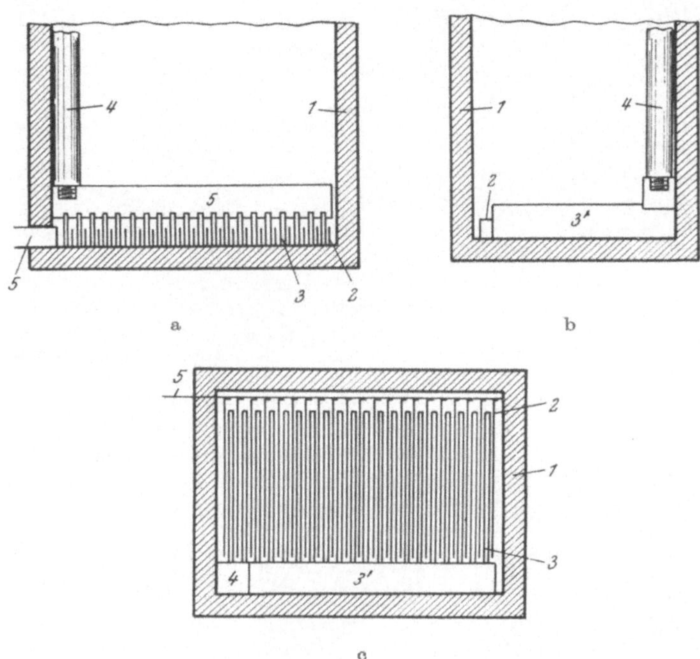

Abb. 140. *Aussiger* Chloratzelle.
1 Außengefäß, *2* streifenförmige Kathoden mit Zuführung *5*, *3* Anoden mit Anodenzuführungen *3'* und *4*.

Sie bestehen aus hochkant gestellten Streifen, die abwechselnd und parallel zueinander angeordnet sind, indem auf jede Eisenblechkathode *2* (Abb. 140) eine Graphitanode *3*, dann wieder eine Eisenblechkathode, eine Anode usw. folgt. Die Isolation zwischen den Elektroden erfolgt durch Zementklötzchen. Sämtliche Eisenblechkathoden *2* einer Zelle und sämtliche Graphitanoden *3* sind an je eine Sammelschiene *4*, bzw. an einen Stab angeschlossen (s. Grundriß Abb. 140), so daß trotz der weitgehenden Unterteilung der Elektroden nur zwei Stromanschlüsse vorhanden sind. Diese zwei Stromanschlüsse *4* und *5* führen an gegenüberstehenden Seiten in die Zelle, damit die Stromverteilung auf bequeme Art erfolgen kann. Der Zellenkasten *1* ist aus Beton. Die hohe Flüssigkeitsschicht und das große Elektrolytvolumen über den Elektroden sind von Vorteil,

[1] D. R. P. 418 945. Chem. Ztg. **51** 81, (1927).

weil Chlorverluste dadurch erschwert werden, die Chloratbildung aber beim Durchrühren des Elektrolyten durch die aufsteigenden

Abb. 141. Kleinere Chloratzellen. (Photo: Krebs & Co.)

Abb. 142. Kopfende einer Reihe größerer Chloratzellen. (Photo: Krebs & Co.)

Gasblasen befördert wird. Bedenklich erscheint der Umstand, daß dem Graphitschlamm kaum Gelegenheit gegeben wird, sich unterhalb der Elektroden abzusetzen, so daß Kurzschlußbildung nach längeren Betriebsperioden kaum auszuschließen sein dürfte. Die praktisch verwendeten Zellen weichen denn auch ganz wesentlich von der Patentdarstellung ab, vor allem ist der Abstand der Elektroden vom Zellenboden größer usw.

ζ) Die Zelle der Fa. Krebs & Co. Während in der Aussiger Zelle besonders großes Stromvolumen hergestellt wird, zieht es die Fa. Krebs vor, die Zelle gerade nur so groß zu dimensionieren, als es für den Einbau der

Elektroden notwendig ist, den Elektrolyten ziemlich schnell durch diese zu führen und die Reaktion in großen Sammelgefäßen, sogenannten „Reaktoren“, außerhalb der Zellen zu beenden.

Für kleinere (z. B. die auf Abb. 141 wiedergegebenen) Zellen für 6000 A verwendet sie Steinzeugwannen, für größere von 10.000 bis 12.000 A Kapazität (von denen eine hinter dem Schalter der Zellenreihe in Abb. 142 erkennbar ist) säurefest ausgekleidete Eisenbehälter.

Abb. 143. Reaktoren. (Photo: Krebs & Co.)

Aus den Zellen gelangt die Chloratlösung zunächst in metallische Kühler, die mit Schutzüberzug versehen sind und die auf der linken Hälfte der Abb. 143 ersichtliche Bauart aufweisen. In ihnen wird die Entgasung und die Temperaturerniedrigung im Kaskadenfall erzielt, worauf die Lösung in die rechts sichtbaren großen Reaktoren gelangt, in welchen die Umsetzung beendet wird.

Die Elektrolyse der Natriumsalzlösung wird mit Graphitanoden bei 40° C unter Anwendung von Stromdichten von 300 A/qm durchgeführt. Die Elektrodenabstände werden zu Anfang mit 15 mm bemessen.

η) *Die Zelle der I. G.* Die I. G. verwendet Magnetitelektroden in säurefest ausgemauerten, mit Deckeln abgeschlossenen Eisenwannen. Als Kathoden dienen gelochte Eisenbleche, welche die Anoden in geringem Abstand einschließen.

Die Zellen sind für Stromaufnahmen von 9000 bis 12.000 A gebaut. In ihrer Mitte ist längsweise eine Kühlschlange eingebaut, welche kathodisch polarisiert bleibt und die Temperatur während des Betriebes auf 70° hält.

Das Stromvolumen ist auf 0,5 l/A bemessen, dementsprechend werden die Elektrolyseure mit 5 bis 6 cbm Lösung beschickt. Die Elektrolyse wird bei 3,5 bis 4,5 V mit 200 A/qm Stromdichte durchgeführt; erzielt wird eine Stromausbeute von 85%.

Im regelmäßigen Betrieb wird die Chloridkonzentration der Mutterlauge, die von der Kristallisation zurückgeführt wird, durch Kochsalzzusatz wieder auf 270 bis 280 g NaCl/l erhöht und mit den in ihr verbliebenen 50 bis 60 g/l Chlorat nach Filtration den Zellen wieder zugeleitet, aus denen sie mit einer Konzentration von 280 bis 300 g $NaClO_3$/l und 180 bis 160 g NaCl/l ausfließt. Während der Elektrolyse wird sie durch fortlaufenden Zusatz von 0,1 n. Salzsäure etwa 0,015-n.-sauer gehalten.

Die meist verwendeten Chloratzellen weichen gegenwärtig in ihrer Bauart nur in mehr nebensächlichen Details voneinander ab.

Verwendet man stabförmige (dann meistens Magnetit-) Anoden, so unterteilt man die Zellen durch vertikale, nicht ganz bis an das Lösungsniveau und nicht bis zum Boden reichende Zwischenwände aus Eisenblech in quadratische Unterabteile, deren Mitte von den Anoden eingenommen wird.

Verwendet man hingegen plattenförmige Graphitanoden, so ordnet man sie in zwei oder mehreren Reihen zwischen Blechen an, die gleichfalls oben und unten etwas abstehen und die meist gelocht sind.

Die Kühlung wird durch kathodisch polarisierte, in die Zelle eingebaute Stahlrohre bewirkt.

Auch in U. S. A. verwendet man jetzt ähnlich gebaute Zellen, die gelegentlich in Art der *Gibbs*-Zelle zylindrisch gehalten sind und im zentralen Teil gekühlt werden.

Während die Elektrolyse aber in Europa wohl durchwegs kontinuierlich betrieben wird, wird sie in U. S. A. oft diskontinuierlich geführt, also nur bis zur Erzielung einer bestimmten Chloratkonzentration fortgesetzt, dann unterbrochen und mit neuer Lösung wieder aufgenommen. Dafür sei hier folgendes Beispiel angeführt.

ϑ) *Die Cardox-Zelle.* In ihrer Bauart der *I. G.*-Zelle verwandt, wird die schmäler gehaltene Zelle aus einer Stahlblechwanne *1* gebildet, welche an ihren Kanten und am oberen Rand durch Winkeleisen verstärkt ist. Vier vertikale Stahlbleche *2* (Abb. 144) sind an die Stirnwände angeschweißt und teilen die Wanne längsweis in Abteile. Diese Zwischenwände enden 7 bis 8 cm oberhalb des Zellenbodens und 10 cm unter dem oberen Rand. Die Flüssigkeit aller Abteile steht demnach oben und unten miteinander in Verbindung.

Im mittleren Abteil wird die Kühlschlange aus Stahl angeordnet, die ebenfalls an die Stirnwände angeschweißt ist, die zwei von den Kathoden *2* eingefaßten Abteile dienen der Elektrolyse. Zwischen die Kathoden werden Graphitanoden *4* (rund 18 × 100 × 2,5 cm) in zwei Reihen eingesetzt. Diese ruhen auf Zementleisten *5* der auf Abb. 144 dargestellten Form auf, die auf dem Zellenboden liegen, und reichen oben etwa 10 cm über den Zellendeckel. Ihre Köpfe sind durch Schraubenverbindung an die positiven Stromschienen oben angeschlossen.

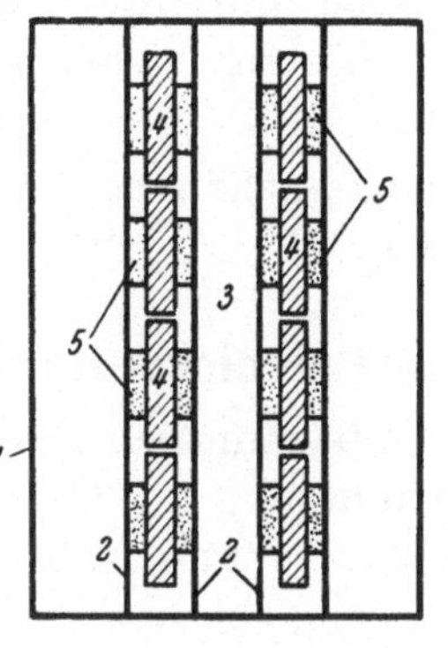

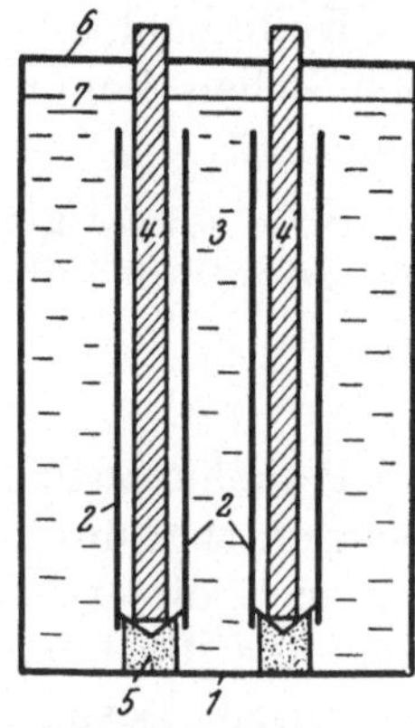

Abb. 144. Schema der *Cardox*-Zelle.
1 Außengefäß, *2* an dasselbe geschweißte Kathodenbleche, *3* Raum zur Aufnahme der Kühlschlangen, *4* Graphitanode, *5* isolierende Distanzkörper, *6* Zellendeckel, *7* Elektrolytniveau.

Die Zelle faßt 756 l Kochsalzlösung (200 bis 250 g NaCl/l) und wird bei 3,1 V Anfangsspannung mit 1600 A belastet. Im Maße des Aufbrauches der Anoden steigt die Spannung allmählich auf 3,5 V.

Die Elektrolyse wird bei 35° mit anodischen Stromdichten von 5,4 A/qdm bei pH = 6,8 durchgeführt und liefert 85 bis 90%ige Stromausbeuten. Der Anodenverbrauch beträgt unter solchen Betriebsverhältnissen rund 9 kg/t Chlorat.

Die Elektrolyse wird fortgesetzt, bis der Chloridgehalt der Lösung auf etwa 85 g NaCl/l gesunken ist, dann wird die Zelle entleert, die geklärte Lösung in Vakuumverdampfern eingeengt, bis praktisch alles Chlorid ausgefallen ist, dekantiert und die Lösung, die bei 93° 60% $NaClO_3$ neben 4% NaCl enthält, in Kristallisationsgefäßen auf etwa 30° abgekühlt. Das dabei ausfallende Natriumchlorat wird zentrifugiert und für die Speisung von Perchloratzellen verwendet. Die feuchten ausgewaschenen NaCl-Kristalle werden in Wasser oder in der Mutterlauge von der Perchloratkristallisation gelöst und den Chloratbädern wieder zugeführt.

Eine an NaCl und $NaClO_3$ gesättigte Lösung siedet bei 122° und enthält bei dieser Temperatur 8,2% NaCl und 69,5% $NaClO_3$, bei 20° aber 13% NaCl und 29,1% $NaClO_3$.

Reine $NaClO_3$-Lösung siedet im gesättigten Zustande gleichfalls bei 122°, enthält 74% $NaClO_3$ und hat 1,654 spezifisches Gewicht.

Ob es vorteilhafter ist, die Lösung zur Kristallgewinnung vorerst einzuengen oder dazu Tiefkühlung anzuwenden, hängt vom relativen Einstandspreis von Dampf und Kraft ab.

In Europa wird die Abscheidung des Natriumchlorats vorzugsweise durch Tiefkühlung unter starker Bewegung der Lösung vorgenommen. Man erhält dabei kleinkristallines Produkt, das nach Decken mit Wasser rein weiße Farbe aufweist.

Kaliumchlorat wird fast durchwegs durch Abkühlung der aus den Zellen kommenden Lösung, eventuell nach Einengung, abgeschieden.

Seine gesättigte Lösung enthält bei 100° 36%, bei 60° rund 20%, bei 25° rund 7,5% $KClO_3$.

C. Die Perchlorat-Herstellung.

Perchlorate bilden sich bekanntlich neben Chloriden und Sauerstoff bei rein thermischer Behandlung der Chlorate. Zu ihrer Darstellung hat sich dieser Weg aber als unrentabel erwiesen, ganz besonders seit man die Erfahrung gemacht hat, daß die anodische Oxydation wässeriger Lösungen von Chloraten ganz glatt vor sich geht.

In der Tat ist diese Elektrolyse eine der allerschönsten, die wir kennen. Elektrolysiert man eine reine, vor allem chloridfreie, Chloratlösung bei Raumtemperatur unter Verwendung von Anoden aus Platinblech, so erzielt man bei höherer Stromdichte nahezu 100%ige Stromausbeute und sieht kaum je eine kleine Sauerstoffblase an der Anode aufsteigen.

Die Gegenwart von Chlorionen drückt allerdings die Stromausbeuten so stark herab, daß man aus chloridreichen Lösungen fast gar kein Perchlorat erhält und brauchbare Stromausbeuten nur dann mit Sicherheit aufrechthalten kann, wenn der Chloridgehalt der Lösung dauernd kleiner als 5% bleibt.

Chlorid kann als Verunreinigung des Chlorats, von dem man ausgeht, in den Elektrolyten gelangen, aber auch während der Elektrolyse aus diesem durch kathodische Reduktion gebildet werden. Es ist deshalb vorgeschlagen worden, die kathodische Reduktion, ebenso wie dies bei der Chloratherstellung grundsätzlich geschieht, durch membranbildende Zusätze, z. B. durch Kaliumbichromatzusatz, zu hemmen, eine Maßnahme, welche aber nach den Erfahrungen der meisten nur beim Arbeiten bei relativ hoher Temperatur (55° und darüber) empfehlenswert erscheint. Zusatz von 5 g Bichromat/l erscheint dann angemessen zu sein.

Als Anodenmaterial kommt ausschließlich Platin, bzw. Platin-Iridium in Betracht, das meist in Blechform, neuerdings auch in Form glatter Platinüberzüge über unedleres Grundmetall, seltener in Drahtform zur Verwendung kommt. An keinem anderen Anodenmaterial läßt sich das erforderlich hohe Anodenpotential herstellen, insbesondere auch nicht an Magnetit, das außerdem zu schlecht leitet, um die vorteilhaft hohen Stromdichten erreichen zu lassen.

Bei Temperaturen bis zu 40° ist der Platinverbrauch unerheblich, wesentlich größer bei höheren Temperaturen.

Die Kathoden können aus Eisen, Nickel oder Graphit bestehen. Sie werden meistens aus Eisen oder Stahl hergestellt und ihre Oberfläche wird zweckmäßigerweise durch Ausnehmungen verkleinert.

Die Elektrodenabstände werden so klein bemessen, als es aus Sicherheitsgründen zulässig ist, was hauptsächlich von der Gestaltung und Fixierung der Anoden abhängt.

Platinblechanoden müssen zur besseren Stromverteilung mehrere Stromzuführungen erhalten, welche ihrer Länge nach zu verteilen sind. Dies entfällt, wenn man robuste Leiter aus Kupfer oder dergleichen verwendet, die mit Platinüberzug versehen sind. Nun es gelingt, solche Überzüge von etwa 0,05 mm Stärke lochfrei herzustellen, verwendet man neuerdings mit Vorliebe derartige stabförmige Anoden bei der Perchloratherstellung.

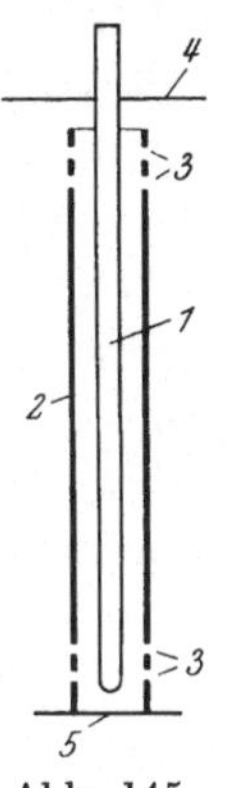

Abb. 145. $NaClO_4$-Zelle. *1* Anode (Kupfer mit Platinüberzug), *2* Kathode mit Bohrungen *3*, *4* Niveau, *5* Zellenboden.

Da für Platinüberzüge eine Mindeststärke gegeben ist, wird der Platinaufwand in stärker gehaltenen Leitern verhältnismäßig kleiner. Es erscheint dann zweckmäßig, zur gleichmäßigen Stromverteilung zur Kathode stabförmige, bzw. zylindrische Anoden von relativ starkem Durchmesser *1* nach Art der schematischen Abb. 145 konzentrisch in gleichfalls zylindrischen Kathoden *2* anzuordnen, die oben und unten zur Aufrechthaltung der Zirkulation mit Bohrungen *3* versehen sind. *4* zeigt das Lösungsniveau, *5* den Zellenboden an.

In reiner Chloratlösung erzielt man bei Raumtemperatur selbst mit niederen Ausgangskonzentrationen des Chlorats (bis etwa auf 50 g Chlorat/l herab) nahezu quantitative Stromausbeuten. Mit steigender Temperatur sinken aber die Stromausbeuten um so schneller, je geringere anodische Stromdichten man zur Wirkung bringt. Die minimal anzuwendende Anodenstromdichte ist etwa 1000 A/qm. In der Praxis wählt man gewöhnlich solche von 2000 bis 4000 A/qm und Kathodenstromdichten von etwa 700 bis 1000 A/qm an. Je nach der Temperatur, auf welcher die Badlösung gehalten wird, läßt sich die Elektrolyse dabei mit Spannungen von 4 bis 7 V ausführen.

Die besten Stromausbeuten erhält man bei niedrigerer, etwa bei Raumtemperatur, die besten Energieausbeuten aber im Temperaturintervall von 30 bis 40°. Dieses kann bei den praktisch angewandten hohen Stromdichten nur durch künstliche Kühlung festgehalten werden.

Alkalizusatz erniedrigt das Abscheidungspotential des Sauerstoffs und führt deshalb Rückgang der Stromausbeute herbei, Säurezusatz begünstigt andererseits die kathodische Reduktion, man arbeitet deshalb am besten in ungefähr neutraler oder ganz schwach saurer (pH = 6,5 bis 7) Lösung.

Ein Sinken der Stromausbeute gibt sich durch zunehmende Sauerstoffbildung an der Anode zu erkennen, gleichzeitig entsteht Ozon in um so größerer Menge, je mehr Perchlorat im Elektrolyten vorhanden ist. In der Tat geben (s. S. 144) Perchlorate, bzw. Überchlorsäure gute Badlösungen für die anodische Herstellung von Ozon ab.

Der Mechanismus der Bildung von Perchloraten ist von verschiedenen Seiten studiert worden; doch können die diesbezüglichen Untersuchungen wie diejenigen, welche die Chloratbildung betreffen, nicht als abgeschlossen betrachtet werden[1].

Oechsli stellt sich vor, daß zunächst nach:

$$2\,ClO_3' + H_2O + 2 \oplus \rightarrow 2\,H^{\cdot} + 2\,ClO_3' + O \qquad (1)$$

freie Chlorsäure gebildet wird, die sich nach:

$$2\,HClO_3 \rightarrow HClO_4 + HClO_2 \qquad (2)$$

in Überchlorsäure und chlorige Säure umsetzt und daß letztere nach

$$HClO_2 + O \rightarrow HClO_3 \qquad (3)$$

mit dem beim Vorgang (1) freigesetzten Sauerstoff Chlorsäure bildet, die ihrerseits der Umlagerung nach (2) unterliegt. Diese in der Literatur ziemlich allgemein übernommene Vorstellung erscheint aber gezwungen und es ist nicht einzusehen, warum das freiwerdende Sauerstoffatom nicht unmittelbar auf ClO_3' einwirken und warum nur der undissoziierte Anteil der starken Chlorsäure in Wirkung treten sollte.

Sicher ist, daß das Perchloration an der Elektrolyse teilnimmt, was Ausbeuteverluste herbeiführt. Trotzdem läßt sich die Elektrolyse auch noch bei ziemlich hohem Perchloratgehalt der Lösung mit guten Stromausbeuten fortsetzen, die um so höher sind, je niedriger die Temperatur gehalten wird.

Praktisch kann die Elektrolyse in Zellen ausgeführt werden, die ebenso gebaut sind wie Chloratzellen, welche mit Platinanoden ausgerüstet sind, die man aber mit höherer Stromdichte betreibt

[1] Haber u. Grinberg: Z. anorg. Chem. **16**, 225. Förster: Z. Elektrochem. **5**, 386. Winteler: ib. **5**, 49, 217, **7**, 635. Oechsli: ib. **9**, 807. Knibbs: Trans. Faraday Soc. **2**, 402 (1921). Bennet u. Mack: Trans. Amer. Electrochem. Soc. **29**, 323. Howerd: ib. **43**, 51.

und deren Gasraum man besser abschließt, um das ozonhaltige Anodengas daraus abzusaugen.

Die praktisch wichtigen Perchlorate, das Kalium- und das Ammoniumperchlorat, sind schwer löslich. Alle anderen Salze dieser starken Säure sind aber leicht löslich und eignen sich deshalb besser zur Herstellung der Badlösung. Diese stellt man denn auch aus dem leicht zugänglichen Natriumchlorat her, von dem sich bei 20° 999 g, bei 40° 1235 g im Liter Wasser lösen und fällt das gewünschte schwerlösliche Perchlorat außerhalb der Zelle durch Umsetzung der zunächst hergestellten Natriumperchloratlösung mittels Kalium- oder Ammoniumsalz aus.

Die einen führen die Elektrolyse ohne Kühlung bei Temperaturen um 60°, die anderen mit kathodisch geschalteten Kühlern bei etwa 35° aus. Im ersten Falle erhält man niederere Stromausbeuten (im Durchschnitt zirka 70%, sofern man die Elektrolyse abbricht, wenn der Chloratgehalt auf etwa 50 g $NaClO_3$/l gesunken ist), kann aber die Elektrolyse mit rund 5 V Spannung ausführen, im zweiten Falle erhält man bei Einhaltung derselben Konzentrationsgrenze Durchschnittsstromausbeuten von etwa 80% bei etwa 6,5 V Betriebsspannung.

Zwar ist es von verschiedenen Seiten empfohlen worden[1], andere Elektrolyte, vor allem Kalzium- oder Magnesiumchloratlösungen, heranzuziehen; doch hat sich dies nicht eingebürgert, hauptsächlich wohl, weil man dann etwas hygroskopisches Produkt erhält.

Die Elektrolyse wird in der Praxis immer partienweise, also diskontinuierlich ausgeführt. Man geht von möglichst chloridfreier, möglichst konzentrierter Natriumchloratlösung aus und führt die Elektrolyse so lange fort, bis der Chloratgehalt auf etwa 50 g $NaClO_3$/l gesunken, der Perchloratgehalt auf mindestens 900 g $NaClO_4$/l gestiegen ist, entleert dann die Zelle und beschickt sie mit frischer Lösung.

Bei der Herstellung von Kaliumperchlorat nimmt man die Fällung mit der berechneten Menge KCl am besten nach Neutralisation in der Hitze vor, läßt abkühlen, trennt die Kristalle von der Mutterlauge in Nutschen, spült nach und erhält nach dem Trocknen ein etwa 99%iges Produkt. Durch Umkristallisieren kann sein Reinheitsgrad auf 99,9% erhöht werden.

In analoger Weise stellt man Ammoniumperchlorat durch Umsetzung mit Ammoniumchlorid her, nur daß die größere Löslichkeit dieses Salzes ein vollständigeres Ausbringen erst durch mehrmaliges Einengen und Kristallisieren zuläßt. Der hohe Temperaturkoeffizient seiner Löslichkeit erleichtert dies.

---

[1] Förster: Elektrolyse wässeriger Lösungen. Miolati: D. R. P. 112 682.

Ammoniumperchlorat liefert dabei wohlausgebildete, wunderbar schöne, etwas durchscheinende Kristalldrusen.

Im einen wie im anderen Falle werden die Mutterlaugen noch eingeengt, vom ausfallenden Chlorat und Chlorid getrennt, dann gänzlich eingedampft. Das hiebei gewonnene unreinere Salz wird durch Umkristallisieren gereinigt.

Etwas umständlicher ist die Fällung des Ammoniumperchlorates mittels Ammoniumsulfat nach einem von CARLSON ausgebildeten Verfahren[1]. Sie erheischt die Abscheidung des gleichzeitig gebildeten Natriumsulfates in Form seines Monohydrates, ehe man Perchlorat auskristallisieren läßt.

Während die Mutterlaugen bei der Fällung mit Chlorid der Chloratfabrikation zugeführt werden, ist dies in letzterem Falle nicht tunlich.

Dank ihres höheren Sauerstoffgehaltes und ihrer bequemeren Handhabung werden Perchlorate oft an Stelle von Chloraten in der Feuerwerkerei, für Sicherheitssprengstoffe im Bergbau usw. verwendet. Hiezu eignet sich besonders das Kaliumsalz.

Noch höhere Sprengkraft besitzt das Ammoniumperchlorat, weil es bei der Explosion ausschließlich gasförmige Bestandteile liefert. Es wurde deshalb im ersten Weltkrieg in größerem Umfange hergestellt und hauptsächlich (gelegentlich in Gemisch mit Aluminium als „*Ammonal*") in Fliegerbomben verwendet.

Seine Herstellung erfordert 3 bis 3,5, also nahezu halb so großen Kilowattstundenaufwand wie die des Chlorats, welches als Ausgangsstoff dient, weshalb es ziemlich hoch im Preis zu stehen kommt. Dies steht seiner Verwendung im Wege und hält seinen Produktionsumfang in ziemlich engen Grenzen.

D. Die Herstellung von Chlordioxyd und von Natriumchlorit.

Als erste stellten DAVY[2] und STADION[3] unabhängig voneinander Chlordioxyd im Jahre 1815 durch Einwirkung von Schwefelsäure auf Kaliumchlorat her — eine Darstellungsweise, die bis auf den heutigen Tag maßgebend geblieben ist.

BODENSTEIN[4] hat diese Reaktion in Mischung mit indifferenten, festen anorganischen Stoffen, wie Sand, in der Kälte durchgeführt und hat die Verbindung nach zweimaliger Verflüssigung und Fraktionierung in reinem Zustande herstellen können.

[1] U. S. A. Pat. 985 725.
[2] Ann. Chem. (2), **1**, 78 (1876).
[3] GILBERTS: Ann. **52**, 198 (1916).
[4] Z. anorg. Chem. **147**, 235 (1925).

Sie stellt ein schweres, gelbgefärbtes Gas von erstickendem, von dem des Chlors unterscheidbaren Geruch vor, das sich unter 11° C zu einer roten Flüssigkeit verdichten läßt, welche bei Tiefkühlung zu einer Kristallmasse von orangegelber Farbe erstarrt, die bei — 59° schmilzt.

BRAY hat es im Laufe seiner Untersuchungen auch in Form eines schwach gelben kristallinischen Hydrats mit ungefähr 8 Kristallwasser erhalten, dessen Bildung er zu seiner Reindarstellung empfiehlt[1].

In Wasser, das bei 4° etwa 20 Vol. aufnimmt, ist Chlordioxyd etwa viermal leichter löslich als Chlor, ferner lassen sich in Tetrachlorkohlenstoff, Essigsäure usw. Lösungen herstellen, aus denen sich das Gas wie aus der wässerigen Lösung durch einen Luftstrom oder durch leichtes Erwärmen austreiben läßt.

Da es ein starkes Oxydationsmittel vorstellt, das in unverdünntem Zustande ausgesprochen explosiven Charakter besitzt, schon bei schwacher Erwärmung, bei Berührung mit organischen Substanzen usw. detoniert, ist es nur mit großer Vorsicht zu handhaben und auch vor Belichtung zu schützen, bei der es in seine Bestandteile (in wässeriger Lösung unter Bildung von Chlorsäure) zerfällt.

In verdünntem Zustande und im Dunkeln ist es relativ stabil. BRAY hat (l. c.) gleich anderen[2] vorgeschlagen, Chlordioxyd durch Einwirkung von Oxalsäure oder durch Schwefelsäure in Gegenwart von überschüssiger Oxalsäure, Ameisensäure, Kohlehydraten oder dergleichen herzustellen. Man gewinnt es dann in Mischung mit Kohlensäure in gefahrloser Form. In der Technik zieht man es aber vor, es mit Luft zu verdünnen, um die Explosionsgefahr auszuschließen. Mindestens vierfache Verdünnung ist manchmal, zehnfache aber immer hinreichend.

Technische Bedeutung haben Chlordioxyd und Chlorite erst erlangt, als man entdeckte, daß sie hervorragende Bleichmittel abgeben, die allen anderen in mancher Beziehung überlegen sind.

Die Chloritbleiche nahm ihren Ausgang[3] von der Beobachtung ERICH SCHMIDTS, daß es mit Hilfe von Chlordioxyd gelingt, Zellulose von bisher unerreichter Reinheit aus Pflanzenfasern zu isolieren, ohne die Faser zu schwächen. Ende der zwanziger Jahre zeigten Versuche der Mathieson Alcali Co., daß schwach saure Natriumchloritlösungen ähnliche Effekte aufweisen.

[1] Z. physik. Chem. **54**, 575 (1906).

[2] SCHMIDT u. GRAUMANN: Ber. **54**, 1861 (1921). Köln-Rottweiler A. G.: D. R. P. 378 289. HAMBURGER u. KAESS: D. R. P. 403 376. LESSEURE: F. P. 806 187.

[3] SCHMIDT, E. u. Mitarbeiter: Ber. **54**, 1860 (1921), **57**, 1834 (1925), **58**, 1394 (1925), D. R. P. 400 224.

Für Bleichzwecke wurde Chlordioxyd zunächst nur in wässeriger Lösung herangezogen, die schon in den zwanziger Jahren unter dem Namen Sporal in den Handel gebracht wurde. Es wurden auch Lösungen in Essigsäure (Diaphanol) hergestellt. Erst neuerdings wird es in Gasform verwendet und dazu an der Verbrauchstelle bereitet.

Da man es wegen seiner Gefährlichkeit weder in verflüssigter noch in komprimierter Form versenden kann, seine wässerige Lösung bei gewöhnlicher Temperatur nur etwa 0,5 Gew.-% enthält und deshalb gleichfalls für den Transport nicht gut geeignet ist, gewinnt auch die zuerst (ab 1940) von der Mathieson Alcali Co. aufgenommene Herstellung von festem Natriumchlorit praktische Bedeutung. Das gut haltbare Natriumchlorit spielt dabei dem Chlordioxyd gegenüber etwa die Rolle, welche Chlorkalk dem Chlor gegenüber zukam, ehe man dieses in großen Mengen in flüssiger, versendbarer Form herstellte.

Wegen ihres hohen Preises werden Chlordioxyd und Chlorite aber fast immer nur für die letzte Stufe der, meist mit Hypochlorit, schon zum großen Teil eingeleiteten Bleiche herangezogen. Es kann dies geschehen, weil der Angriff der Faser durch Hypochlorit während der Vorbleiche gering bleibt und erst gegen Ende stärker wird.

1. Die Herstellung von Chlordioxyd.

Für die Bildung von Chlordioxyd, welche der Herstellung von Chloriten voranzugehen hat, ist die Herstellungsweise mittels Schwefelsäure maßgebend geblieben, sie hat die primäre Bildung freier Chlorsäure zur Voraussetzung[1].

In konzentrierter, etwa 6-n.-wässeriger Lösung zerfällt Chlorsäure schon von selbst unter Bildung von Überchlorsäure und von Chlordioxyd etwa nach dem Reaktionsschema:

$$2\,HClO_3 \rightarrow HClO_2 + HClO_4$$
$$\underline{HClO_2 + HClO_3 \rightarrow 2\,ClO_2 + H_2O}$$
$$3\,HClO_3 \rightarrow 2\,ClO_2 + HClO_4 + H_2O$$

Wenn die Reaktion auch auf anderem Wege vor sich gehen mag, dürfte dieses Schema doch die stöchiometrischen Verhältnisse wiedergeben, die darauf schließen lassen, daß sich — auf Chlorsäure gerechnet — maximal eine 66%ige Ausbeute erzielen läßt. Versuche, zur Freisetzung der Chlorsäure relativ starke organische

[1] Nach dem U. S. A. Pat. 2 157 524 will allerdings die Columbia Alcali Division der Pittsburgh Plate & Glass Co. Chlordioxyd durch Einwirkung von Chlor mit Luft und Kohlensäure auf Natriumbikarbonat nach: $2\,Cl_2 + 2\,NaHCO_3 \rightarrow Cl_2O + 2\,NaCl + 2\,CO_2 + H_2O$ herstellen.

Säuren heranzuziehen, die gleichzeitig als Reduktionsmittel wirken, haben zwar gezeigt, daß sich höhere Ausbeuten bei ruhigerem Verlauf der Reaktion erzielen lassen; doch ist diese Herstellungsweise zu kostspielig.

Die Freisetzung durch wohlfeilere, eventuell während des Prozesses selbst durch Einwirkung von Schwefelsäure auf Kochsalz hergestellte Salzsäure ist von LUTHER und Mc DOUGALL[1], der Mathieson Alcali Co. und EVANS[2] untersucht worden. Die Salzsäure wirkt dabei auch als Reduktionsmittel, indem sie zu Chlor oxydiert wird, das sich dem Chlordioxyd beimengt. Die Mathieson Alcali Co. hat darauf ein kontinuierliches Verfahren zur Herstellung von Chlordioxyd gegründet[3], das sich aber nicht bewährt zu haben scheint — wahrscheinlich infolge zu großen HCl-Verbrauches, zu geringer Ausbeute und zu weitgehender Beimengung von Chlor zum Chlordioxyd, obwohl letzteres auch in Mischung mit Chlor bis zum Mischungsverhältnis 1 : 1 als Bleichmittel gut geeignet ist.

Als viel vorteilhafter hat es sich erwiesen, Schwefeldioxyd als Reduktionsmittel zu verwenden, was zuerst von der Mathieson Alcali Co. vorgeschlagen worden sein dürfte[4].

In Abwesenheit von Schwefelsäure erhält man bei Einwirkung von Schwefeldioxyd auf Chlorat bloß etwa 50%ige (auf Chlorat bezogene) Ausbeute. Läßt man aber Schwefeldioxyd bei Gegenwart konzentrierterer Schwefelsäure einwirken, so kann man die Ausbeute bis auf etwa 90% steigern.

Diese Arbeitsmethode wird denn auch seit 1940 allgemeiner sowohl in Amerika als auch in Europa befolgt.

Eine größere Anlage, welche das hergestellte Chlordioxydgas unmittelbar zur Zellstoffbleiche verwendet, wird seit Sommer 1946 vom Mo-och Donsjö-Concern in Husum nach einem von HOLST durchgebildeten Verfahren dauernd betrieben[5].

Dort dient das wohlfeilere Natriumchlorat als Ausgangsstoff für die Freisetzung von Chlorsäure, bzw. die Herstellung von Chlordioxyd, und zwar wird $NaClO_3$-Lösung mit Schwefelsäure solcher Konzentration gemischt, daß die Mischung 3 bis 3,5 g-Äquivalente $NaClO_3$ und 7 bis 8 g-Äquivalente H_2SO_4/l enthält. Die Umsetzung wird unter Durchleitung von Schwefeldioxyd (Röstgase, in Husum durch Verbrennung von Schwefel) bei 30° vorgenommen.

---

[1] Z. physik. Chem. **62** (1908).

[2] U. S. A. Pat. 1 510 678.

[3] U. S. A. Pat. 2 078 045.

[4] U. S. A. Pat. 2 089 913.

[5] HOLST: Pappers Tiding **47**, 537 (1944), U. S. A. Pat. 2 373 830.

Die Anlage kann 3800 kg ClO_2 in 24 Stunden herstellen. Dazu dienen zwei Reaktionstürme, deren einer jeweils zur Beschickung vorgesehen ist. Da diese aber nur wenige Stunden im Tage in Anspruch nimmt, können zeitweise beide Türme als Reaktionstürme in Betrieb gehalten werden.

Jeder dieser Türme enthält 20 cbm Flüssigkeit, die durch Mischung gleicher Volumina von 6-n.-Natriumchloratlösung mit 50%iger Schwefelsäure bereitet werden. In den Unterteil des Reaktionsturmes werden die Verbrennungsgase eines Schwefelofens mit 10 bis 15% SO_2-Gehalt knapp oberhalb einer Kühlschlange eingeführt, durch welche die Temperatur auf 30° gehalten wird. Die Geschwindigkeit der Schwefeldioxydzufuhr regelt die Geschwindigkeit des Umsatzes und der Zirkulation, in welcher das Reaktionsgemisch gehalten wird. Ist endlich praktisch alles Chlorat verbraucht, dann reduziert man den noch in Lösung gehaltenen Rest des Chlordioxyds durch überschüssiges Schwefeldioxyd.

Das beim Umsatz mit 90% Ausbeute gebildete, mit Luft stark verdünnte Chlordioxyd, das nahezu chlorfrei sein soll, wird in einem Absorptionsturm, in welchen man es unten einführt, in kaltem Wasser gelöst. Seine Absorption erfolgt nahezu quantitativ, ein kleiner Rest (zirka 1%), der ungelöst entweicht, wird in Chlorkalk aufgefangen und dadurch unschädlich gemacht.

Der Absorptionsturm liefert eine Bleichlösung, die 4,2 bis 4,5 g ClO_2/l enthält (entsprechend 16 bis 17 g aktivem Chlor/l).

Zurück bleibt eine schwefelsaure Natriumsulfatlösung, die freilich gewöhnlich nicht leicht zu verwerten wäre, die aber bei der Zelluloseherstellung mit Vorteil verwendet werden kann.

Persson[1] und Angel haben vorgeschlagen, dem Reaktionsgemisch 50 bis 100 g Chromisulfat/l zuzusetzen, das während der Reaktion in Bichromat übergehen, dann beim Einleiten von Schwefeldioxyd Chromsulfat bilden soll. Aus dem Lösungsrückstand soll nach Erschöpfung des Chlorats Natriumsulfat durch Kühlung unter – 5° C auskristallisiert werden. Die chromathältige Mutterlauge soll – und dies bildet den Zweck der vorgeschlagenen Abänderung – nach erneutem Zusatz von Natriumchlorat immer wieder verwendet werden. Indessen scheint das Auskristallisieren des Natriumsulfats nicht glatt genug vor sich zu gehen.

Kesting greift[2] die Umsetzung mit Salzsäure (s. oben) wieder auf, in der Absicht, einen Lösungsrückstand zu erhalten, der ohne weiteres als Elektrolyt in Chloratbädern verwendbar bleibt.

[1] U. S. A. Pat. 2 376 935.

[2] Das Papier 6, 155 (1952).

Bei Zusatz von Salzsäure zu Natriumchloratlösung wird nach der Bruttogleichung:

$$NaClO_3 + 2\,HCl \rightarrow NaCl + ClO_2 + Cl + H_2O \qquad (1)$$

neben Chlordioxyd und Cl auch noch Chlor nach:

$$NaClO_3 + 6\,HCl \rightarrow NaCl + 6\,Cl + 3\,H_2 \qquad (2)$$

unter erheblichem Ausbeuteverlust an Chlorat gebildet. Um denselben durch Rückdrängung der Reaktion (2) einzuschränken, soll mit möglichst geringer Menge freier Salzsäure gearbeitet werden. Das Natriumchlorat wird dann freilich nur zum Teile umgesetzt, was im vorliegenden Falle an und für sich belanglos bleibt, weil die Lösung im Kreislauf den Chloratbädern wieder zugeführt werden soll.

Die Angabe des Autors, daß je 1 kg Chlordioxyd 0,55 kg HCl und 14 kWh aufzuwenden sind, läßt allerdings vermuten, daß die Ausbeute — auf Chlorat bezogen — bestenfalls 70% beträgt und daß das abziehende Chlordioxyd chlorreich ist.

2. Die Herstellung von festem Natriumchlorit.

In Amerika wird festes Natriumchlorit schon seit einer Reihe von Jahren fortlaufend von der Mathieson Alcali Co. hergestellt, die es als erste auf den Markt gebracht hat und eine Reihe von Patenten[1] besitzt. Als Ausgangsmaterial dient Chlordioxyd.

In Deutschland ist während des zweiten Weltkrieges eine Versuchsanlage in Griesheim für die Herstellung von 4 t $NaClO_2$ im Monat (entsprechend rund 100 kg ClO_2/Tag) in Gang gewesen, über deren Arbeitsweise berichtet worden ist[2].

Das Chlordioxyd wurde daselbst in vier Generatoren von 2 m Höhe und 0,25 lichtem Durchmesser erzeugt, die mit Kühlrohren von 0,2 qm Oberfläche ausgestattet waren. Als Material diente Steinzeug oder durch Vinidurüberzug geschütztes Eisen.

Von den vier Generatoren wurden jeweils drei in Betrieb gehalten, der vierte diente turnusweise zur Beschickung mit 30 kg $NaClO_3$ und 43 l kalter Schwefelsäure vom spezifischen Gewicht 1,322 (entsprechend 557 g H_2SO_4/l) unter Durchleiten eines Luft-Schwefeldioxyd-Gemisches, dessen Strom derart geregelt wurde, daß stündlich 4 kg SO_2 in 10 cbm Luft (entsprechend rund 14% SO_2) durch den Generator traten. Das Natriumchlorat löste sich in dem ungefähr bis zu halber Höhe mit Flüssigkeit gefüllten Turm allmählich auf.

---

[1] U. S. A. Pat.: 2 092 945, 2 063 375, 2 036 311, 2 031 681, 2 092 944, 2 108 976, 2 172 434.

[2] F. I. A. T.-Bericht Nr. 825.

Die SO_2-Konzentration wurde somit etwas höher gehalten, als dies nach dem HOLST-Verfahren in Husum der Fall ist. Dementsprechend kam mehr Natriumchlorat zur Anwendung; doch wurde entsprechend auch mehr Natriumsulfat während der Reaktion gebildet, das leicht Bisulfatkristalle bildet und Verstopfungen herbeiführt. Um dies zu verhindern, mußte die Temperatur höher, nämlich zwischen 40 und 50°, gehalten werden. Bei Temperaturen über 50° traten Explosionen auf, unterhalb 40° trat kristallisiertes Bisulfat aus.

Sobald das Chlorat in einem Turm erschöpft war, wurde dieser Turm ausgeschaltet und durch einen frisch beschickten ersetzt. Auf diese Weise konnte Chlordioxyd in kontinuierlichem Strome erzeugt werden. Sein Gehalt betrug im Mittel 16% ClO_2 im Gasstrom.

Auf Chlorat bezogen, betrug die Ausbeute 87%, gleichzeitig bildeten sich 0,3 kg Chlor und 0,1 kg HCl (entsprechend ungefähr 10% des Chlorgehaltes des verwendeten $NaClO_3$), ersteres zog mit dem Chlordioxyd ab.

Zur Herstellung von Natriumchlorit wurde das so gewonnene Gas entweder in einer wasserstoffsuperoxydhältigen Lauge oder in einer Zinkstaubsuspension absorbiert.

Nach der ersten Variante wurde das Gas in ein Absorptionsgefäß geleitet, das von Haus aus mit 12 l Wasser beschickt und fortlaufend mit einer Lösung von 720 g NaOH + 310 g H_2O_2/l mit hinreichend großer Geschwindigkeit gespeist wurde, eine Bräunung der Flüssigkeit zu verhüten. Die Temperatur wurde dabei auf 20° gehalten. Oberhalb derselben bleibt die Absorption unvollständig, unterhalb derselben kristallisiert $NaClO_2 \cdot 2\,H_2O$ aus.

Wenn das Gefäß zu zwei Drittel vollgelaufen war, wurde es entleert. Die Flüssigkeit wurde durch Absitzen geklärt, dann durch ein beiderseits offenes Rohr geführt, um sie durch entgegenströmendes 800° heißes Gas einzudicken, worauf sie in Trommeltrocknern aus nichtrostendem Stahl mittels Dampfheizung weiter entwässert wurde. Das Produkt stellte weiße Blättchen oder feine Kristalle vor.

Nach der zweiten Variante wurde das Absorptionsgefäß mit einer Suspension von 6 bis 10 kg Zinkstaub in 30 bis 40 l Wasser beschickt, das durch ein Rührwerk in Schwebe gehalten und durch Kühlung auf 5° C gehalten wurde. Die Kühlung erfolgte mittels kalter Kochsalzlösung. Beim Durchleiten des Gases bildet sich $Zn(ClO_2)_2$ in Suspension. Nach Beendigung der Absroption wird das Zinkchlorit durch Behandlung mit Natronlauge, eventuell unter Zusatz von Natriumkarbonat, in Zinkhydroxyd und Natriumchlorit umgesetzt. Letzteres wird durch Filtration — die am leichtesten bei 40° durchzuführen sein soll — vom Zn $(OH)_2$ getrennt.

Der Filtrationsrückstand wird nachgewaschen, die Lösung, wie früher angegeben, eingedickt und entwässert.

Die Herstellungskosten 80%igen Natriumchlorits sind mit RM 0,67 je 1 kg 80%igen Natriumchlorits angegeben worden.

Durch zweimaliges Umkristallisieren kann $NaClO_2$ in einem Reinheitsgrad von 99,6% gewonnen werden.

Versuche, Natriumchlorit mit Hilfe von Natriumamalgam als Reduktionsmittel herzustellen, sind an mehreren Orten in Gang[1].

Natriumchlorit ist wesentlich beständiger als Hypochlorit, aber nicht so beständig wie Chlorat. Es stellt ein weißes Salz vor, das in wasserfreier Form und auch als Hydrat mit 3 Kristallwasser gut haltbar ist.

Beim Erhitzen über 100° C zerfällt es unter Bildung von Chlorat und Chlorid, wobei auch etwas Sauerstoff abgespalten wird.

In Abwesenheit jeder organischen Substanz ist es nicht stoßempfindlich; weil es aber lebhaft mit Schwefel reagiert, muß es vor Berührung mit schwefelhältigen Stoffen, z. B. mit vulkanisiertem Kautschuk, bewahrt werden.

Da sie über Chlorat vor sich geht, ist seine Herstellung notwendigerweise recht kostspielig. Solange kein billigerer Weg gangbar erscheint, wird es daher wohl nur zur Herstellung von Qualitätsprodukten herangezogen werden können. Auf diesem Gebiete steigt aber sein Verbrauch von Jahr zu Jahr. Es sollen z. B. schon mehr als 15% der Zellulosemenge, aus welcher Kunstseide bereitet wird, gegenwärtig mit Natriumchlorit gebleicht werden.

---

[1] cf. Schwed. Pat. 113 609 (1945). HOLST: Paper Trade J. Januar 1949. CUNNINGHAM: U. S. A, Pat. 2 089 913 (1937).

Nachtrag während der Korrektur.

Die Verwendung von Ionen-Austauschern für „permselektive" Diaphragmen.

Auf die wichtigen Vorteile, welche „auswählende" Diaphragmen bieten würden, das sind solche, welche nur für eine Ionenart permeabel sind, ist zwar im Texte, z. B. S. 160 und 203, Bezug genommen worden. Da sie bislang die Anforderungen, die man an sie stellt, nur unvollkommen erfüllt und deshalb keine betriebsmäßige Anwendung gefunden hatten, blieb es dort bei einem kurzen Hinweis.

Neuerdings beschäftigt man sich aber immer eingehender mit dieser Frage, welche durch Heranziehung von Ionen-Austauschern für Diaphragmazwecke wieder ins Rollen und in ein neues Stadium gebracht worden ist.

Ionen-Austauscher sind u. a. dadurch charakterisiert, daß eines ihrer Ionen starr gebunden, das andere aber beweglich ist. In Basen-Austauschern ist das Kation, in Säure- oder Anionen-Austauschern das Anion das bewegliche. Dementsprechend kann durch ein Diaphragma, das z. B. aus einem Basen-Austauscher besteht, oder einen solchen enthält, der elektrische Strom- und Massentransport derart vor sich gehen, daß sich in der Membran, deren Funktion derjenigen eines Zwischenleiters ähnlich wird, nur Kationen zur Kathode hin bewegen, während die Anionen ausgesperrt bleiben, also nicht durch das Diaphragma zur Anode wandern.

Vollständig bleibt diese auswählende Wirkung allerdings nur, wenn:

1. das Diaphragma während der Elektrolyse sonst chemisch unverändert bleibt, unlöslich ist und

2. kein Wasser bzw. keine Lösung aufnimmt.

Praktisch verwendbar erweist sich ein Diaphragma bei Erfüllung dieser zwei Postulate, wenn es wohlfeil, mechanisch haltbar ist und gut leitet.

Die letzteren Forderungen scheinen die gegenwärtig in Erprobung stehenden Austauscher-Diaphragmen zu erfüllen, die erste nur in ganz bestimmten Fällen, die zweite aber niemals vollständig; da alle bisher greifbaren Austauscher quellen, also etwas von der wässerigen Phase aufnehmen.

Ein kürzlich bekanntgewordenes Patent der Hooker Electrochemical Co.[1] enthält Zahlenangaben, welche über die letztere Frage Aufschluß geben. Es beschreibt die Elektrolyse von Natriumchloridlösung unter Verwendung von Diaphragmen aus Phenol-Formaldehyd-Kondensationsprodukten, die von der Resinous Products & Chemical Co. in Blattform hergestellt waren, oder solchen, die aus Polyäthylenen als Trägersubstanz bestanden, welchen 25 bis 75 Gew.% harzförmiger Basen-Austauscher einverleibt waren, und zwar in Form von Körnern, welche durch ein Sieb von 0,3 mm Maschenweite gingen.

Bei Aufnahme der Elektrolyse wurde der Anodenraum mit gesättigter Kochsalzlösung, der Kathodenraum mit Wasser beschickt.

Das Ergebnis einer, leider nur 5 Stunden währenden Elektrolyse, die mit 6,4 A/qdm Stromdichte und 3,7 V ausgeführt worden ist, wird, wie folgt, angegeben:

Zeitdauer der Elektrolyse in Stunden	NaOH-Gehalt des Katholyten	Stromausbeute in %	NaCl-Gehalt der Lauge in kg NaCl/ton NaOH
½	40	82,5[2]	1,04
1	61,6	79,8	1,28
2	104,8	78,3	—
3	136,8	71,2	—
4	172,8	69,4	2,32
5	200,8	65,7	—

Bei einem anderen Versuch wurden zwei parallel zueinander angeordnete Diaphragmen in 6,35 mm Abstand voneinander verwendet. Das der Anode benachbarte Diaphragma bestand aus Polystyren und Divinylbenzol, welches in Polyäthylen eingebettet war. Der Anodenraum wurde mit gesättigter Kochsalzlösung, der Zwischenraum zwischen den Diaphragmen mit Wasser beschickt. Die Drahtnetzkathode lag dem äußeren Diaphragma an, das ein Filterdiaphragma vorstellte. Die Elektrolyse wurde durch 17 Stunden

[1] F. Pat. 1 068 105 vom 4. Oktober 1952; U.S.A.-Priorität vom 23. Januar 1952.

[2] Zwischen den Zahlen der zweiten und dritten Kolonne bestehen Unstimmigkeiten. Legt man die Zahlen der dritten Reihe (104,8 g/l; 78,3% Stromausbeute) einer Berechnung zugrunde, so muß man annehmen, daß einer 100%igen Stromausbeute die Bildung von rund 67 g NaOH/l und Stunde entsprechen würde. Dann wäre die Stromausbeute in der fünften Stunde, in der 28 g/l erzeugt wurden, auf rund 42% gesunken.

mit 9,7 A/qdm Stromdichte fortgesetzt, die Spannung betrug bei 50° 4,1 V, bei 80° (einer Temperatur, welche bei Verwendung solcher Diaphragmen sehr hoch erscheint) 3,65 V.

Bei Aufnahme der Elektrolyse wurde zunächst Wasser durch Elektroosmose gegen die Kathode getrieben. Die in der weiteren Versuchszeit abgeflossene Lauge enthielt 265,6 g NaOH/l und war vollkommen kochsalzfrei. Die Stromausbeute betrug 67%.

Ob der Anolyt während der Elektrolyse nachgesättigt wurde, wird nicht angegeben. Dies erschwert es, die Bedeutung der Resultate zu werten. Immerhin entnimmt man denselben, daß die Diaphragmen zwar gut leiten, aber die Wanderung von OH'-Ionen zur Anode anscheinend nur unvollständig verhindern.

Genauere zahlenmäßige Angaben über Versuchsergebnisse der Elektrodialyse in Mehr-Kammernzellen mit Diaphragmen aus Ionen-Austauschern sind dem Verfasser noch nicht bekannt. In L'Industrie Chimique ist ein Referat über eine Mitteilung von WEGELIN[1] erschienen, die angibt, daß die Elektrodialyse nunmehr bei der Entsalzung von salzhältigen Wässern mit 1 bis 5 g Cl_2/l der Destillation vorzuziehen, für solche mit mehr als 20 g Cl_2/l sogar der Kompressionsverdampfung gleichwertig sei. Mit Verwendung von Diaphragmen aus Amberplex, welche die Fa. Röhm & Haas herstellt, soll der Chlorgehalt salzhältigen Wassers mit einem Energieaufwand von 0,5 kWh/m^3 von 1 g/l auf 0,3 g/l verringert werden, wozu mit gewöhnlichen Diaphragmen 18 kWh aufzuwenden waren. Der Verschleiß der Diaphragmen soll freilich ein ziemlich schneller sein.

Die Fa. Röhm & Haas hat 0,6 mm starke Folien aus braunem Amberplex C-1 als kationendurchlässige und gelbem Amberplex A-1 als anionendurchlässige Membranen auf den Markt gebracht. Die Ionics Inc., Cambridge (Mass.), welche die Entsalzung von Wässern mit permselektiven Diaphragmen bearbeitet (s. S. 160), erzeugt kationendurchlässiges Nepton CR-51 und anionendurchlässiges ARX-44. Letzteres ist durch eine Rückwand aus Filz verstärkt und etwa 1 mm dick.

Nach Angaben aus allerjüngster Zeit[2] betreibt die Ionics Inc. gegenwärtig im Oceanographic Institute, Woods Hole (Mass.), eine Versuchsanlage in ununterbrochenem Tag- und Nachtbetrieb. In dieser soll trinkbares Wasser aus Meerwasser dadurch hergestellt werden, daß dessen Salzgehalt auf 0,2 g/l herabgesetzt wird. Dazu wird das Meerwasser durch einen Zellenblock geleitet, welcher in

---

[1] Referent J. B. in L'Industrie Chimique, Februarheft 1954, nach E. WEGELIN: Bulletin du Centre Belge d'Etude et de Documentation des Eaux, No. 21, März 1953, S. 182.

[2] Chem. Eng., New-York, Oktoberheft 1954, S. 161—180.

viele Kammern unterteilt ist, die auf einer Seite durch kationen-, auf der anderen durch anionendurchlässige Membranen abgeteilt sind. Der elektrische Strom durchfließt alle Kammern in Serie, das Wasser wird aber in parallelen Strömen in jede zweite Kammer eingeleitet.

In dieser Versuchsanlage sollen stündlich 15 g Salz aus dem Meerwasser, dessen Salzgehalt 31 g/l beträgt, auf elektrischem Wege entfernt werden, was einer stündlichen Leistung von rund 0,5 l entspricht.

NEVEN K. HIESTER und RUSSELL C. PHILLIPS schätzen[1] auf Grund von Literaturangaben und von Rundfragen, daß bei teilweiser Entsalzung salzreicher Rohwässer, bei welcher man die Behandlung bei Erreichung eines Salzgehaltes von 0,35 g/l abbricht, folgende Resultate erzielt werden können:

1. Salzgehalt des Rohwassers (in g/l) ..	0,885	4,635	10	35
2. Daraus elektrisch entfernt	0,535	4,285	9,65	34,65
3. Energieverbrauch kWh/1000 gal......	2,6	10,6	23,1	68
4. Energieverbrauch kWh/1000 l	0,7	2,8	6,1	18
5. Stromausbeute	35%	71,5%	72,6%	88%
6. Gesamtdiaphragmafläche qm/1000 l/h	190	1900	3800	7300
7. Betriebskosten cents/1000 gal.	1	6	12	42

Diese Aufstellung bezieht sich auf die Arbeitsweise von Zellenblöcken von etwa filterpressenförmiger Anordnung, deren Kammern voneinander abwechselnd durch anionen- und kationendurchlässige Membranen getrennt sind. Diese werden elektrisch in Serie geschaltet und von parallelen Flüssigkeitsströmen durchsetzt.

Die zwei äußeren Endkammern dienen zur Aufnahme der Anode und der Kathode.

Der Anodenkammer zunächst ist eine anionendurchlässige Membran eingebaut, in geringem Abstande von ihr folgt eine kationendurchlässige, dann wieder eine anionendurchlässige und so weiter in abwechselnder Reihenfolge, bis die letzte Kammer durch eine kationendurchlässige Membran vom Kathodenraum getrennt wird.

Ionenentladung tritt bloß in den zwei Endkammern ein, in denen die Elektroden untergebracht sind. In allen anderen Kammern ruft aber der durchfließende Strom Konzentrationsverschiebungen durch Ionenwanderung hervor, wobei die permselektiven Membranen wie Ventile wirken, die nur eine Ionengattung durchlassen, die andere zurückhalten.

Aus der ersten auf den Anodenraum folgenden Kammer wandern Anionen zur Anode, Kationen zur Kathode aus. Es tritt Verarmung an Salz auf. In die folgende Kammer können sowohl

[1] Chem. Eng., New-York, Oktoberheft 1954, S. 161 bis 180.

Anionen, als auch Kationen nur einwandern, dort tritt also Anreicherung auf, dann wieder Verarmung in der nächsten Kammer usf.

Der in Zeile 3, bzw. 4 angegebene Energieverbrauch zeigt, kraft des FARADAYschen Gesetzes, an, daß die Durchschnittsspannung je Kammer von 1 V nur wenig verschieden sein kann. Unter dieser Voraussetzung berechnen sich die Stromausbeuten der 5. Zeile. Der rasche Rückgang derselben mit sinkendem Salzgehalt ab 0,5 g/l läßt eine „vollständige“ Entsalzung auf diesem Wege, zumindest für die Behandlung großer Mengen, unwirtschaftlich erscheinen.

Die in Zeile 6 angegebenen Gesamtausmaße der Membranen sind auf Grund der in der zitierten Abhandlung in anderem Maße (acre-ft/h) angeführten umgerechnet und erscheinen unsicher. Sie sprechen immerhin dafür, daß die Zellen bedeutenden Umfang aufweisen müssen und kostspielig sein dürften.

Die Zeile 7 gibt die in der angeführten Publikation angegebenen Betriebskosten wieder. Daß sie so niedrig sein sollen, überrascht und scheint anzudeuten, daß die Energiekosten (die gemäß Zeile 3 allein schon größer sein müssen) nicht eingerechnet worden ist.

Permselektive Diaphragmen werden auch für andere Zwecke, z. B. für die Regenerierung von Beizsäure, versuchsweise herangezogen.

Wenn sie auch interessant erscheinen, lassen die bisher spärlich mitgeteilten Daten noch keinen Schluß über die technische Brauchbarkeit auswählender Diaphragmen aus Ionen-Austauschern bei elektrochemischen Verfahren ziehen. Da die Untersuchungen aber von verschiedenen Seiten energisch fortgesetzt werden, ist anzunehmen, daß man darüber bald ein klareres Bild gewinnen wird.

Anhang.

Tabellen zur Chlorid-Elektrolyse.

Tabelle 53. *Löslichkeit von NaCl in NaOH bei 20° C* (WINTELER).

1 Liter enthält Gramm		Spezifisches Gewicht	°Bé	1 Liter enthält Gramm		Spezifisches Gewicht	°Bé
NaOH	NaCl			NaOH	NaCl		
10	308	1,200	23,5	330	96	1,340	36,6
20	308	1,210	24,0	340	90	1,345	37,0
30	306	1,215	25,5	350	85	1,350	37,4
40	302	1,225	26,4	360	80	1,355	37,8
50	297	1,230	26,9	370	76	1,360	38,2
60	286	1,235	27,4	380	71	1,365	38,6
70	277	1,240	27,9	390	66	1,370	39,0
80	269	1,245	28,4	400	61	1,375	39,4
90	261	1,250	28,8	410	56	1,380	40,0
100	253	1,250	28,8	420	52	1,385	40,2
110	244	1,252	29,0	430	48	1,390	40,6
120	236	1,252	29,0	440	45	1,395	41,0
130	229	1,260	29,7	450	42	1,400	41,5
140	221	1,265	30,2	460	39	1,405	41,9
150	213	1,270	30,6	470	37	1,410	42,0
160	205	1,275	31,1	480	34	1,415	42,3
170	197	1,275	31,1	490	32	1,420	42,6
180	189	1,280	31,5	500	30	1,425	43,0
190	181	1,285	32,0	510	28	1,430	43,5
200	173	1,290	32,4	520	27	1,435	43,7
210	165	1,295	32,8	530	27	1,440	44,0
220	159	1,295	32,8	540	26	1,445	44,3
230	152	1,300	33,3	550	26	1,450	44,6
240	146	1,303	33,5	560	25	1,450	44,6
250	139	1,305	33,7	570	24	1,455	45,0
260	134	1,310	34,2	580	23	1,460	45,5
270	129	1,315	34,6	590	23	1,465	45,9
280	124	1,320	35,0	600	22	1,470	46,2
290	118	1,325	35,4	610	21	1,475	46,5
300	112	1,330	35,8	620	20	1,480	46,8
310	107	1,333	36,0	630	19	1,485	47,0
320	101	1,335	36,2	640	18	1,490	47,5

Tabelle 54. *Löslichkeit von NaCl in NaOH bei 20° C* (HOOKER).

Gewichtsprozent			Spezifisches Gewicht	1 Liter enthält Gramm			Pro 100 NaOH	
NaOH	NaCl	H_2O		NaOH	NaCl	H_2O	NaCl	H_2O
0	26,4	73,6	1204		313	886		
2	24,73	73,27	1211,5	24,23	299,6	887,67	1236,48	3663,22
4	23,05	72,95	1219,5	48,78	281,09	889,63	576,24	1823,76
6	21,3	72,7	1228	73,64	261,56	892,76	354,96	1211,67
8	19,6	72,4	1237	98,96	242,45	895,59	244,99	904,80
10	18,05	71,95	1245,5	124,55	224,8	896,1	179,7	719,5
12	16,5	71,5	1255	150,6	207,08	897,3	137,5	595,8
14	14,98	71,02	1265	177,1	189,5	898,4	107	507,3
16	13,45	70,55	1275	204	171,5	899,5	84,1	440,9
18	11,9	70,1	1285,5	231,39	152,97	901,14	66,7	393,7
20	10,45	69,55	1296	259,2	135,4	901,4	52,2	347,7
22	9,05	68,95	1307,25	287,60	118,31	901,1	41,1	313,3
24	7,75	68,25	1318,5	316,44	102,2	899,9	32,3	286,2
26	6,5	67,5	1331	346,06	85,5	898,4	25	259,6
28	5,3	66,7	1343,5	376,18	76,5	895,1	19,0	237,9
30	4,29	65,71	1358,25	407,48	58,27	892,5	14,3	219
32	3,27	64,73	1373	439,39	44,9	888,74	10,2	202,1
34	2,6	63,4	1389	472,26	36,1	880,64	7,6	185,5
36	2,07	61,93	1405	505,80	29,1	870,1	5,7	172,2
38	1,75	60,28	1422,5	549,5	24,9	857,1	4,6	158,5
40	1,44	58,56	1440	576	20,7	843,3	3,6	146,5
42	1,26	56,74	1460	613,2	18,40	828,4	3,0	135
44	1,09	54,91	1480	651,2	16,1	812,7	2,4	124,8
46	1,01	52,99	1499,5	689,8	15,1	794,6	2,1	115,2
48	0,94	51,06	1519	731,1	14,3	773,6	1,9	105,8
50	0,91	49,09	1538	769	13,9	755,1	1,8	98,2
52	0,89	47,11	1559	810,68	13,9	734,42	1,7	90,59
54	0,87	45,13	1580,5	853,47	13,9	713,13	1,6	82,38
56	0,86	43,14	1603	897,68	13,9	691,42	1,55	77,01
58	0,85	41,15	1625,5	942,79	13,9	668,81	1,47	70,94
60	0,84	39,16	1649	989,4	13,9	645,7	1,40	65,26

Tabelle 55. *Löslichkeit von NaCl in NaOH bei 60° C* (HOOKER).

0	27,0	73	1187		320,49	866,51		
2	25,3	72,7	1194,75	23,90	301,26	869,59	1260,50	3635,0
4	23,61	72,39	1202,5	48,10	283,91	870,49	590,24	1809,75
6	21,94	72,06	1210,5	72,63	265,58	871,29	365,66	1201
8	20,27	71,73	1219	97,52	247,09	874,39	253,37	896,62
10	18,7	71,3	1228	122,80	229,64	875,56	187,00	712,91
12	17,13	70,87	1237	148,44	211,90	876,66	142,75	592,59
14	15,61	70,39	1246,5	174,51	194,58	877,41	111,49	503,97
16	14,09	69,91	1256	200,96	176,97	878,07	88,06	437,43
18	12,6	69,4	1266	227,88	159,52	878,6	70,0	385,77
20	11,11	68,89	1277	225,4	141,87	879,73	55,54	344,45
22	9,76	68,24	1287,5	283,25	124,46	879,79	44,4	310,60

Fortsetzung der Tabelle 55

Gewichtsprozent			Spezifisches Gewicht	1 Liter enthält Gramm			Pro 100 NaOH	
NaOH	NaCl	H_2O		NaOH	NaCl	H_2O	NaCl	H_2O
24	8,42	67,58	1299	311,76	109,37	877,87	35,08	281,58
26	7,20	66,88	1312	341,12	94,46	876,42	27,39	256,89
28	5,98	66,02	1325	372	79,24	73,762	21,30	234,67
30	4,97	65,03	1338	401,4	66,5	870,1	16,56	217,26
32	3,97	64,03	1352,5	432,8	53,69	866,01	12,40	200,09
34	3,37	62,63	1367,5	464,95	46,08	856,47	9,91	184,20
36	2,77	61,23	1384	498,24	38,34	847,42	7,51	170,08
38	2,46	59,54	1401	532,38	34,46	834,16	6,47	156,68
40	2,15	57,85	1419	567,60	30,51	820,89	5,37	144,45
42	1,98	56,02	1437,5	603,75	28,46	805,29	4,71	133,38
44	1,81	54,19	1457	641,08	26,37	789,55	4,11	123,16
46	1,74	52,26	1476,25	679,07	25,69	771,49	3,77	113,60
48	1,67	50,33	1496	718,08	24,98	752,94	3,48	104,85
50	1,64	48,36	1516	758	24,86	733,14	3,28	96,72
52	1,61	46,39	1536,25	798,85	24,86	712,54	3,11	89,19
54	1,59	44,41	1557	839,78	24,86	692,36	2,96	82,44
56	1,57	42,43	1578,5	883,96	24,86	669,68	2,81	75,75
58	1,55	40,45	1601	928,58	24,86	647,56	2,66	69,73
60	1,53	38,47	1624,5	947,70	24,86	614,94	2,55	63,11

Tabelle 56. *Löslichkeit von NaCl in NaOH bei 100° C* (HOOKER).

Gewichtsprozent			Spezifisches Gewicht	1 Liter enthält Gramm			Pro 100 NaOH	
NaOH	NaCl	H_2O		NaOH	NaCl	H_2O	NaCl	H_2O
0	28,2	71,8	1170		329,94	840,16		
2	26,54	71,46	1177,5	23,55	312,50	841,45	1326,97	3572,82
4	24,88	71,12	1185	47,40	293,73	843,87	622,0	1778
6	23,20	70,80	1193	71,58	276,78	844,64	386,66	1180
8	21,52	70,48	1201,5	96,12	258,56	846,82	268,99	881,00
10	19,96	70,04	1210,5	121,05	241,62	847,83	199,59	700,39
12	18,4	69,6	1219,5	146,34	224,39	847,79	154,85	580,00
14	16,89	69,11	1229	172,06	207,68	849,26	120,70	493,50
16	15,38	68,62	1238,5	198,16	190,48	849,86	96,12	428,87
18	13,90	68,10	1248,5	224,73	173,54	850,23	77,22	378,33
20	12,42	67,58	1259	251,8	156,37	850,83	62,10	337,99
22	11,08	66,92	1269	279,18	140,60	849,22	50,36	304,18
24	9,75	66,25	1280,5	307,32	124,85	848,33	40,62	276,04
26	8,54	65,46	1292,5	336,05	110,38	846,07	32,84	251,76
28	7,33	64,64	1305	365,40	95,60	843,94	26,18	230,93
30	6,34	63,66	1318,5	395,55	83,59	839,36	21,13	212,20
32	5,35	62,65	1332	426,24	71,26	834,50	16,71	195,78
34	4,76	61,24	1347	457,98	64,11	824,91	14,00	180,11
36	4,17	59,83	1363	490,68	56,85	815,47	11,59	166,19
38	3,87	58,13	1380	524,40	53,41	802,19	10,18	152,09

Fortsetzung der Tabelle 56

Gewichtsprozent			Spezifisches Gewicht	1 Liter enthält Gramm			Pro 100 NaOH	
NaOH	NaCl	H_2O		NaOH	NaCl	H_2O	NaCl	H_2O
40	3,57	56,43	1398	559,20	49,91	788,89	8,92	141,25
42	3,41	54,59	1417	595,14	48,32	733,54	8,12	129,97
44	3,26	52,74	1435,5	631,62	46,80	757,08	7,40	119,86
46	3,20	50,80	1454	668,84	46,53	738,63	6,95	110,43
48	3,14	48,86	1473	706,04	46,25	720,71	6,55	102,07
50	3,12	46,88	1493,5	746,75	46,60	700,15	6,24	93,76
52	3,07	44,93	1513,5	787,02	46,60	679,88	5,90	86,38
54	3,04	42,96	1534	828,36	46,60	659,04	5,62	79,50
56	2,99	41,11	1555	870,80	46,60	637,60	5,35	73,22
58	2,95	39,05	1576,5	914,37	46,60	615,53	5,09	67,31
60	2,91	37,09	1600	960,00	46,60	593,50	4,85	61,81

Tabelle 57. *Löslichkeit von KCl in KOH bei 20° C* (WINTELER).

1 Liter enthält Gramm		Spezifisches Gewicht	°Bé	1 Liter enthält Gramm		Spezifisches Gewicht	°Bé
KOH	KCl			KOH	KCl		
10	293	1,185	22,5	440	55	1,365	38,9
20	285	1,185	22,5	450	53	1,370	39,2
30	276	1,190	23,0	460	50	1,375	39,5
40	265	1,192	23,0	470	47	1,380	40,0
50	255	1,195	23,5	480	44	1,385	40,2
60	245	1,200	24,0	490	42	1,390	40,6
70	236	1,200	24,0	500	40	1,397	41,0
80	226	1,205	24,5	510	38	1,405	41,5
90	219	1,205	24,5	520	35	1,410	42,0
100	211	1,210	25,0	530	33	1,415	42,3
110	205	1,210	25,0	540	31	1,420	42,6
120	199	1,215	25,5	550	29	1,425	43,0
130	192	1,215	25,5	560	27	1,430	43,5
140	185	1,220	26,0	570	25	1,435	43,7
150	178	1,225	26,5	580	24	1,440	44,0
160	171	1,225	26,5	590	23	1,445	44,3
170	165	1,230	27,0	600	22	1,450	44,6
180	159	1,235	27,5	610	21	1,455	45,0
190	153	1,240	28,0	620	20	1,460	45,5
200	148	1,245	28,5	630	18	1,465	45,9
210	142	1,250	29,0	640	17	1,470	46,2
220	137	1,255	29,5	650	16	1,475	46,5
230	133	1,260	30,0	660	15	1,480	46,8
240	128	1,265	30,5	670	15	1,485	47,0
250	124	1,270	30,8	680	15	1,490	47,5
260	120	1,275	31,3	690	15	1,495	47,9

Fortsetzung der Tabelle 57

1 Liter enthält Gramm		Spezifisches Gewicht	°Bé	1 Liter enthält Gramm		Spezifisches Gewicht	°Bé	
KOH	KCl			KOH	KCl			
270	115	1,280	31,7	700	14	1,500	48,2	
280	112	1,285	32,0	710	14	1,505	48,5	
290	108	1,290	32,5	720	13	1,510	48,8	
300	104	1,295	33,0	730	13	1,515	49,1	
310	100	1,300	33,5	740	13	1,520	49,5	
320	96	1,305	34,0	750	13	1,525	49,7	
330	93	1,310	34,2	760	12	1,530	50,0	
340	89	1,315	34,6	770	12	1,535	50,3	
350	85	1,320	35,0	780	12	1,540	50,6	
360	81	1,325	35,5	790	11	1,545	51,0	
370	78	1,330	36,0	800	11	1,550	51,3	
380	74	1,335	36,3	810	10	1,560	51,5	
390	71	1,340	36,7	820	10	1,565	51,8	
400	68	1,345	37,1	830	9	1,570	52,2	
410	64	1,350	37,5	840	9	1,575	52,6	erstarrt
420	61	1,355	38,0	850	9	1,580	53,0	
430	58	1,360	38,5					

Tabelle 58. *Dichte, Molarität und Prozentgehalt von NaOH-Lösungen.*

Dichte bei 20° C	Mole NaOH/l	Gramme NaOH in 100 g Lösung
1,040	0,971	3,745
1,080	1,992	7,38
1,115	2,942	10,555
1,155	3,947	14,18
1,185	5,004	16,89
1,215	5,958	20,07
1,245	6,985	22,36
1,275	8,000	25,10
1,305	9,092	27,87
1,330	10,04	30,20
1,355	11,03	32,58
1,380	12,08	35,01
1,400	12,95	36,99
1,435	14,07	39,49
1,445	15,01	41,55
1,465	15,98	43,64
1,485	16,98	45,75
1,505	18,00	47,85
1,525	19,05	49,97
1,530	19,31	50,50

Tabelle 59. *Verunreinigungen elektrolytisch hergestellten Ätznatrons* (nach Mathieson Co.).

	In Diaphragma-Zellen hergestellt		Aus Quecksilberzellen der Mathieson Co., %
	roh, %	nach Reinigung (auch mit NH_3), %	
Na_2CO_3	0,1–0,3	0,15	0,1
NaCl	1	0,08	0,006
Na_2SO_4	0,013–0,02	0,01	0,000 2
SiO_2	0,018–0,025	0,009	0,006
$NaClO_3$	0,05–0,1	0,000 2	—
CaO	0,001 7	0,001	0,001
MgO	0,001–0,002	0,001	0,001
Al_2O_3	0,001 3–0,003	0,001 5	0,000 2
NH_3	—	0,000 15	—
Fe	0,005	0,000 25	0,000 2
Ni	0,000 03	0,000 01	—
Cu	0,000 03	0,000 02	0,000 03
Mn	0,000 01 bis 0,000 06	0,000 03	0,000 02

Namenverzeichnis.

Sachverzeichnis.

Elektrochemie. Theoretische Grundlagen und Anwendungen. Von Dr. **Giulio Milazzo,** Istituto Superiore di Sanità, Rom, Prof. Inc. für Elektrochemie an der Universität Rom. Neubearbeitung der ersten italienischen Auflage. Ins Deutsche übertragen von Dr. *W. Schwabl,* Wien. Mit 108 Textabbildungen. XIII, 419 Seiten. 1952.

Ganzleinen S 218.—, DM 36.—, $ 8.60, sfr. 37.40

„...Ein Buch in der Art dieses Werkes hat bisher in der Literatur tatsächlich gefehlt und es ist anzunehmen, daß der Kreis der Interessenten für dieses ganz ausgezeichnete, übersichtlich aufgebaute und sehr inhaltsreiche Werk groß sein wird... Es ist erstaunlich, daß sich *Milazzos* ‚Elektrochemie' sowohl als Lehrbuch für den Studierenden eignet, das den logischen Aufbau des gesamten Wissensgebietes aufzeigt und die Zusammenhänge mit anderen Disziplinen, etwa mit der Thermodynamik oder der Physik, kurz und einleuchtend herstellt, als auch als eine Art Taschenbuch für den Praktiker, der durch die sehr zahlreichen und übersichtlichen Tabellen, etwa die ausführliche Zusammenstellung von Redoxspannungsreihen oder von typischen Daten gebräuchlicher Galvanostegiebäder, eine wichtige Unterstützung seiner Arbeiten finden wird..." *Mikrochemie vereinigt mit Mikrochimica Acta*

Nichtmetallische anorganische Überzüge. Von **Willi Machu,** Dipl.-Ing., Dr. techn. habil., Professor an der Universität Fouad I., Cairo, Ägypten. Mit 153 Textabbildungen. XII, 404 Seiten. 1952.

Ganzleinen S 343.—, DM 57.—, $ 13.50, sfr. 59.—

„Der Verfasser behandelt in erschöpfender Form alle mit nichtmetallischen anorganischen Überzügen zusammenhängenden Fragen mit der gleichen Gründlichkeit, mit der auch sein 1948 in 3. Auflage erschienenes Buch ‚Metallische Überzüge' abgefaßt ist. Mit der Herausgabe des Buches entsprach der Verfasser auch einem Wunsche der Praxis und schuf ein wertvolles Nachschlagewerk für den Praktiker, dem neben dem Inhaltsverzeichnis auch noch ein Namenverzeichnis mit Hinweisen auf die entsprechenden Stellen im Text beigegeben ist. Das in vier Abschnitte gegliederte Buch behandelt die elektro-chemische und chemische Oxydation der Leichtmetalle, die Metallfärbung, die Phosphatüberzüge und die Emailüberzüge. Neben der durch zahlreiche Schrifttumshinweise ergänzten Beschreibung der entsprechenden Werkstoffbehandlung sowie der Bad- und Ofenanlagen werden geeignete Verfahren für die Prüfung der anorganischen Überzüge beschrieben..." *Konstruktion*

Chemie und chemische Technologie. Von **Willi Machu,** Dr. techn. Dipl.-Ing., Wien. Mit 99 Textabbildungen. XVIII, 758 Seiten. 1949.

S 180.—, DM 30.—, $ 7.20, sfr. 31.30
Halbleinen S 193.—, DM 32.—, $ 7.60, sfr. 33.10

Das Wasserstoffperoxyd und die Perverbindungen. Von **Willi Machu,** Dipl.-Ing., Dr. techn. habil., Professor an der Universität Fouad I., Cairo, Ägypten. Zweite, neubearbeitete und erweiterte Auflage. Mit 47 Textabbildungen. XII, 396 Seiten. 1951.

S 289.—, DM 46.—, $ 11.40, sfr. 48.—
Ganzleinen S 304.—, DM 49.—, $ 12.—, sfr. 51.50

Zu beziehen durch jede Buchhandlung